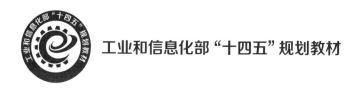

工业和信息化部"十四五"规划教材

终点效应及靶场试验

（第 2 版）

张国伟 ◎ 主编　　陈鹏云 ◎ 副主编

TERMINAL EFFECTS AND RANGE TEST

(2ND EDITION)

北京理工大学出版社
BEIJING INSTITUTE OF TECHNOLOGY PRESS

内 容 简 介

本书较详细地讨论了弹药战斗部的作用原理及终点效应的基本理论和知识,并对部分典型终点效应的靶场试验测试技术做了介绍。主要内容包括:目标易损性;穿甲效应;聚能破甲效应;碎甲效应;杀伤作用;空气中爆炸;岩土中爆炸;水下爆炸;软杀伤效应概述;终点效应靶场试验及测试等。

本书为弹药工程专业国防"十四五"规划教材,可作为相关专业本科生、研究生的教学参考书,也可供从事弹药战斗部设计、科研和生产及靶场试验的技术人员参考。

图书在版编目(CIP)数据

终点效应及靶场试验 / 张国伟主编 . --2 版 . --北
京:北京理工大学出版社,2023.7
工业和信息化部"十四五"规划教材
ISBN 978 - 7 - 5763 - 2644 - 4

Ⅰ.①终… Ⅱ.①张… Ⅲ.①弹药-武器效应-高等
学校-教材②靶场试验-高等学校-教材 Ⅳ.①TJ41
②TJ06

中国国家版本馆 CIP 数据核字(2023)第 163347 号

责任编辑: 孟雯雯		**文案编辑:** 李丁一	
责任校对: 周瑞红		**责任印制:** 李志强	

出版发行 / 北京理工大学出版社有限责任公司
社　　址 / 北京市丰台区四合庄路 6 号
邮　　编 / 100070
电　　话 / (010) 68944439 (学术售后服务热线)
网　　址 / http://www.bitpress.com.cn

版 印 次 / 2023 年 7 月第 2 版第 1 次印刷
印　　刷 / 三河市华骏印务包装有限公司
开　　本 / 787 mm × 1092 mm 1/16
印　　张 / 19.25
字　　数 / 452 千字
定　　价 / 58.00 元

终点效应学是研究弹药战斗部在弹道终点发生碰撞、爆炸等作用及其对目标的毁伤效应的一门综合性学科，涉及高速碰撞动力学、爆炸力学、含能材料学、弹药工程设计等多个学科门类，靶场试验是研究终点效应的重要手段。作为兵器类本科专业"弹药工程与爆炸技术"核心课程，《终点效应及靶场试验（第2版）》列为工业和信息化部"十四五"规划教材，这对推动专业课程建设、提高课程授课质量、增强学生专业能力具有重要的意义。

《终点效应及靶场试验（第2版）》是在原国防科工局"十一五"规划教材《终点效应及靶场试验》的基础上，汇入国内外相关研究最新成果，对知识体系作了进一步凝练、扩充和完善而撰写的。全书共分10章：第1章主要介绍典型战场目标易损性，增加了浮空器、无人机、虚拟网络等新型目标易损性分析内容。第2章至第5章分别介绍了穿甲弹、破甲弹、碎甲弹和杀伤弹对目标的毁伤效应，重新梳理了相关理论，并增加了数值模拟分析内容。第6章、第7章分别介绍了空气中和岩土中爆炸对目标的毁伤效应，突出了机理分析、理论模型和工程计算的关联协同。第8章为新增内容——水下爆炸对目标的毁伤效应，进一步完善了毁伤效应知识体系。第9章主要介绍软杀伤弹药对目标的毁伤效应，并更新补充了高功率微波对目标的毁伤效应分析，新增了对星链目标的毁伤效应分析。第10章介绍了典型战斗部终点效应靶场试验和测试方法。

该书既可作为高等院校兵器类专业本科生、研究生教材使用，也可作为从事相关领域研究工作的科技人员的专业参考书。

我应作者邀请为该书作序，热忱期待《终点效应及靶场试验（第2版）》早日出版。相信该书的出版定能对兵器类专业人才培养产生积极的影响。

中国工程院院士

前言

　　《终点效应及靶场试验》于 2009 年出版，至今已有 14 年，出版后，受到读者的广泛好评，并成为多所院校研究生招生的指定参考教材。随着时代的进步，技术的发展，涌现出一批新的打击目标，并随之产生了新的作战机理、新的作战理念，现代战争正逐步向海、陆、空、天、电、认知等多维一体化方向发展。为了紧跟科技的步伐，《终点效应及靶场试验（第 2 版）》在第 1 版的基础上增加了新概念武器的毁伤效能分析；增加了最近出现的浮空器、无人机等的易损性分析；增加了虚拟空间的攻防方式；增加了武器弹药在水下爆炸的相关内容；增加了基于新技术条件下的试验方法，以及联合信息作战试验。同时，针对第 1 版相对陈旧的内容进行了删减，并重新编写。第 2 版的修订使本书的体系更加完善。

　　全书共分 10 章：第 1 章介绍了目标的易损性，新增了浮空器、无人机及虚拟空间等目标的易损性分析，使读者初步了解终点效应的基本概念和研究对象。第 2 章至第 5 章介绍穿甲弹、破甲弹、碎甲弹、杀伤弹等对目标的毁伤效应。第 2 章穿甲效应，介绍了量纲理论与阻力定律、弹丸对靶板的侵彻理论及侵彻效应，新增了穿甲效应的数值仿真一节。第 3 章聚能破甲效应，介绍了聚能射流形成理论、射流侵彻理论、破甲影响因素、自锻破片，新增了聚能破甲的数值仿真。第 4 章碎甲效应，介绍了应力波基础知识、层裂效应的工程计算及层裂效应的影响因素等。第 5 章杀伤作用，介绍了破片速度特性和飞散特性、破片性能影响因素、杀伤威力等，并简要介绍了创伤弹道的相关内容。第 6 章至第 9 章介绍了武器装备在陆、海、空、天、电等领域内对目标的毁伤效应。空气中爆炸、岩土中爆炸和水下爆炸等章节分别介绍了装药在空气、岩土、水等介质中的爆炸理论和效应等，新增了第 8 章水下爆炸。第 9 章软杀伤效应概述，简要介绍了部分软杀伤武器弹药的毁伤效应，包括高功率微波辐射效应、激光致盲效应、音频效应、信息干扰效应、短路毁伤效应，新增了星链卫星和针对星链卫星的软杀伤效应等。第 10 章介绍了穿甲弹的威力性能试验及测试、破甲弹的威力性能试验及测试、战斗部的破片性能试验及测试、战斗部的爆炸威力性能试验及测试，新增了水中爆炸威力性能试验及测试，联合信息作战试验等内容。

　　本书在注重基本概念和基本理论讲述的同时，努力做到深入浅出，在内容的编排上，力争做到通俗易懂。

本书由中北大学的张国伟教授任主编，陈鹏云副教授任副主编。书中绪论、第 1 章、第 6 章由张国伟编写；第 2 章由马忠平编写；第 3 章由沈剑编写；第 4 章由孙熙庆编写；第 5 章由裴畅贵编写；第 7 章由张树霞编写；第 8 章由陈鹏云编写；第 9 章由段继编写；第 10 章由孙学清编写。在本书的编写过程中参考了大量的相关专业书籍、参考文献，在此对其作者深表谢意；特别感谢中国工程院院士、北京理工大学王海福教授在百忙中对本书全稿进行审阅并为本书撰写了序；最后感谢为本书编著提供帮助的高燕婷、雷文博、何瑞龙、程坤四位研究生，正是由于他们在文字录入、排版以及校稿方面做的努力，才使得本书能够顺利出版。

由于编者水平有限，虽竭尽所能，但不妥之处在所难免，恳请读者批评指正。

编　者

目　录
CONTENTS

绪　　论

0.1　终点效应学简史

早在 19 世纪以前，为了在战争中保住自己和消灭敌人，人们就对提高武器的效能抱有极大的兴趣。不过，直到伽利略和牛顿时代，才真正建立了一系列科学原理，并开始用来解决与武器和弹药有关的各种问题。18 世纪的科学，以数学、物理学和力学研究为主。1829年，法国工程师彭赛勒（J. V. Poncelet，1788—1867）开始应用上述科学理论解决与武器有关的问题。彭赛勒提出了计算弹丸侵彻深度的阻力公式，并为确定公式中两个参量的具体数值进行了多次试验。彭赛勒阻力公式一直沿用到现在，而目前为了确定新的目标材料和新式弹丸结构的参量时，也要进行类似的试验。由此看来，彭赛勒的研究理论可以视为终点效应学研究的开端。

到了 19 世纪，英国的军事工程师们热衷于设计和建造能够抵御实心弹丸的战舰和地面防御工事。因此，也就开始了弹丸穿甲效应的试验和研究。例如，1861 年，对不同材料支撑的装甲板进行了穿甲试验；1862—1864 年，对模拟舰船目标进行了实弹射击侵彻试验；1865 年，用不同口径的火炮，在不同距离上对地面工事进行了射击破坏试验；1871 年，对配备单层装甲和双层装甲的模拟舰船进行了穿甲试验。

到了第一次世界大战期间，一系列的新发明付诸军用，为终点效应的研究开拓了崭新的领域。飞机作为一种武器运载工具，投入了战争。此时，飞机已经具有了空中轰炸的能力，面对这种情况，人们感到要把一切军事目标都构筑得坚不可摧是无法办到的。因此，关于爆破效应对目标的损坏机理的研究应运而生。大战期间，作为杀伤手段的现代化学毒剂崭露头角，激起了人们对化学物质和其他手段用作人体失能剂的研究兴趣。

第二次世界大战期间，又有许多新兵器研制成功并投入使用。其中包括近炸引信、空心装药破甲导弹、航空火箭、火焰喷射器、原子弹等，这些都为终点效应的研究开辟了广阔的新领域。

第二次世界大战以来，美国在终点效应领域主要侧重于原子武器和热核武器效应的研究。这些研究工作是由美国"三军"特种武器规划局（AFSWP）组织实施的。参加研究的除美国各军兵种外，还有教育界和工业界的许多机构。有关爆炸波、热辐射和核辐射等新破坏机理的研究，始终是理论研究和试验的重点。

飞机易损性研究在规模上仅次于核武器效应研究，居第二位。例如，在研究可以配用各种类型战斗部的导弹时，就必须开展相应的终点效应研究，以查明并鉴定飞机和导弹的易损性的方法。飞机易损性研究涉及一系列专题研究，包括弹丸内爆炸装药的效应、延期引信的效应、燃烧剂的效应以及炸药装填方式的效应等方面的研究。

空心装药技术问世后，促使人们对空心装药破甲效应进行了大量的分析和试验。而高爆杀伤弹利用炸药爆炸产生破片并高速飞散的现象，又重新唤起了人们对侵彻效应的研究兴趣。

人造地球卫星的发射和洲际弹道导弹研制成功，不但引起了研究人员的极大关注，而且激发了他们对新的毁伤机理的研究。

早在 20 世纪 60 年代就已经出现在太平洋战场的电磁脉冲武器利用爆炸时产生的强大的射线，从而电离大量的空气，进而产生电磁脉冲，继而电磁效应实现对电子设备的破坏干扰。随着科技的进步发展，电磁脉冲武器的种类已经颇具规模。

近年来出现的超高声速武器，使各国都对其趋之若鹜。超高声速，顾名思义，就是速度比声速还快得多，超过 5 Ma，约合 6 000 km/h 以上。超高声速武器是指以超高声速飞行技术为基础、飞行速度为 5 Ma 以上的活动于大气层外侧，拥有气动升力和控制能力的飞行器，在空气中做超高声速飞行的武器，利用其和气流产生的激波效应来造成杀伤。其中，最具代表的就是我国的东风 - 17 号弹道导弹。

20 世纪末至今，又有许多新的武器装备发明问世，如碳纤维弹、云爆弹、电磁脉冲弹等，使得人们在终点效应领域不断地向更深、更广的方向发展。

0.2　终点效应学的研究课题

目前，几乎所有的世界性大国都在从事终点效应学某些方面的研究工作。世界各国在终点效应领域所从事的研究主要有以下九个方面。

1. 核战争条件下武器装备的性能

在核战争条件下，军队不是总能够具备充分有效的防护手段来保护武器装备的关键部件免受核辐射危害的。因此，需要研究具有更高抗核辐射能力的部件和装备系统。此外，为了建立预测现行军事装备在核辐射环境中生存能力的方法和取得相应的数据，也需开展此项研究。

2. 爆轰理论

爆轰理论主要研究爆轰过程中所涉及的各种物理现象。其中借助于经由空气间隙或金属隔板传递的压力波引爆高能炸药的研究，尤其具有重要意义。其研究内容还包括外加电场和磁场对爆轰的影响，以及"炸—电"换能器的研制。

3. 超高速碰撞

由于人造卫星和洲际导弹运载工具的出现，人们开始了对超高速碰撞的研究。人们通过实验室获得这一数量级的速度，并力求加深对该速度条件下显示的各种现象的理解。

4. 空心装药

对于空心装药研究，以前主要是研究如何改进武器结构同性能的关系，如关于能够补偿弹体自旋带来的副作用的抗旋药型罩的设计研究。而今，人们正在研究更新结构的药型罩以达到更大的威力，如 W 形药型罩、星形药型罩等。

5. 地下冲击波

通过实验室测试手段和野外试验方法对地下冲击现象的研究，目前仍在继续进行。研究工作主要体现在改进测试和模拟技术，以及确定各种传播介质的动态应力—应变特性，特别是当今局部战争中出现的一些新的目标介质。

6. 空中冲击波

为确定爆炸波对结构的效应，大量研究不断实施。如利用激波管研究爆炸波的绕射载荷和目标的动态响应特性。

7. 创伤弹道学

创伤弹道学研究，旨在获取有关破片、枪弹及其他毁伤作用物致伤能力的知识，为人们提供一个定量评价致伤能力的依据。

8. 特种效应

早期的特种效应主要包括燃烧效应、照明效应、烟幕效应等。随着新武器装备的发明问世，特种效应范围不断拓展，如高功率微波辐射效应、激光致盲效应、短路毁伤效应、信息干扰效应等。

9. "星链"卫星计划

"星链"（Starlink）系统是由美国 SpaceX 公司于 2014 年提出的低轨互联网星座计划，旨在建立一个覆盖广、容量大、时延低的天基通信系统，面向全球范围提供高速互联接入服务。"星链"卫星构建了新型的卫星覆盖网络，通过建立低轨卫星群，实现覆盖地球上的任意位置，因此"星链"终端与卫星通信可不受地理环境、地面基站限制，因此对国家网络安全、信息安全造成重大威胁。

对于新出现的"星链"卫星，由于其对国家网络安全、信息安全造成重大威胁，未来必将开展对"星链"卫星的毁伤效应研究。

本书主要讲授常规弹药的终点效应，未涉及核效应及特种效应，有关此方面需求的读者请参阅其他相关书籍。本着理论联系实际的目的，在本书最后增加了终点效应靶场试验和测试内容，使本书具有系统性、科学性、知识性的同时，也更具有重视学生实际技能培养的特点。

第1章

目标易损性

1.1 概　　述

所谓目标，是指弹药预计毁伤或获取其他军事效果的对象。在战场上，目标类型繁多，如人员、坦克、车辆、布雷区、建筑物及工程设施等地面和地下目标，各种船只及潜艇等水面和水下目标，各种飞机、伞兵和导弹等空中目标，以及各种威胁太空轨道卫星的太空垃圾、敌对势力的反卫星武器及其他各种卫星等太空目标。同时，随着科学技术的进步，目标涵盖的范围也越来越广。

所谓目标易损性，是指目标对于破坏的敏感性。

1.2 人　　员

人员在战场上易受许多杀伤手段毁伤，其中最重要的手段有破片、枪弹、小箭、冲击波、化学毒剂和生物战剂，以及热辐射和核辐射等。尽管毁伤人体的方式不同，但最终目的都是使人丧失行使预定职能的能力。

1.2.1 丧失战斗力的判据

按照当前关于杀伤威力标准的规定，所谓一名士兵丧失战斗力，系指他丧失了执行作战任务的能力。士兵的作战任务是多种多样的，取决于他的军事职责和战术情况的不同。在定义丧失战斗力时，应考虑四种战术情况：进攻、防御、充当预备队和后勤供应队。无论哪种情况，看、听、想、说能力被认为是必要的基本条件，丧失了这些能力，也就丧失了战斗力。

在进攻条件下，士兵首先需要利用的是手臂和双腿的功能，能够奔跑并灵活地使用双臂，这是进攻的理想条件；若士兵不能移动，或不能操纵武器，则认为士兵丧失了进攻的战斗力。在防御中，只要士兵能够操纵武器，就有防御能力，所以，若士兵不能移动，又不能使用武器，则认为士兵丧失了防御能力。预备队和后勤供应队更易丧失战斗力，他们可能由于受伤就不能投入战斗。

丧失战斗力判据中常采用时间因素。时间因素是指自受伤直到丧失功能而不能有效地执行战斗任务为止的时间。

各种心理因素对于丧失战斗力也具有毋庸置疑的作用，他们甚至能够瓦解整个部队的士气。

现行的杀伤判据主要在于确定创伤效应与人体四肢功能的关联。所以，在分析一名士兵是否具有执行战斗使命的能力时，应以他使用四肢的能力为主要依据。当然，在任何战斗条件下，某些重要器官如眼睛、心脏等直接受到损伤时，都会使人立即丧失战斗力。

1.2.2　破片、枪弹和小箭

为了定量地讨论人员对破片、枪弹和小箭的易损性，目前常用命中一次使目标丧失战斗力的条件概率来表述。该概率是根据破片、枪弹或小箭的质量、迎风面积、形状和着速确定的，因为这些因素将决定着创伤的深度、大小和轻重程度。所以，上述诸因素应针对各种不同作战情况和从受伤到丧失战斗力所经过的时间来具体评价。

1. 杀伤标准

为了评价反步兵武器的杀伤概率，必须制定一个定量的杀伤标准。所谓杀伤标准，是指有效地杀伤目标时杀伤元素参数的极限值。在以前的分析方法中认为，只有毙命或重伤才能使士兵丧失战斗力。基于这种分析，破片、枪弹和小箭的杀伤标准有以下四种。

1）动能标准

破片、枪弹或小箭杀伤目标一般只以击穿为主，而击穿则是靠动能来完成的，所以通常用破片、枪弹或小箭的动能 E_d 来衡量其杀伤效应：

$$E_d = \frac{1}{2}mv_0^2 \qquad (1-2-1)$$

式中：m 为破片、枪弹或小箭的质量；v_0 为破片、枪弹或小箭与目标的着速。

对于人员，杀伤概率的标准定为 78.4 J。78.4 J 标准是一种陈旧的杀伤威力标准，它以粗略的形式规定：动能小于 78.4 J 的破片、枪弹或小箭，不能使人致命；大于 78.4 J 就能使人致命。这种判据大致只适用于不稳定的特重破片，而不适用于衡量现代的杀伤元素。的确，即使在少数常见致伤情况下，人体的功能效应就足以证明，单一而简单的动能标准不适用于一般情况。

2）比动能标准

由于破片的形状很复杂，在飞行过程中又是不稳定的，因此破片与目标遭遇时的面积是随机变量，故用比动能 e_d 来衡量破片的杀伤效应较动能更为确切，即

$$e_d = \frac{E_d}{A} = \frac{1}{2}\frac{m}{A}v_0^2 \qquad (1-2-2)$$

式中：A 为破片与目标遭遇面积的数学期望值。

1968 年，斯佩拉扎（J. Sperrazza）等用不同直径的子弹对皮肤进行射击，试验表明，穿透皮肤所需的最小着速（弹道极限）v_1 在 50 m/s 以上，侵入肌体 2~3 cm 时，所需弹道极限在 70 m/s 以上，并提出其速度与断面比重的关系式为

$$v_1 = \frac{125}{\bar{S}} + 22 \qquad (1-2-3)$$

式中：$\bar{S} = m/A$。

这时，穿透皮肤所需的最小比动能关系式可表示为

$$e_1 = \frac{1}{2} \cdot \frac{m}{A}v_1^2 \qquad (1-2-4)$$

显然，对于一定厚度的皮肤，其 e_1 值是一定的。在惯用的杀伤标准中，对人员一般取 $e_1 = 160 \text{ J/cm}^2$。有关人员通过对创伤弹道学的研究，提出擦伤皮肤的最小比动能为 $e_1 = 9.8 \text{ J/cm}^2$。

3）破片质量标准

为直观地表示破片对目标的杀伤概率，过去还曾采用过破片质量杀伤标准。对一般以 TNT（三硝基甲苯）炸药为主的弹药，其壳体形成的破片初速往往在 $800 \sim 1\,000 \text{ m/s}$，这时杀伤人员的有效破片质量一般取 1.0 g，随着破片速度的增大，也有取 0.5 g 甚至 0.2 g 为有效破片。所以，破片质量标准，实质上仍是破片动能杀伤标准。

4）破片分布密度标准

弹药爆炸形成杀伤破片在空间的分布是不连续的，且随破片飞行距离的增大，破片之间的间隔也相应增大。因此，就单个破片而言，并不一定能够命中目标。可见，单纯地规定破片动能、比动能或质量作为杀伤标准是不全面的，还必须考虑破片的分布密度要求。显然，有效破片的密度越大，命中目标和杀伤目标的概率就越大。

2. 杀伤概率

杀伤判据本是在生物试验研究的基础上制定出来的，并且在医学上建立杀伤判据与人体生理构造之间的联系。这方面的工作正随着创伤弹道学的深入研究而迅速发展，因此现行的杀伤标准可能必须予以修改，以适应现代的杀伤元素。1956 年，艾伦（F. Allen）和斯佩拉扎曾提出一个考虑士兵的战斗任务和从受伤到丧失战斗力所需时间的关系式：

$$P_{hk} = 1 - e^{-a(91.36mv_0^{\beta}-b)^n} \tag{1-2-5}$$

式中：P_{hk} 表示钢破片（枪弹或小箭）的某一随机命中使执行给定战术任务的士兵丧失战斗力的条件概率；m 为破片质量（g）；v_0 为着速（m/s）；a、b、n 和 β 是根据不同战术情况和从受伤到丧失战斗力的时间而由试验得到的常数，其中 $\beta = 3/2$ 与试验吻合较好。

在考虑四种标准战术情况下，即防御 0.5 min、突击 5 min 和后勤保障 0.5 d 条件下，杀伤士兵所需要的最长时间可参见表 1-2-1，四种情况下的 a、b 和 n 值见表 1-2-2 和表 1-2-3。杀伤概率 P_{hk} 的变化曲线如图 1-2-1 ~ 图 1-2-4 所示。应当指出，这些图表是根据几种质量和几种撞击速度的钢破片的试验数据得到的，它显然较之过去的粗略判据前进了一步，但仍还很不完善。随着更多的试验数据的获取及高新技术的采用，杀伤判据预期会得到改进和完善。

表 1-2-1　人员杀伤试验采用的四种标准情况

标准情况			所代表的情况	
编号	战术情况			
1	防御	0.5 min	防御	0.5 min
2	突击	0.5 min	突击	0.5 min
			防御	5 min
3	突击	5 min	突击	5 min
			防御	30 min
			防御	0.5 d

标准情况			所代表的情况	
编号	战术情况			
4	后勤保障	0.5 d	后勤保障	0.5 d
			后勤保障	1 d
			后勤保障	5 d
			预备队	0.5 d
			预备队	1 d

表 1 – 2 – 2　非稳定破片的 a、b、n 值

战术情况编号	a	b	n
1	$0.887\,71 \times 10^{-3}$	31 400	0.541 06
2	$0.764\,42 \times 10^{-3}$	31 000	0.495 70
3	$1.045\,40 \times 10^{-3}$	31 000	0.487 81
4	$2.197\,30 \times 10^{-3}$	29 000	0.443 50

表 1 – 2 – 3　稳定小箭的 a、b、n 值

战术情况编号	a	b	n
1	$0.553\,11 \times 10^{-3}$	15 000	0.443 71
2	$0.461\,34 \times 10^{-3}$	15 000	0.485 35
3	$0.691\,93 \times 10^{-3}$	15 000	0.473 52
4	$1.857\,90 \times 10^{-3}$	15 000	0.414 98

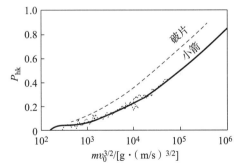

图 1 – 2 – 1　非稳定破片或稳定小箭的

P_{hk}—$mv_0^{3/2}$ 曲线

（第一种战术情况：防御 0.5 min）

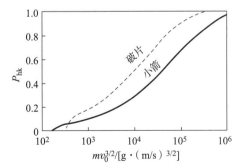

图 1 – 2 – 2　非稳定破片或稳定小箭的

P_{hk}—$mv_0^{3/2}$ 曲线

（第二种战术情况：突击 0.5 min）

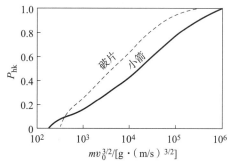

图 1 - 2 - 3　非稳定破片或稳定小箭的
P_{hk}—$mv_0^{3/2}$ 曲线

（第三种战术情况：突击 5 min）

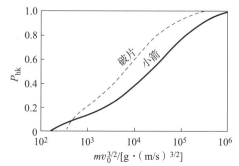

图 1 - 2 - 4　非稳定破片或稳定小箭的
P_{hk}—$mv_0^{3/2}$ 曲线

（第四种战术情况：后勤保障 0.5 d）

1.2.3　冲击波

人员对冲击波的易损性主要取决于爆炸时伴生的峰值超压和瞬时风动压的幅度和持续时间。冲击波效应可划分为三个阶段：初始阶段、第二阶段和第三阶段。

初始阶段：冲击波效应产生的损伤直接与冲击波阵面的峰值超压有关。冲击波到来时，伴随有急剧的压力突跃，该压力通过压迫作用损伤人体，如破坏中枢系统，震击心脏，造成肺部出血，伤害呼吸及消化系统，震破耳膜等。一般说来，人体组织密度变化最大的区域，尤其是充有空气的器官更易受到损伤。

第二阶段：冲击波效应系指瞬时风驱动侵彻人体造成的损伤。该效应取决于飞行的速度、质量、大小、形状、成分和密度，以及命中人体的具体部位和组织。这种飞行物的伤害与破片、枪弹和小箭类似。

第三阶段：冲击波效应定义为冲击波和风动压造成目标整体位移而导致的损伤。这类损伤依据身体承受加速和减速负荷的部位、负荷的大小以及人体对负荷的耐受力来决定。

在考虑冲击波损伤效应时，应综合考虑上述三个阶段造成伤害，只考虑某一阶段是不合乎实际的。

高能炸药爆炸波对人体的杀伤作用取决于多种因素。其中主要包括装药尺寸、爆炸波持续时间、人员相对于炸点的方位、人体防御措施以及个人对爆炸波载荷的敏感程度。

1. 超压的杀伤作用

峰值超压是唯一最重要的爆炸波参量。但是，除了某些特定条件外，峰值超压不能单独用来预计人体对爆炸波的耐受程度。确切地说，只有在持续时间极短的单脉冲条件下和研究某些生物系统的效应时，才单独用峰值超压预测人体对爆炸波的耐受程度。

关于人体对爆炸波超压的耐受程度有两点结论极其重要。一是瞬时形成的超压比缓慢升高的超压会造成更严重的后果；二是持续时间长的超压比持续时间短的超压对人体的损伤更严重。对动物的试验结果表明，人员对 20 ~ 150 ms 内升至最大值的长时间持续压力的耐受程度明显高于急剧升高的压力脉冲。缓慢升高的超压对肺部损伤明显减轻，但对耳膜、窦膜和眼眶骨的损伤确实会发生。

对各种动物的试验数据可用作使人致死的急剧升高的峰值超压的量级。就短时间（1 ~ 3 ms）超压而言，可利用下式进行外推计算：

$$p_{50} = 0.001\,65w^{2/3} + 0.163 \qquad (1-2-6)$$

式中：p_{50} 为造成 50% 死亡率所需的超压（MPa）；w 为人体质量（g）。由式（1-2-6）算得，54.4 kg 和 74.8 kg 重的人造成 50% 死亡率的超压 p_{50} 分别为 2.53 MPa 和 3.09 MPa。

对于长时间（80~1 000 ms）超压动物试验结果表明，致死超压比上述值低得多。急剧升高的长时间持续压力脉冲对人员的损伤作用如表 1-2-4 所示。

表 1-2-4　持续压力脉冲对人员的毁伤

超压/MPa	毁伤程度
0.013 8~0.027 6	耳膜失效
0.027 6~0.041 4	出现耳膜破裂
0.103 5	50% 耳膜破裂
0.138~0.241	死亡率为 1%
0.276~0.345	死亡率为 50%
0.379~0.448	死亡率为 99%

2. 飞行物的杀伤作用

爆炸波驱动的飞行物打击人体会对人员造成第二次杀伤作用。关于小型脆性破片和大型非侵彻性飞行物对人员的杀伤作用，在低速范围内与前面研究的破片对人员的杀伤作用相类似。根据试验结果推断，可将质量为 10 g、着速为 35 m/s 的玻璃碎片作为玻璃或其他易碎材料破片有效杀伤人员的近似值。较大物体打击人体时同样能造成死亡。研究结果表明，大约 4.57 m/s 的着速就能造成颅骨破裂。为便于研究，对非侵彻飞行物，通常以质量为 4.54 kg、着速为 3.05 m/s 来作为杀伤人员的暂时标准。

3. 平移力的杀伤作用

人员受到的平移力是由爆炸风引起的，其大小取决于爆炸强度、人员至炸点的距离、地形条件以及人体方位等。人员在最初受到加速随后产生平移及最后的磕碰都可能受伤，但严重损伤多发生在与坚硬物体相撞的减速过程中。人体与坚硬物体相撞时，其损伤情况大致为人体以 3.66 m/s 左右的速度运动时，重伤率约为 50%；以 5.18 m/s 左右的速度运动时，死亡率约为 50%。

图 1-2-5 给出了由平移造成的 50% 爆炸波杀伤概率曲线。从图中可看出，在开阔地带条件下，当平移爆炸波杀伤概率达 50% 时，爆炸高度随地面距离的变化曲线。该曲线是依据 1 kt 当量爆炸情况绘制的，将爆炸高度乘以爆炸当量的立方根，地面距离乘以爆炸当量的 0.4 次幂，即可换算成其他爆炸当量情况。例如，一枚 20 kt 当量的炸弹在开阔地带上空 152.4 m 处爆炸，求平移时 50% 的立姿人员遭受直接爆炸波杀伤的距离。对 1 kt 当量的爆炸高度为

$$\frac{152.4}{\sqrt[3]{20}} \approx 56.1\,(\text{m}) \qquad (1-2-7)$$

由图 1-2-5 可知，56.1 m 爆炸高度对应的地面距离约为 396.8 m，因此 20 kt 当量炸弹爆炸对应的地面距离为

$$396.8 \times 20^{0.4} = 1\,315\,(\text{m}) \qquad (1-2-8)$$

综上所述，图 1-2-6 和图 1-2-7 给出了由超压、飞行物和平移造成各种器官的损伤程度随作用距离的变化而变化的关系。

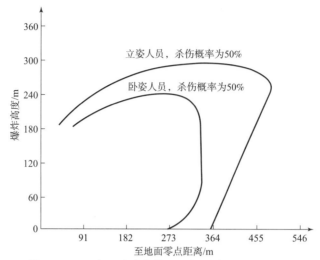

图 1-2-5 由平移造成的 50% 爆炸波杀伤概率曲线

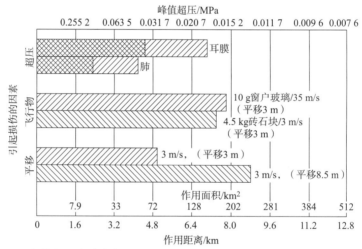

图 1-2-6 超压、飞行物和平移造成各种器官的损伤程度随作用距离的变化而变化的关系（1 Mt 当量）

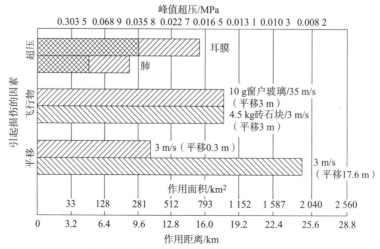

图 1-2-7 超压、飞行物和平移造成各种器官的损伤程度随作用距离的变化而变化的关系（1 kt 当量）

1.2.4 火焰和热辐射

人体对火焰和热辐射的易损性，可分为闪光烧伤和火焰烧伤两种。闪光烧伤通常发生在人体未受衣服遮蔽的小面积部位上；火焰烧伤则能在身体的大部分区域出现，因为衣服也会起火燃烧。

闪光烧伤的程度随接收热能的多少和热能传递的速率而异。闪光烧伤不会导致皮下积液，其烧伤深度也比火焰直接烧伤显著减小。如果烧伤是由核弹产生的大火或辐射引起的，则烧伤使士兵丧失战斗力的效果显著增强。

1. 皮肤烧伤

裸露皮肤的灼伤程度直接与辐照量和辐射能量的传递速率有关，而这两者都取决于武器当量。在垂直照射条件下，皮肤变红为一度烧伤；局部皮层坏死和起泡为二度烧伤；皮肤完全坏死为三度烧伤。必须指出，实际值将随人体皮肤的颜色和温度的变化而变化。

图 1-2-8 给出了使裸露皮肤产生一、二度烧伤的临界辐照量随武器当量的变化情况。

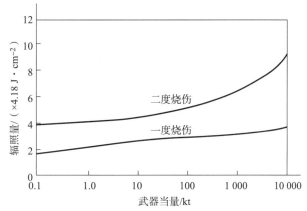

图 1-2-8 裸露皮肤产生一、二度烧伤的临界辐照量

服装能反射和吸收大部分热辐射能量，所以可保护皮肤免遭闪光烧伤。但在一定辐照量条件下，服装发热或被点燃，将会增加向皮肤传递热量，造成比裸露皮肤更严重的烧伤。

2. 眼睛损伤

热辐射对眼睛的损伤可分为两类：闪光致盲，一种暂时性的视力丧失症状；视网膜永久性损伤。一般说来，在白天，闪光致盲对人的影响并不严重。因为在白天，视野正前方出现闪光所造成的视力丧失时间一般不会超过 2~3 min。如果闪光不是出现在视野正前方，对视力基本上不会有什么妨碍。在夜间，如果爆炸发生在视野正前方，影响视力的时间可持续5~10 min；不在正前方时，只有 1~2 min。所以在黑暗环境中，丧失视力的时间会长些。当爆炸火球处于视野正前方且大气稀薄时，即使在距爆心相当远的地方，也可造成视网膜烧伤和某种程度的永久性视力减退。如果眼睛直接望着爆心，视力损伤会更严重。与闪光致盲一样，如果人的眼睛对黑暗环境已经适应，则视力损伤也会更严重。

3. 次生火焰烧伤

着装起火生成的次生火焰可导致手部、面部烧伤。爆炸引起的火灾也易导致人员伤亡。

火或火焰作为使人员丧失战斗力的手段，首先，火或火焰不是纯粹的电磁辐射，它能绕过拐角后面的人员；其次，它能消耗现场的氧气，使人员窒息而死；再次，它会使人极度虚弱，以致休克；最后，它还可毁坏人们赖以生存的生活资料。

1.3 地面车辆

炮弹破片、穿甲弹、空心装药、冲击波、火焰和热辐射、电子干扰及危害乘员（乘务人员）的毁伤作用都能够使地面车辆受到不同程度的损坏。究竟哪种毁伤作用最有效，须视车辆类型而言。通常按装甲防护情况将车辆分为装甲和非装甲车辆两大类。装甲车辆相对于破片和弹丸的易损性，是由装甲的类型、厚薄和倾斜程度以及破片或弹丸的质量、形状和着陆速度等因素决定的。

在评价装甲车辆易损性时，必须把乘员作为一个因素加以考虑，因为装甲车辆乘务人员失去战斗力会造成车辆丧失行动能力。而非装甲车辆缺员可由其他运输人员来补充，故通常不考虑非装甲车辆乘员对车辆易损性的影响。

坦克履带和行驶部件、轻型车辆及其货物和乘员易受常规弹药的爆炸作用毁伤。空心装药破甲弹能侵彻重型装甲，并通过后效作用毁伤车内乘员及各种设备；塑性炸药碎甲弹可贴附在装甲外表面爆炸，导致装甲内表面崩落，由此产生的大量高速碎片可毁伤车内乘员和设备。

1.3.1 装甲车辆

装甲车辆按战术作用可分为两大类：第一类参与进攻作战，并参加冲击行动，称作装甲战斗车辆（AFV）；第二类参与进攻作战但不参加冲击行动，如步兵装甲车（AIV）和装甲式自行火炮（AAV）。其中，"冲击"是指在进攻作战中最后阶段实际攻入并夺取敌方目标的行动。

装甲战斗车辆同步兵装甲车和装甲式自行火炮相比，在防护装甲的厚度上有明显区别，装甲战斗车是唯一用来抵御穿甲弹和空心装药破甲弹的车辆。

步兵装甲车是广泛用在战场上的履带式装甲车辆的统称，包括装甲人员的运输车、迫击炮运载车、救护车、指挥车等。步兵装甲车和装甲式自行火炮不仅能提高步兵和炮兵的机动性，又能使其获得装甲防护。

1. 装甲战斗车辆

坦克是典型的战斗车辆，它兼备多种有利于实施的特性，如强大的火力、良好的机动性、迅猛的冲击能力和良好的装甲防护等。所以，在一般作战情况下，可以不要求彻底摧毁装甲战斗车辆，只要求使其在一定程度上丧失战斗力就足够了。

1）坦克毁伤等级的定义

美国现已制定关于装甲车战斗车辆损坏程度的三个等级作为参考标准：

M 级损坏——装甲战斗车辆完全或部分地丧失行动能力；

F 级损坏——车辆主炮和机枪完全或部分地丧失射击能力；

K 级损坏——车辆完全被摧毁。

这些等级也可以视为车辆功能削减的等级。

2）破坏程度的评价

装甲战斗车辆的易损性，通常是从它抵御穿甲弹、破片杀伤弹和破甲弹贯穿作用的能力，以及其结构抵御爆破榴弹或核弹冲击波的能力考虑的。实际上，有些不能摧毁车辆或使之丧失行动能力的作用，但能使车辆或内部部件受到一定程度的损坏。例如，装甲战斗车辆遭到各种口径弹丸攻击时，其活动部件可能被楔死，产生变形，以致失去效用。高能炸药爆炸或核爆炸可以使装甲车辆结构破坏，冲击波阵面可以引起装甲板振动，使固定在车内的部件受到严重损坏。

实践表明，为准确评价命中弹丸对坦克的破坏程度，必须建立一套标准数据，借以给出各基本部件破坏而造成坦克的破坏程度（表 1-3-1～表 1-3-3），表中数据仅仅考虑单发命中对坦克的作用效果，并未考虑在命中时对坦克担负的战斗任务或对乘员士气和心理作用的影响。

表 1-3-1 典型的坦克破坏程度评价表（以内部部件损坏为依据）

部　件	破　坏　级　别		
	M	F	K
主炮用药筒	1.00	1.00	1.00
主炮用弹丸（高能炸药/白磷燃烧弹）	1.00	1.00	1.00
主炮用弹丸（动能弹）	0.00	0.00	0.00
机枪弹药	0.00	0.10	0.00
武器			
并列机枪	0.00	0.10	0.00
炮塔高射机枪	0.00	0.05	0.00
主用武器	0.00	1.00	0.00
并列机枪和炮塔高射机枪	0.00	0.10	0.00
所有其他武器	0.00	1.00	0.00
主炮制退机构	0.00	1.00	0.00
蓄电池	0.00	0.00	0.00
车长观察位置	0.00	0.00	0.00
驱动控制机构	1.00	0.00	0.00
驾驶员潜望镜	0.05	0.00	0.00
发动机	1.00	0.00	0.00
单侧油箱漏油	0.05	0.00	0.00
高低机			
动力	0.00	0.00	0.00
手动	0.00	0.00	0.00
二者	0.00	1.00	0.00

续表

部件	破坏级别		
	M	*F*	*K*
火力控制系统			
主用系统	0.00	0.10	0.00
备用系统	0.00	0.00	0.00
二者	0.00	0.95	0.00
内部通信设备			
全部设备	0.30	0.05	0.00
车长用设备	0.00	0.05	0.00
射手用设备	0.00	0.05	0.00
车长和射手用设备	0.30	0.05	0.00
装填手用设备	0.00	0.00	0.00
驾驶员用设备	0.30	0.00	0.00
旋转式分电箱	0.35	0.20	0.00
炮塔接线盒	0.35	0.10	0.00
无线电设备			
现代战争，现代作战方式	0.05	0.05	0.00
现代战争，未来作战方式	0.25	0.25	0.00
方向机			
动力	0.00	0.10	0.00
手动	0.00	0.00	0.00
二者	0.00	0.95	0.00

表 1 - 3 - 2　典型的坦克破坏程度评价表（以外部部件损坏为依据）

部件	破坏级别		
	M	*F*	*K*
减震簧	0.00	0.00	0.00
诱导轮	1.00	0.00	0.00
行动轮（前）			
一个	0.50	0.00	0.00
两个	0.75	0.00	0.00
行动轮（后）	0.20	0.00	0.00
行动轮（其他）	0.05	0.00	0.00

部件	破坏级别		
	M	F	K
减震器	1.00	0.00	0.00
链轮	1.00	0.00	0.00
履带	1.00	0.00	0.00
履带导向轮	0.05	0.00	0.00
履带支托轮	0.00	1.00	0.00
主炮管	0.00	1.00	0.00
主炮炮膛排烟器	0.00	0.05	0.00

表 1 - 3 - 3　典型的坦克破坏程度评价表（以人员伤亡或失能为依据）

部件	破坏级别		
	M	F	K
车长	0.30	0.50	0.00
射手	0.10	0.30	0.00
装填手	0.10	0.30	0.00
驾驶员	0.50	0.20	0.00
两名乘员失能			
车长和射手	0.65	0.95	0.00
车长和装填手	0.65	0.70	0.00
车长和驾驶员	0.90	0.60	0.00
射手和装填手	0.55	0.65	0.00
射手和驾驶员	0.80	0.55	0.00
装填手和驾驶员	0.80	0.50	0.00
唯一幸存者			
车长	0.95	0.90	0.00
射手	0.95	0.95	0.00
装填手	0.95	0.95	0.00
驾驶员	0.90	0.95	0.90

在建立这些标准参考数据时，曾作过以下假设。

（1）坦克一旦参与战斗，遭受不致被彻底摧毁的攻击后，幸存者会竭尽全力使坦克继续作战。

（2）坦克有一台主发动机和一台辅助发动机，战斗中至少有一台处于工作状态。

（3）坦克配有备用武器和备用火控系统。

（4）主用武器和机枪不但可以从射手位置，而且可以从车长位置实施瞄准和射击。

（5）在确定坦克由各个元件或部件破损而造成的破坏程度时，表1-3-3所示中数据是假设该元件或部件完全损坏的条件下得出的。

装甲战斗车辆的装甲配置，主要是从抵御地面攻击考虑的，顶装甲通常比前、后装甲和侧装甲薄得多，故容易受空中攻击而损坏。另外，战胜装甲战斗车辆，应依据其弱点，采用恰当的战术手段。装甲战斗车辆重量比较大，悬挂系统的武器外露，舱口关闭后对外界的观察能力较差。所以，可以使用反坦克地雷通过爆炸波、空心装药、凝固汽油及其联合作用来破坏装甲车辆。

3）坦克破坏数据分析

坦克破坏分为两类：一是坦克或部件遭受机械功能损坏的结构性破坏；二是由结构性破坏导致的性能破坏。结构性破坏可通过坦克易损性试验获得，而性能损伤可由各种结构性破坏来表示。

为便于分析和鉴定，坦克破坏可按弹丸对如下部件的作用来分类：传动装置、燃料箱、弹药、发动机舱、乘员舱、炮管、装甲侧缘、其他次要外部部件。

传动装置部件性能损坏百分率随空心装药直径的变化如图1-3-1所示，这里只是为了形象地说明问题而给出的一个例子。当然，也可以给出穿甲弹、被帽穿甲弹和高速穿甲弹的类似曲线。

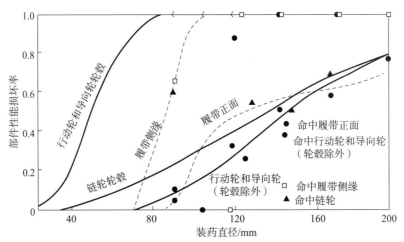

图1-3-1 传动装置部件损坏率与聚能装药直径的关系

图1-3-2所示的是坦克燃料易损性数据综合图，图中示出柴油持续起火概率与空心装药穿孔直径、油箱容量和药型罩材料的变化曲线。由图可见，油箱容量对紫铜罩的影响是很明显的，铝罩的起火概率比紫铜罩要大得多。

坦克主用武器弹药的起火概率随撞击弹药的破片数及穿孔直径的变化曲线如图1-3-3和图1-3-4所示。假设弹药起火总能造成1.00K级破坏，则图中曲线可直接作为鉴定毁伤威力的数据。破片撞击弹药通常可造成相当于M级或F级的破坏。但轻武器弹药被击中后造成的M、F和K级破坏都是微乎其微的。

根据多次试验结果表明，凡是贯穿发动机舱的，总会造成1.0M级破坏。

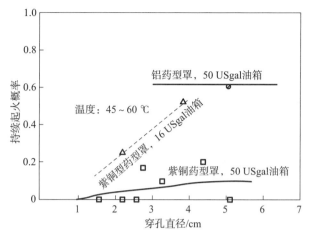

图 1 - 3 - 2　坦克燃料持续起火概率随穿孔直径的变化曲线

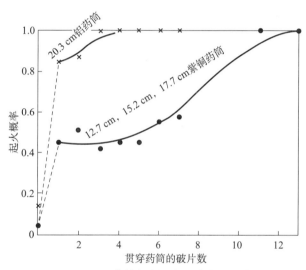

图 1 - 3 - 3　药筒起火概率随破片数的变化

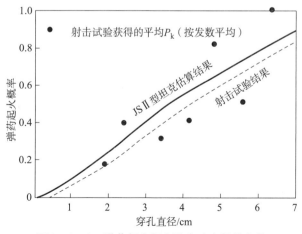

图 1 - 3 - 4　弹药起火概率随穿孔直径的变化

聚能装药破甲弹直接命中炮管会造成 100% 的 F 级破坏。但动能弹或破片直接命中炮管造成的破坏需要进一步试验才能确定。

试验结果表明，击穿乘员舱造成坦克平均 M 级和 F 级破坏，不但取决于穿孔直径，而且还与乘员舱内形成的集中破坏区的个数有关。射弹每穿透乘员舱一次平均使坦克造成 M 级和 F 级破坏率随穿孔直径的变化曲线如图 1 - 3 - 5 和图 1 - 3 - 6 所示。

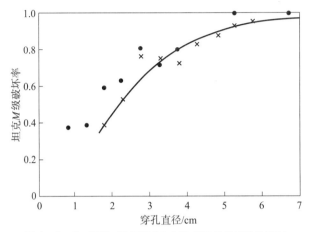

图 1 - 3 - 5　平均 M 级破坏（坦克乘员舱实射结果）

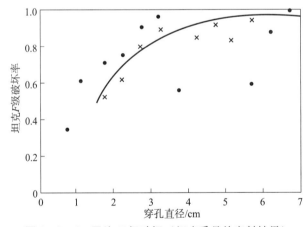

图 1 - 3 - 6　平均 F 级破坏（坦克乘员舱实射结果）

2. 步兵装甲车和装甲式自行火炮

步兵装甲车和装甲式自行火炮由于受到质量和战术作用的限制，一般都具有较薄的装甲。在一定距离上能抵御口径 12.7 mm 或更小口径轻武器的火力及榴弹破片和爆炸波的攻击。这两种装甲车辆很容易被任何反坦克所击伤，例如小口径穿甲弹、破甲弹及反坦克地雷等。所以，这些车辆的战术职能不要求寻歼反坦克武器，只要求避开反坦克武器，大致只要具备防御炮弹破片和某些爆破榴弹冲击波的能力即可。

1.3.2　非装甲车辆

非装甲车辆包括两种基本类型：以向战斗部队提供后勤支援为主要任务的运输车辆，如卡车、牵引车、吉普车等，用来作为运载工具的无装甲防护轮胎式或履带式车辆。

非装甲车辆不仅容易被各种反装甲手段摧毁，而且能被大多数杀伤武器毁坏。定量地测定这类车辆最低限度易损性的尺度是：若车辆运行所必需的某个零部件受到损伤，从而导致车辆停驶的时间超出某一规定时间，即可认为车辆已遭到有效破坏。车辆中有些主要行驶部件如电气部分、燃料系统、润滑系统和冷却系统等，在受到打击时特别容易损坏，故这些部件被视为受到攻击时最易失效部件。当然，有些车辆在某一角度上的大部分暴露面积被弹丸或弹片所击穿，但不一定击中主要行驶部件。空中爆炸波对非装甲车辆的破坏程度可按下述方法分类。

（1）快速毁伤：发动机在 5 min 内停车。

（2）慢速毁伤：发动机在 5～20 min 内停车。如果在 20 min 后停车，通常不视为慢速毁伤。

（3）不堪使用：由爆炸波造成的不足以构成快速或慢速毁伤的破坏。但是由于这种破坏的存在，车辆确实已无法继续使用。

非装甲车辆对破片的易损性，在于各部件相对于一系列给定质量和速度的破片的易损性。首先需要计算出车辆相对于给定破片的飞行方向的暴露面积，凡是在给定重量和速度的破片穿透车辆外壳之后容易遭受破坏的内部部件，其暴露面积均应加到该攻击方向的车辆的易损性面积上去。可以认为，以易损面积表示的车辆易损性，乃是构成易损区的一系列部件易损性的函数。

破片对非装甲车辆毁伤的级别可分为两类：A 级毁伤，即能使车辆在 2 min 内停车；B 级毁伤，即能使车辆在 40 min 内停车。

按上述定义，车辆易造成 A 级和 B 级毁伤的部分包括以下四个系统。

（1）电气系统：配电器、线圈、定时齿轮、导电线路、变压器；

（2）燃油系统：汽化器、油泵、油管、滤油器；

（3）润滑系统：油盘、回油孔、油路、滤油器；

（4）冷却系统：散热器及其连接软管、水箱。

电气系统中通常包括蓄电池和发电机，但是此处没有列入电气系统中，这是因为这两个部件不大可能同时被摧毁，只要其中之一保持完好，就足以保持车辆长时间行驶。

通常也不把油箱列入燃油系统之中，主要原因有三点：①油箱的大部分被有效地屏蔽着；②破片大都击中其上部，即使击穿，燃油泄漏也相当缓慢，不致造成 A 级或 B 级毁伤；③单发模拟破片射击试验结果表明，对非装甲车辆，由燃料起火引起而导致车辆毁坏的可能性很小。

1.3.3　终点毁伤威力的评定方法

终点毁伤威力评定是确定车辆相对于指定毁伤手段的易损性的最后一步。通过评定，可使终点弹道试验结果定量化。没有这一步，人们就不清楚目标的易损程度、两种车辆之间的相对易损性，或两种不同弹丸对某种特定目标的相对终点弹道效应。采用易损面积概念确定命中弹丸对车辆的毁伤概率，是目前衡量终点弹道效应的一种方法。

1. 易损面积概念

易损面积应用于车辆时，是指小于目标暴露面积的计算面积。其命中概率等于目标被击中并被毁伤的概率。按易损面积衡量目标毁伤效应的前提条件如下。

（1）在车辆给定方位上的暴露面积内，命中点均匀分布；

（2）易损性小于 1 且易变化的一块较大面积，可以用易损性为 100% 的一块较小面积来代替；

（3）某些部件的性能损坏概率可被视为整个车辆的性能损坏概率。

在按易损面积法确定地面车辆的毁伤概率时，规定所求的是单发射弹（包括破片、枪弹、实心弹丸）毁伤目标的平均概率，而与撞击目标的射弹数无关。只有当目标破坏是由一发射弹造成的，而与其他射弹造成的破坏无关时，该平均概率才作为衡量目标易损性的尺度。另外，易损面积法不适用于多重易损（即具有一个以上要害部件）的目标。

2. 易损面积的一般求法

（1）按给定方位或攻击角将目标暴露面积划分为若干易损性均等的单元区，如发动机、弹药、燃料等。有时，将一个部件划分为几个单元，每个主单元又可进一步划分为若干防护程度均等的子区，如等厚度、等倾斜度装甲板保护的子区。

（2）用已知的车辆侵彻数据和破坏数据作为终点毁伤威力计算的输入数据，参考有关破坏程度评价表，即可将部件破坏转换成车辆性能损坏程度。

对于已知特性的射弹命中子区而造成的部分的或完全的 M 级、F 级或 K 级破坏值，可由该子区的暴露面积加权来确定。例如，一个暴露面积为 $1 \ m^2$ 的子区，预定会使车辆造成 $0.4M$ 级的破坏，则该子区的 M 级易损面积为 $0.4 \ m \times (1 \times 0.4) \ m$。

欲求给定方位上车辆的总暴露面积，只需将该方位上车辆的暴露面积相加即可。而将各子区的 M 级、F 级和 K 级的暴露面积相加，便得到了车辆在该方位上的 M 级、F 级和 K 级破坏的总易损面积。

欲求车辆的平均暴露面积和平均易损面积，首先要求出各不同方位上的暴露面积和易损面积，然后再求出平均面积。

易损面积法现已应用于装甲车辆和非装甲车辆，但由于两者的易损性不同，处理方法上必然有些差异。

3. 装甲车辆易损面积法

为了评定对坦克的毁伤威力，可以将坦克分为若干不同单元区而后分别考虑射弹对每一单元区的毁伤威力。这些单元区是给定方位下车辆暴露面积中的主要区域，就侵彻而言，各单元区具有相同的易损性。这些单元区是发动机舱（不含燃料）、燃料箱（装满燃料）、弹药（弹药支架及其堆放区）、乘员舱、悬挂系统和传动装置、炮管、装甲侧缘和其他外部部件。

每个单元还可细分为若干个具有均匀防护能力的子区，每个子区受有均匀保护，因而具有相同的易损性。无论击中子区任何部分，贯穿概率皆相同，且贯穿后该子区遭受的 M 级、F 级或 K 级破坏也是均匀分布。

若已知单元区的穿孔直径和侵彻厚度数据，便可由图 1-3-1 ~ 图 1-3-6 所示的曲线求出响应区的破坏概率。将位于该子区后方的每一部件的 M、F 和 K 级破坏相加，即可得到该子区的总破坏值。例如，M_1 和 K 分别为子区后方两个部件使坦克遭受的 M 级破坏值，该子区总 M 级破坏值为

$$M = M_1 + K = 1 - (1 - M_1)(1 - K) \tag{1-3-1}$$

图 1 - 3 - 7 所示的是乘员舱被贯穿时造成的平均 $M_1 + K$、$F_1 + K$ 和 K 级破坏率的三条曲线。这些曲线可作为车辆破坏程度评价的依据。

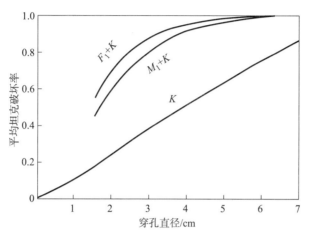

图 1 - 3 - 7　坦克平均破坏率随穿孔直径的变化

4. 非装甲车辆的易损面积法

非装甲车辆的易损面积法为目标暴露面积与单个破片（或弹丸）平均毁伤概率之积。而装甲车辆的易损面积不包括单个破片（或弹丸）的概念。

为便于分析，将所考查的目标视为一个含有几个易损部件的组合体。设 P_i 为命中在第 i 个部件面积上的毁伤概率，令 $(A_P)_i$ 为第 i 个部件无遮蔽部分的暴露面积，同时假定部件不重叠，则整个目标的易损面积 A_V 可表示为

$$A_V = \sum_{i=1}^{n} P_i (A_P)_i = \sum_{i=1}^{m} (A_V)_i \tag{1-3-2}$$

由式（1 - 3 - 2）表明，目标易损面积采用累加的形式，与装甲车辆易损面积计算方法相同。

如此求得的易损面积系指某一特定破坏等级下的易损面积，该破坏等级是由已知质量和速度的射弹在特定类车辆和给定方位上产生的。这些相互独立的易损面积可按方位角求出平方值。显然，它们是高低角、质量破片、破片速度、壳体厚度以及毁伤概率的函数。

5. 分布面积概念

在弹体非均匀分布条件下，应采用分布面积法求对车辆造成的破坏程度。按照这种方式，每个具有均等防护能力的子区又被细分为若干命中概率相等的亚子区。每个亚子区都是与其子区相同的 M 级、F 级和 K 级破坏率，它是亚子区面积和该区的命中概率的函数。

按照分布面积法，认为命中点在目标表面上呈非均匀分布。对车辆发射高速、高精度射弹即属此种情况。可以认为，在一般实用射程范围内，射击精度的提高可使命中点向瞄准点集中，而瞄准点本身又随车辆的暴露面积而转移。

1.4 地面建筑物和地下建筑物

1.4.1 地面建筑物

大多数破坏作用都能够破坏建筑物，在此仅讨论空中爆炸波、地下爆炸波和火灾的破坏作用，因为这三种现象被认为最有可能使建筑物遭到严重破坏或完全摧毁。当然，为确定建筑物的易损性，还必须得知目标的载荷与响应特性及制约该响应的诸参量。

1. 空中爆炸波

就空中爆炸波而言，目标遭受破坏的程度往往受到载荷的大小和持续时间的长短、目标构件的倾斜程度和弹性等因素的影响。目标的大小与结构形式决定着建筑物对绕射载荷或对动压力引起的曳力载荷更敏感，从而影响着对建筑物的施载方式。一般来说，地面建筑物更易为空气爆炸波所毁坏。

空中爆炸波对物体施加的载荷，是由入射爆炸波的超压和风动压两部分作用力联合构成的。由于爆炸波自目标正面反射过程中和从建筑物四周绕射过程中载荷变化极快，因而载荷一般包括两个显著不同的阶段，即初始绕射阶段上的载荷和绕射结束后拖曳阶段的曳力载荷。

空中爆炸波的主要阶段来源于常规高能炸药武器和核武器，常规高能炸药形成的爆炸波正相超压时间短，所以它在绕射阶段内的载荷更重要。核武器正相超压时间长，故绕射和拖曳阶段的合成载荷十分重要。

1）绕射阶段载荷

大多数在承载过程中壁面保持不动的大型封闭建筑物，在绕射阶段内会产生明显的响应，因为绝大部分平移载荷正是在这一阶段施加的。爆炸波冲击这类建筑物时会发生反射，反射后形成的超压大于入射超压波。随后，反射波超压很快降至入射超压水平。爆炸波在传播过程中遇到建筑物时，将沿其外侧绕射，遂使建筑物各侧均受超压。在爆炸波抵达建筑物背面之前，作用在建筑物正面上的超压对建筑物构成一个沿爆炸波传播方向的平移力。当爆炸波到达建筑物背面之后，就小型建筑物而论，爆炸波抵达背面更快，建筑物前后表面上的压力差存在的时间短。所以，超压导致静平移载荷的大小主要是由建筑物的尺寸决定的。绕射阶段爆炸波超压对各类建筑物的破坏程度见表1-4-1。

表1-4-1 主要受绕射阶段爆炸波超压影响的各类建筑结构的破坏程度

建筑结构类型	破坏程度		
	严　重	中　度	轻　度
多层钢筋混凝土建筑物（钢筋混凝土墙，抗爆震设计，无窗户，三层）	墙壁碎裂，构架严重变形，底层立柱开始倒塌	墙壁出现裂纹，建筑物轻微变形，入口通道破坏，门窗内翻或卡死不动，钢筋混凝土少量剥落	—
多层钢筋混凝土建筑物（钢筋混凝土墙，无窗户，三层）	墙壁碎裂，构架严重变形，底层立柱开始倒塌	外墙严重开裂，内隔墙严重开裂或倒塌。构架永久变形，钢筋混凝土剥落	门、窗内翻，内隔墙裂纹

续表

建筑结构类型	破 坏 程 度		
	严　　重	中　　度	轻　度
多层墙承重式建筑物（砖筑公寓式建筑，至多三层）	承重墙倒塌，致使整个建筑倒塌	外墙严重开裂，内隔墙严重开裂或倒塌	门、窗内翻，内隔墙裂纹
多层墙承重式建筑物（纪念碑型，四层）	承重墙倒塌，致使它支撑的结构倒塌，部分承重墙因受中间墙屏蔽而未倒塌，部分结构只产生中度破坏	面对冲击波的一侧外墙和内隔墙严重开裂，但远离爆炸的那一端建筑结构的破坏程度相对轻些	门、窗内翻，内隔墙裂纹
木质构架建筑物（住宅型，一层或两层）	构架解体，整个结构大部分倒塌	墙框架开裂，屋顶严重损坏，内隔墙倒塌	门、窗内翻，内隔墙裂纹
储油罐（高 9.14 m，直径 15.24 m，考虑装满油的情况。如为空罐更易破坏）	侧壁大部分变形，焊缝破裂，油大部分流失	顶部塌陷，油面以上的侧壁胀大，油面以下的侧壁发生一定变形	顶部严重损坏

2）拖曳阶段载荷

在绕射阶段，直到爆炸波完全通过之后，建筑物一直在承受着风动压的作用。这种动载荷又称曳力载荷。就大型封闭建筑物而言，拖曳阶段的曳力载荷比绕射阶段的超压载荷小得多。但对小型结构来说，拖曳阶段的曳力载荷就显得比较重要，这阶段承受的平移力远远大于绕射阶段超压构成的平移力。如框架式建筑物，如果侧壁在绕射阶段已经解体，那么，拖曳阶段将使构架进一步破坏。同理，对于桥、梁绕射阶段承受的实际载荷时间短，但拖曳阶段曳力载荷作用时间却很长。由于曳力作用时间与超压作用时间密切相关，而与建筑物整体尺寸无关，所以破坏作用不仅取决于峰值动压，而且还与爆炸波正压持续时间有关。

表 1-4-2 所示的是在拖曳阶段容易遭受破坏的各类建筑物结构。同一个建筑物的某些构件可能易被绕射阶段载荷所破坏，而另一些构件可能被拖曳阶段载荷所破坏。另外，建筑物的大小、方位、开空数和面积，以及侧壁和顶板解体速度，决定着究竟何种载荷才是造成破坏的主要原因。

表 1-4-2　主要受拖曳阶段动压力影响的各类建筑物结构的破坏程度

建筑结构类型	破 坏 程 度		
	严　　重	中　　度	轻　度
轻型钢构架厂房（平房，可装 5 t 天车，轻型低强度易塌墙）	构架严重变形，主柱偏移量达到其高度的1/2	构架中度变形，天车不能使用，需修理	门、窗内翻，轻质墙板剥落
重型钢构架厂房（平房，可装 50 t 天车，轻型低强度易塌墙）			

续表

建筑结构类型	破坏程度		
	严　重	中　度	轻　度
多层钢构架办公楼（五层，轻型低强度易塌墙）	构架严重变形，底层立柱开始倒塌	构架中度变形，内隔墙倒塌	同上，且内隔墙裂开
多层钢筋混凝土构架办公楼（五层，轻型低强度易塌墙）	构架严重变形，底层立柱开始倒塌	同上，且钢筋混凝土有一定程度剥落	
公路或铁路桁架桥（跨度为45.7~76.2 m）	侧面斜梁全部解体，轿梁倒塌	侧面某些斜梁解体，桥梁负荷能力降低50%	桥梁负荷能力不变，但某些构架轻度变形
公路或铁路桁架桥（跨度为76.2~167.6 m）			
浮桥（美国陆军 M－2 和 M－4 制式浮桥，取任意走向）	全部锚链松脱，行车道之间或梁之间的结合部变形，浮舟扭曲松脱，许多浮舟沉没	许多系船绳索断开，桥在船台上漂移，行车道或梁同浮舟之间的结合部松脱	有些系船绳索断开，桥梁负荷能力不减
覆土轻型钢拱地面建筑（10号波纹钢板，跨度为6.1~7.6 m，覆土层 1 m 以上）	拱形部全部坍塌	拱形部有轻度永久变形	两端墙壁变形，入口门可能毁坏
覆土轻型钢筋混凝土拱地面建筑（钢筋混凝土面板厚为5.08~7.62 cm，用中心间距为 1.2 m 的钢筋混凝土梁支撑，覆土层 1 m 以上）	全部坍塌	拱板变形，严重开裂并剥落	拱板开裂，入口门损坏

3）结构响应

决定结构响应特性和破坏程度的参量有强度极限、振动周期、延性、尺寸和质量。其中，延性可提高结构吸收能量和抵抗破坏的能力。砖面之类的建筑物属脆性结构，延性较差，只要产生很小的偏移就会造成破坏；钢构架之类的建筑物属延性结构，能承受很大的乃至永久性的偏移而不被破坏。

施载方式对于结构的响应特征也会产生很大的影响。大多数建筑结构承受竖直方向载荷的能力远远大于水平方向。因此，在最大载荷相等的条件下，处在早期规则反射区的建筑物遭受破坏的程度可能小于处在马赫反射区的类似结构遭受的破坏程度。

对于用土掩埋的地面建筑物，覆盖的土层能减小反射系数，改善建筑物的空气动力形状，可大幅减小水平和竖直方向的平移力。若建筑物具有一定的韧性，通过土层的加固作用，可提高抵抗大弯曲的能力。

浅层地下爆炸时，空中爆炸波也是对地面建筑物起破坏作用的决定因素之一。但是，就给定的破坏程度而言，浅层爆炸时，空中爆炸波的有效作用距离要小于空中爆炸的情况。

4）破坏程度分类

常规炸弹对大型建筑物的破坏往往是局部的，或者仅仅靠近炸点的区域，所造成的破坏可以分为"结构性破坏"和"外部破坏"两大类。其具体说明与核弹破坏程度分类中的"中度破坏"和"轻度破坏"相似。若建筑结构尺寸较小，常规炸弹造成的破坏同核弹破坏程度分类中的"严重破坏"。

（1）严重破坏：指建筑结构损坏，除非重建，否则不能按预期的目的使用，即使派作其他用途，也必须大力修复。

（2）中度破坏：指建筑结构的主要受力构件如桁、立柱、梁、承重墙等损坏，排除进行重大修理，否则将不能按预期目的有效地使用。

（3）轻度破坏：指建筑结构的主要受力构件的破坏仅限于窗户破裂，屋顶和侧壁轻微损坏，内隔墙倒塌，某些承重墙出现轻度裂纹，以及表1-4-1和表1-4-2所述的情况。

2. 地下冲击波

只有靠近地面的地下爆炸或者在地下爆炸的弹坑附近，而且必须具有足够的程度，才能严重破坏地面建筑物的基础。

3. 火灾

建筑结构对火灾的易损性与建筑物及其内部设施的可燃性、有无防火墙等设施的完善程度有关。

常规炸弹或核弹带来的火灾，大都是由二次冲击波效应引起的，而且大多数是油罐、油管、火炉和盛有高温或易燃材料的容器破裂、电路短路造成的。另外，核爆炸的热辐射也能引起火灾。

1.4.2　地下建筑物

1. 空中爆炸波

空中爆炸波是破坏覆土轻质建筑物和浅埋地下建筑物的主要因素。

覆土轻质建筑物是指建筑物高出地面的部分由堆积的土丘构成。土丘可减小爆炸波反射系数。改善建筑物的空气动力形状，这样能明显减弱外加的平移作用力。此外，通过土层的保护作用，还能提高结构的轻度和增大其惯性。

浅埋地下建筑结构是指顶部覆土层表面与原地面平齐。对于这类建筑结构，其顶部承受的空中爆炸波压力不会减小多少。当然，由于爆炸波在土层表面的反射，压力也不会增加。这类结构的易损性由多种变化因素决定，如结构特性参数、土壤性质、埋置深度、空中爆炸波的峰值超压等。

2. 地下冲击波

地下建筑结构可以设计成不受空中爆炸波的任何破坏，但是它却能被低空、地面或地下爆炸成坑效应或地下冲击波破坏乃至摧毁。

地下冲击波和成坑效应对地下建筑物的破坏作用，取决于建筑结构的大小、形状、韧性和相对于爆炸点的方向，以及土壤和岩石特征等。其破坏判据可由以下三个区域加以描述。

（1）炸坑本身；

（2）自炸坑中心起，向外扩展到塑性变形区外沿（此区的半径约等于炸坑半径的两倍半）；

（3）造成永久变形的瞬时运动区。

表1-4-3所示的是地下建筑结构破坏程度与炸坑半径之间的关系。其中，R 为炸坑

半径。

表1-4-3　地下建筑结构破坏程度与炸坑半径之间的关系

建筑结构	破坏程度	破坏距离	破坏情况
较小、较重、设计得当的地下目标	严重破坏 轻度破坏	1.25R 2R	坍塌 轻度裂纹，脆性外结合部断开
较长、较有韧性的目标（如地下管道、油罐）	严重破坏 中度破坏 轻度破坏	1.5R 2R 1.5R～3R	变形并断裂 轻度变形和断裂 结合部失效

为估计地下冲击波的破坏程度，现把地下建筑结构分类如下。

（1）土壤内中小型高抗震结构。这类结构包括钢筋混凝土施工在内，大概只有在整个结构产生加速运动和位移时，才会被破坏。

（2）土壤内中型中等抗震结构。这类结构将通过土壤压力以及加速运动和整体位移而发生损坏。

（3）具有较高韧性的长形结构。这类结构包括地下管道、油罐等，可能只有处于土壤高应变区的部分才会被破坏。

（4）对方向性敏感的结构。如枪炮掩蔽部等，可能因为发生较小的永久性位移或倾斜而被破坏。

（5）岩石坑道。这类结构除了直接命中产生炸坑而坍塌外，外部爆炸造成的破坏皆由地下冲击波在岩石与空气界面处反射时的拉伸波引起。大坑道比小坑道更易遭受破坏。

（6）大型地下设施。这类设施通常可视为一系列小型建筑结构分别处理。

1.4.3　常规炸弹破坏力分析

1. 建筑物的分类

根据大量调查结果，建筑物可按结构特点和外部特性分为A、B、C、D、E、F和S七大类。每一类又可分为若干小类，各小类分别赋予相应的类号。表1-4-4所示为完整的分类表。

表1-4-4　建筑物的分类

大类及说明	小类		结构特点
	说明	类号	
A：不带可移动式起重设备的房屋。跨度一般小于22.8 m，屋檐高度通常不超过7.62 m，面积不小于929 m²	（1）锯齿形屋顶	A1.1	包括除A1.1、A1.3、A1.4、C1.3、C2.3以外的所有锯齿形屋顶建筑
		A1.2	带整体构架和顶板钢筋混凝土建筑
		A1.3	装有露出屋顶之外且正交于锯齿形屋顶上弦桁架的钢质构架式建筑
		A1.4	外壳承载的壳体型钢筋混凝土建筑

大类及说明	小　类		结　构　特　点
	说　明	类号	
注：这类包括钢质或木质构架建筑物。实践证明，两种建筑物的易损性相同，且炸弹导致的破坏多出现在构架连接处	（2）非锯齿形屋顶	A2.1	钢质或木质构架，简单横梁立柱建筑
		A2.2	拱形、刚性、钢构架建筑
		A2.3	钢质或木质构架，网格桁架建筑
		A2.4	带整体构架和顶板钢筋混凝土建筑
		A2.5	外壳承载的壳体型钢筋混凝土建筑
B：装有可移动式起重设备的平房。跨度不限，结构形式不限，面积不小于 929 m²	（1）装有重型起重设备的建筑物	B1	屋檐高度 9.14 m 以上，起重能力不小于 25 t
	（2）装有轻型起重设备的建筑物	B2	屋檐高度 9.14 m 以上，起重能力不大于 25 t
C：不带起重设备的平房，跨度 22.8 m 以上，屋檐高度通常不超过 7.62 m 以上，面积不小于 929 m²，这类建筑物适合作为飞机装配车间或机库	（1）主构件沿两个方向安装，屋顶或为钢筋混凝土结构，或为钢质或木质结构	C1.1	屋檐桁架沿建筑物一边由大跨度横架支撑，对面有支柱支撑，厂房一侧及两端开有大门
		C1.2	在一个或两个方向上有连续桁架；大跨度桁架在一个方向上受内立柱和外墙（或外立柱）支撑
		C1.3	外露式弦架垂直支撑主桁架的锯齿形屋顶建筑物，一个或两个弦架可以是大跨度桁架
		C1.4	菱形网格拱形建筑
	（2）主构件沿一个方向安装，屋顶或为钢筋混凝土结构，成为钢质或木质结构	C2.1	大跨度拱形桁架分别由建筑物各侧边支撑，桁架可以设计为多跨度组合件
		C2.2	大跨度三角桁架或弓形桁架分别由建筑物各侧的立柱支撑，横架可设计为由共用立柱支撑的多跨度组合件，屋顶高跨比为 2∶10
		C2.3	大跨度桁架，高跨比为 2∶10（或更小）的上弦架分别由建筑物各侧的立柱支撑，包括外露式锯齿形屋顶建筑，可以设计成由共用立柱支撑的多跨度桁架，也可以设计成内立柱支撑的连续桁架
	（3）主结构型	C3	外壳承载式或其他壳体型钢筋混凝土结构

大类及说明	小　类		结　构　特　点
	说　　明	类号	
D：结构形式不限，面积小于 929 m² 的平房	平房	D	各种结构形式和各种材料的建筑
E：构架式楼房	（1）抗震型	E1	能抗强横向载荷的极其笨重的钢质或钢筋混凝土建筑
	（2）钢质、木质或混凝土建筑物	E2	各种轻型（相对于E1而言）构架式建筑
F：墙壁支撑（可以有内立柱）式楼房	（1）抗震型	F1	能抗强横向载荷的钢筋混凝土砖墙或重型砖石墙建筑
	（2）钢质、木质或混凝土建筑物	F2	各种轻型墙壁支撑式建筑。承重墙材料不限，其内部构架或为钢质、或为木质
S：专用建筑结构	—	S	炼焦炉、高炉、地上油库、冷却塔等

2. 易损性等级

随着炸弹的大小和类型的不同，建筑物的相对易损性也会有所不同。各种建筑物相对于同一尺寸和类别的炸弹的易损性可分为四级：L1、L2、L3 和 L4。

数据研究结果表明，在大多数情况下，炸弹投放在 D 类建筑（小型平房）的扩展区域内，要么使建筑物彻底毁坏，要么使其在结构上保持完整无损。鉴于此，D 类建筑物的易损性不可与其他建筑物混为一谈，即 D 类建筑物的易损性自成一级（L1 级）。

除 D 类以外，其他建筑物的易损性可细分为三级：可承受强轰炸的为 L2 级；可承受轻型轰炸的为 L4 级；介于这两者之间的为 L3 级。各种建筑物的易损性分类如表 1 – 4 – 5 所示。

表 1 – 4 – 5　各种建筑物的易损性分类

炸弹种类	易损性等级	建筑物类型
227 kg 炸弹	L1	D
	L2	B1，E2
	L3	A2.3，B2，C1.2，C1.4，C2.1，C2.3，F2
	L4	A1.1，A1.4，A2.1，A2.6，C3
454 kg 炸弹	L1	D
	L2	B2，E1，E2
	L3	A1.1，A1.3，A2.3，A2.4，B1，F2
	L4	A1.5，A2.1

续表

炸弹种类	易损性等级	建筑物类型
908 kg 炸弹	L1 L2 L3 L4	D A1.1，B1，B2，E2 A2.3 A1.3，A2.6
1 816 kg 炸弹	L1 L2 L3 L4	D E2 A2.3 A1.1，B2

3. 炸弹的破坏效应

炸弹对工业建筑的破坏威力，可通过现场调查报告，测定使目标造成特定比例破坏所需覆盖的炸弹密度而定量地给出。需要用到的定义如下。

（1）平面面积：建筑物的水平投影面积。

（2）脱靶面积：围绕建筑物的带状面积，具体宽度与炸弹的大小有关。

（3）总建筑面积：包括地下室在内的各层楼房的总建筑面积。

（4）结构性破坏面积：由空中爆炸波或冲击波作用造成结构性破坏的总建筑面积。

（5）扩展面积：平面面积加脱靶面积。

（6）炸弹数：直接命中或落入脱靶区的炸弹数。

（7）炸弹密度：一枚炸弹的定义重量乘以炸弹数再除以扩展面积的商。

（8）破坏面积：结构性破坏面积与总建筑面积之比值。

表 1-4-6 所示的是炸弹威力数据的一个实例。

表 1-4-6 地面目标的破坏概率

建筑物类型	$F = 0.30$				$F = 0.50$				$F = 0.70$			
	炸弹质量/kg				炸弹质量/kg				炸弹质量/kg			
	227	454	908	1 816	227	454	908	1 816	227	454	908	1 816
A2.3	0.31	0.43	0.21	0.29	0.39	0.72	0.35	0.49	0.47	1.00	0.49	0.68
B2	0.31	0.71	0.40	0.15	0.39	1.2	0.66	0.26	0.47	1.7	0.92	0.36
E2	0.45	0.71	0.65	0.32	0.53	1.2	1.1	0.87	0.61	1.7	1.5	1.2

注：F 为规定破坏比例。

1.4.4 地面目标的破坏概率

衡量常规武器效率最简便的方法是给出武器对某种特定目标造成给定类型破坏的水平面积，大多数目标如工厂、城市、铁路和机场等，基本上属于水平分布，投弹精度和炸弹密度都是按水平面积度量的。有两个概念可用来衡量武器效率：一是平均有效破坏面积；二是易损面积。

1. 平均有效破坏面积概念

由落入目标区域内的射弹造成的破坏效应随射弹着点至目标单元的距离而变化，所以可赋予适当的概率以衡量命中每一位置的可能性。这些概率值乘以每发命中的射弹造成的破坏面积，就可得到每发射弹对建筑物的平均破坏面积。如此求得的武器效率称为平均有效破坏面积（MAE）。特定武器使特定目标单元造成给定类型破坏的平均有效破坏面积可被定义为该武器平均使目标单元至少造成给定类型破坏的面积。目标单元指独立单个目标如建筑物、机器和人等，或指面积单位如平方米。当目标由互相靠近的独立单元组成，以致若干目标单元被包含在一发射弹的平均有效破坏面积值内时，用平均有效破坏面积来衡量武器效率最为合适。而对诸如钢轨或地下钢管之类的线性目标，则不宜采用折中概念。

在估算破坏目标所需炸弹密度时，通常按单个武器的破坏作用效果来计算。在比较武器的相对效率时，通常按单个武器的作用效果来计算。在比较武器的相当效率时，应按造成同一个破坏效果条件下所需要的炸弹的相当密度来确定，也可以将武器的平均有效破坏面积转换成单位武器质量的平均有效破坏面积来比较不同武器的效率。

这个概念被用于确定造成给定破坏百分率所造成的地面弹药密度关系式为

$$F = 1 - e^{MD}$$

式中：F 为要求的破坏百分率；M 为平均有效破坏面积（m^2/t）；D 为要求的弹药密度（t/m^2）。

该式是根据基本理论推导的，假定破坏由两个战斗部重叠造成，总破坏区则等于一个战斗部破坏区的两倍减去重叠面积。分析表明，上式与实际不符。从实战的角度出发，目标分析人员实际上只要知道 F 和 D 的关系就足够了。

2. 易损面积概念

这些目标如炼油厂、桥梁、储油库等，基本上是由一些水平面积较小的单元组成。就这类目标而论，当射弹命中目标单元周围的某个水平区域时，可产生所要求的破坏程度。命中射弹所对应的水平区域的面积很容易求出，这个水平面积称为易损面积（VA）。其定义为特定目标单元的易损面积是指使该目标单元遭受不低于规定程度破坏所需的命中区域的面积。

易损面积法最适合于以下场合：各目标单元相互独立，一发射弹只能破坏一个目标单元；或是只需一发射弹即可在目标单元的易损面积内造成规定程度的破坏。该方法最适合于线性目标如桥梁、钢轨等结果。

为了求得不同武器对同一个目标单元的相对效率，需要将每发射弹的易损面积乘以适当系数，换算成单位武器质量的易损面积。单位武器质量易损面积越大，该武器效率就越大。与平均有效破坏面积一样，用于衡量相对效率的真正标准乃是毁伤目标所需要的相对密度。

某些目标，不仅水平尺寸而且垂直尺寸也影响易损面积的大小。另外，炸弹的着角也不可能永远是垂直的，所以它不仅有可能命中目标的水平表面，也可能命中垂直表面。因此，等效水平面积等于以着角为投影角时目标在地面上的投影面积。

3. 建筑物的破坏

建筑物的破坏通常可分为结构性破坏和表层破坏两类。其中，结构性破坏是指主要受力部件如桁架、梁、柱等的破坏；表层破坏是指次要受力部件如檩条、瓦盖等的破坏。常规建筑物按其结构特点和相对于炸弹的易损性可分为墙壁支撑楼房、构架式楼房、轻型构架平房和重型构架平房四种基本类型。其中，有些还可按其不同结构进行进一步细分。

1.5　电力系统

电力系统（Electronic Power System 或 Power System）包括发电、送电、变电、配电、用电设备，也包括调相调压、限制电路电流、加强稳定等辅助设施，也包括继电保护、调度通信、运动和自动调控设备等所谓二次系统的种种装备。

电力系统额定电压等级分为 3 kV、6 kV、10 kV、15（20）kV、35 kV、60 kV、110 kV、154 kV、220 kV、330 kV、500 kV。其中，高额定电压等级使用情况如下。

（1）35 kV、60 kV：用于大城市、大企业和高压配电网，也广泛用于农村；

（2）110 kV、154 kV：中小电力系统主干线电压及大电力系统二次网络的高压配电电压；

（3）220 kV：大电力系统主网网架电压，属于输电网电压；

（4）330 kV、500 kV：系统间联络线电压，以及大型电厂的远距离输电线路电压。

电力系统在运行中，经常可能受到各种自然和人为的扰动。有些扰动，如短路、电气或机电参数谐振、稳定性破坏等，若处理不当，可能严重损坏设备或导致大面积停电。

电力系统中最常见的扰动是短路。本章讨论的电力系统易损性是指高压电力系统在遭受导电纤维短路毁伤情况下的易损性。

1.5.1　毁伤等级划分

1. 短路毁伤类型

导电纤维子弹对目标的毁伤等级可以分为两大类：一是干扰短路毁伤（称为 I 类短路毁伤）；二是短路毁伤（称为 S 类短路毁伤）。

1）I 类短路毁伤

I 类短路毁伤可以分为两个等级：I_1 和 I_2。

（1）I_1：一般干扰短路毁伤，判据为：短路持续时间 $t_1 < \tau_0$（保护装置跳闸的整定时间值）；

（2）I_2：严重干扰短路毁伤，判据为：短路持续时间 $t_1 > \tau_0$，保护装置跳闸，但一次重合闸成功。

对于 I 类短路毁伤，一般为电力系统在普通意外情况下造成的短路故障，不属于本章研究范围。本章主要讨论电网在遭受导电纤维子弹打击情况下所受的 S 类短路毁伤。

2）S 类短路毁伤

S 类短路毁伤存在两种类型：直接短路毁伤（DS）和间接短路毁伤（IS）。

（1）直接短路毁伤：指一个电力设施目标（高压变电站等）在受到导电纤维丝束直接作用后，输电、配电功能发生失效的短路效应。

（2）间接短路毁伤：指由某一个或多个电力设施遭受导电纤维丝束直接短路毁伤后的失能效应对紧密相连的其他电力设施造成的连带失能效应。该短路毁伤效应所引起的短路毁伤范围远远大于直接短路毁伤的范围。

2. 短路毁伤等级

在一定的清除导电纤维和恢复供电能力的条件下，本章将高压电力系统的S类短路毁伤分为S_1、S_2和S_3三等。具体的短路毁伤等级及其对应的临界条件之间的关系见表1-5-1。

表1-5-1　短路毁伤等级及其对应的临界条件之间的关系

毁伤类别	短路毁伤等级	对应关系
I	I_1	功能受到干扰，导电纤维丝束产生瞬间引弧效应，短路持续时间很短，小于保护装置整定值，即$t_1 < \tau_0$，保护装置不动作
	I_2	功能暂时中断，导电纤维丝束产生短时引弧效应，短路持续时间较长，大于保护装置整定值，即$t_1 > \tau_0$，保护装置跳闸，一次重合闸成功
S	S_1	功能长时间失效，导电纤维丝束产生引弧效应，短路时间长，保护装置跳闸，重合闸时再次产生引弧效应，再次产生的短路时间仍大于保护装置整定值，重合闸失败，导电纤维丝束造成的短路隐患较少，清除短路隐患至重合闸成功的时间较短，对社会生产及其他方面的影响不大
	S_2	功能长时间失效，导电纤维丝束产生引弧效应，短路时间长，保护装置跳闸，重合闸时再次产生引弧效应，再次产生的短路时间仍大于保护装置整定值，重合闸失败，导电纤维丝束造成的短路隐患较大，清除短路隐患至重合闸成功的时间较长，对社会生产及其他方面造成较大的影响
	S_3	功能长时间失效，导电纤维丝束产生引弧效应，短路时间长，保护装置跳闸，重合闸时再次产生引弧效应，再次产生的短路时间仍大于保护装置整定值，重合闸失败，导电纤维丝束造成的短路隐患很多，清除短路隐患至重合闸成功的时间很长，且对部分设施造成永久毁伤而须更换新设备才能使其正常运行，对社会生产及其他方面造成极大的影响

1.5.2　高压变电站短路毁伤易损性

高压变电站短路毁伤易损性是指一个高压变电站对导电纤维丝束短路毁伤的敏感性。其包含三个重要方面：一是对单束导电纤维短路引弧的敏感性，即导电纤维丝束作用在高压电力设施上（母线、变压器、高压开关等）产生短路情况时，发生通流引弧的敏感性，这与导电纤维丝束的材料特性和电阻率等有关，也与电压大小有关，当电压确定时，就与导电纤维丝束的性能有关；二是导电纤维丝束通流引弧短路发生后，保护装置跳闸的敏感性，除了与整定时间有关外，主要与导电纤维丝束产生通流引弧的有效持续时间有关；三是保护装置重复合闸后，再次跳闸的敏感性，这与作用在高压电力设施上导电纤维丝束的量有关。

短路故障形式有三相短路、两相短路、两相接地短路、单相接地短路等，如图1-5-1所示。短路故障可分为瞬时故障和永久故障。对于瞬时故障，电力系统通常采用重合闸功能予以解除，例如某一短路物品产生瞬间短路效应，短路持续时间小于保护装置的整定时间，则无影响，系统马上可恢复原状；大于整定时间便发生跳闸，且自动合闸成功，系统正常；而对于一次甚至两次重合闸不成功的，则被视为永久性故障。

1.5.3　输配电网满负荷状态或处在峰值载荷时短路易损性

当输配电网在满负荷状态或处在峰值载荷时的相线电流较大，当导电纤维丝束作用于高

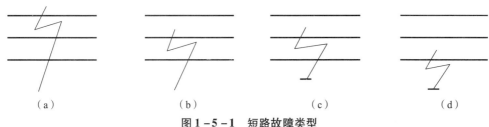

图 1 – 5 – 1　短路故障类型

(a) 三相短路；(b) 两相短路；(c) 两相接地短路；(d) 单相接地短路

压线路时，导体间的电阻瞬间变小，线路总阻抗也随之减小，相线电流增大，并迅速超过最大阈值电流 I_{max}，较大的短路电流导致保护装置启动。而当输配电网满负荷时或处于峰值载荷时，更容易造成导电纤维丝束处形成短路电弧而使供电功能丧失。

一般电源规划是以提高经济效益为前提，区分电厂调峰性质和供电性质，使系统留有备用，一般负荷备用占总容量的 2% ~ 5%，事故备用占 10%，检修备用占 8% ~ 15%，总的备用容量占总容量的 20% ~ 25%。若短路造成某一个或几个高压变电站或发电厂的保护装置启动，其负载则必将转移到其他变电站或发电厂，在所有变电站或发电厂都接近其峰值输出功率的情况下，转移的负载量更容易使其超过备用容量，输电线路过负荷跳闸，造成连锁反应，系统失去稳定，最终使整个大电网全部失能。例如，1965 年 11 月 9 日，美国东北部的大停电事故及 1967 年 6 月 5 日美国 PJM 系统的大停电事故都是由于输电线路过负荷跳闸，造成了连锁反应，最终使系统失去稳定而瘫痪停电，其停电时间长、影响容量大，可见其后果是极其严重的。

1.5.4　大系统短路毁伤易损性

电力系统称得上是陆地上最复杂的网络系统，复杂网络的不均匀特性使网络的脆弱性大大增加，这种不均匀特性在电力系统中不可避免地存在。因而，随着网络互联规模的扩大，电网的脆弱性也大大增加。也就是说，电网规模越大，在外界因素特别是导电纤维子弹对电力系统打击这样的人为因素作用下，越容易受损；且电网规模越大，越容易触发一系列的连锁反应。大电力系统是电力工业发展的趋势，电力资源及电能可综合管理、优化配置合理使用。若干个高压变电站/开关站、输配电线路和发电厂等构成一定规模的电力系统。我国电力系统调度管理分为五级：①国家调度机构（国调，500 kV 及以上电压等级）；②跨省调度机构（大区域网调，330 kV 及以上电压等级）；③省级调度机构（省调，220 kV）；④省辖市级调度机构（地调，110 kV）；⑤县级调度机构（县调，35 kV）。一般国调和跨省调度机构可视作大电力系统。但大电力系统有其消极的一面，主要有两方面的问题：一是系统越大，事故波及的范围可能也越大，发生系统事故的概率也越高；二是形成大电力系统需要为之建设的输电线路是长距离大容量的，这就使电网受到攻击的范围扩大，电网更容易受到攻击。

大电力系统短路毁伤易损性是指大电力系统中的一个或多个变电站受到导电纤维子弹攻击失能后，产生连带效应造成自身全系统失能的敏感性。这与大系统自身的短路保护能力、系统运营管理能力、应急处理能力及用户载荷情况有关，当一个或几个高压变电站失能时，就能引起大区域电网甚至国家大电网失能，这表明电力系统很易损。因此，大电力系统在发生意外短路或遭受短路毁伤的情况下，提高自身保护能力非常重要。

很明显，大电力系统短路毁伤属于间接短路毁伤。根据遭受导电纤维子弹打击所造成的直接短路毁伤的电力系统的等级不同，可将间接短路毁伤分为五等，见表 1-5-2。

表 1-5-2　间接短路毁伤等级及判据

短路毁伤等级	判据
IS_1	县级电网中的某一个或多个电力设施遭受直接短路毁伤，并引发县级范围内的大面积输配电功能失效
IS_2	地级市电网中的某一个或多个电力设施遭受直接短路毁伤，并引发省辖市范围内的大面积输配电功能失效
IS_3	省级电网中的某一个或多个电力设施遭受直接短路毁伤，并引发省级范围内的大面积输配电功能失效
IS_4	跨数省范围的大区域电网中的某一个或多个电力设施遭受直接短路毁伤，并引发多省范围的大面积输配电功能失效
IS_5	国家若干个大区域电网中的某一个或多个电力设施遭受直接短路毁伤，并引发全国甚至几个国家联合的超大区域网输配电功能失效

区域大电力系统主要由多个发电厂、枢纽变电站等组成，使用导电纤维子弹对电力系统进行打击时，不可能对所有电力设施进行打击。由于各发电厂均有一定的备用容量，当用户载荷较小时，系统中某个中小变电站受到攻击而瘫痪时，大系统将切断故障，电网调度可以从其他供电网中解决供电问题，同时排除故障直至该变电站恢复正常。但对于枢纽级大变电站瘫痪时，其负载转移到其他枢纽级变电站时，可能会造成严重的超负载，造成电压失稳，超出安全临界状态，接收负载的枢纽级变电站保护装置自动跳闸，于是该大电力系统产生间接毁伤的"多米诺"效应，系统瘫痪，并将问题向其他大电网转移。若转移有效，则传播"多米诺"效应，其他大电力系统瘫痪，从而造成全国电力系统崩溃。

1.6　浮　空　器

浮空器作为空中无动力悬浮平台，具有易于制造、使用经济、用途广泛等特点，在民用及军事领域有着不可替代的作用。它可以将各种电子设备或任务载荷带到空中直到平流层，升空高度可以从几百米到几万米甚至几十万米，且能选择任意高度飘行，可执行气象观测、通信、侦察、预警、干扰、宣传、攻击等多项民用及军事任务。

作为一种轻于空气并依靠空气浮力升空的飞行器，浮空器通常可在空中的对流层或邻近空间的平流层下层内停留或飞行。依照工作原理，浮空器分为飞艇（图 1-6-1）、系留气球和热气球三种。其中，飞艇拥有推进和控制装备，飞行高度可超过两万米；系留气球球体系

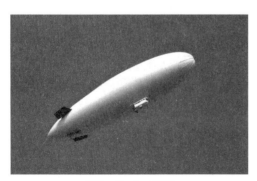

图 1-6-1　飞艇

绳牵动升空，飞行高度在两万米以下。这两类是军事使用价值最高的浮空器，其造价低廉、组织飞行方便、试验周期短，在战场可发挥重要作用。其主要功能与特点如下。

（1）拓展侦察手段和侦察范围。浮空器不限于低空，其监视系统飘浮高度可达到3 000 m、6 000 m 的高空，甚至可以达到 2.5 万米的临近空间。相比地面监视系统，浮空器受地球曲率影响小，能够进行超地平线探测，排除陆基和海基雷达存在的探测和制导盲区，可以填补传统侦察飞机和卫星侦察的不足，是实施情报、监视与侦察的新手段。

（2）可实现长时间滞空侦察监视。浮空器的能源可通过太阳能电池板为气球上的电池充电，与其他飞行器相比延长了滞空时间。有人侦察巡逻机留空时间通常为 8 h，无人机的留空时间为 20～30 h，而系留浮空器少则半月，多则 1 个月，远远高于有人机和无人机不足一天的飞行时间。因此，浮空器可以强化对战场态势持续的感知、情报与通信保障能力。

（3）具备承担多任务的扩展能力。浮空器号称"空中之眼"，操作方便，其上载有多种侦察监视设备以及通信系统，可执行情报监视与侦察、通信中继、后勤运输等多种任务；跟踪监视地面移动目标、火箭炮、空中低慢小目标和处于爬升阶段的战术弹道导弹，实现与多种防空导弹系统的协同工作，为各军种的武器系统和平台传送目标数据，极大地增强联合战场的监视力量。

随着制空作战体系的不断完善和网络通信技术发展的支撑，浮空器类的作战单元在军事领域和民用领域的应用十分广泛且往往会造成一定的威胁，轻则对民用航空安全有一定影响，重则影响到国家的领土安全。最常见的打击方式为破片冲击、导弹、聚能破甲、激光烧蚀等，但都存在着以下的不足之处。

（1）小型破片击伤的孔洞小，气球仍然滞空较长时间，难以使其快速掉落；

（2）爆破冲击波作用时，若弹的精度较高，距离气球很近时爆炸，气球将会瞬间造成解体损伤或撕裂损伤。而精度较高的弹，其成本也较高。如果距离气球较远距离爆炸，目标在冲击波作用下将首先会造成气球的压缩变形，同时气球在瞬态爆轰载荷作用下产生平移，而平移则逐步缓解爆轰波对气球的作用，从而难以使其造成严重的撕裂型或解体毁坏性损伤；

（3）聚能破甲与破片类似，仅能造成较小孔洞的损伤；

（4）燃烧作用，由于气球材质的特性，在没有足够燃烧能量的支撑下，燃烧也仅能造成局部燃烧孔洞，难以使其大面积燃烧并持续，同样无法使其快速掉落；

（5）使用高精度导弹打击，其对气球的损伤效果相对理想，但其成本高昂，而使用无控弹药的费效比更高。

浮空器的特点是拥有气囊可充填有安全性好的氢气来提供浮力，为了更加有效地打击浮空器等柔性类目标，破坏其气囊，使其功能彻底丧失并迅速掉落成为关键。根据受损浮空器结构损伤的撕裂口数量、位置对应的耦合关系，分析其结构损伤与掉落时间的关系，对浮空器打击过程中气囊受损后的失压流体动力学进行分析研究，获取浮空器结构损伤（尺度）与功能损伤（掉落时间）之间的映射关系，是对浮空器等柔性目标进行毁伤效应研究的关键。

1.7　无　人　机

无人机分为国家无人机和民用无人机。国家无人机是指用于民用航空活动之外的无人机，包括用于执行军事、海关、警察等飞行任务的无人机；民用无人机是指用于民用航空活动的无人机。根据运行风险大小，将民用无人机分为微型、轻型、小型、中型、大型五类。

（1）微型无人机是指空机质量小于 0.25 kg，设计性能同时满足飞行真高不超过 50 m、最大飞行速度不超过 40 km/h、无线电发射设备符合微功率短距离无线电发射设备技术要求的遥控驾驶航空器。

（2）轻型无人机是指同时满足空机质量不超过 4 kg，最大起飞质量不超过 7 kg，最大飞行速度不超过 100 km/h，具备符合空域管理要求的空域保持能力和可靠被监视能力的遥控驾驶航空器，但不包括微型无人机。

（3）小型无人机是指空机质量不超过 15 kg 或者最大起飞质量不超过 25 kg 的无人机，但不包括微型、轻型无人机。

（4）中型无人机是指最大起飞质量超过 25 kg 但不超过 150 kg，且空机质量超过 15 kg 的无人机。

（5）大型无人机是指最大起飞质量超过 150 kg 的无人机。

如今，越来越多的国家将无人机投入到反恐或者局部战争中，军用无人机的生产以及销售呈现大幅增长的态势，当前各个国家反无人机的方式手段呈多元化态势。本节对各类型无人机的易损性进行了讨论。

1. 对大中型无人机的毁伤

在硬毁伤方面，目前火炮和防空导弹硬杀伤直接摧毁是应对大中型无人机的可靠手段。在软毁伤方面，使用大功率地面站及雷达对目标无人机通信信号进行分析定位，并采取分频段、分时段的方式进行电子干扰（无人机的三路信号包括 2.4G 遥控信号、5.8G 图传信号和 GPS 卫星信号），部分无人机失去控制信号后，被迫降落或悬停；图传信号受到干扰后，无人机操作者将无法依靠回传视频掌控无人机，逼迫中断飞行。

2. 对于小轻型无人机的毁伤

在硬毁伤方面，因为小轻型无人机的飞行高度很低，速度较为缓慢。当小轻型无人机飞到敏感地区的周围时，在可视范围内，通过操纵其他的体积较大的无人机对其进行撒网捕捉，或者是采用其他方式对其进行捕捉。在软毁伤方面，其与大中型无人机的毁伤基本相同。

3. 对于微型无人机的毁伤

近年来，无人机通过增加功能种类和数量规模，产生了"群"的概念，利用蜂群无人机进行攻击或偷窥的事件频频发生。对于无人机蜂群，常用的硬毁伤是高功率微波武器。一般而言，高功率微波对电子设备攻击的主要途径有两种："前门"耦合——高功率微波通过设备的射频通道进入。"后门"耦合——通过设备金属外壳上的孔缝、电缆接头等形成耦合传导。由于 GPS 接收系统具有较高的灵敏度，其要求最大的输入信号不超过 15 dB·m，否则会使接收设备信号处理系统饱和，不能提取有用信息；当输入的峰值功率信号达到 40 dB·m 时，将导致电子线路烧毁，导致 GPS 瘫痪。表 1-7-1 所示的是不同微波功率密度对无人机造成的损毁程度。在软毁伤方面，通信链路是无人机系统操纵的主要途径，也是无人机的薄弱环节，因此无人机系统对电磁干扰非常敏感，通过对目标无人机定向发射大功率干扰射频信号，就会导致其产生错误控制指令，使其无法执行任务，甚至失控坠机。

表 1 - 7 - 1　微波功率密度对无人机造成的损毁

功率密度/(W·cm^{-1})	损毁程度
0.01 ~ 1	可以冲击和触发电子系统产生虚拟干扰信号，扰乱无人机的电子器件的正常工作，干扰通信，导航
1 ~ 10	可使无人机的网络器件性能大大地降低或者使其失去作用，尤其可能损毁小型芯片
10 ~ 100	可直接烧坏无人机电路的微波二极管，使其电子系统瘫痪
100 ~ 1 000	可瞬间击毁或引燃无人机目标

1.8　虚 拟 网 络

随着社会的飞速发展，综合信息服务已成为虚拟网络提供的基本服务功能。虚拟网络不再只提供文字和数字信息的传输，它同时能够提供图形、图像、音频和视频等多媒体信息的传输、存储、加工和处理功能，以实现综合信息服务。这些信息涉及的范围非常广泛，包括经济、政治、科学、文化、军事和个人等方面，其中也包括国家机密的信息、企业生存与发展的经营决策信息以及与个人利益相关的隐私或敏感信息等。如果这些机密信息或敏感信息受到怀有不良目的的人或组织的攻击与破坏，必然会给国家、集体或个人造成无法弥补的重大损失。

虚拟网络的攻击手段主要有以下两种。

1. 不断更新升级的木马程序和病毒

通过这些木马和病毒从而窃取高价值的目标信息。2012 年出现的"火焰"病毒是一种兼具信息窃取功能的高级病毒，其以中东地区为主要目标区域，专门搜集和窃取政府、军队、教育和科研等机构的情报信息。木马病毒通常是基于计算机网络的，是基于客户端和服务端的通信、监控程序。客户端的程序用于黑客远程控制，可以发出控制命令，接收服务端传来的信息。服务端程序运行在被控计算机上，一般隐藏在被控计算机中，可以接收客户端发来的命令并执行，将客户端需要的信息发回，也就是常说的木马程序。木马病毒可以发作的必要条件是客户端和服务端必须建立起网络通信，这种通信是基于 IP 地址和端口号的。藏匿在服务端的木马程序一旦被触发执行，就会不断将通信的 IP 地址和端口号发给客户端。客户端利用服务端木马程序通信的 IP 地址和端口号，在客户端和服务端建立起一个通信链路。客户端的黑客便可以利用这条通信链路来控制服务端的计算机。运行在服务端的木马程序首先隐匿自己的行踪，伪装成合法的通信程序；然后采用修改系统注册表的方法设置触发条件，保证自己可以被执行，并且可以不断监视注册表中的相关内容，发现自己的注册表被删除或被修改，可以自动进行修复（见表 1 - 8 - 1）。

表 1 - 8 - 1　计算机病毒对虚拟网络造成的毁伤

等级	毁坏程度
蓝色	病毒仅在单一平台传播，不对系统造成影响
绿色	病毒在局域网范围或子网段传播，对系统造成不稳定因素，导致其他程序工作异常，从而消耗了大量的网络资源
黄色	病毒具备有限的网络传播能力，会造成系统软件崩溃
橙色	病毒具备主动传播和攻击能力，会造成数据丢失，或者堵塞网络
红色	造成大面积的数据丢失，阻断通信

2. 僵尸软件

僵尸软件就是通过控制一个是受到感染后的主机来记录该主机用户的浏览历史、加密文件等操作行为，从而达到窃取信息的目的。同时它也会形成一个由数以千计受感染计算机组成的庞大的僵尸网络，严重地危害网电网络的保密性以及安全性。同时，网电攻击者还可以通过关闭计算机的防护墙等程序，使得病毒木马感染计算机，进而实现大面积的计算机瘫痪。

电子设备在强电磁脉冲环境中的易损性分析，可以通过电子设备的敏感度来预判该电子设备受电磁脉冲毁伤的最低阈值。电子设备敏感度越高，表示对干扰作用响应的可能性越大，也可以表明该设备抗电磁干扰的能力越差。不同敏感设备的敏感度值需要根据具体情况加以分析和实际测定。

不同类型的敏感设备，其敏感度阈值的表达形式是不一样的，大多数是以电压幅度表示，但也有以能量和功率表示的，如受静电感应放电干扰的设备为能量型，受热噪声干扰的设备为功率型。

电子设备是所有用电设备中性能优良、体积较小、应用广泛的一种，但它对电磁干扰也比较敏感。它的敏感度主要取决于电子设备的灵敏度和频带宽度。一般认为，电子设备的灵敏度 G_v 与敏感度 S_v 成反比，频带宽度 B 与敏感度 S_v 成正比。

对于模拟电路系统，敏感度表示为

$$S_v = \frac{K}{N_v} f(B) \qquad (1 - 8 - 1)$$

式中：S_v 为以电压表示的模拟电路敏感度；N_v 为热噪声电压；B 为电路的频带宽度；K 为与干扰有关的比例系数。

为了相对比较各类敏感设备的敏感性能，在式（1 - 8 - 1）中，K 值取 1，即 $K = 1$，则

$$S_v = \frac{1}{N_v} f(B) \qquad (1 - 8 - 2)$$

模拟电路敏感度与频带宽度 B 的关系 $f(B)$，随干扰源性质的不同而不同。当干扰源的干扰信号特性在相邻的频率分量间做有规则的相位和幅值变化时，如瞬变电压、脉冲信号等，S_v 与 B 呈线性关系，设 $f(B) = \sqrt{B}$，则

$$S_v = \frac{B}{N_v} \qquad (1 - 8 - 3)$$

若干扰信号特性在相邻的频率分量间的相位和幅度都是随机变化的，如热噪声、非调制的电弧放电等，S_V 与 $\sqrt{B}$ 成正比，若设 $f(B) = \sqrt{B}$，则

$$S_V = \frac{\sqrt{B}}{N_V} \tag{1-8-4}$$

模拟电路的灵敏度 G_V 与热噪声 N_V 之间常有 $N_V = 2G_V$ 的关系。因此常用灵敏度来表示敏感度：

$$S_V = \frac{B}{2G_V} \quad \text{或} \quad S_V = \frac{\sqrt{B}}{2G_V} \tag{1-8-5}$$

模拟电路的敏感度还可以用功率表示 S_P，它与以电压表示的敏感度 S_V 呈平方关系：

$$S_P = S_V^2 = \frac{B^2}{4G_V^2} \tag{1-8-6}$$

由于以电压度量的热噪声 N_V 可以转换成以功率度量的热声 N_P，因此式（1-8-6）可表示为

$$S_P = \frac{B^2}{4RN_P} \tag{1-8-7}$$

式中：$N_P = \dfrac{G_V^2}{R}$，R 为模拟电路的输入阻抗。

模拟电路的敏感度经常用分贝（dB）表示 S_{dBV}、S_{dBP}，它们的计算如下。

先用 dB 表示式（1-8-6），即

$$S_{dBV} = 20\lg S_V = 20\lg B - 6 - G_{dBV} \tag{1-8-8}$$

式中：G_{dBV} 是用 dB 表示的设备灵敏度，一般灵敏度值比较小，多为毫伏级或微伏级数值，如微伏级灵敏度 G_{dBmV} 与伏级灵敏度值 G_{dBV} 相差 120 dB，即 $G_{dBmV} = 120 + G_{dBV}$，将其代入式（1-8-8）可得

$$S_{dBV} = 20\lg B + 114 - G_{dBV} \tag{1-8-9}$$

若用 dB 表示式（1-8-7），则有

$$S_{dBP} = 10\lg S_P = 20\lg B - 6 - \lg R - N_P \tag{1-8-10}$$

通常功率灵敏度 N_P 也以 dB 表示，$10\lg N_P = N_{dBW}$，若换算成 dBmV，则有 $N_{dVBW} = N_{dBm} - 30$。将其代入式（1-8-10）可得：

$$S_{dBP} = 20\lg B + 24 - 10\lg R - N_{dBW} \tag{1-8-11}$$

例如，某接收机灵敏度 $N_{dbm} = -104$ dBm，输入阻抗 $R = 50\ \Omega$，带宽度 $B = 1$ MHz，试计算其敏感度 S_{dBP} 值。将已知的 B、N_{dbm} 和 R 代入式（1-8-11），可得

$$S_{dBP} = 20\lg 10^6 + 24 - 10\lg 50 - (-104)$$

$$= 120 + 24 - 17 + 104$$

$$= 231 \text{（dB）}$$

思考题与习题

1. 什么是目标？目标易损性是指什么？
2. 破片、枪弹等的杀伤标准有哪些？
3. 何谓大电力系统易损性？
4. 何谓无人机的易损性？对无人机的毁伤方式有哪些？
5. 虚拟网络受到的攻击有哪些？

第2章

穿 甲 效 应

2.1 概　　述

穿甲是指高速或超高速运动的弹体对靶侵彻的运动过程。对穿甲过程的大量研究已形成了独立的穿甲力学。长期以来，从事穿甲学研究的有军事工程、兵器设计、弹道学、物理和力学等领域的理论和技术工作者。因此，许多名词的概念很不一致，在此给出正确的定义。

（1）弹体：指一切完成穿甲力学作用的物体。如炮弹、火箭弹或导弹战斗部，航空炸弹等。

（2）目标：指弹体的具体破坏对象，如坦克、舰艇、飞机和机场跑道等。

（3）靶：指目标上直接受弹体冲击的局部，如坦克上被穿甲弹命中的局部装甲。

（4）侵彻：指弹体在靶中的运动。

（5）贯穿：指弹体穿透靶板。

（6）嵌入：指弹体停止在靶中。

（7）跳飞：指弹体被靶板弹开。

2.1.1 靶的分类

1. 按边界影响分类

按边界影响分类可将靶分为以下四种。

（1）半无限靶：指在穿甲过程中，不计靶板背面边界影响的靶板。

（2）厚靶：指弹体在靶中通过了相当远的距离后才有必要考虑靶板背面边界影响的靶板。

（3）中厚靶：指在穿甲全过程中，靶板背面边界的影响都不容忽略的靶板。

（4）薄靶：指穿甲过程中，靶板中的应力和应变在厚度方向上的梯度可以忽略的靶板。

实际上，常把弹体中应力波来回传播的次数 N 用来表示靶板背面边界的影响程度：

$$N = \frac{\dfrac{2l}{c_{ep}}}{\dfrac{2h_t}{c_{et}}} = \frac{lc_{et}}{hc_{ep}} \qquad (2-1-1)$$

式中：l 为弹体长；h_t 为靶板厚；c_{ep} 为弹体中弹性波速；c_{et} 为靶中弹性波速。N 可这样划分：$N \to 0$，为半无限靶；$0 < N \leqslant 1$，为厚靶；$1 < N \leqslant 5$，为中厚靶；$N > 5$，为薄靶。

2. 按靶的结构组成分类

按靶的结构组成分类可将靶分为均质靶、非均质靶、复合靶和间隔靶等。

3. 按材料阻力分类

按常用靶板材料抵抗弹体侵彻的能力，即按靶板材料阻力大小进行分类，可分为：低阻材料为泥土等各种疏松颗粒的材料，像肥皂、明胶、水等属低阻材料；半无限靶大部分由低阻材料组成；中阻材料有混凝土、土石等，这些材料为各向异性非均质材料，常用于构成半无限靶和厚靶；高阻材料的性质几乎都是均匀各向同性的，其力学性质有良好的一致性和重复性，如钢、铜、铝等金属，这类材料主要用于薄靶和中厚靶。

2.1.2 贯穿破坏的基本形式

弹体对靶板的贯穿是穿甲研究最关注的问题之一。贯穿破坏的基本形式如下。

（1）脆性穿孔：当靶板材料的拉伸强度明显低于压缩强度时，冲击应力会造成大量从穿孔处向外延伸的径向裂纹，如图 2-1-1 所示。

（2）延性扩孔：当尖头弹体贯穿延性较好的靶板时，弹体将靶板材料挤向四周的穿孔运动，如图 2-1-2 所示。

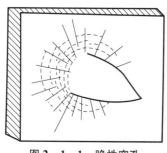

图 2-1-1　脆性穿孔

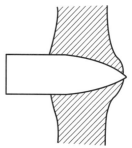

图 2-1-2　延性扩孔

（3）瓣裂穿孔：当尖头弹体贯穿薄靶时，靶板径向出现断裂并翘曲形成花瓣状的破坏，如图 2-1-3 所示。

（4）冲塞：当头部较钝的弹体冲击硬度较高的靶板时，靶上会被冲下一块圆饼状靶块的贯穿破坏形式，如图 2-1-4 所示。

（5）破碎穿孔：高速弹体冲击靶板时，如果相对冲击速度大于弹体塑性波速，冲击界面的冲击波将使弹体头部不断破碎，靶板材料在冲击波和弹体碎碴的作用下形成较大的穿孔，如图 2-1-5 所示。

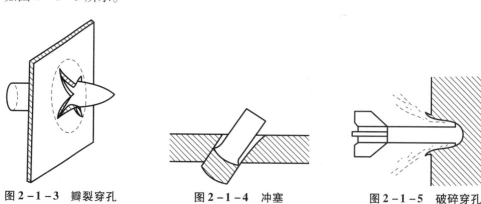

图 2-1-3　瓣裂穿孔　　　　图 2-1-4　冲塞　　　　图 2-1-5　破碎穿孔

2.1.3　冲击速度的划分

冲击速度对穿甲效应有最直接的影响。通常对冲击速度按表 2 - 1 - 1 所示的受冲击材料的应变率大小进行划分。

一般情况下，随着冲击速度的提高，弹体和靶的变形将加剧。设有平头柱形弹体以速度 v_E 垂直冲击靶板某一个平面（图 2 - 1 - 6），冲击瞬间的接触应力为 σ_c，弹体因 σ_c 的作用而引起的后退速度为 v_1，靶由于 σ_c 的作用而引起的后退速度为 v_2。冲击界面应保持接触，故其相对速度为零，即

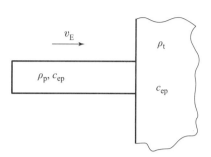

图 2 - 1 - 6　平头柱形弹体的冲击

$$v_E - v_1 = v_2 \tag{2-1-2}$$

由应力波知识可知

$$v_1 = \frac{\sigma_c}{\rho_p c_{ep}} \quad v_2 = \frac{\sigma_c}{\rho_t c_{et}} \tag{2-1-3}$$

将式（2 - 1 - 3）代入式（2 - 1 - 2）可得

$$v_E = \sigma_c \left(\frac{1}{\rho_p c_{ep}} + \frac{1}{\rho_t c_{et}} \right) \tag{2-1-4}$$

当冲击应力 σ_c 大于弹体材料或靶板材料的动力屈服限 σ_γ^D 时，弹体或靶板将发生永久塑性变形，有

$$v_{E\Lambda} = \sigma_\gamma^D \left(\frac{1}{\rho_p c_{ep}} + \frac{1}{\rho_t c_{et}} \right) \tag{2-1-5}$$

式中：$v_{E\Lambda}$ 为弹性冲击极限速度。

式（2 - 1 - 5）是霍普金斯（H. G Hopkins）和考尔斯基（H. Kolsky）于 1960 年推导的，有时称为 H - K 极限速度。当冲击速度进一步提高至超过塑性冲击极限速度 $v_{p\Lambda}$ 时，将出现流动变形，破碎飞溅和产生大量的变形热（表 2 - 1 - 1）。$v_{p\Lambda}$ 的表达式为

$$v_{p\Lambda} = \sqrt{\frac{\sigma_{\gamma t}^D}{\rho_t}} \tag{2-1-6}$$

式中：$\sigma_{\gamma t}^D$ 为靶板材料的动力屈服限，如果冲击速度超过流体变形极限速度，即

$$v_{H\Lambda} = \sqrt{\frac{K_t}{\rho_t}} \tag{2-1-7}$$

此时，固体的可压缩性相对减弱，在固体中形成冲击波，冲击过程中将观察到粉碎、相变、气化甚至爆炸现象。式（2 - 1 - 7）中的 K_t 为靶板材料的体积压缩模量。

表 2 - 1 - 1　冲击速度划分

冲击速度/(m · s^{-1})	应变率/s^{-1}	获得方法
超低速 0 ~ 25	10^{-1} 10^0 10^1	落锤

续表

冲击速度/(m·s⁻¹)	应变率/s⁻¹	获得方法
低速 25～500	10^2 10^3	Hopkinson 杆，压缩空气炮
中速 500～1 300	10^4 10^5	枪炮
高速 1 300～3 000	10^6	高压火炮、破片、轻气炮
超高速 3 000～12 000	10^7	轻气炮、金属射流、爆炸驱动、陨石
>12 000	>10^8	爆炸驱动、陨石

2.1.4 弹道极限和冲击状态图

弹体嵌入给定靶板的最高速度与贯穿的最低速度的平均值称为弹道极限。在穿甲力学中常用 v_{80} 来表示，并作为评价弹体和靶板性能的一个基本概念。

研究穿甲问题常用类似于热力学状态图的冲击状态图来表征冲击条件与冲击效应的关系。状态自变量（冲击条件）常取冲击速度 v_0 和冲击斜角 θ（θ 为 v_0 与靶板内法线的夹角）。状态图上的曲线是终点弹道状态区之间的交界线。其中，弹道极限曲线最重要，它表征了冲击最主要的状态特征。

图 2-1-7 所示的是直径为 6.35 mm 的弹形头部钢弹射击厚为 6.35 mm 美 2024-T3 铝合金靶板的冲击状态图。由于在大多数情况下，试验点的数量都不够充足，因此需要仔细分析冲击条件与冲击效应的关系，才能正确地描绘出状态曲线。

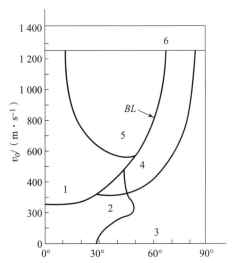

图 2-1-7 直径为 6.35 mm 的弹性头部钢弹射击厚为
6.35 mm 铝合金靶板的冲击状态图

1—完整贯穿区；2—完整嵌入区；3—完整跳飞区；4—断裂跳飞区；

5—断裂贯穿区；6—破碎贯穿区；BL—弹道极限

2.2　量纲分析与阻力定律

侵彻力学在研究弹体与目标碰撞方面的技术，主要由基于试验的经验公式、解析式和计算机仿真三部分构成。

2.2.1　无量纲经验式

侵彻力学中使用的经验公式的相关参数有侵彻深度 P、弹道极限速度 v_{50}、弹体剩余速度 v_r 以及靶板上的弹孔直径 D_c 等，其修正变量有弹丸直径 D、质量 m_s、撞击速度 v_0、倾斜角 θ_c、目标类型及其厚度 T。

由于量纲分析和相似理论这些有效的应用数学工具的发展，人们提出了很多用无量纲表示的穿甲力学经验式。

（1）Tate 公式：

$$\frac{P}{D} = 0.222\left(\frac{\rho_p v_0^2}{\sigma_{yt}}\right)\frac{DL}{D_c^2} \tag{2-2-1}$$

式中：σ_{yt} 为靶板材料的动力屈服应力；L 为柱形弹长；D_c 为弹孔直径。

（2）Diense - Walsh 公式：

$$\frac{P}{D} = \alpha\left(\frac{\rho_p}{\rho_t}\right)^{1/3}\left(\frac{v_0}{c_t}\right)^{0.585} \tag{2-2-2}$$

式中：α 为无量纲常数；c_t 为靶板中声速；ρ_p 和 ρ_t 分别为弹体和靶体的密度。

（3）Eichelberger - Gehring 公式：

$$\frac{P}{D} = 0.922 \times 10^{-3}\frac{\rho_p c_t^2}{\text{BHN}}\left(\frac{v_0}{c_t}\right)^{0.585} \tag{2-2-3}$$

式中：BHN 为布氏硬度，它包括了材料的力学特性。

上述公式都是从试验数据总结来的，在工程设计中很有用，但都受到一定的限制，如式（2-2-1）适用的范围如下。

①撞击速度不要小于靶板中的声速；

②弹体的长径比不要超过 3∶1；

③弹体密度不要超过靶板密度的 3 倍。

美国陆军弹道研究实验室曾收集了大量有关薄板和中厚靶的简单理论模型的分析式，且都写成无量纲参数的形式。

弹道极限速度 v_{50} 公式为

$$v_{50} = \left[B_1\left(\frac{\pi D^2 T \rho_1}{4m_s}\right)^{b_1} + B_2\right]\frac{1}{\cos\theta_c} \tag{2-2-4}$$

式中：B_1、B_2 是具有速度量纲的常数；b_1 为无量纲常数。

弹体剩余速度公式为

$$v_t = \frac{m_s}{m_s + m_t}\sqrt{v_0^2 - v_{50}^2} \tag{2-2-5}$$

式中：v_{50} 为钝头弹体的弹道极限速度；m_t 为冲塞的质量。

弹道极限速度 v_{50} 也可以用各种速度损失叠加起来而得，每一种速度损失都代表与某种运动机理有关的速度损失，例如，与靶板横向位移、花瓣型破坏、隆起变形和盘形凹陷以及弹体变形等有关的速度损失。图 2 - 2 - 1 所示为各种不同尺寸的高碳钢弹体和钝头柱形弹体的弹道极限速度。柱形弹体的弹道极限速度 v_{50} 公式为

$$v_{50} = 1\ 100 \times \left(\frac{T}{D}\right)^{0.75} \qquad (2-2-6)$$

式中：v_{50} 的单位为 m/s。

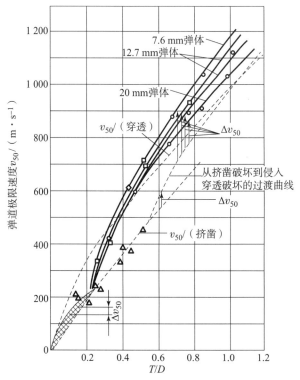

图 2 - 2 - 1　各种弹体的弹道极限速度

在超高速撞击区里，Kornhauser 提出的靶厚穿透公式为

$$T = 3\left(\frac{E_d}{E_t}\right)^{1/3}\left(\frac{E_t}{C_1}\right)^{0.09} \qquad (2-2-7)$$

式中：E_d 表示弹体的动能；E_t 为靶板的弹性模量；$C_1 = 69$ GPa。

Sorenson 根据大量试验研究，给出靶板上所留的弹孔直径公式为

$$\frac{D_c}{D} = \left(\frac{\rho_p}{\rho_t}\right)^{0.055}\left[\rho_p\left(\frac{v_0^2}{\sigma_{st}}\right)\right]^{0.01}\left(\frac{T}{D}\right)^{2/3} + 1$$

式中：σ_{st} 为靶板材料的剪切强度。

2.2.2　通用侵彻公式

按照极限比能的概念讨论装甲板的贯穿问题往往比较方便。将极限比能定义为 $m_s v_1^2 / D^2$ 与 T/D 和 θ_c 之间的关系式描述。弹丸和靶板的空间位置关系如图 2 - 2 - 2 所示。

根据量纲分析和相似理论，除了作些适当的修正之外，现行的所有弹道极限侵彻公式均可表示为如下的一般形式：

$$\frac{m_{\mathrm{s}} v_1^2}{D^3} = \phi\left(\frac{T}{D}, \theta_{\mathrm{c}}, \frac{\rho_{\mathrm{t}}}{\rho_{\mathrm{p}}}, \frac{L}{D}, \alpha_1, \cdots, \alpha_{\mathrm{i}}\right) \qquad (2-2-8)$$

式中：ϕ 为决定极限比能诸参量的一般函数；L 为给定弹体的特征长度；$\alpha_1, \alpha_2, \cdots, \alpha_{\mathrm{i}}$ 为靶板材料强度系数。

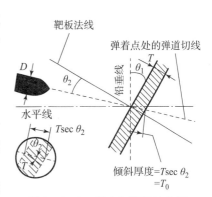

图 2-2-2 弹丸和靶板的空间
位置关系示意

方程式中的极限速度代表了撞击条件下全部给定的所有弹道参量的函数。若对某些参量作出若干假设，或为消去对若干参量的从属性而规定若干极限条件，即可由基本方程导出更简单的侵彻公式。

现已得知，如果侵彻过程中弹丸的变形并不十分严重，则接近垂直着靶情况下的大多数侵彻结果可令人满意地由式（2-2-9）表示：

$$\frac{m_{\mathrm{s}} v_1^2}{D^3} = R\left(\frac{T}{D}\right)^n \qquad (2-2-9)$$

式中：R 基本上取决于靶板材料强度；n 的取值范围为 1~2。

实际上，对于各种给定弹丸和靶板材料，R 和 n 的任何一组取值都不能代表 v_1 和 T/D 取极值时的侵彻性能。系数 R 有时可表示为比值 T/D 的函数：

$$\lg R = a + b\left(\frac{T}{D}\right) \qquad (2-2-10)$$

对于某种给定弹丸在给定倾角条件下，a 和 b 为常数。

2.2.3 Poncelet 阻力定律

1. 侵彻理论

侵彻理论通常取 Poncelet 阻力定律的某些形式，该理论依据的假设是：弹丸在目标内的运动与它在空气中或水中的运动类似。

若弹丸在介质中的运动是稳定的，并且无侧滑角，在外弹道学中负加速度可表示为

$$m_{\mathrm{s}} \frac{\mathrm{d} v}{\mathrm{d} t} = -\frac{1}{2} C_{\mathrm{D}} \rho v^2 A \qquad (2-2-11)$$

如果动压 $\rho v^2 / 2$ 是介质阻力中的主要因素，则式（2-2-11）在侵彻力学中也是一个很有用的公式。然而在固体介质中阻力系数 C_{D} 并不是常数，因此更普遍适用的阻力与速度的关系式为

$$F_{\mathrm{D}} = (c_1 + c_2 v + c_3 v^2) A \qquad (2-2-12)$$

和

$$F_{\mathrm{D}} = (c_1 + c_3 v^2) A \qquad (2-2-13)$$

式中：A 为弹丸横截面面积；c_1、c_2 和 c_3 为常数。

式（2-2-12）是作为速度二次函数的一般阻力表达式，而式（2-2-13）则是一种特例。当阻力等于弹丸的负加速度时，由式（2-2-13）可得出 Poncelet 方程：

$$m_s \frac{dv}{dt} = (c_1 + c_3 v^2)A \qquad (2-2-14)$$

在已知弹丸和障碍物系统的经验常数 c_1 和 c_3 的情况下，Poncelet 方程已成功地应用在土壤、砖石建筑和装甲侵彻上，用以求出弹丸的速度和弹道。变换式（2-2-14）则有

$$m_s v \frac{dv}{dx} = (c_1 + c_3 v^2)A \qquad (2-2-15)$$

按照 Poncelet 假设，对于稳定运动的弹丸，侵彻深度随速度的变化关系可积分式（2-2-15）得到

$$x = \frac{m_s}{2c_3 A} \ln\left[\frac{c_1 + c_3 v_0^2}{c_1 + c_3 v^2}\right] \qquad (2-2-16)$$

式中：x 表示沿直线弹道的侵彻距离。

穿深和时间的关系也可通过积分式（2-2-14）求出，其结果为

$$x = \frac{m_s}{2c_3 A} \ln\left[1 - \frac{\sqrt{c_1 c_2 / m_s} At}{\cos(\arctan\sqrt{c_3/c_1}) v_0}\right] \qquad (2-2-17)$$

式（2-2-17）给出了弹丸在一定时间 t（如引信装定时间）的瞬时穿深。

为了确定弹丸的侵彻和贯穿能力同目标物理性质之间的关系，目标对弹丸的阻力假设为

$$F_D = \left[\sigma + c\rho_t(v - v_2)^2\right]A \qquad (2-2-18)$$

式中：σ 为目标材料内可承受的最大应力；c 为目标的阻力系数；v_2 为目标破裂前沿内的质点速度，它取决于目标材料的"应力—应变"曲线形状。

速度 v_2 一般很小，若忽略该速度，可得

$$F_D = \left[\sigma + c\rho_t v^2\right]A \qquad (2-2-19)$$

这就是 Poncelet 阻力定律公式。该公式力图考虑两个阻力分量：一是目标材料的强度；二是目标材料的惯量。对于装甲板之类的高强度材料，σ 值很大，这时惯性项往往可以忽略；而明胶或砂质等低强度材料，σ 值很小，这时惯性项居主导地位。但是，侵彻阻力远比 Poncelet 阻力定律包含的内容复杂，因为 σ 值还随弹丸形状、速度和目标厚度的变化而变化。尽管如此，Poncelet 阻力定律在进行理论计算时还是十分有用的，因为在局部范围内，它的计算结果能够与试验数据适配。

2. 侵彻公式

下面给出侵彻公式的应用实例，其中绝大多数都是以 Poncelet 方程式和量纲分析为基础得到的变换形式。

1）装甲板

卵形弹头着速 $v_s < 3\,000$ m/s 时，以法线着角 θ 穿透厚度为 T 的装甲板公式为

$$\lg\left(1 + \frac{\rho_t}{\sigma} v_s^2\right) = \frac{\pi D^2 \rho_t T}{2m_s} \sec\theta_c \qquad (2-2-20)$$

式中：σ 的对应值为 1.442 GPa，在低应变率下，材料的极限抗拉强度在 0.981 ~ 1.216 GPa 变化。通过试验，导出 ρ_t/σ 的值为 0.186×10^6（m/s）^{2}。

2）软钢板

由量纲分析和试验数据得知，钢质球形破片正向着靶时，对钢板的贯穿厚度公式为

$$T = \sqrt{A}\left[\frac{m_f v_1^2}{2cA^{3/2}}\right]^{5/9} \tag{2-2-21}$$

式中，$c = 3.51$ GPa。

3）铝合金板

钢球着速 $v_s > 1\,200$ m/s 时，侵彻杜拉铝铝板的 Poncelet 公式为

$$1 + \frac{\alpha}{\beta}\rho_t v_{50}^2 = \exp\left(\frac{2\alpha\rho_t xA}{m_f}\right) \tag{2-2-22}$$

式中：α 为无量纲阻力系数；β 为与目标材料阻力有关的常数；x 和 A 分别为钢珠侵彻距离和着靶面积。Taylor 通过试验提出，用 $v_{50}^{1.58}$ 代替 v_{50}^2，并取 $\alpha = 0.4$，$\beta = 2.4$ GPa。

4）软目标

用大小不等的钢珠反复进行试验证实，欲击穿与人体肌肉组织相当的山羊皮层需要的临界着速 $v_1 = 52$ m/s。式（2-2-23）与试验数据完全相符：

$$v_r = (v_s - v_1)e^{-0.462s/8d} \tag{2-2-23}$$

式中：v_r 为贯穿后瞬间的存速；v_s 为实际着速；s 为皮层厚度；d 为钢珠直径，与厚度 s 同量纲。

Sterne 引入一个因子：A/m_r。其中，A 为破片横截面面积；m_r 为破片质量，将式（2-2-23）改写成

$$v_r = (v_s - v_1)e^{-1.326(A/m_f)s} \tag{2-2-24}$$

式中：s 的单位为 cm；A 的单位为 cm^2；m_f 的单位为 g

设平均皮厚 $s = 0.176$ cm，破片打击皮肤时的速度公式为

$$v_s = 52 + v_f e^{0.233A/m_f} \tag{2-2-25}$$

钢珠侵彻软组织时，则有

$$v_s = v_f e^{0.993A/m_f} \tag{2-2-26}$$

当半径为 r 的钢珠侵彻骨骼时，其侵彻深度公式为

$$P = 0.038\,54 \times 10^{-8} r^2 v_s^2 \tag{2-2-27}$$

式中：P 和 r 的单位均为 mm；v_s 的单位为 m/s。

3. 破片剩余速度

根据对软钢、杜拉铝、防弹玻璃和胶质玻璃进行试验收集到的剩余速度数据，推导出预制破片剩余速度的关系式为

$$v_t = v_s - k(T\bar{A})^\alpha (m_f)^\beta (\sec\theta_c)^\gamma v_s^\lambda \tag{2-2-28}$$

式中：k、α、β、γ 和 λ 是根据每种材料特性分别确定的系数；$\bar{A}$ 为破片平均着靶面积；破片速度 v_s 的单位为 m/s；靶厚 T 的单位为 cm；$\bar{A}$ 的单位为 cm^2；m_f 的单位为 g；θ_c 的单位为（°）。根据对低碳钢进行试验得到的系数：$k = 4\,913$，$\alpha = 0.889$，$\beta = -0.945$，$\gamma = 1.262$，$\lambda = 0.019$。

由式（2-2-28）可知，当破片剩余速度 $v_r = 0$ 时，破片着速 v_s 即为弹道极限速度 v_1，于是有

$$v_1 = K_1(T\bar{A})^{\alpha_1}(m_f)^{\beta_1}(\sec\theta_c)^{\gamma_1} \tag{2-2-29}$$

式中，几种金属材料的 K_1、α_1、β_1 和系数 γ_1 列于表 2 - 2 - 1 中。其中，K_1 具有速度的量纲。

表 2 - 2 - 1　几种材料的 K_1、α_1、β_1 和 γ_1 值

材料	K_1	α_1	β_1	γ_1
低碳钢	5 791	0.906	- 0.963	1.286
硬铝	2 852	0.903	- 0.941	1.098
钛合金	7 361	1.325	- 1.314	1.643
表面硬化	11 835	1.191	- 1.397	1.747
钢硬质均匀钢	6 942	0.906	- 0.963	1.286

4. 破片质量损失

如前所述，为了更好地判断对靶板后面主要目标的效应，应将破片剩余速度和剩余质量结合起来考虑。在低着速条件下，贯穿过程中的质量损失不大，往往可以忽略。在高着速条件下，破片的破碎十分明显，不可等闲视之。

现已得到一种旨在估算破片质量损失的方法，它与建立破片速度损失和着靶参数关系式（2 - 2 - 28）的方法类似。与试验数据相拟合的方程式为

$$m_s - m_r = 10^{c_2}(T\bar{A})^{\alpha_2}(m_f)^{\beta_2}(\sec\theta_c)^{\gamma_2}v_s^{\lambda_2} \tag{2-2-30}$$

式中：m_s、m_r 分别为破片的着靶质量和穿透目标后的剩余质量；c_2、α_2、β_2、γ_2 和 λ_2 是根据每种材料确定的常数，对于低碳钢：$c_2 = 2\,478$、$\alpha_2 = 0.138$、$\beta_2 = 0.835$、$\gamma_2 = 0.143$、$\lambda_2 = 0.761$。

2.2.4　De Marre 公式

迄今为止，De Marre 公式仍广泛用于枪炮弹丸设计和靶场试验工作中。该公式是应用相似与模化理论在试验的基础上建立起来的，提出的假设条件如下。

（1）弹丸是刚性体，在冲击装甲时不变形；

（2）弹丸在装甲内的行程为直线运动，同时不考虑其旋转运动；

（3）弹丸的动能全部用于侵彻装甲；

（4）装甲为一般厚度，性能均匀，固定结实可靠。

若弹丸垂直命中装甲，在侵入过程中其能量方程可写成

$$\frac{1}{2}m_s v_1^2 = \int_0^T \pi D\tau \mathrm{d}x \tag{2-2-31}$$

式中：m_s、D 分别代表弹丸质量和弹径；v_1 为弹道极限速度；τ 为靶板材料抗剪切应力；T 为靶板厚度。

积分式（2 - 2 - 31）可得

$$v_1 = \sqrt{\pi\tau}\sqrt{\frac{D}{m_s}}T$$

若令 $K = \sqrt{\pi\tau}$，则

$$v_1 = K\sqrt{\frac{D}{m_s}}T \tag{2-2-32}$$

若写成更一般的形式，式（2-2-32）改写为

$$v_1 = A\frac{D^{\alpha}}{m_s^{\beta}}T^{\gamma}$$

根据 De Marre 试验，系数 α、β 和 γ 应采用：$\alpha = 0.75$、$\beta = 0.5$、$\gamma = 0.7$。由此得到 De Marre 公式为

$$v_1 = A\frac{D^{0.75}}{m_s^{0.5}}T^{0.7} \tag{2-2-33}$$

由此可见，若取 $\gamma = 0.75$，则此式就变成通用侵彻公式（2-2-9）中 $n=1$ 的情况。系数 A 是考虑装甲机械性能和弹丸结构影响的修正系数。通过试验得知，A 在 2 000 ~ 2 600 之间，一般取 $A = 2\ 400$。

De Marre 公式中各参量的单位是特定的，应用时必须注意。其中，m_s 的单位为 kg；v_1 的单位为 m/s；D 和 T 的单位为 cm。

当弹丸对装甲板非垂直命中时，如弹轴与装甲表面法线方向呈 θ_c 角，则 De Marre 公式可作如下修正：

$$v_1 = A\frac{D^{0.75}}{m_s^{0.5}\cos\theta_c}T^{0.7} \tag{2-2-34}$$

实际上，v_1 和 θ_c 之间存在着较复杂的关系，根据苏联海军炮兵科学院的试验研究结果将弹道极限与命中角之间的关系表示如下：

对于非均质装甲，有

$$v_{1(\theta)} = \frac{v_{1(0)}}{\cos(\theta_c - \lambda)} = N_1 v_{1(0)}$$

对于均质装甲，有

$$v_{1(\theta)} = \frac{v_{1(0)}}{\cos(\theta_c - \lambda)} = N_2 v_{1(0)}$$

式中：$v_{1(0)}$、$v_{1(\theta)}$ 分别代表 $\theta_c = 0$ 和 $\theta_c > 0$ 时的弹道极限；λ 为修正的角度值；N_1、N_2 系数与 θ_c 的关系列于表 2-2-2 中，同时将 θ_c 和 $v_{1(\theta)}$ 之间的关系绘制成曲线，如图 2-2-3 所示。

表 2-2-2　系数 N_1 和 N_2 与 θ_c 的关系

$\theta_c/(°)$	0	10	20	30	40	50	60
N_1	1	1.035	1.105	1.155	1.415	1.661	2.220
N_2	1	1.005	1.035	1.105	1.155	1.465	1.844

De Marre 公式的重要意义在于已知弹丸结构和弹道参数的情况下，用以计算穿透某一给定厚度靶所需的弹道极限 v_1；反之，若已知弹丸着速和其他相关弹道参数，则可预测击穿的靶板厚度 T。

例如，一种表示钢弹丸对装甲板侵彻深度的 De Marre 公式为

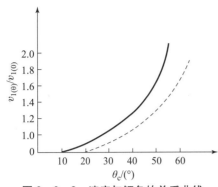

图 2-2-3 速度与倾角的关系曲线

$$T = D \left[\frac{m_s v_s^2 \cos^2 \theta_c}{\alpha D^3} \right]^{1/\beta} \qquad (2-2-35)$$

式中：α、β 为常数。对非变形弹丸，取 $\lg\alpha = 6.15$、$\beta = 1.43$，将其代入式（2-2-35）可得

$$T = D^{-1.1} \left[\frac{m_s v_s^2 \cos^2 \theta_c}{10^{6.15}} \right]^{1/1.43} \qquad (2-2-36)$$

以碳化钨作为弹丸材料时，α 和 β 值减小，相对侵彻深度增大。然而这两个常数并非与 θ_c 无关，而是存在着一个碳化钨弹侵彻优越性不太明显的 θ_c 区。

2.3　弹体冲击变形理论

泰勒（G. I. Taylor）在 1948 年发表了对柱形弹体垂直冲击变形的研究，这项研究有很重要的理论意义。他假设弹体材料是理想刚塑性的；靶是完全刚性的半无限靶，因此冲击只引起弹体变形；弹体材料不可压缩；略去弹体侧向运动惯性。

平头柱形弹体的一端垂直冲击靶板的瞬间，弹靶接触界面的压应力迅速增长并达到弹性极限，这时会有一弹性压缩波向弹体尾端以弹性波速 $c_{ep} = \sqrt{F_1/\rho_p}$ 传播，这个压缩波的应力强度等于压缩动力屈服限 σ_γ^D。弹性波离开冲击面以后，冲击面上的应力继续增长而进入塑性状态，进入塑性状态的弹体部分称为塑性区。随着弹体的冲击压缩，塑性区也将向弹体尾端扩展。由假设可知，塑性区内各处的应力均为 σ_γ^D。设塑性区的扩展速度为 μ，μ 一般比弹性波速 c_{ep} 小很多，而且与冲击速度无关。弹性波的传播过程和塑性区扩展过程如图 2-3-1 所示。

设压缩弹性波已经到达图 2-3-1（b）中 B_1B_1 处，在弹性 B_1P 中，弹体各质点的运动速度应该是 v_1，由应力波知识可知

$$v_1 = v_0 - \frac{\sigma_\gamma^D}{\rho_p c_{ep}} \qquad (2-3-1)$$

弹性波前方是无应力区，即接触面上的冲击影响未波及这个区域，因此在这个区域中弹体介质仍以原有速度 v_0 向靶运动。

当时间 $t = L/c_{ep}$ 时，弹性波到达弹体尾端（作为自由端处理），弹性压缩波将产生反向传播的拉伸弹性波［图 2-3-1（c）］，这时弹体分为以下三个区域。

第一个区域为 AB_2，这一部分不仅通过了第一次压缩弹性波，还通过了反射拉伸波，其内质点的运动速度降至 v_2，即

$$v_2 = v_1 - \frac{\sigma_\gamma^D}{\rho_p c_{ep}} = v_0 - \frac{2\sigma_\gamma^D}{\rho_p c_{ep}} \qquad (2-3-2)$$

第二个区域只通过了第一次弹性波，也为弹性区，其质点速度仍为 v_1。

第三个区域为塑性区，其运动速度为零。

当反射的弹性波到达弹塑性交界面时［图 2-3-1（d）］，整个弹体上除了质点运动速度为零的塑性区外，都是通过了一次弹性波及其反射波的区域，其运动速度均为 v_2，到此

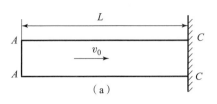
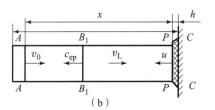
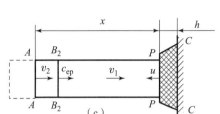
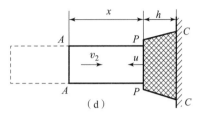

图 2 - 3 - 1　柱形弹体冲击刚性靶板后
弹性波和弹塑性界面的传播

（a）冲击前（$t=0$），弹体各点速度为 v_0；

（b）冲击后 $\left(t<\dfrac{L}{c_{ep}}\right)$，$B_1B_1$ 表示弹性波波阵面；PC 表示塑性区；PP 表示塑性区与弹性区的交界面（弹塑性界面）

AB_1 表示无应力区；B_1P 表示弹性区

（c）弹性波在弹体尾端第一次反射后 $\left(\dfrac{L}{c_{ep}}<t<\dfrac{L+x}{c_{ep}}\right)$，

B_2B_2 表示反射弹性波波阵面；AB_2 表示反射弹性波通过后的弹性区

（d）反射弹性波到达弹塑性界面瞬间 $\left(t=\dfrac{L+x}{c_{ep}}\right)$

时，塑性区已经扩大了，弹性部分弹体的长 x 也比原长减小了许多。这时，弹体将以 v_2 的速度对弹塑性交界面进行一次新的撞击，这种新的冲击产生新的弹性波及其反射波，弹塑性界面也在渐向自由端移动。这样如此重复下去，撞击速度逐步降低为 $v_2, v_4, v_6, \cdots, v_{2n}$，即

$$v_{2n} = v_0 - \frac{2n\sigma_\gamma^D}{\rho_p c_{ep}} \quad (n=1,2,3,\cdots) \tag{2-3-3}$$

式中，在 n 达到一定值后，$v_{2n}=0$。也就是说，冲击运动停止，这时弹体有一部分仍会是弹性的，其靠近靶的部分是塑性变形。由于材料的不可压缩性，在长度缩短的同时，径向必定要扩大。

根据以上分析可知，这是一个阶段减速非连续过程，要精确求解有较大的困难。泰勒看到弹性波速 c_{ep} 比塑性区的扩展速度 u 高得多，弹性波在弹体上往返一次所需时间极短，而 u 在这极短的时间内变化很小，故可以略去。这样，泰勒就把这个阶段减速过程近似地处理成了一个连续的减速过程。

设 h 为弹塑性界面至靶表面的距离（即塑性区厚度），x 为弹体弹性区长，v 为弹性区质点运动速度。显然，h、x、u、v 均为时间的函数。

弹性波在 AP 间往返一次所需时间为

$$\Delta t = \frac{2x}{c_{ep}} \tag{2-3-4}$$

在 Δt 时间内，有

$$\Delta h = u\Delta t \qquad\qquad (2-3-5)$$

$$\Delta x = -(u+v)\Delta t \qquad\qquad (2-3-6)$$

$$\Delta v = -\frac{2\sigma_\gamma^D}{\rho_p c_{ep}} \qquad\qquad (2-3-7)$$

于是可得

$$\frac{\Delta h}{\Delta t} = u \qquad\qquad (2-3-8)$$

$$\frac{\Delta x}{\Delta t} = -(u+v) \qquad\qquad (2-3-9)$$

$$\frac{\Delta v}{\Delta t} = -\frac{\sigma_\gamma^D}{x\rho_p} \qquad\qquad (2-3-10)$$

取 $\Delta t \to 0$，并由导数定义可得

$$\frac{\mathrm{d}h}{\mathrm{d}t} = u \qquad (\text{塑性区扩展方程}) \qquad (2-3-11)$$

$$\frac{\mathrm{d}x}{\mathrm{d}t} = -(u+v) \qquad (\text{弹体长度减短方程}) \qquad (2-3-12)$$

$$\frac{\mathrm{d}v}{\mathrm{d}t} = -\frac{\sigma_\gamma^D}{x\rho_p} \qquad (\text{弹体减速方程}) \qquad (2-3-13)$$

另外，不从应力波的角度，而将 AP 部分弹体作为刚体处理，同样也可导出式（2-3-13）。在 $\mathrm{d}t$ 时间内，截面面积为 A_0，长度为 $(u+v)\mathrm{d}t$ 的弹性区域，变为截面面积为 A，长度为 $u\mathrm{d}t$ 的塑性区（图 2-3-2）。由不可压缩假设可得连续方程为

$$A_0(u+v) = Au \qquad\qquad (2-3-14)$$

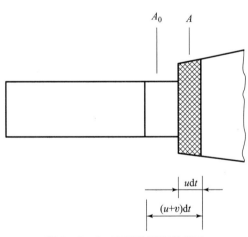

图 2-3-2　弹塑性界面的运动

现在共有式（2-3-11）～式（2-3-14）四个方程，未知数为 $h(t)$、$u(t)$、$v(t)$、$x(t)$、$A(t)$，求解还需要动量守恒方程。

泰勒认为，在 $\mathrm{d}t$ 时间内具有 $\rho_p A_0(u+v)\mathrm{d}t$ 的弹体以速度 v 进入塑性区，其动量为

$\rho_p A_0 (u + vv) \mathrm{d}t$，这些动量转化为塑性区中压力增加部分的冲量。在 PP 面上原来所受的压力为 $\sigma_\gamma^D A_0$，经 $\mathrm{d}t$ 时间后，PP 面上的合力为 $\sigma_\gamma^D A$，压力增量的冲量为 $\sigma_\gamma^D (A - A_0) \mathrm{d}t$，所以动量守恒方程为

$$\rho_p A_0 (u + v) v = \sigma_\gamma^D (A - A_0) \mathrm{d}t \qquad (2 - 3 - 15)$$

钱伟长先生对这一推导有不同的看法，他导出的动量方程为

$$\rho_p A_0 (u + v) v = \frac{2}{3} \sigma_\gamma^D (A - A_0) \mathrm{d}t \qquad (2 - 3 - 16)$$

下面介绍钱伟长先生的推导。

设截面面积为 A_0 的弹体材料进入塑性区后，并不像泰勒认为的那样——立即扩张成面积为 A 的塑性区，而是以等减速扩张成面积为 A 的塑性区（图 2 - 3 - 2）。设扩张速度为 $\frac{\mathrm{d}S}{\mathrm{d}t}$，并设扩张开始时 $\frac{\mathrm{d}S}{\mathrm{d}t} = \omega_0$，整个扩张过程需时间 δt，则等减速扩张过程可表示为

$$\frac{\mathrm{d}S}{\mathrm{d}t} = \omega_0 \left(1 - \frac{t}{\delta t} \right) \qquad (2 - 3 - 17)$$

积分式（2 - 3 - 17）可得

$$S = \omega_0 \left(t - \frac{t^2}{2\delta t} \right) + C_1 \qquad (2 - 3 - 18)$$

由扩张起始条件：$t = 0$ 时，$S = A_0$ 和结束条件：$t = \delta t$ 时，$S = A$，将其代入式（2 - 3 - 18）可得

$$C_1 = A_0$$

$$\omega_0 = \frac{2(A - A_0)}{\delta t}$$

所以有

$$S = (A - A_0) \left(2t - \frac{t^2}{2\delta t} \right) \frac{1}{\delta t} + A_0 \qquad (2 - 3 - 19)$$

这样一来，动屈服应力 σ_γ^D 引起的合力增量在 δt 时间的冲量为

$$\int_0^{\delta t} \sigma_\gamma^D (S - A_0) \mathrm{d}t = \frac{2}{3} \sigma_\gamma^D (A - A_0) \delta t \qquad (2 - 3 - 20)$$

因此，动量守恒方程为

$$\rho_p A_0 (u + v) v \delta t = \frac{2}{3} \sigma_\gamma^D (A - A_0) \delta t \qquad (2 - 3 - 21)$$

即这样五个方程有五个未知数，可以进行求解。起始条件为

$$t = 0, v = v_0, x = L, h = 0, A = A_1$$

终止条件为

$$t = t_2, v = 0, x = L_2, h = h_2, A = A_0$$

式中：A_1、L_2、h_2 和 t_2 是待定量。

钱伟长的修正解如下。

由连续方程式（2 - 3 - 14）可得

$$u = \frac{A_0}{A - A_0} v \qquad (2 - 3 - 22)$$

代入动量守恒方程式（2 - 3 - 21）消去 u 可得

$$\frac{\rho_p v^2}{\sigma_\gamma^D} = \frac{2}{3}\left(\frac{A}{A_0} + \frac{A_0}{A} - 2\right) \tag{2 - 3 - 23}$$

当 $v = v_0$, $A = A_1$，令 $\lambda = \dfrac{\rho_p v_0^2}{2\sigma_\gamma^D}$，可解出

$$\frac{A_1}{A_0} = \sqrt{3\lambda + \frac{9}{4}\lambda^2} + \frac{3}{2}\lambda + 1 \tag{2 - 3 - 24}$$

将杆长减短，连续方程与动量守恒方程联立消去 $\mathrm{d}t$，可得

$$\frac{\mathrm{d}x}{\mathrm{d}v} = \frac{u + v}{\sigma_\gamma^D}\rho_p x \tag{2 - 3 - 25}$$

将式（2 - 3 - 22）代入式（2 - 3 - 25）并分离变量，可得

$$\frac{2(A - A_0)}{xA}\mathrm{d}x = \frac{2v\rho_p}{\sigma_\gamma^D}\mathrm{d}v \tag{2 - 3 - 26}$$

将式（2 - 3 - 23）微分可得

$$\frac{2v\rho_p}{\sigma_\gamma^D}\mathrm{d}v = \frac{2}{3}\mathrm{d}\left[\frac{(A - A_0)^2}{AA_0}\right] \tag{2 - 3 - 27}$$

将式（2 - 3 - 27）代入式（2 - 3 - 26）可得

$$\frac{\mathrm{d}x}{x} = \frac{1}{3}\left(\frac{1}{A_0} + \frac{1}{A}\right)\mathrm{d}A \tag{2 - 3 - 28}$$

对式（2 - 3 - 28）积分可得

$$\int_L^x \frac{\mathrm{d}x}{x} = \frac{1}{3}\int_{A_0}^A \left(\frac{1}{A_0} + \frac{1}{A}\right)\mathrm{d}A \tag{2 - 3 - 29}$$

整理式（2 - 3 - 29）可得

$$\ln\frac{x}{L} = \frac{1}{3}\left(\frac{A - A_1}{A_0} + \ln\frac{A}{A_1}\right) \tag{2 - 3 - 30}$$

当 $x = L_2$ 时，$A = A_0$，即

$$\ln\frac{L_2}{L} = \frac{1}{3}\left(1 - \frac{A_1}{A_0} - \ln\frac{A_1}{A_0}\right) \tag{2 - 3 - 31}$$

下面来求塑性区厚度，将塑性区增长方程式（2 - 3 - 11）与弹体长度减短方程式（2 - 3 - 13）联立消去 $\mathrm{d}t$ 可得

$$\frac{\mathrm{d}h}{\mathrm{d}x} = -\frac{u}{u + v} \tag{2 - 3 - 32}$$

将连续方程式（2 - 3 - 14）代入式（2 - 3 - 32）并积分可得

$$\int_0^h \mathrm{d}h = \int_L^x \left(-\frac{A_0}{A}\right)\mathrm{d}x \tag{2 - 3 - 33}$$

由式（2 - 3 - 30）可得

$$x = Le^{\frac{1}{3}\left(\frac{A}{A_0} - \frac{A_1}{A_0} + \ln\frac{A}{A_0} - \ln\frac{A_1}{A_0}\right)} = L\sqrt[3]{\frac{A}{A_0}}e^{-\frac{R}{3}}e^{-\frac{A}{3A_0}} \tag{2 - 3 - 34}$$

式中：

$$R = \frac{A_1}{A_0} + \ln \frac{A_1}{A_0} \qquad (2-3-35)$$

因此有

$$\mathrm{d}x = \left[\frac{L}{3} \left(\frac{A}{A_0} \right)^{-\frac{2}{3}} \mathrm{e}^{-\frac{R}{3}} \mathrm{e}^{-\frac{A}{3A_0}} + \frac{L}{3} \left(\frac{A}{A_0} \right)^{-\frac{1}{3}} \mathrm{e}^{-\frac{R}{3}} \mathrm{e}^{-\frac{A}{3A_0}} \right] \mathrm{d} \left(\frac{A}{A_0} \right) \qquad (2-3-36)$$

将式 (2-3-36) 代入式 (2-3-33) 可得

$$h = \frac{L}{3} \mathrm{e}^{-\frac{R}{3}} \int_{\frac{A}{A_0}}^{\frac{A_1}{A_0}} \left(\frac{A}{A_0} \right)^{-\frac{5}{3}} \left[1 + \left(\frac{A}{A_0} \right) \right] \mathrm{e}^{\frac{A}{3A_0}} \mathrm{d} \left(\frac{A}{A_0} \right) \qquad (2-3-37)$$

设

$$\phi(\xi) = \int_{0}^{\frac{A_1}{A_0}} \left(\frac{A}{A_0} \right)^{-\frac{5}{3}} \left[1 + \left(\frac{A}{A_0} \right) \right] \mathrm{e}^{\frac{A}{3A_0}} \mathrm{d} \left(\frac{A}{A_0} \right) \qquad (2-3-38)$$

则

$$h = \frac{L}{3} \mathrm{e}^{-\frac{R}{3}} \left[\phi \left(\frac{A_1}{A_0} \right) + \phi \left(\frac{A}{A_0} \right) \right] \qquad (2-3-39)$$

当 $A = A_0$ 时，冲击过程结束，显然有

$$h = \frac{L}{3} \mathrm{e}^{-\frac{R}{3}} \phi \left(\frac{A_1}{A_0} \right) \qquad (2-3-40)$$

所以有

$$h = h_2 - \frac{L}{3} \mathrm{e}^{-\frac{R}{3}} \phi \left(\frac{A}{A_0} \right) \qquad (2-3-41)$$

下面来求冲击时间。由式 (2-3-10) 可得

$$\mathrm{d}v = - \frac{\sigma_\gamma^D}{\rho_{\mathrm{p}} x} \mathrm{d}t \qquad (2-3-42)$$

将式 (2-3-42) 代入式 (2-3-26) 可得

$$\mathrm{d}t = - \frac{A - A_0}{A} \frac{1}{v} \mathrm{d}x \qquad (2-3-43)$$

从式 (2-3-22) 整理成

$$v = \sqrt{\frac{2\sigma_\gamma^D}{3\rho_{\mathrm{p}}}} \frac{A - A_0}{\sqrt{AA_0}} \qquad (2-3-44)$$

将式 (2-3-44) 和式 (2-3-36) 代入式 (2-3-43) 并积分，可得

$$\int_{0}^{1} \mathrm{d}t = \int_{\frac{A_1}{A_0}}^{\frac{A}{A_0}} \left(\frac{A_0}{A} \right)^{\frac{1}{2}} \sqrt{\frac{\lambda}{3}} \frac{1}{v_0} L \mathrm{e}^{-\frac{R}{3}} \left[\left(\frac{A}{A_0} \right)^{-\frac{2}{3}} + \left(\frac{A}{A_0} \right)^{\frac{1}{3}} \right] \mathrm{e}^{\frac{A}{3A_0}} \mathrm{d} \left(\frac{A}{A_0} \right) \qquad (2-3-45)$$

令

$$T \left(\frac{A}{A_0} \right) = \int_{0}^{\frac{A}{A_0}} \left(\frac{A}{A_0} \right)^{-\frac{7}{6}} \left[1 + \left(\frac{A}{A_0} \right) \right] \mathrm{e}^{\frac{A}{3A_0}} \mathrm{d} \left(\frac{A}{A_0} \right) \qquad (2-3-46)$$

则

$$t = \frac{1}{v_0}\sqrt{\frac{\lambda}{3}}Le^{-\frac{R}{3}}\left[T\left(\frac{A_1}{A_0}\right) - T\left(\frac{A}{A_0}\right)\right] \qquad (2-3-47)$$

式（2-3-44）可以写成

$$v = \frac{v_0}{\sqrt{3\lambda}}\sqrt{\frac{A_0}{A}}\left(\frac{A}{A_0} - 1\right) \qquad (2-3-48)$$

用式（2-3-48）将式（2-3-22）整理成

$$u = \frac{v_0}{\sqrt{3\lambda}}\sqrt{\frac{A_0}{A}} \qquad (2-3-49)$$

以上是以 A/A_0 为参数的解，冲击条件反映在 $\lambda = \dfrac{\rho_p v_0^2}{2\sigma_\gamma^D}$ 中，对某个 λ 值，将 A_1 到 A_0 进行划分，即可解出各个 A 对应的 u、v、L、h 和 t。$\phi(A/A_0)$ 和 $T(A/A_0)$ 可由数值积分求得，其结果见表 2-3-1。

表 2-3-1 $\phi(A/A_0)$ 和 $T(A/A_0)$ 数值表

A/A_0	$\phi(A/A_0)$	$T(A/A_0)$	A/A_0	$\phi(A/A_0)$	$T(A/A_0)$	A/A_0	$\phi(A/A_0)$	$T(A/A_0)$
1.0	0	0	2.6	3.233 398	4.225 893	5.2	8.180 898	14.016 32
1.1	0.268 397	0.274 996	2.8	3.581 150	4.797 270	5.4	8.638 953	15.069 98
1.2	0.518 444	0.543 027	3.0	3.928 963	5.389 549	5.6	9.107 756	16.182 89
1.3	0.753 860	0.806 163	3.2	4.278 692	6.005 298	5.8	9.598 034	17.359 07
1.4	0.977 449	1.065 897	3.4	4.631 962	6.647 039	6.0	10.107 70	18.602 82
1.5	1.191 379	1.323 465	3.6	4.990 229	7.317 300	6.2	10.640 44	19.918 65
1.6	1.397 360	1.579 873	3.8	5.355 149	8.018 629	6.4	11.195 30	21.311 40
1.7	1.596 765	1.835 984	4.0	5.722 973	8.753 650	6.6	11.773 74	22.786 22
1.8	1.790 711	2.092 534	4.2	6.103 937	9.525 064	6.8	12.377 27	24.348 50
1.9	1.980 466	2.350 166	4.4	6.894 838	10.335 68	7.0	13.009 90	26.004 06
2.0	2.166 156	2.609 450	4.6	6.896 811	11.188 42	7.2	13.668 52	27.759 06
2.2	2.528 881	3.134 982	4.8	7.310 988	12.086 39	7.4	14.357 28	29.620 07
2.4	2.883 523	3.672 747	5.0	7.738 503	13.032 77	7.6	15.078 05	31.594 08

根据式（2-3-31）、式（2-3-40）和式（2-3-47）可以计算得到 h_2/L、L_2/L、$(h_2 + L_2)/L$、tv_0/L 与 λ 的关系（表 2-3-2）。图 2-3-3 所示为表 2-3-2 的值与试验值的对比。由图可见，$(h_2 + L_2)/L$ 曲线与试验点很接近；h_2/L 曲线比试验点偏高，其原因是，忽略了弹体材料横向运动的惯性影响，未考虑靶的变形影响和弹体材料的强化效应和塑性变形能耗。

表 $2-3-2$　h_2/L、L_2/L、$(h_2+L_2)/L$、tv_0/L 与 λ 的关系

λ	0	0.1	0.2	0.3	0.4	0.5	1.0	1.5	2.0
h_2/L	0	0.256 1	0.306 0	0.326 5	0.333 5	0.333 0	0.292 0	0.240 3	0.195 8
L_2/L	1	0.657 3	0.533 1	0.446 9	0.380 9	0.327 9	0.167 6	0.091 0	0.050 9
$(h_2+L_2)/L$	1	0.913 4	0.839 1	0.773 4	0.714 4	0.160 9	0.459 6	0.331 3	0.246 7
tv_0/L	0	0.161 8	0.291 2	0.399 9	0.492 5	0.572 0	0.835 4	0.929 7	1.026 4

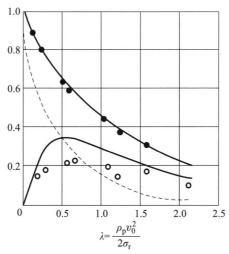

图 $2-3-3$　h/L 与 tv_0/L 的关系曲线

●— $\dfrac{h_2+L_2}{L}$ 的试验值；○— $\dfrac{h_2}{L}$ 的试验值

以上结果表明，如果已知冲击结果，就可以反过来求得 σ_γ^D。也就是说，用冲击的方法通过试验来测定 σ_γ^D。由于 A_1 和 t_2 不易测定精确，而 L_2 和 h_2 较易测得，所以泰勒推导了一个由 L_2 和 h_2 求 σ_γ^D 的近似公式。

泰勒计算了在不同的冲击速度下（不同的 λ 值）h/L 与 tv_0/L 的值，其结果见表 $2-3-$ 3，h/L 与 tv_0/L 的关系曲线如图 $2-3-4$ 所示。不难发现，h/L 与 tv_0/L 的关系对于一切冲击速度而言都很接近线性。也就是说，$\mathrm{d}h/\mathrm{d}t$ 几乎是常数，令

$$\frac{\mathrm{d}h}{\mathrm{d}t} = c \qquad (2-3-50)$$

表 $2-3-3$　h/L 与 tv_0/L 的理论值

A/A_0	$\lambda = 0.5$		$\lambda = 1.0$		$\lambda = 1.5$		$\lambda = 2.0$	
	tv_0/L	h/L	tv_0/L	h/L	tv_0/L	h/L	tv_0/L	h/L
1.0	0.532 2	0.401 0	0.834 4	0.353 2	0.893 4	0.296 5	0.951 6	0.246 6
1.5	0.391 8	0.274 4	0.738 7	0.294 4	0.832 7	0.265 0	0.913 7	0.229 8
2.0	0.234 7	0.154 9	0.631 6	0.227 1	0.764 4	0.235 2	0.871 2	0.213 7
2.5	0.048 6	0.030 4	0.504 8	0.177 4	0.683 6	0.204 1	0.820 8	0.197 0

A/A_0	$\lambda = 0.5$		$\lambda = 1.0$		$\lambda = 1.5$		$\lambda = 2.0$	
	tv_0/L	h/L	tv_0/L	h/L	tv_0/L	h/L	tv_0/L	h/L
3.0			0.352 3	0.090 6	0.586 6	0.159 0	0.760 4	0.178 8
3.5			0.162 8	0.038 0	0.466 0	0.131 7	0.685 2	0.157 9
4.0					0.317 4	0.087 5	0.592 5	0.134 0
4.5					0.129 5	0.034 6	0.415 5	0.105 4
5.0	0	0					0.829 5	0.072 1
5.5			0	0			0.143 8	0.030 4
2.618 0					0	0		
3.732 1								
4.791 3							0	0
5.828 4								

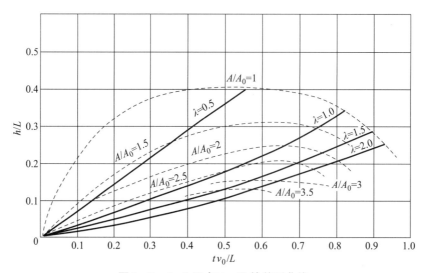

图 2 - 3 - 4　h/L 与 tv_0/L 的关系曲线

联立式（2 - 3 - 11）~式（2 - 3 - 13），消去 u 和 dt 可得

$$\frac{dv}{dx} = \frac{\sigma_\gamma^D}{\rho_p x(c + v)} \qquad (2 - 3 - 51)$$

$$\int_{v_0}^{0} (c + v)\,dv = \int_{L}^{L_2} \frac{\sigma_\gamma^D}{\rho_p x} \frac{dx}{x} \qquad (2 - 3 - 52)$$

对式（2 - 3 - 52）积分并整理后可得

$$\sigma_\gamma^D = \frac{v_0 \rho_p}{2\ln \dfrac{L}{L_2}}(2c + 1) \qquad (2 - 3 - 53)$$

有了 c 值，即可求 σ_γ^D 值。下面求 c 的近似值，一方面有

$$t_2 = \frac{h_2}{c} \qquad (2-3-54)$$

另一方面，假设弹杆为匀减速运动，其平均速度为 $v_0/2$，当弹杆的行程为 $L-L_2-h_2$ 时，所需时间 t_2 还可写成

$$t_2 \approx \frac{L-L_2-h_2}{\dfrac{v_0}{2}} \qquad (2-3-55)$$

令式（2-3-54）与式（2-3-55）相等，可得

$$c \approx \frac{h_2 v_0}{2(L-L_2-h_2)} \qquad (2-3-56)$$

所以有

$$\sigma_\gamma^D = \frac{v_0^2 \rho_p (L-L_2)}{2\ln\dfrac{L}{L_2}(L-L_2-h_2)} \qquad (2-3-57)$$

这就是开创了塑性动力学的著名的泰勒公式。公式右侧的量都是可以在试验后的变形弹体上直接测得的，故已知 ρ_p 和 v_0 时，即可通过上述试验得到 σ_γ^D 值。惠芬（A. C. Whiffin）曾用各种尺寸的低碳钢圆柱形弹体以不同速度冲击硬度很高的靶，他所测得的动态屈服限 σ_γ^D 接近于常数（约为 $7.73\times10^8\ \text{Pa}$）。显然，材料的动态屈服限 σ_γ^D 要比静态屈服限高。惠芬经上述试验给出了钢的动态压缩屈服极限与静态压缩屈服极限（0.2% 残余变形时的应力）σ_γ^S 之间的关系为

$$\frac{\sigma_\gamma^D}{\sigma_\gamma^S} = 5.98 - 2.42\lg(\sigma_\gamma^S \times 6.475 \times 10^{-8}) \qquad (2-3-58)$$

式中：σ_γ^D 和 σ_γ^S 的单位均为 N/m^2。

后来的研究表明，式（2-3-50）中的 c 实际上就是弹体中的一维应力平面塑性波速。

2.4　瓣裂动量理论

对瓣裂穿孔的动量理论适用于薄靶。事实表明，对瓣裂穿孔的研究是比较成功的。当尖头弹体冲击拉伸强度较低的薄靶时，弹顶处首先出现径向裂缝，随着弹体的前进，这些裂缝不断向外发展，裂缝以内的靶板在弹体的作用下向前和向外翘曲，形成花瓣状的破坏。本节介绍的模型对瓣裂的预测是比较理想的。

2.4.1　模型建立

假设花瓣对弹头表面不产生压力，忽略靶板翘曲时的一切内部应力约束，并认为花瓣上的靶板材料没有径向和周向伸长。由动量守恒条件可得

$$mv_0 = mv + M_t(x) \qquad (2-4-1)$$

式中：v 为弹体头部穿过靶板行程为 x 时的弹体速度；v_0 为弹体着靶速度；m 为弹体质量；M_t 为当弹体头部穿过靶板行程为 x 时靶板所具有的动量。显然，M_t 是 x 的函数。

从式（2-4-1）可知，如果求得 M_t，v 就可解出。下面来求 M_t 的表达式。

图 2-4-1 为一普通尖头弹体造成靶板瓣裂破坏的示意图。考察花瓣上距靶板表面 ξ 处的微元所具有的轴向动量 dM_t，显然有

$$dM_t = 2\pi s h_t \rho_p ds \frac{d\xi}{dt} \qquad (2-4-2)$$

式中：s 为微元未受冲击前的原位置距弹丸轴线的距离；$\dfrac{d\xi}{dt}$ 可表示为

$$\frac{d\xi}{dt} = \frac{d\xi}{dx} \cdot \frac{dx}{dt} = v\frac{d\xi}{dx} \qquad (2-4-3)$$

将式（2-4-3）代入式（2-4-2）并积分，可得

$$M_t = 2\pi h_t \rho_t \int_{s_{\min}}^{y} v\frac{d\xi}{dx}ds \qquad (2-4-4)$$

式中：积分上限 y 为弹体头部行程为 x 时弹孔的半径；下限 $s_{\min}$ 为弹头截顶的半径。

如在较小的区间 $[s_{i-1}, s_i]$ 内积分，v 的变化可以忽略，则

$$M_t^i = 2\pi h_t \rho_t \int_{s_{i-1}}^{s_i} v_i\frac{d\xi}{dx}sds = v_i m_t^i \qquad (2-4-5)$$

$$M_t^i = 2\pi h_t \rho_t \int_{s_{i-1}}^{s_i} \frac{d\xi}{dx}sds \qquad (2-4-6)$$

称为有效质量，它具有有效量纲。M_t^i 可以根据弹体头部几何关系求出。这样，可以得到

$$\Delta v_{i-1,i} = v_{i-1} - v_i = \frac{v_i m_t^i}{m} \qquad (2-4-7)$$

从此理论上说，可以通过式（2-4-7）将任意头部形状的弹体贯穿靶板的速度损失求解出来。实际 M_t^i 极难知道，故只能是近似解。

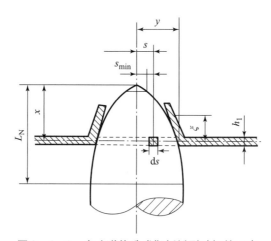

图 2-4-1　尖头弹体造成靶板瓣裂破坏的示意

2.4.2　锥形头部条件下的解

锥形头部造成靶板瓣裂破坏时的几何关系如图 2-4-2 所示。试验证实：瓣裂后花瓣上

的材料的径向伸长可以忽略，则

$$\xi = (x\tan\beta - s)\cos\beta \tag{2-4-8}$$

故

$$\frac{\mathrm{d}\xi}{\mathrm{d}x} = \sin\beta \tag{2-4-9}$$

弹头部长径比较大的锥形弹头贯穿靶板后的剩余速度 v_f 和 v_0 的差别不大，故总的速度损失不大，可以把式（2-4-6）简化成一个区间的积分，即

$$m_t = 2\pi\rho_t h_t \int_0^{x\tan\beta} s\sin\beta\mathrm{d}s \approx \pi\rho_t h_t (x\tan\beta)^2 \sin\beta \tag{2-4-10}$$

当 $x\tan\beta = R_p$ 时，整个弹头部通过了靶板，这时，整个瓣裂穿孔过程完成，弹体的速度 v 即为剩余速度 v_f。由式（2-4-7）可得

$$v_f = v_0 - \frac{\pi\rho_t h_t R_p^2}{m} v_0 \sin\beta \tag{2-4-11}$$

下面分析瓣裂过程中花瓣所受到的力。根据假设，弹体不对花瓣产生压力，所以弹体对靶板的作用力只限于花瓣根部区域，按对称原理，作用力一定均布在瓣根圆环上。设所有的花瓣所受的轴向合力为 F_x，一个花瓣所受的径向合力为 F_r，则

$$F_x = -m\frac{\mathrm{d}v}{\mathrm{d}t} = -mv\frac{\mathrm{d}v}{\mathrm{d}x} \tag{2-4-12}$$

$$F_r = \frac{\mathrm{d}M_r}{\mathrm{d}t} \tag{2-4-13}$$

式中，M_r 为单块花瓣的径向动量。

式（2-4-7）的近似式为

$$v_0 - v = \frac{vm_t}{m} \tag{2-4-14}$$

则

$$v = \frac{m}{m + m_t} v_0 \tag{2-4-15}$$

将式（2-4-15）对 x 微分可得

$$\frac{\mathrm{d}v}{\mathrm{d}t} = -\frac{v^2\mathrm{d}m_t}{mv_0\mathrm{d}x} \tag{2-4-16}$$

由式（2-4-10）可得

$$\frac{\mathrm{d}m_t}{\mathrm{d}x} = 2\pi\rho_t h_t x\tan^2\beta\,\sin\beta = \frac{2m_t}{x} \tag{2-4-17}$$

所以

$$F_x = 2\pi\rho_t h_t x\tan^2\beta\,\sin\beta \cdot \frac{v^3}{v_0} \approx 2\pi\rho_t v_0^2 h_t x\tan^2\beta\,\sin\beta \tag{2-4-18}$$

花瓣根部圆周单位长度上分布的力为

$$f_x = \frac{F_x}{2\pi x\tan\beta}\rho_t v_0^2 h_t x\tan^2\beta\,\sin\beta \tag{2-4-19}$$

从图 2-4-2 不难看出

$$r = (x - \xi)\tan\beta \tag{2-4-20}$$

$$\frac{\mathrm{d}r}{\mathrm{d}t} = \left(\frac{\mathrm{d}x}{\mathrm{d}t} - \frac{\mathrm{d}\xi}{\mathrm{d}t}\right)\tan\beta = v(1 - \sin\beta)\tan\beta \qquad (2-4-21)$$

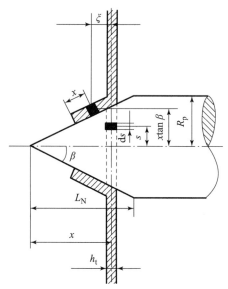

图 2 - 4 - 2　锥形头部造成靶板瓣裂破坏时的几何关系

设一共形成 N 块花瓣，则每块花瓣的质量为

$$m_{\text{pet}} = \frac{\pi\rho_\text{t}h_\text{t}(x\tan\beta)^2}{N} \qquad (2-4-22)$$

因此，单块花瓣的径向动量为

$$M_\text{t} = m_{\text{pet}}\frac{\mathrm{d}r}{\mathrm{d}t} = \frac{1}{N}\pi\rho_\text{t}h_\text{t}\tan^3\beta(1 - \sin\beta)(xv^2) \qquad (2-4-23)$$

每块花瓣所受的径向合力为

$$F_\text{r} = \frac{\mathrm{d}M_\text{r}}{\mathrm{d}t} = \frac{2}{N}\pi\rho_\text{t}h_\text{t}\tan^3\beta(1 - \sin\beta)xv^2\left(1 + \frac{x}{2v}\frac{\mathrm{d}v}{\mathrm{d}x}\right) \qquad (2-4-24)$$

将式（2 - 4 - 17）代入式（2 - 4 - 16）可得

$$\frac{x}{2v}\frac{\mathrm{d}v}{\mathrm{d}x} = -\frac{vm_\text{t}}{v_0 m} \qquad (2-4-25)$$

即

$$1 + \frac{x}{2v}\frac{\mathrm{d}v}{\mathrm{d}x} = \frac{v_0 m - vm_\text{t}}{v_0 m} = \frac{v}{v_0} \qquad (2-4-26)$$

所以有

$$F_\text{r} = \frac{2}{N}\pi\rho_\text{t}h_\text{t}\tan^3\beta(1 - \sin\beta)x\frac{v^3}{v_0} \approx \frac{2}{N}\pi\rho_\text{t}h_\text{t}\tan^3\beta(1 - \sin\beta)xv_0^2 \qquad (2-4-27)$$

均匀分布在花瓣根部单位周长上的径向力为

$$f_\text{r} = \frac{F_\text{r}}{\dfrac{2\pi x\tan\beta}{N}} = \rho_\text{t}h_\text{t}\tan^2\beta v_0^2(1 - \sin\beta) \qquad (2-4-28)$$

因此，均匀分布在花瓣根部单位周长上的合力 f 可由 f_r 和 f_x 的矢量合成求得，即

$$f = \sqrt{f_x^2 + f_r^2} = \rho_t h_t \tan^2 \beta v_0^2 \sqrt{2(1 - \sin\beta)} \tag{2-4-29}$$

f 的指向与弹轴前进方向的夹角为

$$\tan\alpha = \frac{f_r}{f_x} = \frac{1 - \sin\beta}{\cos\beta} = \tan\left(\frac{\pi}{4} - \frac{\beta}{2}\right) \tag{2-4-30}$$

也就是说，α 与 β 有以下特殊的几何关系：

$$2\alpha + \beta = \frac{\pi}{2} \tag{2-4-31}$$

各力的指向与其间的关系如图 2-4-3 所示。

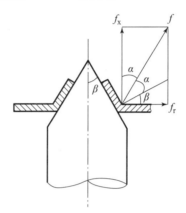

图 2-4-3　花瓣受力分析

2.4.3　截顶蛋形头部条件下的解

弹头部长径比较小的蛋形头部的弹体进行瓣裂穿孔时，速度损失一般较大，如不分阶段求解，误差会很大，一般分成三个阶段求解：

$$\begin{cases} x_1 = (0 \sim 0.35)L_N \\ x_1 = (0.35 \sim 0.5)L_N \\ x_1 = (0.5 \sim 1)L_N \end{cases}$$

截顶弹头冲击靶板时，将在靶板上冲下一个和截顶面积相同的靶饼，此靶饼的速度 v_{t0} 可由经验公式

$$v_{t0} = Kv_0$$

求得。

式中：K 为试验得到的常数，它与冲击速度和靶板厚度有关，其试验值见表 2-4-1。

表 2-4-1　K 的试验值

靶板厚度/mm	冲击速度/$(m \cdot s^{-1})$	K
1	823	1.33
3	846	1.23
1	295	1.16
3	295	1.12

靶饼质量为

$$m_0 = \pi R^2 h_t \rho_t \tag{2-4-32}$$

由动量守恒条件可得

$$v_0 m = m v_1 + K m_0 v_0 \tag{2-4-33}$$

因此，第一阶段的速度损失为

$$\Delta v_{0.1} = v_0 - v_1 = \frac{K m_0}{m} v_0 \tag{2-4-34}$$

对其余阶段的速度损失仍用式（2-4-7）求解。图2-4-4所示为截顶蛋形头部的弹体造成靶板瓣裂穿孔时的几何关系示意。

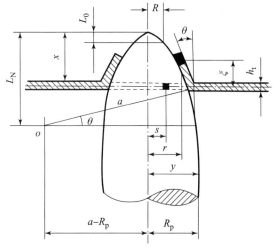

图 2-4-4　截顶蛋形头部的弹体造成靶板瓣裂穿孔时的几何关系示意

从图 2-4-4 可得到如下几何关系：

$$\xi = (y - s)\cos\theta \tag{2-4-35}$$

$$x = L_N - \alpha\sin\theta \tag{2-4-36}$$

$$\frac{dy}{dx} = \tan\theta = \frac{L_N - x}{y + (\alpha - R_p)} \tag{2-4-37}$$

$$L_N^2 = \alpha^2 - (\alpha - R_p)^2 \tag{2-4-38}$$

$$\alpha^2 = (L_N - x)^2 + (\alpha - R_p + y)^2 \tag{2-4-39}$$

$$r = y - (y - s)\sin\theta \tag{2-4-40}$$

从以上关系可以得到

$$\frac{\partial\xi}{\partial y} = \cos\theta \tag{2-4-41}$$

$$\frac{\partial\xi}{\partial\theta} = -(y - s)\sin\theta \tag{2-4-42}$$

$$\frac{d\theta}{dx} = -\frac{1}{\alpha\cos\theta} \tag{2-4-43}$$

$$\frac{L_N}{\alpha} = \sqrt{1 - \left(1 - \frac{R_p}{\alpha}\right)^2} \tag{2-4-44}$$

$$\frac{y}{\alpha} = \frac{R_p}{\alpha} - 1 + \sqrt{1 - \left(\frac{L_N}{\alpha}\right)^2 \left(1 - \frac{x}{L_N}\right)^2} \qquad (2-4-45)$$

而 $\xi = \xi(y, \theta, s)$，则

$$\frac{d\xi}{dx} = \frac{\partial \xi}{\partial y} \cdot \frac{dy}{dx} + \frac{\partial \xi}{\partial \theta} \cdot \frac{d\theta}{dx} + \frac{\partial \xi}{\partial s} \cdot \frac{ds}{dx} = \cos\theta \tan\theta + \frac{y-s}{\alpha} \tan\theta \qquad (2-4-46)$$

将以上公式代入式（2-4-6）求出 m_t，再代入式（2-4-7）求得阶段速度损失为

$$\Delta v_{i-1,i} = v_{i-1} - v_i = \frac{2\pi \rho_t h_t \alpha^2 v_i}{m}\left(\frac{L_N}{\alpha}\right)\left(\frac{y}{\alpha}\right)^2 \left(1 - \frac{x}{L_N}\right)\left[\frac{1}{2} + \frac{\frac{y}{\alpha}}{6\left(\frac{y}{\alpha} + 1 - \frac{R_p}{\alpha}\right)}\right]$$

$$(2-4-47)$$

令

$$\begin{cases} C_0 = \tan\theta \sin\theta - (1 - \cos\theta)\left[\frac{\tan^2\theta}{2} + \frac{1 - \cos\theta}{6\cos^3\theta} - \frac{1}{2}\right] \\[2mm] C_1 = \frac{\cos\theta + 2}{6\cos^3\theta} - 1 \\[2mm] C_2 = -\frac{1}{6\cos^3\theta} \\[2mm] C_3 = \tan^2\theta(1 - \sin\theta) \\[2mm] C_4 = \tan\theta - \frac{1 - \sin\theta}{2\cos^3\theta} \\[2mm] C_5 = C_3 - (1 - \cos\theta)C_4 \end{cases}$$

则可解得

$$f_x = \rho_t h_t v_0^2 \left[C_0 + C_1 \frac{R_p}{\alpha} + C_2 \left(\frac{R_p}{\alpha}\right)^2\right] \qquad (2-4-48)$$

$$f_r = \rho_t h_t v_0^2 \left(C_5 + C_4 \frac{R_p}{\alpha}\right) \qquad (2-4-49)$$

弹孔周边单位长度上的合力 f 与 f_x 的夹角 α 满足

$$\tan\alpha = \frac{f_r}{f_x} \qquad (2-4-50)$$

试验证明，此瓣裂动量理论对低速冲击将有较大的误差，因为低速冲击的贯穿过程较长，靶板内应力的阻力冲量较大，忽略会造成较大的误差。一般只要速度不低于 300 m/s，这一理论的预测结果都是比较理想的。

2.5　冲塞模型

钝头弹体冲击硬度较高的靶板时，往往造成在冲击区域周边靶板材料的剪切破坏，从靶上冲下一块圆饼状的靶块，这就是冲塞破坏。一般平头弹体冲下的塞块较规则（较接近柱体），冲塞能量消耗也较小；弹体头部越尖锐，冲塞的能量消耗也越大，塞块形状也越不规则（如塞块内凹严重，破碎、形状不对称等）。

一般把塞块内端恰好脱出靶板背表面时的速度定义为塞块速度。大量的理论和试验研究表明，对塞块尺寸的预测要比对塞块速度的预测困难得多。

对塞块速度的预测，可以用简单的动力学理论，如能量守恒、动量守恒等条件加以研究，或将冲塞运动作为在流体阻力和摩擦阻力作用下的刚体运动加以研究。下面介绍几种冲塞的力学模型。

2.5.1　动量守恒模型

本模型认为冲塞过程历时极短，靶对塞块的阻力冲量可以忽略，即把弹体和塞块作为一个自由系统。为了研究方便，近似地将塞块和弹体处理成同直径、同速度。根据动量守恒条件，有

$$mv_0 = (m + \rho_t \pi R_p^2 h_t) v_f \tag{2-5-1}$$

式中：m 为弹体质量；v_0 为弹体冲击速度；ρ_t 为靶板材料密度；R_p 为弹体半径，也是塞块半径；h_t 为靶板厚度；v_f 为塞块速度，也是弹体击穿靶板后的剩余速度。

由式（2-5-1）可得

$$v_f = \frac{m}{m + \rho_t \pi R_p^2 h_t} v_0 \tag{2-5-2}$$

对于长为 L 的平头圆柱形弹体，如靶板材料与弹体材料相同，并将塞块当成厚为 h_t 的柱体，则式（2-5-1）可转化为

$$v_f = \frac{L}{L + h_t} v_0 \tag{2-5-3}$$

必须指出，由于这一解法略去了冲塞过程中塞块周边靶板材料吸收的部分动量，引进了较大的误差。因此，按这一解法预测 v_f 的要高于试验值。

2.5.2　流体阻力模型

这一模型是考察高速冲塞破坏的理论。由于冲击速度较大时，弹体和塞块界面上的冲击应力很高，可以认为，弹体和塞块界面上的材料处于流体状态。因此，弹体头部上每单位面积的流动压力为 $\rho_t v^2$。设弹体与塞块同直径、同速度，忽略弹体所受的摩擦阻力，则弹体的运动方程为

$$m \frac{dv}{dt} = -\pi R_p^2 \rho_t v^2 \tag{2-5-4}$$

把 $\dfrac{dv}{dt}$ 写成 $\dfrac{1}{2} \dfrac{dv^2}{dx}$，则式（2-5-4）可分离变量为

$$\frac{dv^2}{v^2} = -\frac{2\pi R_p^2 \rho_t}{m} dx \tag{2-5-5}$$

对式（2-5-5）进行积分可得

$$\int_{v_0}^{v_t} \frac{dv^2}{v^2} = -\frac{2\pi R_p^2 \rho_t}{m} \int_0^{h_t} dx$$

$$v_f = \bar{v}_0 e^{-\frac{2\pi R_p^2 \rho_t}{m}} \tag{2-5-6}$$

式中：$\bar{v}_0$ 为着靶瞬间撞击后，弹体与塞块共同具有的初速度。

初速度可用上面介绍的动量模型求解，即

$$\bar{v}_0 = \frac{m}{m + \rho_t \pi R_p^2 h_t} v_0 \qquad (2-5-7)$$

将式（2-5-7）代入式（2-5-6）可得

$$v_f = \frac{m v_0}{m + \rho_t \pi R_p^2 h_t} e^{-\frac{2\pi R_p^2 \rho_t}{m}} \qquad (2-5-8)$$

如弹体为长 L 的平头圆柱，且材料与靶板材料相同，则式（2-5-8）可简化成

$$v_f = \frac{L v_0}{L + h_t} e^{-\frac{h_t}{L}} \qquad (2-5-9)$$

应该指出，式（2-5-8）计算出来的 v_f 值要低于试验值，表明这个模型把弹体所受阻力处理成流体阻力是过高地估计了运动阻力。

如忽略 v_0 与 $\bar{v}_0$ 的区别，可得

$$v_f = v_0 e^{-\frac{h_t}{L}} \qquad (2-5-10)$$

这时预测的 v_f 值反而与试验值较接近。事实上，式（2-5-10）并未限定塞块的速度和尺寸，不管塞块在整个冲塞过程中怎样运动和变形，只要在出靶时速度与弹体速度 v_f 相等，式（2-5-10）就能成立。

2.5.3　剪切阻力模型

假设冲塞过程中，塞块与靶板做相对运动时所受阻力主要来自剪切力，如认为剪应力为靶板材料的剪切屈服限 τ_Y 且均匀分布在塞块与靶板的接触面上，忽略弹体与靶板孔壁的摩擦，则可以得到弹体和塞块的共同运动方程为

$$m + \pi R_p^2 \rho_t \frac{dv}{dt} = -2\pi R_p (h_t - x) \tau_Y \qquad (2-5-11)$$

式中：$\pi R_p^2 \rho_t$ 为塞块质量，显然这里也把弹体和塞块近似成同直径的了；$2\pi R_p (h_t - x) \tau_Y$ 为剪切阻力。

将式（2-5-11）分离变量可得

$$dv^2 = -\frac{4\pi R_p (h_t - x) \tau_Y}{m + \pi R_p^2 \rho_t} dx \qquad (2-5-12)$$

对式（2-5-12）积分后可得

$$v^2 = \frac{2\pi R_p \tau_Y}{m + \pi R_p^2 \rho_t} (h_t - x)^2 + C_1 \qquad (2-5-13)$$

当起始条件 $x = 0$ 时，$v = \bar{v}_0$ 代入式（2-5-13）得出常数 C_1，然后整理可得

$$v^2 = \bar{v}_0^2 + \frac{2\pi R_p \tau_Y}{m + \pi R_p^2 \rho_t} [(h_t - x)^2 - h_t^2] \qquad (2-5-14)$$

当冲塞过程结束时，$x = h_t$，$v = v_f$，故有

$$v_f = \left[\bar{v}_0^2 - \frac{2\pi R_p \tau_Y h_t^2}{m + \pi R_p^2 \rho_t} \right]^{\frac{1}{2}} \qquad (2-5-15)$$

式中：$\bar{v}_0$ 的定义与前面相同，为弹体与塞块共同运动的速度，可表示为

$$\bar{v}_0 = \frac{m}{m + \pi R_p^2 \rho_t h_t} v_0 \qquad (2-5-16)$$

将式 (2-5-16) 代入式 (2-5-15) 可得

$$v_f = \left[\left(\frac{mv_0}{m + \pi R_p^2 \rho_t h_t} \right)^2 - \frac{2\pi R_p \tau_Y h_t^2}{m + \pi R_p^2 \rho_t} \right]^{\frac{1}{2}} \qquad (2-5-17)$$

2.5.4　能量守恒模型

这一模型把冲塞问题处理得一般化，即弹体的密度和靶的密度可以不相同；弹体不一定要求是刚性的；塞块的直径不一定与弹体的直径相同。

设形成塞块所损耗的能量为 W_s，W_s 包括从靶板上剪切下塞块所损耗的剪切动能、冲塞过程中传播出去的热能、通过弹塑性应力波传播出去的能量以及其他未计的能量。近似认为冲塞过程结束后弹体与塞块的速度相同，如设将塞块加速到与弹体速度相同所消耗的能量为 W_f，根据能量守恒原理可得

$$\frac{1}{2}mv_0^2 = \frac{1}{2}(m + m_t)v_t^2 + W_s + W_f \qquad (2-5-18)$$

式中：m_t 为塞块质量。

从式 (2-5-18) 可以看到，该模型的基本思想是，在冲塞过程中，弹体的原有动能 $\frac{1}{2}mv_0^2$ 转化为弹体残余动能和塞块动能 $\frac{1}{2}(m + m_t)v_t^2$、形成塞块所损耗的能量 W_s 以及将塞块加速到与弹体速度相同所损耗的能量 W_f 三部分。

显然有

$$W_f = \frac{1}{2}mv_0^2 - \frac{1}{2}(m + m_t)\bar{v}_0^2 \qquad (2-5-19)$$

式中：$\bar{v}_0$ 由动量守恒模型得到

$$\bar{v}_0 = \frac{m}{m + m_t}v_0^2 \qquad (2-5-20)$$

把式 (2-5-20) 代入式 (2-5-19) 并整理可得

$$W_f = \frac{m}{m + m_t}v_0^2 \qquad (2-5-21)$$

再将式 (2-5-21) 代入守恒式 (2-5-18) 可得

$$\frac{m^2}{2(m + m_t)}v_0^2 = \frac{1}{2}(m + m_t)v_f^2 + W_s \qquad (2-5-22)$$

当 $v_f = 0$ 时，按定义 v_0 为弹道极限速度，即 $v_0 = v_{50}$，于是

$$W_s = \frac{1}{2} \cdot \frac{m}{m + m_t}v_{50}^2 \qquad (2-5-23)$$

将式 (2-5-23) 代入式 (2-5-22) 可得

$$v_f = \frac{m}{m + m_t}(v_0^2 - v_{50}^2)^{\frac{1}{2}} \qquad (2-5-24)$$

此模型需通过试验（或通过其他模型估计）求得 v_{50} 后才能预测 v_f，因此是一个准分析模型。

【例】已知直径为 6 mm 的圆柱形弹体质量为 14 g，以 420 m/s 的速度冲击厚 5 mm 的铝合金靶板。铝合金密度为 2.78 g/cm³，剪切屈服限为 6.174×10^7 N/m²，弹道极限为 110 m/s，

试分别用动量守恒模型、流体阻力模型、剪切阻力模型和能量守恒模型求解塞块速度。

解： $m_t = \dfrac{\pi}{4} D_p^2 h_t \rho_t = \dfrac{\pi}{4} \times 0.6^2 \times 0.5 \times 2.78 = 0.39$ （g）

本节介绍的四种模型都认为塞块速度与弹体残余速度相等，由此塞块速度 v_s 分别如下。

（1）动量守恒模型：

$$v_s = \frac{m}{m + m_t} v_0 = \frac{14}{14 + 0.39} \times 420 = 409 \ （\text{m/s}）$$

（2）流体阻力模型：

$$v_s = \frac{m}{m + m_t} \bar{v}_0 e^{-\frac{m_t}{m}} = \frac{14}{14 + 0.39} \times 409 \times e^{-\frac{0.39}{14}} = 387 \ （\text{m/s}）$$

（3）剪切阻力模型：

$$v_s = \left[\bar{v}_0^2 - \frac{\pi D_t \tau_Y h_t^2}{m + m_t} \right]^{\frac{1}{2}} = \left[409^2 - \frac{0.06\pi \times (6.174 \times 10^7)^2 \times 0.005^2}{0.014 + 0.00039} \right]^{\frac{1}{2}} = 407 \ （\text{m/s}）$$

（4）能量守恒模型：

$$v_s = \frac{m}{m + m_t} (v_0^2 - v_{80}^2)^{\frac{1}{2}} = \frac{14}{14 + 0.39} \times (420^2 - 110^2)^{\frac{1}{2}} = 394 \ （\text{m/s}）$$

2.5.5 斜冲塞时方向改变的预测模型

弹体斜冲击靶板时，在开始阶段斜度总是有所增加，达到一定深度后，如果弹体的存速足够高，弹体和塞块的斜角又会逐渐减小，最后以小于入射斜角的方向贯穿靶板，如图 2-5-1（a）~（c）所示。如果斜冲击时弹体速度不够高（或冲击入射斜角过大），弹体在冲击开始阶段斜角的增长就会继续发展下去，直至斜角大于 90° 时，弹体跳飞。斜冲击时，斜角的这种反转变化是由于弹体入靶部分所受靶板抗力非对称性的变化造成的。事实证明，用受力分析的方法来定量地研究斜角的变化是很困难的。下面所要介绍的是从动量观点出发来求解平头弹体斜冲塞时斜角变化的方法。

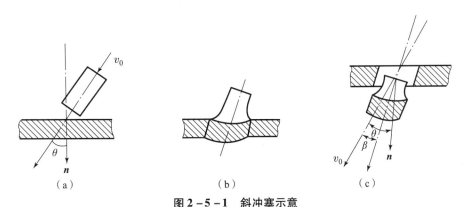

图 2-5-1 斜冲塞示意

（a）弹体着靶前；（b）塞块形成；（c）冲塞后

假定弹体出靶时塞块与弹体同直径、同速度，着靶时冲击斜角为 θ，出靶时斜角向内法线方向偏转了 β（图 2-5-1）。斜冲塞时动量和冲量矢量的关系如图 2-5-2 所示，冲量 I 代表靶板作用于弹体的总冲量，$(m + m_t)v_f$ 为击穿后弹体和塞块的动量。将 I 分解为沿弹体

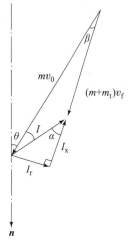

图 2 - 5 - 2 斜冲塞时动量和冲量矢量的关系

运动方向的阻力冲量 I_x 和垂直于弹体运动方向的阻力冲量 I_r，如果认为 I_x 只和塞块形状、剪切力和冲塞过程所消耗的时间 Δt 有关，并假设塞块形状不变且剪切力为常数，则 I_x 的大小只与 Δt 成正比，而 Δt 与弹体通过靶板的平均速度 $\bar{v}$ 成反比，即

$$I_x = \frac{K}{\bar{v}} \quad (2-5-25)$$

式中：K 为待定常数。

下面求平均速度 $\bar{v}$ 和常数 K。由于弹体和塞块是沿 β 方向飞出靶板，因此可以认为弹体用于冲塞的动量只是它的总动量的一个分量 $mv_0\cos\beta$，塞块的质量也与正冲击时有所不同，应为 $\rho_t\pi R_t^2 h_t/\cos\theta$，于是由能量守恒得到

$$\frac{1}{2}m(\cos\beta v_0)^2 = \frac{1}{2}(m+m_f)v_f^2 + T \quad (2-5-26)$$

式中：T 为斜冲塞时靶板吸收的能量，如认为 T 不随冲击速度变化，则可以用弹道极限来求解 T。

当 $v_f = 0$ 时，$v = v_{50}$，得出 T 后代入式（2-5-26）并整理可得

$$v_f = \frac{(\cos^2\beta v_0^2 - \cos^2\beta v_{50}^2)^{\frac{1}{2}}}{1 + \dfrac{m_t}{m}} = \frac{\cos\beta(v_0^2 - v_{50}^2)^{\frac{1}{2}}}{1 + \dfrac{\rho_t}{\rho_p}\left(\dfrac{R_t}{R_p}\right)^2\dfrac{h_t}{L\cos\theta}} \quad (2-5-27)$$

着靶瞬间的撞击使塞块与弹体以共同速度 $mv_0\cos\beta/m + m_t$ 运动，所以平均冲塞速度为

$$\bar{v} = \frac{1}{2}\left(v_f + \frac{mv_0\cos\beta}{m+m_t}\right) \quad (2-5-28)$$

因此，有

$$I_x = \frac{2K}{v_f + \dfrac{m}{m+m_t}v_0\cos\beta} \quad (2-5-29)$$

当 $v_f = 0$ 时，$v_0 = v_{50}$，$\beta_0 = \beta_{50}$。这里 β_{50} 为弹道极限速度 v_{50} 冲击靶板时塞块运动方向的偏转角。将这些条件代入式（2-5-29）后可得

$$(I_x)_{50} = \frac{2K(m+m_t)}{mv_{50}\cos\beta_{50}} \quad (2-5-30)$$

由图 2-5-2 还可得到

$$(I_x)_{50} = mv_{50}\cos\beta_{50} \quad (2-5-31)$$

令式（2-5-30）与式（2-5-31）相等，解得

$$K = \frac{m^2v_{50}^2\cos^2\beta_{50}}{2K(m+m_t)} \quad (2-5-32)$$

将式（2-5-32）代入式（2-5-29）可得

$$I_x = \frac{mv_{50}^2\cos^2\beta_{50}}{v_0\cos\beta\left[1 + \left(1 - \dfrac{v_{50}^2}{v_0^2}\right)^{\frac{1}{2}}\right]} \quad (2-5-33)$$

从图 2-5-2 可得

$$I_x = mv_0 \sin\beta / \tan\alpha$$

消去 I_x 可得

$$\sin 2\beta = \frac{\dfrac{v_{50}^2}{v_0^2}}{1 + \left(1 - \dfrac{v_{50}^2}{v_0^2}\right)^{\frac{1}{2}}} \cos^2\beta_{50} \tan\alpha \qquad (2-5-34)$$

显然，当 $v_0 = v_{50}$ 时，$\alpha = \beta_{50}$；在 $v_0 > v_{50}$ 时，取 $\alpha \approx \beta$，则式（2-5-34）可近似写成

$$\sin 2\beta = \frac{\dfrac{v_{50}^2}{v_0^2}}{1 + \left(1 - \dfrac{v_{50}^2}{v_0^2}\right)^{\frac{1}{2}}} \sin^2\beta_{50} \tan\alpha$$

$$(2-5-35)$$

图 2-5-3 所示为圆柱形钢弹体 H_B285 以不同速度 v_0 和 45°斜角冲击低碳钢靶板 H_B190 时的试验点与理论预测曲线的比较。由图中曲线可知，本模型对 β 的预测是比较准确的。显然，v_0 越大时，β 越小，$v_0 = v_{50}$ 时，β 最大（β_{50}）。

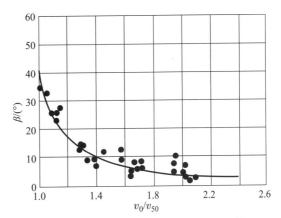

图 2-5-3　β 值理论预测与试验的比较

2.6　空穴膨胀理论

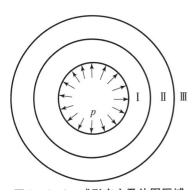

图 2-6-1　球形空穴及外围区域

Ⅰ—锁变塑性区；Ⅱ—锁变弹性区；
Ⅲ—无应力区

空穴膨胀理论的基础是对球形空穴在无限不可压缩和线性硬化弹塑性介质中的准静态膨胀过程的研究，这一准静态膨胀模型将空穴周围的介质分成三个区域，如图 2-6-1 所示，由内至外分别称为锁变塑性区、锁变弹性区和无应力区。这里"锁变"是指体应变为常数，即 $\varepsilon_r + 2\varepsilon_\theta = \mathrm{const}$。将锁变条件与应力—应变关系、应变—位移关系、弹塑性界面的质量和能量守恒、介质运动方程联立求解，即可求得空穴内表面的压力。霍普金斯（Hopkins）所推导的压力表达式为

$$p = \frac{2}{3}\sigma_Y\left[1 + \ln\left(\frac{2}{3}\frac{E}{\sigma_Y}\right)\right] + \frac{2}{27}\pi^2 E_t + \rho_t\left(\ddot{r}r + \frac{3}{2}\dot{r}^2\right)$$

$$(2-6-1)$$

式中：r 为空穴半径；E 为塑性硬化模量；$\dot{r} = \dfrac{\mathrm{d}r}{\mathrm{d}t}$。

总压力 p 可分为与 r 无关的静压部分和与 $\dot{r}$ 有关的动压部分，即

$$p = p^s + p^D \qquad (2-6-2)$$

$$p^{\text{s}} = \frac{2}{3}\sigma_{\text{Y}}\left[1 + \ln\left(\frac{2}{3}\frac{E}{\sigma_{\text{Y}}}\right)\right] + \frac{2}{27}\pi^2 E_{\text{t}} \qquad (2-6-3)$$

$$p^{D} = \rho_{\text{t}}\left(r\ddot{r} + \frac{3}{2}\dot{r}^2\right) \qquad (2-6-4)$$

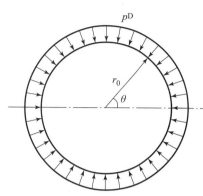

图 2-6-2　球形空穴膨胀时的动压分布

注意到，球形空穴的膨胀运动与球形弹体的运动是有区别的，因为球形空穴膨胀时，介质质点的速度 $\dot{r}$ 和加速度 $\ddot{r}$ 都垂直于球面且相等，所以动压力在空穴表面上是均匀分布的（图 2-6-2）；而球形弹体侵彻时，情况有较大的差别。古迪尔（JN. Goodier）修正了这一差别，建立了球形弹体侵彻模型。他假设动压 p^{D} 按 $p^{D}\cos\theta$ 分布，如图 2-6-3 所示。其中，p^{D} 为球面顶点处的空穴膨胀动压值这一假设与实际情况是比较符合的，因为在顶点处，质点速度和加速度仍垂直于球面，与空穴膨胀的情况相似，而在两侧，质点速度和加速度方向与球面平行，故动压为零，而在顶点到两侧的区域里，介质质点速度在垂直于球面的方向上的分量为 $p^{D}\cos\theta$，而且动压变化也是连续光滑的。

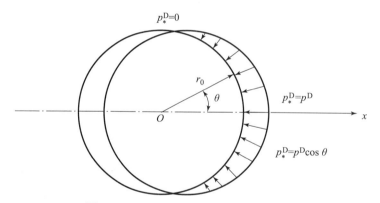

图 2-6-3　球形弹体侵彻时的动压分布

用 x 作侵彻方向的坐标，用弹丸的速度 $v = \dfrac{\mathrm{d}x}{\mathrm{d}t}$ 和加速度 $\dfrac{\mathrm{d}v}{\mathrm{d}t} = \dfrac{\mathrm{d}^2 x}{\mathrm{d}t^2}$ 来代替球形空穴膨胀时的压力表达式中的 $\dot{r}$ 和 $\ddot{r}$，可得

$$p^{D} = \rho_{\text{t}}\left(x\ddot{x} + \frac{3}{2}v^2\right) \qquad (2-6-5)$$

则弹体所受动阻力为

$$F_{\text{D}} = \int_0^{\frac{\pi}{2}} 2\pi r_0^2 \sin\theta\,(p^{D}\cos\theta)\cos\theta\,\mathrm{d}\theta = \frac{2}{3}\pi r_0^2 p^{D} = \frac{2}{3}\pi r_0^2 \rho_{\text{t}}\left(x\ddot{x} + \frac{3}{2}v^2\right) \quad (2-6-6)$$

弹体所受静阻力为

$$F_{\text{s}} = \int_0^{\frac{\pi}{2}} 2\pi r_0^2 \sin\theta\,p^{\text{s}}\cos\theta\,\mathrm{d}\theta = \pi r_0^2 p^{\text{s}} \qquad (2-6-7)$$

这时球形弹体的运动方程就可写成

$$-m\frac{\mathrm{d}v}{\mathrm{d}t} = F_\mathrm{s} + F_\mathrm{D} = \pi r_0^2\left[p^\mathrm{s} + \frac{2}{3}\rho_\mathrm{t}\left(x\ddot{x} + \frac{3}{2}v^2\right)\right] \qquad (2-6-8)$$

而有

$$\frac{\mathrm{d}v}{\mathrm{d}t} = \frac{1}{2}\frac{\mathrm{d}v^2}{\mathrm{d}x} \qquad (2-6-9)$$

将式（2-6-9）代入式（2-6-8）并分离变量，可得

$$\frac{\mathrm{d}v^2}{p^\mathrm{s} + \rho v^2} = -\frac{2\mathrm{d}x}{\dfrac{m}{\pi r_0^2} + \dfrac{2}{3}\rho_\mathrm{t}x} \qquad (2-6-10)$$

式（2-6-10）满足 $t=0$，$x = r_0$，$v = v_0$ 的解为

$$(p^\mathrm{s} + \rho_\mathrm{t}v_0^2)^{\frac{1}{2}}\left(\frac{m}{\pi r_0^2} + \frac{2}{3}\rho_\mathrm{t}x\right) = (p^\mathrm{s} + \rho_\mathrm{t}v_0^2)^{\frac{1}{3}}\left(\frac{m}{\pi r_0^2} + \frac{2}{3}\rho_\mathrm{t}r_0\right) \qquad (2-6-11)$$

当 $v=0$ 时，x 等于最大侵彻深度 $L_{\max}$，即

$$L_{\max} = \left(1 + \frac{\rho_\mathrm{t}v_0^2}{p^\mathrm{s}}\right)^{\frac{1}{3}}\left(r_0 + \frac{3m}{2\pi\rho_\mathrm{t}r_0^2}\right) - \frac{3m}{2\pi\rho_\mathrm{t}r_0^2} \qquad (2-6-12)$$

继古迪尔之后，美国陆军工程总局又发展了可应用于各种头部形状弹体的侵彻模型；伯纳德（R. S. Bernard）和哈那古（S. V. Hanagud）等研究了可压缩情况下的深侵彻，把空穴膨胀理论发展到适用于可压缩介质。到目前为止，空穴膨胀理论已包含了众多的模型，既可用于对土壤、岩石和混凝土的计算，也可预测对金属靶板和液体的侵彻。值得一提的是，现在有许多研究者利用空穴膨胀理论所提供的阻力形式来建立一些新的穿甲模型。

2.7　长杆弹穿甲理论

长杆弹又称杆式弹，是指长径比较大的实心动能穿甲弹。弹体材料一般为高强度合金钢、钨合金、铀合金或它们的组合，为保证飞行稳定和获得 1 000 ~ 2 000 m/s 的高弹速，一般为尾翼稳定次口径脱壳结构。长杆弹对靶板的冲击理论是穿甲力学领域最新、最难的课题之一。长杆弹的穿甲研究要涉及应变率影响、热效应、剪切断裂、应力波作用和弹体质量侵蚀等一系列问题。

2.7.1　长杆弹的穿甲过程

1. 着靶初期弹靶的运动

长杆弹冲击靶板的最初阶段为"飞溅开坑阶段"。弹体着靶瞬间，弹体和靶板材料在碰撞应力作用下都会发生破碎飞溅。弹体破碎飞溅是撞击界面冲击波作用的结果，飞溅破坏使质量损失和弹体头部的形状改变。靶板破碎是在靶板正表面由反射拉伸波造成的，靶板破碎飞溅的程度较小，并且很快就停止下来。随着侵彻深度的增加，弹体头部形状的变化趋于动态稳定，靶板正表面自由边界的影响也逐渐减弱，这时靶板材料由反向流动改为正向流动。靶板材料的流动若变化剧烈，弹体头部的破碎就不可能进入动态稳定。反过来，弹体头部的破碎未进入动态稳定，靶板材料的流动也不会稳定，一般这一转变发生在数倍弹径（弹丸直径）处。

飞溅开坑阶段的特点：破碎物的飞溅速度较其他阶段高；弹体的头部形状急剧变化；靶板材料流动状态复杂，在冲击波的作用下，有时会出现飞溅；开坑阶段冲击界面的压力最高，靶板正面有皇冠状翻唇现象。这说明开坑阶段靶板材料的变形可以用流体动力学类比法来求解，如果把这一阶段当做定常来处理，误差将很大。考虑到这一阶段的侵彻运动复杂所占的侵彻深度比例却不大，可将弹体头部的形状变化假设成正比于侵彻深度的增长。

2. 弹体的侵彻运动和塞块的形成

飞溅开坑阶段结束后，弹体以较稳定的头部形状对靶板做较稳定的侵彻运动。从试验结果看，合金钢弹体的头部动态稳定形状为锥形，钨合金和铀合金弹体的头部动态稳定形式接近半球形，这是由于后者动态塑性较好的缘故。这个阶段的冲击运动相对于整个贯穿过程可以说是最稳定的阶段，但稳定并不意味着定常，但可将这一阶段的运动按不可压流准定常处理，此阶段称为"飞溅侵彻阶段"。

长杆弹对靶板的贯穿一般伴随着冲塞破坏塞块的形成发生在飞溅侵彻阶段结束的时刻。一般认为，塞块是由绝热剪切形成的。从一些未完全贯穿的靶板剖面可以看到，塞块的形成过程可以具体地看成是裂纹的发展过程。定义从裂纹开始出现至裂纹贯通靶板这个阶段为"侵蚀成塞阶段"。显然，裂纹的起始位置是决定塞块直径和厚度的关键因素。

从未贯穿的靶板剖面上可以看到，裂纹源一般在冲击界面上或接近冲击界面，推导模型时不妨设裂纹源就在冲击界面。现在的问题是，裂纹的发展是怎样进行的？其发展速度是多少？事实上，裂纹的发展速度是与应变状态直接相关的，因此必然是变速发展的。但如果把所研究的范围缩小到仅仅针对长杆弹的垂直冲击领域和对特定的弹靶组合，则可以用试验值来确定。

弹体着靶瞬间，从冲击界面向靶内传入一个强度最大的塑性波，此塑性波到达靶板背面会产生一个卸载波。当此卸载波与弹体相遇后，弹体前面的靶板材料全部卸载，变形使材料的强度和硬度提高、韧性下降，这部分材料在弹体的冲击下趋向于整体运动。由于周围靶板材料的约束，部分应力集中的地方首先产生裂纹。因此，卸载波与弹体相遇时刻即为"侵蚀成塞阶段"的起始标志。精确地确定卸载波和弹体相遇的时刻并非易事。事实上，塑性波速是与应力—应变状态相关的，但在工程模型中，可以抓住主要矛盾，做一些简化处理。可以认为靶中只有一个塑性波传播，并且波速为常数，此常数可以通过着靶至靶板背面出现鼓包的时间间隔来确定。此波速值介于一维应变平面塑性波速和一维应力平面塑性波速之间。事实上，靶板材料受弹体冲击时既做轴向流动，也做径向流动，靶板的应力—应变状态正介于平面应力和平面应变之间。

显然，在裂纹发展过程中，弹体仍然在侵彻，因此塞块的厚度仍在减小。

3. 塞块的加速过程

裂纹贯通靶板后，塞块就在弹体的冲击下做加速运动，这时的运动特点：塞块与孔壁相对滑动；弹体继续侵蚀和侵彻；塞块一边在加速运动，另一边在减小厚度。此阶段称为"滑动侵彻阶段"。通过观察试验回收的塞块发现，塞块侧表面很光亮，这说明塞块相对于孔壁滑动时所受到的摩擦应力达到了靶板材料的剪切屈服，原来由断裂所形成的断裂面经过屈服剪切，成为最终的光亮表面。因此，塞块侧表面所受到的摩擦合力为

$$F = \pi D_t H_t \tau_Y$$

式中：D_t 和 H_t 分别为塞块与靶的瞬时接触直径和长度；τ_Y 为靶板材料的剪切屈服限。

塞块运动的加速和弹体能量的进一步损失最终会导致弹体相对于塞块的侵蚀速度减至零，这时塞块已卸载成为弹性体，故可忽略塞块厚度的变化，认为弹体边侵蚀边推动刚性塞块前进。因此，可称此阶段为"侵蚀推进阶段"。

塞块加速必然要降低弹塞的相对撞击速度 v_s，当 $v_s \leqslant c_{PP}$ 时，弹体即停止侵蚀。侵蚀推进阶段就此结束。弹体停止侵蚀后紧接着就进入塑性镦粗。从试验回收的残余弹体来看，贯穿情况与半无限靶的侵蚀在弹体镦粗的程度上有些区别，贯穿时由于塞块已形成且只受摩擦力，塞块本身在做向前的加速运动。因此，弹体卸载较半无限靶侵蚀来得迅速，弹体的塑性镦粗历时较短，镦粗程度可以忽略。这一假设对铬合金钢弹体的近似要比对钨合金和铀合金弹体好一些。

侵蚀推进阶段结束后，弹体也成为刚体，定义这时的冲击运动为"刚性冲塞阶段"。弹体和塞块最终的速度分配直接影响这一阶段的求解。通过高速摄影记录可以观察到，残余弹体和塞块的速度往往不一致，主要原因是塞块偏倒、形状不规则、被弹体贯穿和粉碎。但是，这些影响是很难考虑进模型中去的，可以推断出，弹体和塞块间的弹性恢复力对弹体和塞块的速度分离有一定的作用。

2.7.2 长杆弹的侵彻模型

长杆弹对半无限靶的侵彻可以分为开坑和侵彻两个阶段来研究。假设侵彻运动是一维准定常运动，即运动中物理量随时间的变化较缓慢，物理图像变化不大；坑底压力为空穴膨胀压力；靶板材料为线性硬化弹塑性材料，而弹体为理想刚塑性材料，侵彻过程中弹靶材料均不可压缩。在着靶瞬间，靶板介质对侵入的静阻力 p_s 相当于靶板材料的布氏硬度 H，而当开坑阶段结束 $x = D_P$ 时，静阻力 p_s 为空穴膨胀静阻力，其间按指数函数连续过渡，即

$$p_s = C_1 e^{\frac{x}{D_P}} + C_2 \qquad (2-7-1)$$

式中：x 为侵彻深度；D_P 为弹体直径。

x 和 p_s 的初值和终值为

$$\begin{cases} x = 0, p_s = H_b \\ x = D_P, p_s = p^s \end{cases} \qquad (2-7-2)$$

式中：H_b 为布氏硬度。将式（2-7-2）代入式（2-7-1）中得出常数 C_1 和 C_2：

$$C_1 = \frac{p^s - H_b}{e - 1}$$

$$C_2 = \frac{eH_b - p^s}{e - 1}$$

$$p^s = \frac{1}{e-1} \{ [p^s - H_b] e^{\frac{x}{D_P}} + [eH_b - p^s] \} \qquad (2-7-3)$$

式中：

$$p^s = \frac{2}{3} \sigma_Y \left(1 + \ln \frac{2E}{3\sigma_Y} \right) + \frac{2}{27} \pi^2 E \qquad (2-7-4)$$

着靶瞬间，坑底面积 A 与弹体截面面积相等，即 $A = \frac{\pi}{4} D_P^2$，而开坑阶段结束时，坑底面积应为排出弹体碎碴的最小面积，即 $A = 2A_0$，设在开坑阶段坑底半径为线性扩张，则可

求得

$$A = \frac{\pi}{4} \left[D_P + (\sqrt{2} - 1) x \right]^2 \tag{2-7-5}$$

取运动速度等于坑底速度 u（侵彻速度）的动坐标系。在此动坐标系中，弹体以 $v-u$ 的速度撞击坑底，因此弹体长度在侵彻中的变化方程为

$$\frac{\mathrm{d}L}{\mathrm{d}t} = - (v - u) \tag{2-7-6}$$

假设弹体在撞击中所能承受的最大压应力为 Y_P（弹体材料的压碎强度），则弹体在 Y_P 作用下的减速运动方程为

$$\rho_P A_0 \frac{\mathrm{d}L}{\mathrm{d}t} (v - u) + \rho_P A_0 L \left(\frac{\mathrm{d}v}{\mathrm{d}t} - \frac{\mathrm{d}u}{\mathrm{d}t} \right) = - Y_P A_0 - \rho_P A_0 (v - u)^2 - \rho_P A_0 L \frac{\mathrm{d}u}{\mathrm{d}t} \tag{2-7-7}$$

式（2-7-7）等号左边两项为单位时间内弹体动量变化；而等号右边第一项为作用于弹体端面的压力，第二项为单位时间内因弹体破坏引起的惯性力，第三项是动坐标系中的惯性力。将式（2-7-6）代入式（2-7-7）可得

$$\rho_P L \frac{\mathrm{d}v}{\mathrm{d}t} = - Y_P \tag{2-7-8}$$

设正处于撞击界面上的弹体碎碴的质量和平均速度分别为 M 和 u_r，从界面排出的碎碴速度为 u_r，于是可列出处在撞击界面上碎碴的运动方程为

$$M \frac{\mathrm{d}u_r}{\mathrm{d}t} = A_0 Y_P + \rho_P A_0 (v - u)^2 - A_0 \rho_P (v - u) u_f - A P \tag{2-7-9}$$

式（2-7-9）等号右边第一项和最后一项分别为弹体和坑底作用在碎碴上的力，而 $\rho_P A_0 (v - u)^2$ 和 $A_0 \rho_P (v - u) u_f$ 分别为单位时间流入和流出撞击界面的动量。由于假定运动准定常和材料不可压缩，单位时间内流入和流出撞击界面的碎碴质量应相等。因此，碎碴流出的速度和流入的速度大小相等，即

$$u_f = - (v - u) \tag{2-7-10}$$

因为

$$\left| \frac{\mathrm{d}u_r}{\mathrm{d}t} \right| \approx \frac{\mathrm{d}v}{\mathrm{d}t}$$

经比较

$$\frac{\left| M \dfrac{\mathrm{d}u_r}{\mathrm{d}t} \right|}{| A_0 Y_P |} \approx \frac{M \dfrac{Y_P}{\rho_P L}}{A_0 Y_P} = \frac{M}{A_0 \rho_P L} \ll 1$$

因此，$M \dfrac{\mathrm{d}u_r}{\mathrm{d}t}$ 可以忽略，则式（2-7-9）可简化为

$$Y_P + 2\rho_P (v - u)^2 = \frac{A}{A_0} P \tag{2-7-11}$$

式中：

$$p = p^s + p^D \tag{2-7-12}$$

$$p^{\mathrm{D}} = \rho_{\mathrm{P}}\left(\frac{D_{\mathrm{P}}}{2}\frac{\mathrm{d}u}{\mathrm{d}t} + \frac{3}{2}u^2\right) \tag{2-7-13}$$

因为

$$\frac{\left|\dfrac{D_{\mathrm{P}}}{2}\dfrac{\mathrm{d}u}{\mathrm{d}t}\right|}{\left|\dfrac{3}{2}u^2\right|} \approx \frac{\dfrac{D_{\mathrm{P}}}{2}\dfrac{u}{L}}{\dfrac{3}{2}u^2} = \frac{D_{\mathrm{P}}}{3L} \ll 1 \tag{2-7-14}$$

所以忽略 $\dfrac{D_{\mathrm{P}}}{2}\dfrac{\mathrm{d}u}{\mathrm{d}t}$ 不会带来大误差，这是由于长杆弹具有较大的长径比。这样，坑底压力 p 可表示为

$$p = p^{\mathrm{s}} + \frac{3}{2}\rho_{\mathrm{P}}u^2 \tag{2-7-15}$$

关于侵彻速度可表示为

$$\frac{\mathrm{d}x}{\mathrm{d}t} = u \tag{2-7-16}$$

归纳以上推导，可列出微分方程组：

$$\begin{cases} \dfrac{\mathrm{d}x}{\mathrm{d}t} = u \\[2mm] \dfrac{\mathrm{d}L}{\mathrm{d}t} = u - v \\[2mm] \dfrac{\mathrm{d}v}{\mathrm{d}t} = -\dfrac{Y_{\mathrm{P}}}{\rho_{\mathrm{P}}L} \\[2mm] Y_{\mathrm{P}} + 2\rho_{\mathrm{P}}(v-u)^2 = \dfrac{A}{A_0}\left(p^{\mathrm{s}} + \dfrac{3}{2}\rho_{\mathrm{P}}u^2\right) \\[2mm] A = \dfrac{\pi}{4}\left[D_{\mathrm{P}} + (\sqrt{2}-1)x\right]^2 \end{cases}$$

借助计算机即可求上述方程组的数值解。求解起始侵彻速度 u_0，可令式（2-7-11）中，$p^{\mathrm{s}} = H_{\mathrm{b}}$，$A = A_0$，$v = v_0$，$u = u_0$，解得

$$u_0 = \frac{4v_0 - \sqrt{16v_0^2 - \left(8 - 6\dfrac{\rho_{\mathrm{t}}}{\rho_{\mathrm{P}}}\right)\left[2v_0^2 + \dfrac{Y_{\mathrm{P}}}{\rho_{\mathrm{P}}} - \dfrac{H_{\mathrm{b}}}{\rho_{\mathrm{P}}}\right]}}{4 - 3\dfrac{\rho_{\mathrm{t}}}{\rho_{\mathrm{P}}}} \tag{2-7-17}$$

试验中发现实际残余弹体较计算值短，这是因为，相对撞击速度较低时，塑性波将传入弹体，使弹体发生镦粗；另外，侵彻速度为零后，弹体仍有破碎的可能性。

2.8　穿甲效应的数值仿真

目前，在爆炸与冲击效应技术领域主要的数值模拟方法包括有限单元法、有限差分法、有限体积法等。有限差分方法是首先建立微分方程组（控制方程）；然后用网格覆盖空间域和时间域，用差分近似替代控制方程中的微分，进行近似的数值解，有限差分方法在流体力学和爆

炸力学中得到广泛应用。有限元方法是首先将连续的求解域分解成有限个单元，组成离散化模型；然后求其近似的数值解。有限元包括结构有限元和动力有限元，动力有限元适合于计算边界形状复杂或者包含物质界面的强动载问题计算，便于编制通用程序，在冲击问题的模拟计算方面得到了迅速发展和广泛应用。有限体积法是在物理空间将偏微分方程转化为积分形式，然后在物理空间中选定的控制体积上把积分形式守恒定律直接离散的一类数值方法，适用于任意复杂的几何形状的求解区域，是在吸收了有限元方法中函数的分片近似的思想，以及有限差分方法的一些思想发展起来的高精度算法，目前已在复杂区域的高速流体动力学数值模拟中得到广泛应用。

有限差分方法和动力有限元方法的发展已经较为成熟，是目前冲击载荷作用下的动力结构响应数值计算中应用最多的两种方法；但结构为不连续介质时（如混凝土、裂隙岩体等），人们又发展了离散元方法、有限块体方法、数值流形法等来解决此类问题的计算。在 20 世纪七八十年代，国外（主要是美国）以桑迪亚、劳伦斯·利弗莫尔等国家实验室为代表的一批研究机构，对爆炸冲击效应数值模拟进行了大量的研究，编制了一大批有影响的计算机程序，其中有代表性的就有 30 多个，典型的如 CTH 和 HUL 等。这些程序从离散方法上分为三类：有限差分法（FDM）、有限元法（FEM）和有限体积法（FVM）。从采用的坐标类型大体可分为两种类型：拉格朗日型和欧拉型，后来又发展了任意拉格朗日 - 欧拉方法（ALD）和耦合拉格朗日 - 欧拉方法（CEL）。近年来，无网格法，特别是光滑质点动力学法（SPH）在冲击爆炸效应计算中得到了广泛应用。由于 SPH 法不用网格，没有网格畸变问题，所以能在拉格朗日格式下处理大变形问题。同时，SPH 法允许存在材料界面，可以简单而精确地实现复杂的本构行为，也适用于材料在爆炸冲击作用下材料破坏的计算。

由于数值模拟技术计算精度和可靠性高，其计算结果已经成为各类工程问题分析的依据。数值模拟把计算力学的理论成果、算法转换为工程实际问题，将最新的计算机技术、软件工具、算法和工程知识结合在一起，对教学、科研、设计、生产、管理、决策等都有很大的应用价值，为此世界各国均投入了相当多的资金和人力进行研究。

下面以 LS - DYNA 软件为例进行简要介绍。

2.8.1 软件简介

LS - DYNA 程序最初称为 DYNA 程序，由 J. O. Hallquist 博士于 1976 年在美国劳伦斯·利弗莫尔国家实验室（美国三大国防实验室之一）主持开发完成，其时间积分采用中心差分格式，当时主要用于求解三维非弹性结构在高速碰撞、爆炸冲击下的大变形动力响应，其目的主要是为北约组织的武器结构设计提供分析工具。软件推出后深受广大用户的青睐。以后经过 1979 年、1981 年、1982 年、1986 年、1987 年、1988 年各版本的功能扩充和不断改进，DYNA 程序已经成为国际著名的非线性动力分析软件，在武器结构设计、内弹道和终点弹道、军用材料研制等方面得到了广泛的应用。

1988 年，J. O. Hallquist 博士创建 LSTC 公司，DYNA 程序走上商业化发展历程，并更名为 LS - DYNA。LS - DYNA 程序系列主要包括显式 LS - DYNA2D、LS - DYNA3D、隐式 LS - NIKE2D、LS - NIKE3D、热分析 LS - TOPAZ2D、LS - TOPAZ3D、前后处理 LS - MAZE、LS - ORION、LS - ⅠNGRID、LS - TAURUS 等商用程序。为进一步规范和完善 DYNA 程序的研究成果，LSTC 公司陆续推出 930 版（1993 年）、936 版（1994 年）、940 版（1997 年），增加了汽车安全性分析、薄板冲压成型过程模拟，以及流体与固体耦合（ALE 和欧拉算法）等新功能，

使得 DYNA 程序在国防和民用领域的应用范围扩大，并建立了完备的质量保证体系。

1997 年，LSTC 公司将 LS－DYNA2D、LS－DYNA3D、LS－TOPAZ2D、LS－TOPAZ3D 等程序合为一个软件包，称为 LS－DYNA（940 版）。由于 LS－DYNA 计算功能强大，世界上十余家著名数值模拟软件公司（如 ANSYS、MSC. software、ETA 等）纷纷与 LSTC 公司合作，极大地加强了 LS－DYNA 的前后处理能力和通用性。LS－DYNA 的 PC 版前后处理器采用 ETA 公司的 FEMB，新开发的后处理器为 LS－POST。1999 年 8 月，LSTC 公司推出 LS－DYNA950 版。2001 年 5 月，LSTC 公司推出了 960 版，在 950 版的基础上增加了不可压缩流体求解程序模块，并增加了一些新的材料模型和新的接触计算功能。从 2001—2003 年年初，LSTC 公司不断完善 960 版的新功能，2003 年 3 月正式发布 970 版，并对 LS－DYNA 的通用后处理器 LS－POST 增加了部分前处理功能，2003 年年初在 LS－POST 的基础上发布了 LS－PREPOST 1.0 版。

1996 年，LSTC 公司与 ANSYS 公司合作推出 ANSYS/LS－DYNA，大大增强了 LS－DYNA 的分析能力，用户可以充分利用 ANSYS 的前后处理和统一数据库的优点。目前，ANSYS/LS－DYNA 最新版本为 Ansys LS－DYNA 2023 R1，就 Ansys LS－DYNA 2021 R2 版本已对 LS－DYNA 求解器进行了多种增强，如等几何分析（IGA）、高级材料、SPG 和复杂多重物理。各种新技术如光滑粒子流体动力学（SPH）、任意拉格朗日－欧拉（ALE）和 LS－DYNA 的隐式－显式解决方案已经集成到在该版本中。

LS－DYNA 是功能齐全的几何非线性（大位移、大转动和大应变）、材料非线性（140 多种材料动态模型）和接触非线性（50 多种）软件。它以拉格朗日算法为主，兼有 ALE 和 Euler 算法；以显式求解为主，兼有隐式求解功能；以结构分析为主，兼有热分析、流体－结构耦合功能；以非线性动力分析为主，兼有静力分析功能（如动力分析前的预应力计算和薄板冲压成型后的回弹计算）；是通用的结构分析非线性有限元程序。

LS－DYNA 应用程序包括：

- 爆炸/穿透；
- 鸟撞；
- 耐撞性/安全气囊模拟；
- 断裂；
- 飞溅/滑水/晃动；
- 不可压缩和可压缩流体；
- 冲压/成形/拉伸/锻造；
- 生物医学和医疗设备模拟；
- 所有形式的跌落试验；
- 撞击；
- 产品误用/严重装载；
- 产品失效/破碎；
- 机构中的大塑性；
- 体育器材设计；
- 加工/切割/绘图等制造工艺；
- 车辆碰撞与乘员安全。

LS-DYNA 作为世界上最著名的通用显式动力分析程序，能够模拟真实世界的各种复杂问题，特别适合求解各种二维和三维非线性结构的高速碰撞、爆炸和金属成型等非线性动力冲击问题，同时可以求解传热、流体及流固耦合问题。LS-DYNA 源程序曾在北约的局域网 Pubic domain 公开发行，因此广泛传播到世界各地的研究机构和大学。从理论和算法而言，LS-DYNA 是目前所有的显式求解程序的鼻祖和理论基础，在工程应用如汽车安全性设计、武器系统设计、金属成型、跌落仿真等领域被广泛认可为最佳的分析软件包。

2.8.2　数值仿真

根据弹体贯穿破坏的基本形式，利用 Hypermesh 与 LS-DYNA 两款软件对一些穿甲效应的基本破坏形式进行数值模拟。

具体仿真过程：首先，将弹体、靶板的三维模型导入到 Hypermesh 软件进行划分网格；其次，将生成模型网格的 K 文件导出；接着，导入 K 文件到 LS-DYNA 后处理软件 LS-PrePost 中进行材料赋予、定义接触、边界条件等一系列设置；最后，利用 LS-DYNA 软件对设置完成的 K 文件求解计算，得出仿真结果。

1. 冲塞模型仿真

根据 2.1.2 小节贯穿破坏的基本形式与 2.5 节冲塞模型相关内容，建立冲塞仿真模型。模型参数如下。

弹体直径：5 mm；弹丸初速：770 m/s；弹体材质：钨合金；靶板材质：Q235 钢。仿真结果如图 2-8-1 所示。

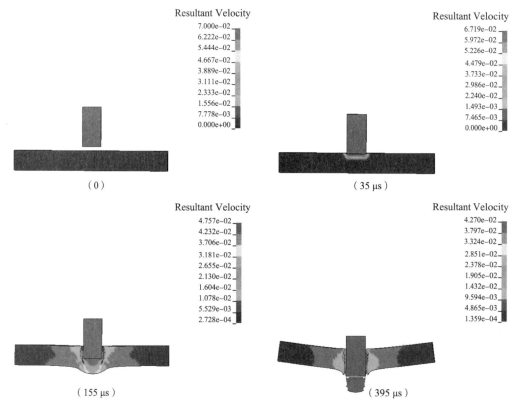

图 2-8-1　弹体对靶板冲塞仿真结果

2. 杆式穿甲弹侵彻模型仿真

根据 2.1.2 小节贯穿破坏的基本形式与 2.7 节长杆弹侵彻模型相关内容，建立杆式穿甲仿真模型。模型参数如下。

杆式穿弹体直径为 32 mm；长径比为 16；弹丸初速为 3 000 m/s；弹体材质为钨合金；靶板材质为装甲钢。仿真结果如图 2 – 8 – 2 所示。

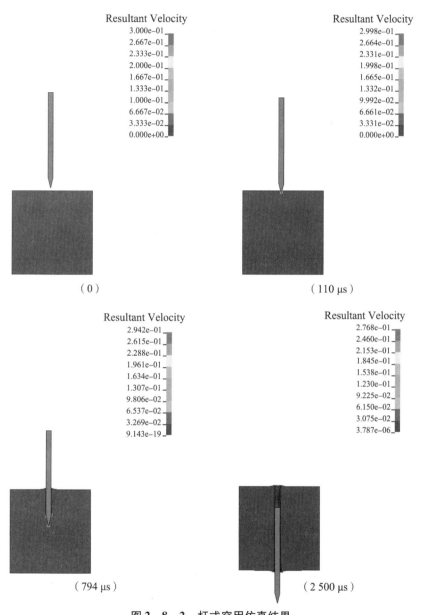

图 2 – 8 – 2　杆式穿甲仿真结果

思考题与习题

1. 弹体对靶板的贯彻形式有哪些？
2. 何谓弹道极限？
3. De Marre 侵彻公式是在什么条件下得到的？请推导之。
4. 应用动量、能量模型推导冲塞模型的冲塞速度公式。

第3章
聚能破甲效应

3.1 概　　述

早在100年前人们就发现了炸药爆炸的聚能现象，但一直未引起重视。第二次世界大战迅速地把聚能效应推上了战争舞台。第二次世界大战结束后，由于高防护能力装甲钢的研制与发展和非金属材料、陶瓷等复合装甲材料的使用，促使研究者继续深入研究聚能装药理论并改进聚能装药结构设计以提高破甲威力。值得注意的是，现在聚能装药除了已被大量用于军事目的之外，还日益广泛地应用于其他领域，如石油射孔、快速打孔、粉碎高硬度的矿石、野外和水下切割、机构快速解脱等。

聚能装药又称成型装药，是一种一端装有内凹金属罩的炸药装药，在另一端爆炸后，爆轰波作用到金属罩上，将罩以很大的速度向中心挤压，使罩金属变形并在轴线上发生碰撞，并在碰撞高压的作用下汇成一股连续高速金属射流，金属射流的形成过程如图3－1－1所示。如何产生具有高侵彻能力的射流是破甲机理研究者所关注的问题。

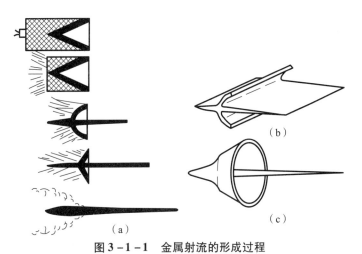

图 3 - 1 - 1　金属射流的形成过程

（a）金属射流形成的各个阶段；（b）楔形药型罩射流的形成；（c）圆锥形药型罩射流的形成

金属射流头部速度为6~8 km/s，尾部的速度约为2 km/s，射流质量占金属质量的6% ~ 11%，其他金属部分形成跟在高速射流后面以较低速度运动的杵体。杵体的速度为1.5 km/s 以下，由于射流速度分布不均匀，所以射流的长度随时间增加而变长。一般情况下，射流的直径也是不均匀的，头部细、尾部粗，对于一些典型的破甲弹，射流直径尺寸约

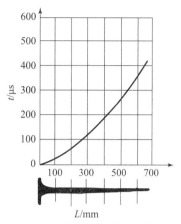

图 3 - 1 - 2　金属射流对装甲靶板的侵彻

为数毫米，长度为数百毫米这一数量级。射流飞行一定时间以后，越拉越长，终于断裂成两串不连续的小段或颗粒。如在这种情况下侵彻穿甲板，破甲能力将显著降低。

高速射流垂直侵彻装甲板时，射流头部先在装甲板上开出一个漏斗坑，这时有少量材料翻出形成凸边。随着装甲板上的穿孔不断加深，孔径逐渐变细，在较长的一段（占总孔深的 80% ~ 90%）孔径变化缓慢，这一阶段是侵彻的主要阶段。金属射流侵彻装甲的情况如图 3 - 1 - 2 所示。

成型装药的聚能效应的主要特点是能量密度高和方向性强，仅仅在锥孔方向上就有很大的能量密度和强烈的破坏作用，适于需要局部破坏的领域。通过试验研究发现，圆柱形的普通炸药柱爆轰时，爆轰产物以近似垂直药柱表面的方向朝四周飞散。而有锥孔的圆柱形药柱爆炸后，锥孔部分的爆轰产物向轴线集中，汇聚成一股速度和密度都很高的气流，这时爆轰产物的能量集中在较小的范围内，即为聚能效应。爆轰产物向轴线汇聚过程中：一方面由于爆轰产物以一定速度沿垂直于锥孔表面的方向朝轴线汇聚；另一方面，由于稀疏波的作用，汇聚到轴线处的爆轰产物又会迅速地向周围低压区膨胀，使能量分散开。因此，爆轰产物只能在短时间内和在距药柱端面的某一近距离内保持高度集中。

如果在成型装药的锥孔表面加上一个金属罩，则爆炸后的爆轰产物将推动罩壁向轴线运动，将能量传递给金属罩，这样就可以避免气体高压膨胀而引起能量的再度分散。罩壁在轴线处碰撞时，罩内表面的速度比药型罩压垮闭合时的速度高出 1 ~ 2 倍，使金属中的动能进一步提高，形成高速的金属射流。对这一机理的认识，为破甲弹的发展奠定了理论基础。

由爆炸力学可知，爆轰波的能量密度用下式表示：

$$E = \rho_{CJ}\left(\frac{p_{CJ}}{(\gamma - 1)\rho_{CJ}} + \frac{1}{2}u_{CJ}^2\right) = \frac{p_{CJ}}{\gamma - 1} + \frac{1}{2}p_{CJ}u_{CJ}^2 \qquad (3 - 1 - 1)$$

式中：ρ_{CJ}、p_{CJ}、u_{CJ}、γ 分别为爆轰波阵面的密度、压力、质点速度和爆轰产物的多方指数。

当 $\gamma = 3$ 时可得

$$\begin{cases} p_{CJ} = \dfrac{1}{4}\rho_e D^2 \\[2mm] p_{CJ} = \dfrac{4}{3}\rho_e \\[2mm] u_{CJ} = \dfrac{1}{4}D \end{cases}$$

将上式代入式（3 - 1 - 1）可得

$$E = \frac{1}{8}\rho_e D^2 + \frac{1}{24}\rho_e D^2 \qquad (3 - 1 - 2)$$

式中：ρ_e、D 分别为炸药的密度和爆速。式（3 - 1 - 2）右边第一项为势能，第二项为动能。由式（3 - 1 - 1）可见，一般炸药的势能约占总能量的 3/4，而动能仅占 1/4。破甲效应是靠动能实现的。如果设法把能量尽可能多地转换成动能，将有利于提高破甲能力。加上金属药型罩后，由于金属的可压缩性很小，因此，其内能增加也很小，能量形式极大部分表现为动能。以 RDX 炸药为例，其爆轰波阵面的能量密度约为 $2 \times 10^6 \ \mathrm{J/cm}^3$，而铜破甲射流头部速度可达 8 000 m/s；此时能量密度将为 $29 \times 10^6 \ \mathrm{J/cm}^3$，即可以高出 14.4 倍。总之，金属罩能把炸药能量尽可能多地转化为对侵彻有用的动能，并将这些动能合理分配，从而增加射流的侵彻效率，保证较大的后效作用。

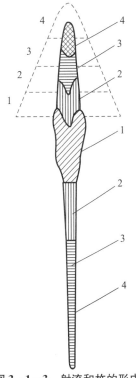

由于金属罩的体积基本不变，同质量的金属收缩到较小的区域时，罩壁必然要增厚，即罩内壁的质点速度必然大于外表面速度，因此在轴线碰撞后，内壁成为射流，外壁成为杆，如图 3 - 1 - 3 所示。图中号码表示罩壁与射流和杆的对应位置。显然，药型罩外壁材料在杆上的排列位置与原排列顺序一致，而内壁材料在射流上的排列顺序则与原位置相反。

射流温度目前还没有办法直接测定。对杆中心部分的金相分析说明，射流温度介于 800 ~ 1 000 ℃，只是接近熔点，即金属并未熔解，而是处于常压高温塑性状态。

图 3 - 1 - 3　射流和杆的形成

3.2　金属射流形成的定常不可压缩理想流体理论

成型装药爆炸后，爆轰波推动金属药型罩向轴线运动，在轴线处发生碰撞后，分成射流和杆两部分。炸药爆轰波到达药型罩壁面的压力约为几十吉帕，这一压力远大于药型罩金属材料的强度。因此，可以忽略材料强度的影响，而把金属药型罩作为理想流体来处理。此外，药型罩向轴线压合运动中，其体积压缩和形状变化相比较是非常微小的，可以忽略不计。于是，药型罩金属在射流形成过程中，可作为不可压缩理想流体来处理，而不致引起不可容许的误差。实际上，药型罩金属的金相组织以及加工过程形成的残余应力等对药型罩变形过程也有影响，不同工艺方法制造的药型罩所形成的射流，其运动性质不尽相同，因此，把药型罩金属当作不可压缩理想流体只是理论上的近似。

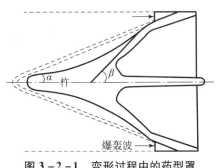

图 3 - 2 - 1　变形过程中的药型罩

药型罩的变形过程如图 3 - 2 - 1 所示。锥形罩的初始半锥角为 α，爆轰波到达处的罩壁金属立即向轴线运动，已变形但尚未闭合的罩壁面与轴线的夹角为 β，称为压合角（或压垮角）。

图 3 - 2 - 1 所示的剖面如绕对称轴旋转即为锥形药型罩；如沿垂直于对称轴的方向平移，则为楔

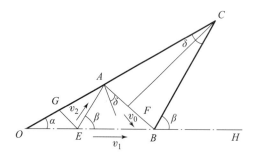

图 3 - 2 - 2　金属射流形成定常理论计算示意

形药型罩。这里讨论的是楔形罩，如图 3 - 2 - 2 所示，图中 OC 为罩壁初始位置，当爆轰波一到达罩壁上 A 点，A 点就开始运动，设其速度为 v_0（称为压合速度），其方向与罩内表面外法线成 δ 角（称为变形角）。A 点到达轴线时，爆轰波到达 C 点，AC 段运动到 BC 位置，BC 与轴线的夹角 β 称为压合角。

该理论假设如下：

（1）爆轰波到达罩壁面以后，罩上该单元立即达到压合速度 v_0，并以不变的大小和方向运动；

（2）罩壁各层的速度是均匀的，都是 v_0；

（3）罩上各单元的压合速度 v_0 及变形角 δ 相等；

（4）变形过程中，罩壁长度不变，即 AC = BC；

（5）爆轰波扫过罩壁的速度不变；

（6）罩材料为不可压缩理想流体。

由上述假设，变形前为直线的罩壁 AC，变形后的罩壁 BC 仍为直线。过 C 点作 AB 的垂直线 CF，则 $\angle ACF = \delta$，因三角形 ABC 是等腰三角形，则

$$\angle ACF = \angle BCF$$

$$\angle ACB = 2\delta$$

同理，可知 $\angle GAE = 2\delta$，则 AE 平行于 CB，$\angle AEB = \angle CBH = \beta$，即罩上各单元的压合角相等。当罩上 G 点在 E 点碰撞时，爆轰波到达 A 点，当爆轰波到达 C 点时，单元 A 到达轴线上 B 点，亦即此时碰撞点从 E 点到达 B 点。设碰撞点的运动速度为 v_1，在上述假设条件下，v_1 是不变的。

图 3 - 2 - 3 所示为碰撞点附近的情形，罩壁以压合速度 v_0 向轴线运动，当它到达碰撞点时，分成杆和射流两部分。设杆以速度 v_s 运动，射流以速度 v_j 运动，碰撞点以 v_1 速度运动。

为了便于讨论，采用以 v_1 运动的动坐标系（图 3 - 2 - 4）。这样一来，罩壁将以相对速度 v_2 向碰撞点运动，然后分成两股：一股向撞击点左方流去形成杆，另一股向右方流去形

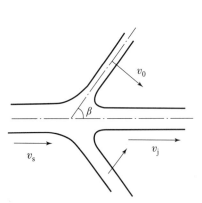

图 3 - 2 - 3　静坐标系中的射流形成过程

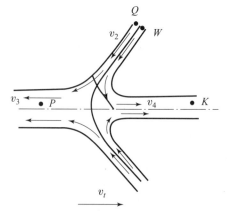

图 3 - 2 - 4　动坐标系中金属射流形成的定常流动

成射流。重要的是，采用动坐标系后，整个流动的图形不变。罩壁作为流体，不断地向碰撞点流来，又分成两股，向各自相反的方向流去，这是个流动状态不随时间变而变的定常过程。

定常的不可压缩理想流体用伯努利方程描述，即流体各处的压力和单位体积动能的和为常量。对于罩壁外层的 Q 点和杵的 P 点，可得

$$p_P + \frac{1}{2}\rho_s v_3^2 = p_Q + \frac{1}{2}\rho v_2^2 \tag{3-2-1}$$

式中：p_P 和 p_Q 为流体中 P 点和 Q 点的静压力；ρ 为金属射流密度；ρ_s 为杵的密度。

因为所取 P 点和 Q 点距碰撞点 E 很远，因此可忽略碰撞点的影响，则其静压应和周围环境压力相等，而 P 点和 Q 点周围的爆轰产物压力，在膨胀过程中，可以认为是相等的，即两点的静压相等。

由不可压缩假设，罩壁材料和杵的密度也是相等的。所以，由式（3-2-1）可得

$$v_2 = v_3 \tag{3-2-2}$$

同理，取罩壁内层上一点和射流中一点，应用伯努利方程可得射流速度 v_4，与罩壁速度 v_2 相等。

由以上讨论可知，在动坐标系中，罩壁以速度 v_2 流向碰撞点，仍以速度 v_2 向左或向右流去，即射流和杵的速度在动坐标系中均为 v_2。取向右为正方向，则在静坐标系下有以下公式。

射流速度：

$$v_j = v_1 + v_2 \tag{3-2-3}$$

杵速度：

$$v_s = v_1 - v_2 \tag{3-2-4}$$

设置单元的质量为 m，射流单元的质量为 m_j，杵单元的质量为 m_s，由质量守恒条件可知

$$m = m_j + m_s \tag{3-2-5}$$

由轴线上的动量守恒条件还可得

$$-mv_2\cos\beta = -m_s v_2 + m_j v_2 \tag{3-2-6}$$

将式（3-2-5）与式（3-2-6）联立可得

$$m_j = \frac{1}{2}m(1 - \cos\beta) = m\sin^2\frac{\beta}{2} \tag{3-2-7}$$

$$m_s = \frac{1}{2}m(1 + \cos\beta) = m\cos^2\frac{\beta}{2} \tag{3-2-8}$$

式（3-2-5）、式（3-2-7）、式（3-2-8）是在动坐标系中得到的，但因式中无速度项，故不用变换即可适用于静坐标系中。

从图 3-2-2 可知，罩壁上 A 点在时间 t 内，从 A 点到达轴线上 B 点时，碰撞点已从 E 点到达 B 点，则

$$AB = v_0 t, \ EB = v_1 t, \ AE = v_2 t$$

$$\angle EAB = 90° - \angle EAO + \delta = 90° - (\beta - \alpha) + \delta = 90° - (\beta - \alpha - \delta)$$

$$\angle ABE = 180° - \beta - [90° - (\beta - \alpha - \delta)] = 90° - (\alpha + \delta)$$

由正弦定理，三角形 AEB 中有以下关系：

$$\frac{v_1}{\sin[90° - (\beta - \alpha - \delta)]} = \frac{v_0}{\sin \beta} = \frac{v_2}{\sin[90° - (\alpha + \delta)]}$$

$$v_1 = v_0 \frac{\cos(\beta - \alpha - \delta)}{\sin \beta} \qquad (3 - 2 - 9)$$

$$v_2 = v_0 \frac{\cos(\alpha + \delta)}{\sin \beta} \qquad (3 - 2 - 10)$$

将式（3 - 2 - 9）和式（3 - 2 - 10）代入式（3 - 2 - 3）和式（3 - 2 - 4），解得 v_j 和 v_s 分别为

$$v_j = \frac{1}{\sin \dfrac{\beta}{2}} v_0 \cos\left(\frac{\beta}{2} - \alpha - \delta\right) \qquad (3 - 2 - 11)$$

$$v_s = \frac{1}{\cos \dfrac{\beta}{2}} v_0 \sin\left(\alpha + \delta - \frac{\beta}{2}\right) \qquad (3 - 2 - 12)$$

式（3 - 2 - 7）、式（3 - 2 - 8）、式（3 - 2 - 11）、式（3 - 2 - 12）为定常不可压缩理想流体模型的流和杆的速度及质量的表达式。

3.3　金属射流形成的准定常不可压缩理想流体理论

在定常不可压缩流体模型中，药型罩各单元的 m、v_0、β、δ 四个值不变，其结果是 m_j、m_s、v_j、v_s 也不变。但是，罩单元质量为 m，由罩顶到罩底一般是越来越大。此外，实际的装药，不管平面对称的楔形还是轴对称的锥形，都是药型罩顶部炸药多，而罩底部炸药少，因此 v_0、β、δ 也是变量。由此可见，m、v_0、β、δ 都不能保持定常条件。但是，可以将每一药型罩单元近似地当作定常情况来处理，以该单元的 m、v_0、β、δ 值代入定常公式（3 - 2 - 7）、式（3 - 2 - 11），求出 m_j 和 v_j 值。

在准定常不可压缩理想流体模型中，去掉定常理论的第三条假设。

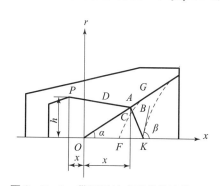

图 3 - 3 - 1　带隔板的成型装药计算示意

图 3 - 3 - 1 所示为带隔板的成型装药。药型罩顶点 O 为坐标原点，径向坐标为 r，轴向为 z。设隔板可以把爆轰波完全隔死，装药由 P 处引爆，以爆轰波到达 P 点的时间作为零时刻，则爆轰波到达罩单元 A 的时间为

$$T = \frac{PA}{D}$$

式中，D 为炸药爆速。

A 点的坐标为

$$\begin{cases} z = x \\ r = x\tan \alpha \end{cases} \qquad (3 - 3 - 1)$$

在爆轰波作用下，单元 A 的速度立即达到 v_0，且沿着与罩壁画法线成 δ 角的方向运动，

在 t 时刻该单元到达 B 点。为了求 B 点的坐标，作直角三角形 ABC，显然

$$AB = v_0(t - T) \tag{3-3-2}$$

$$\angle BAC = \alpha + \delta = A \tag{3-3-3}$$

则 B 点坐标为

$$z = x + v_0(t - T)\sin A \tag{3-3-4}$$

$$r = x\tan \alpha - v_0(t - T)\cos A \tag{3-3-5}$$

将其他单元的 x、v_0、T、δ 值代入以上诸式，即可得到同一时刻 t 的其他单元的坐标，将各坐标点连接起来，即得到 t 时刻罩壁的位置，如图 3-3-1 中曲线 FBG 所示。

应该注意，β 角的正切实际上就是变形后罩壁在轴线处的斜率，如单元 A 的 β 角就是 A 点到达轴线上 K 点时，罩壁曲线在 K 点的斜率。对于给定单元，它的坐标 r、z 还随时间 t 的变化而变化。故斜率要用偏导数 $\dfrac{\partial r}{\partial z}$ 表示。将罩壁坐标即式 (3-3-4) 和式 (3-3-5) 对 x 取偏导数，即

$$\frac{\partial r}{\partial x} = \tan \alpha - v_0'(t - T)\cos A + v_0(t - T)A'\sin A + T'v_0\cos A \tag{3-3-6}$$

其中

$$v_0' = \frac{\partial v_0}{\partial x}, \ T' = \frac{\partial r}{\partial x}, \ A' = \frac{\partial A}{\partial x}$$

$$\frac{\partial z}{\partial x} = 1 + v_0'(t - T)\sin A - T'v_0\sin A + v_0(t - T)A'\cos A \tag{3-3-7}$$

将式 (3-3-6) 除以式 (3-3-7) 可得

$$\frac{\partial r}{\partial z} = \frac{\tan \alpha - v_0'(t - T)\cos A + v_0(t - T)A'\sin A + T'v_0\cos A}{1 + v_0'(t - T)\sin A - T'v_0\sin A + v_0(t - T)A'\cos A} \tag{3-3-8}$$

这就是变形运动中罩单元 A 到达 B 点时斜率的表达式。令式 (3-3-5) 中的 $r = 0$，可得

$$t - T = \frac{x\tan \alpha}{v_0\cos A} \tag{3-3-9}$$

将式 (3-3-9) 代入式 (3-3-8)，即得到图 3-3-1 点 O 处的斜率，也就是 β 的正切值，即

$$
\begin{aligned}
\left.\frac{\partial r}{\partial z}\right|_{r=0} = \tan \beta &= \frac{\tan \alpha + (v_0 A'\sin A - v_0'\cos A)\dfrac{x\tan \alpha}{v_0\cos A} + T'v_0\cos A}{1 + (v_0'\sin A + v_0 A'\cos A)\dfrac{x\tan \alpha}{v_0\cos A} - T'v_0\sin A} \\[2mm]
&= \frac{\tan \alpha + T'v_0\cos A - \dfrac{v_0'}{v_0}x\tan \alpha + xA'\tan \alpha\tan A}{1 - T'v_0\sin A + xA'\tan \alpha + \dfrac{v_0'}{v_0}x\tan \alpha\tan A}
\end{aligned}
\tag{3-3-10}
$$

式中，v_0'、A'、T' 还待求出。

由图 3-3-1 可得

$$PA = \left[(x + s)^2 + (h - x\tan \alpha)^2\right]^{\frac{1}{2}}$$

$$T = \frac{PA}{D} = \frac{1}{D}\left[(x + s)^2 + (h - x\tan \alpha)^2\right]^{\frac{1}{2}}$$

$$T' = \frac{\partial T}{\partial x} = \frac{1}{2D} \left[(x+s)^2 + (h - x\tan\alpha)^2 \right]^{\frac{1}{2}} \left[2(x+s) + 2(h - x\tan\alpha)(-\tan\alpha) \right]$$

$$= \frac{1}{D} \left[(x+s)^2 + (h - x\tan\alpha)^2 \right]^{\frac{1}{2}} \left[(x+s) - \tan\alpha(h - x\tan\alpha) \right] \tag{3-3-11}$$

由图 3 - 3 - 2 可知，爆轰波从罩壁上 A 点扫到 R 点时，单元 A 运动到 B 点，由假设知，$AR = BR$，作 AB 的垂直线 RQ，则 $\angle QRA = \angle QRB = \delta$，故

$$\sin\delta = \frac{AQ}{AR} = \frac{\frac{v_0}{2}}{u} = \frac{v_0}{2u} \tag{3-3-12}$$

式中：u 为爆轰波扫过罩壁的速度。

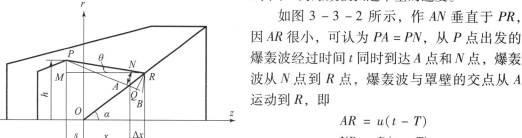

如图 3 - 3 - 2 所示，作 AN 垂直于 PR，因 AR 很小，可认为 $PA = PN$，从 P 点出发的爆轰波经过时间 t 同时到达 A 点和 N 点，爆轰波从 N 点到 R 点，爆轰波与罩壁的交点从 A 运动到 R，即

$$AR = u(t - T)$$
$$NR = D(t - T)$$
$$\cos\angle ARN = \cos(\alpha + \theta) = \frac{NR}{AR} = \frac{D}{u}$$

图 3 - 3 - 2　A 及 A' 点的计算用图

则

$$u = D\sec(\alpha + \theta) \tag{3-3-13}$$

作直角三角形 PRM，有

$$\tan\theta = \frac{PM}{RM} = \frac{h - x\tan\alpha + \Delta x\tan\alpha}{x+s} \approx \frac{h - x\tan\alpha}{x+s}$$

将上式代入式（3 - 3 - 13），有

$$u = D\sec\left(\alpha + \arctan\frac{h - x\tan\alpha}{x+s}\right) \tag{3-3-14}$$

再把式（3 - 3 - 14）代入式（3 - 3 - 12），得

$$\delta = \arcsin\left[\frac{v_0}{2D}\cos\left(\alpha + \arctan\frac{h - x\tan\alpha}{x+s}\right)\right] \tag{3-3-15}$$

由 $A = \alpha + \delta$，可得

$$A = \alpha + \arcsin\left[\frac{v_0}{2D}\cos\left(\alpha + \arctan\frac{h - x\tan\alpha}{x+s}\right)\right] \tag{3-3-16}$$

将式（3 - 3 - 16）对 x 求偏导数可得

$$A' = \frac{\partial A}{\partial x} = \frac{v'_0(h + s\tan\alpha)\sin(\alpha + \theta)}{\left[1 - \frac{v_0^2}{AD^2}\cos^2(\alpha + \theta)\right]^{\frac{1}{2}} 2D\left[(x+s)^2 + (h - x\tan\alpha)^2\right]} \tag{3-3-17}$$

式中：

$$\theta = \arctan\frac{h - x\tan\alpha}{x+s}$$

最后，将式（3-3-11）、式（3-3-16）、式（3-3-17）代入式（3-3-10）可得

$$\tan\beta = f(v_0, v'_0, x, \alpha, D, s, h) \qquad (3-3-18)$$

式中：α、s、h 由装药结构决定；D 为爆速，为已知；β 为 x、v_0 的函数。

准定常理论仍使用式（3-2-7）、式（3-2-11）计算 v_j 和 m_j，δ 用式（3-3-15）计算，β 用式（3-3-10）计算。这样，未知量有 v_j、m_j、β、δ、v'_0 五个，而仅有四个方程式，如再有一个 v'_0 的计算式即可求解。可以用试验方法测出 $v_0 = v_0(x)$，再求出 $v'_0 = \dfrac{\partial v}{\partial x}$ 补充为第五个方程式，就可以解出所有的未知量。用准定常理论计算的射流速度 v_j 是有速度梯度的。射流速度梯度是射流侵彻计算的重要参数。常用的速度梯度的试验测定方法有两种：一种是用扫描高速摄影机，配合多个薄间隔靶，测一段速度消耗一段射流来测定射流的速度梯度；另一种方法是用分幅高速摄影机测取射流断裂后各小段射流的速度。这两种方法都是建立在认为各微段射流的运动速度始终不变这一假设基础上的。另外，前一种方法认为侵彻不影响后继射流的运动；后一种方法认为，射流断裂不影响射流运动。因此，这两种方法都是近似的方法。

3.4　压合过程中药型罩壁厚中速度和压力的分布

锥形药型罩在压合过程中，内、外层的压合速度是不同的，罩壁沿厚度方向的压力也不同，而前节的讨论均假设药型罩内、外各层的压合速度一样，这只是一个近似，下面来研究这一问题。

如图 3-4-1 所示，药型罩单元在压合过程中向轴线运动，运动方向与轴线夹角为 θ，与轴线的交点为 O，λ_2 为单元外表面到 O 点的距离，λ_3 为单元内表面到 O 点的距离。

现做如下假设：

（1）爆轰波到达罩面后，该单元立即达到平均压合速度 v_0，且在整个运动过程中 v_0 不变；

（2）单元运动时，其宽度 α 保持不变。

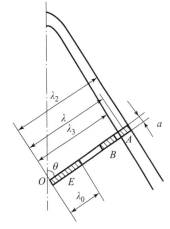

图 3-4-1　锥形罩在压合过程中的壁厚变化

3.4.1　速度分布

将单元的密度、质量和动能分别用 ρ、M 和 T 表示。图中 A 为单元初始位置，当它运动到 B 时，厚度增大（因讨论的是锥形罩），E 为单元内表面到达轴线时的位置，这时厚度增加到最大值 λ_0。单元运动时，由于平均压合速度不变，单元的总动能自然不会改变，但是单元厚度方向及各层的速度要变化。下面来求壁厚中的速度分布。

取宽度 $a=1$ 的单元罩壁来考察，单元的初始质量为

$$M = \pi(\lambda_2^2 - \lambda_3^2)\rho\sin\theta \qquad (3-4-1)$$

当单元运动到轴线时，$M = \pi\lambda_0^2\rho\sin\theta$，所以

$$\lambda_2^2 - \lambda_3^2 = \lambda_0^2$$

在壁厚中任取一层，此层到 O 点距离为 λ，它和单元外壁间所包含的质量为 μ，显然

$$\mu = \pi(\lambda_2^2 - \lambda^2)\rho\sin\theta \tag{3-4-2}$$

用质量 μ 作为参量来讨论这一问题，则某一层的速度就是在 μ 不变的条件下，该层的 λ 值随时间的变化率，用偏导数表示，即

$$v = \frac{\partial\lambda}{\partial t}$$

单元外层和内层速度分别为

$$v_2 = \frac{\partial\lambda_2}{\partial t}, \ v_3 = \frac{\partial\lambda_3}{\partial t}$$

设 λ 处微层的动能为 $\mathrm{d}T$，则有

$$\mathrm{d}T = 1/2(2\pi\lambda\rho\mathrm{d}\lambda\sin\theta)v^2 = \pi\rho\sin\theta v^2\lambda\mathrm{d}\lambda \tag{3-4-3}$$

式（3-4-2）对 t 取偏导数，可得

$$2\lambda_2\frac{\partial\lambda_2}{\partial t} - 2\lambda\frac{\partial\lambda}{\partial t} = 0$$

由此可得

$$\lambda_2 v_2 = \lambda v, \ v^2 = v_2^2\left(\frac{\lambda_2}{\lambda}\right)^2$$

将上式代入式（3-4-3）可得

$$\mathrm{d}T = \rho\sin\theta v_2^2\lambda_2^2\frac{\mathrm{d}\lambda}{\lambda}$$

单元总动能 T 为各层动能之和，即

$$T = \int_{\lambda_3}^{\lambda_2}\pi\rho\sin\theta v_2^2\lambda_2^2\frac{\mathrm{d}\lambda}{\lambda} = \pi\rho\sin\theta v_2^2\lambda_2^2\ln\frac{\lambda_2}{\lambda_3}$$

因为 $\lambda_3 = \sqrt{\lambda_2^2 - \lambda_0^2}$，又有 $\rho\sin\theta = \dfrac{M}{\pi\lambda_0^2}$，并令 $y = \dfrac{\lambda}{\lambda_0}$、$y_2 = \dfrac{\lambda_2}{\lambda_0}$，于是上式可简化为

$$T = \frac{M}{2}v_2^2 y_2^2\ln\frac{y_2^2}{y_2^2-1} \tag{3-4-4}$$

由式（3-4-1）、式（3-4-2）解得

$$\frac{\mu}{M} = \frac{\lambda_2^2 - \lambda^2}{\lambda_2^2 - \lambda_3^2} = \frac{\lambda_2^2 - \lambda^2}{\lambda_0^2} = y_2^2 - y^2$$

即

$$y = \frac{\lambda}{\lambda_0} = \sqrt{y_2^2 - \frac{\mu}{M}} \tag{3-4-5}$$

注意到 $v^2 = v_2^2\dfrac{y_2^2}{y^2}$，将式（3-4-4）、式（3-4-5）代入到 v^2 的表达式，可得

$$v = \sqrt{\frac{2T}{M}}\frac{1}{\sqrt{\left(y_2^2 - \dfrac{\mu}{M}\right)\ln\dfrac{y_2^2}{y_2^2-1}}}$$

因为 $T = \dfrac{1}{2}Mv_0^2$，上式可简化为

$$v = v_0 \frac{1}{\sqrt{\left(y_2^2 - \dfrac{\mu}{M}\right) \ln \dfrac{y_2^2}{y_2^2 - 1}}} \qquad (3-4-6)$$

将 $\mu = 0, \mu = M$ 代入式（3-4-6），即得单元外层和内层的 v_2 和 v_3 分别为

$$v_2 = v_0 \frac{1}{\sqrt{y_2^2 \ln \dfrac{y_2^2}{y_2^2 - 1}}} \qquad (3-4-7)$$

$$v_3 = v_0 \frac{1}{\sqrt{(y_2^2 - 1) \ln \dfrac{y_2^2}{y_2^2 - 1}}} \qquad (3-4-8)$$

典型的锥形药型罩的计算结果如图 3-4-2 所示。由此可得出如下结论。

（1）锥形药型罩的内壁速度在压合过程中不断提高；

（2）锥形药型罩厚壁中，越靠近内壁，速度越高；

（3）随着罩壁向轴线压合，动能不断向内层转移。

3.4.2　压力分布

药型罩上各单元在压合过程中速度不断变化，已如前述，这就引起单元内部因加速度而产生惯性内压力。仍使用前述的物质坐标，由动量守恒条件可得罩壁的运动方程为

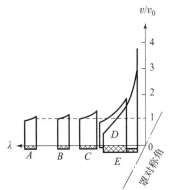

图 3-4-2　锥形罩壁厚中的速度分布

$$S d\lambda \rho \frac{\partial v}{\partial t} = -\frac{\partial p}{\partial t} S d\lambda$$

即

$$\rho \frac{\partial v}{\partial t} + \frac{\partial p}{\partial t} = 0 \qquad (3-4-9)$$

式中：$\dfrac{\partial v}{\partial t}$ 为加速度；$\dfrac{\partial p}{\partial t}$ 为压力沿方向的变化率。

将式（3-4-2）对 λ 求偏微分可得

$$\partial u = -2\pi \lambda \rho \sin \theta \partial \lambda$$

将上式代入式（3-4-9）可得

$$\begin{cases} \partial p = \dfrac{1}{2\pi \sin \theta} \\[3mm] \lambda = \lambda_0 \sqrt{y_2^2 - \dfrac{\mu}{M}} \end{cases} \qquad (3-4-10)$$

将式（3-4-6）对 t 求偏导数，注意到 $\dfrac{dy_2}{dt} = \dfrac{v\sqrt{y_2^2 - \dfrac{\mu}{M}}}{\lambda_0 y_2}$，经整理后可得

$$\frac{\partial v}{\partial t} = v_0^2 \frac{\dfrac{y_2^2 - \dfrac{\mu}{M}}{(y_2^2 - 1)y_2^2} - \ln\dfrac{y_2^2}{y_2^2 - 1}}{\lambda_0\left(\ln\dfrac{y_2^2}{y_2^2 - 1}\right)^2\left(y_2^2 - \dfrac{\mu}{M}\right)^{\frac{3}{2}}} \tag{3-4-11}$$

将式（3-4-10）、式（3-4-11）代入式（3-4-9）并写成积分式，即

$$p = \frac{1}{2\pi\lambda_0\sin\theta}\int_0^\mu \frac{\partial v}{\partial t}\cdot\frac{1}{\sqrt{y_2^2 - \dfrac{\mu}{M}}}\partial\mu$$

对上式积分后得到

$$p = \frac{T}{\pi\sin\theta\lambda_0^2 y_2^2(y_2^2 - 1)\left(\ln\dfrac{y_2^2}{y_2^2 - 1}\right)^2}\left[\ln\frac{y_2^2}{y_2^2 - \dfrac{\mu}{M}} - \frac{\mu(y_2^2 - 1)}{M\left(y_2^2 - \dfrac{\mu}{M}\right)}\ln\frac{y_2^2}{y_2^2 - 1}\right]$$

$$\tag{3-4-12}$$

式（3-4-12）给出了锥形罩上单元在给定时间 t 条件下的压力 p 与 μ 的关系，再应用式（3-4-10），可得到 p 与 λ 的关系。

可得压力 p 从外层到内层先升高后下降，其间有一个极大值 p_m，相应的物质坐标为 μ_m 和 λ_m，由 $\dfrac{\partial p}{\partial u} = 0$ 可求得 p_m 值及其坐标。由式（3-4-9）可知 $\dfrac{\partial p}{\partial u} = 0$ 时，必有 $\dfrac{\partial v}{\partial t} = 0$，由式（3-4-11）可得

$$\frac{y_2^2 - \dfrac{\mu_m}{M}}{y_2^2(y_2^2 - 1)} - \ln\frac{y_2^2}{y_2^2 - 1} = 0$$

由此得到

$$\frac{\mu_m}{M} = y_2^2 - y_2^2(y_2^2 - 1)\ln\frac{y_2^2}{y_2^2 - 1} \tag{3-4-13}$$

典型锥形罩的计算结果如图3-4-3所示。

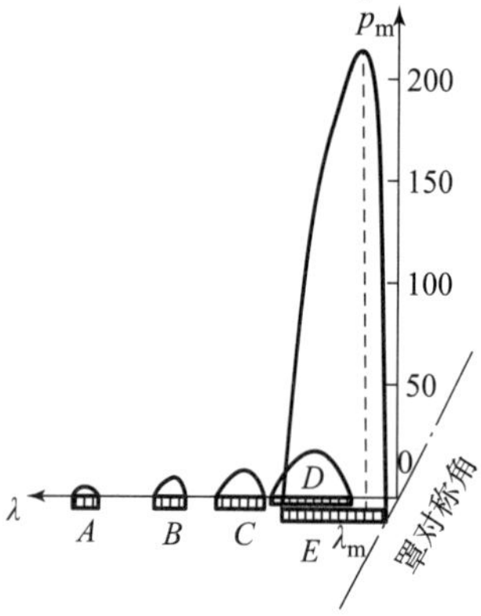

图3-4-3 锥形罩壁厚中的压力分布

3.5 形成金属射流的临界条件

成型装药起爆后，爆轰波作用于药型罩，使罩壁受压闭合。罩壁在动坐标系中以相对速度 v_2 流向碰撞点，撞击后分成两股，向相反方向流动，一股为杵，另一股形成射流。但是，实际上并不是在所有的情况下都能形成射流。当罩壁闭合时，罩壁相对流动速度为亚声速时，可以形成性质优良的射流。而当罩壁相对流动速度达到超声速时，在碰撞点处会产生脱体冲击波，冲击波后又成为亚声速流动，这种情况下形成的射流连续性不好。如果罩壁流动速度再高，达到较高的超声速时，在碰撞点将产生附着的冲击波，这时就不会形成射流（图3-5-1）。

射流形成的临界条件可表示为

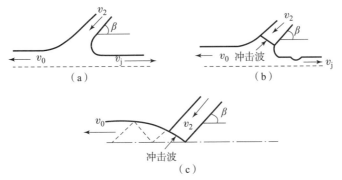

图 3 - 5 - 1　v_2 对射流形成的影响

$$v_2 = v_0 \frac{\cos(\alpha + \delta)}{\sin \beta} < c \qquad (3 - 5 - 1)$$

式中，c 为药罩材料的声速，对于紫铜，声速 $c = 4\,760 \sim 5\,000$ m/s。

可以将式（3 - 5 - 1）简化，设速度 v_0 垂直于变形后的罩壁（图 3 - 5 - 2），也即垂直于 v_2，则有

$$v_2 = v_0 c \cdot \tan \beta < c \qquad (3 - 5 - 2)$$

即压合速度的上限为

图 3 - 5 - 2　v_2 与 v_0、v_c 的关系

$$v_0 < c \cdot \tan \beta$$

由式（3 - 5 - 2）可见，当 v_0 增大或 β 减小时，均可能使 v_2 增大，以至大于 c，而不能形成射流。β 不变，增加的 v_0 情形已如前述（图 3 - 5 - 1）。v_0 不变，改变 β 的情况如图 3 - 5 - 3 所示。当 v_0 不变时，β 有一极限 β_c。不同金属，β_c 值也不同，紫铜药型罩的 β_c 值如图 3 - 5 - 4 所示。

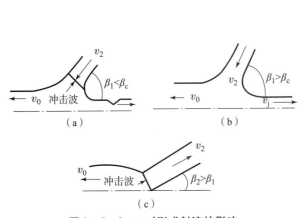

图 3 - 5 - 3　β 对形成射流的影响

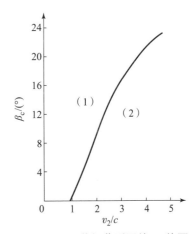

图 3 - 5 - 4　紫铜药型罩的 β_c 值图

v_0 低于某一个临界值时，也不能形成射流，这是压合速度的下限。由图 3 - 5 - 2 可知，v_0 垂直于轴线的分速度为

$$v_c = v_0 \cos \beta \qquad (3-5-3)$$

罩壁在轴线发生碰撞时，只有当碰撞压力达到10倍动态屈服强度 σ_Y^D 时，材料的变形才能作为流体流动处理，即可以形成射流。也就是说，应保证

$$2\rho v_0^2 \cos^2 \beta > 10\sigma_Y^D \qquad (3-5-4)$$

即

$$v_0 \geq \frac{1}{\cos \beta} \sqrt{\frac{5\sigma_Y^D}{\rho}}$$

因此，要形成良好射流，压合速度应满足

$$\frac{1}{\cos \beta} \sqrt{\frac{5\sigma_Y^D}{\rho}} < v_0 < c \cdot \tan \beta \qquad (3-5-5)$$

对确定的药型罩材料，ρ、c、σ_Y^D 均为已知，可

画出 $v_0 = \dfrac{1}{\cos\beta} \sqrt{\dfrac{5\sigma_Y^D}{\rho}}$ 和 $v_0 = c \cdot \tan \beta$ 两条曲线

（图3-5-5）。为了保证形成射流，应在两曲线之间所围面积中选取 v_0 和 β 值。

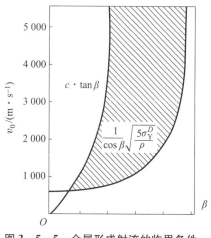

图3-5-5　金属形成射流的临界条件

3.6　金属射流的稳定性

破甲射流的不稳定性，表现为颈缩与断裂。射流的失稳有两种情况：一种是高速失稳，这是由于射流在空气中的运动速度极高，头部速度的马赫数高达20以上，这时头部受到空气动力作用而产生振荡失稳，射流的高速段（速度在5 000 m/s 以上）的失稳属于这种情形；另一种是拉伸断裂失稳，一般首先头部发生颈缩，然后出现断裂，随着速度梯度的作用，颈缩和断裂的地方越来越多，最后扩展到全部射流（图3-6-1）。

射流的拉伸断裂失稳情形和静态拉伸试验时拉杆的失稳类似，所不同的是射流的拉力是本身速度梯度引起的惯性力。还应注意，射流的拉伸应变率很高，这是和静态拉伸不同的地方。

一般情况下，射流的高速部分因处于头部，在没有进入失稳状态之前，就与装甲板遭遇开始破甲。研究失稳问题有意义的是射流的低速段，即低速条件下的失稳。现在

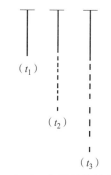

图3-6-1　金属射流断裂过程

来讨论这一问题。设射流的流动应力为 σ，且为不受应变率影响的常数，射流的初始速度梯度为 $1/t^*$，并用 a_0 来表示射流的初始半径，用 ρ_j 表示射流的密度。

在静态拉伸试验中，拉杆先发生均匀的变形，然后发生颈缩，而颈缩变形集中在局部区域（颈缩区），以后断裂也发生在这个区域中。出现颈缩，就是指拉杆的局部截面发生显著的收缩。由定义可知，材料的断面收缩率为

$$\psi = 1 - \frac{A_1}{A_0}$$

式中：A_1 为断口处面积；A_0 为初始面积。

必须注意，拉杆出现颈缩是由材料自身"应力—应变"关系决定的，与其断面收缩率没有直接的关系，而拉断的时间应与 ψ 有关。

从静态拉伸的"应力—应变"关系曲线可以知道，拉杆出现颈缩的条件是拉力 F 为极大值，即

$$\frac{\mathrm{d}F}{\mathrm{d}\varepsilon} = 0 \tag{3-6-1}$$

此外有

$$F = A\sigma(\varepsilon) \tag{3-6-2}$$

$$\varepsilon = \frac{L - L_0}{L_0} = \frac{L}{L_0} - 1 = \frac{A_0}{A} - 1 \tag{3-6-3}$$

式中：L 为拉杆变形后的长度；L_0 为拉杆的初始长度。

由式（3-6-3）可得

$$A = \frac{A_0}{1 + \varepsilon} \tag{3-6-4}$$

将式（3-6-4）代入式（3-6-2）可得

$$F = \frac{A_0}{1 + \varepsilon}\sigma(\varepsilon) \tag{3-6-5}$$

应用式（3-6-1）条件，将式（3-6-5）对应变 ε 求导数，并令其等于零，则有

$$\frac{\mathrm{d}E}{\mathrm{d}\varepsilon} = \frac{A_0}{1 + \varepsilon}\frac{\mathrm{d}\sigma}{\mathrm{d}\varepsilon} - \frac{A_0}{(1 + \varepsilon)^2} \cdot \sigma(\varepsilon) = 0$$

即

$$\frac{\mathrm{d}\sigma}{\mathrm{d}\varepsilon} = \frac{\sigma}{1 + \varepsilon} \tag{3-6-6}$$

式（3-6-6）为出现颈缩的条件，即当 ε 值由小到大逐渐增加，当满足上式时，就要出现颈缩（图3-6-2）。令 ε 为 ε_c，而在通常的金属射流中，总有 $\varepsilon > \varepsilon_c$，故射流从静拉伸的观点分析，其本质上是不稳定的。

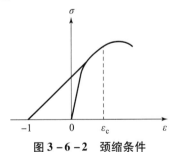

图 3-6-2　颈缩条件

影响射流稳定性的主要因素为射流的流动应力 σ、射流密度 ρ_j、射流初始半径 a_0、射流初始速度梯度 $1/t^*$、射流材料的断面收缩率 ψ。

出现颈缩的时间为

$$t_{b1} = f_1(a_0, \rho_j, t^*, \sigma) \tag{3-6-7}$$

射流开始拉断的时间为

$$t_{b2} = f_2(a_0, \rho_j, t^*, \sigma, \psi) \tag{3-6-8}$$

式（3 - 6 - 7）和式（3 - 6 - 8）中各物理量的量纲见表 3 - 6 - 1。

表 3 - 6 - 1　有关物理量和量纲

量	量纲
a_0	L
$1/t^*$	T^{-1}
ρ_{j}	ML^{-3}
σ	$ML^{-1}T^{-2}$
ψ	
t_{b1}	T
t_{b2}	T

取 t^*、a_0、ρ_{j} 为基本量，根据 π 定理，将上列五个量纲量组成两（$5 - 3 = 2$）个独立无量纲量

$$\pi_1 = \frac{t^*}{a_0}\sqrt{\frac{\sigma}{\rho_{\mathrm{j}}}}$$

$$\pi_{\mathrm{b1}} = \frac{t_{\mathrm{b1}}}{t^*} \text{ 或 } \pi_{\mathrm{b2}} = \frac{t_{\mathrm{b2}}}{t^*}$$

于是，式（3 - 6 - 7）、式（3 - 6 - 8）可以改写为

$$\frac{t_{\mathrm{b1}}}{t^*} = f_1\left(\frac{t^*}{a_0}\sqrt{\frac{\sigma}{\rho_{\mathrm{j}}}}\right) \tag{3 - 6 - 9}$$

$$\frac{t_{\mathrm{b2}}}{t^*} = f_2\left(\frac{t^*}{a_0}\sqrt{\frac{\sigma}{\rho_{\mathrm{j}}}},\psi\right) \tag{3 - 6 - 10}$$

只要确定了 f_1、f_2 的具体形式，就可求得 t_{b1} 和 t_{b2}。

现在换一个角度来考虑这个问题，事实上有

$$\pi\rho_{\mathrm{j}}a_0^2 t^* = \pi\rho_{\mathrm{j}}a_0^2\frac{\mathrm{d}z}{\mathrm{d}v_{\mathrm{j}}} = \frac{\mathrm{d}m}{\mathrm{d}v_{\mathrm{j}}}$$

式中：$\mathrm{d}z$ 为初始时刻速度 v_{j} 和 $v_{\mathrm{j}} + \mathrm{d}v_{\mathrm{j}}$ 两个微元间的距离；$\mathrm{d}m$ 为两个微元间的质量。

对于同一个射流，$\dfrac{\mathrm{d}m}{\mathrm{d}v_{\mathrm{j}}}$ 是不随 t 的变化而变化的。因此，引入新的物理量 Ω：

$$\Omega = a_0^2 t^* = \frac{1}{\pi\rho_{\mathrm{j}}}\frac{\mathrm{d}m}{\mathrm{d}v_{\mathrm{j}}}$$

显然，Ω 也与时间无关，对某一射流来说，其是一个常量。用 Ω 来构成新的无量纲量，可得

$$t_{\mathrm{b1}} = C_1\left(\frac{\Omega\rho_{\mathrm{j}}}{\sigma}\right)^{\frac{1}{3}} \tag{3 - 6 - 11}$$

式中：C_1 是与 Ω、ρ_{j}、σ 等射流参量无关的一个正的常数。

设一个速度为 v_{j} 的射流微元的初始位置为 b，则在 t_{b1} 时，其所处的位置 y_{b1} 和 y_{b2} 分别为

$$y_{\mathrm{b1}} = C_1(\psi)v_{\mathrm{j}}\left(\frac{\Omega\rho_{\mathrm{j}}}{\sigma}\right)^{\frac{1}{3}} + b \tag{3 - 6 - 12}$$

$$y_{b2} = C_2(\psi)v_j\left(\frac{\Omega\rho_j}{\sigma}\right)^{\frac{1}{3}} + b \qquad (3-6-13)$$

从式（3-6-11）和式（3-6-13）可知，射流初始半径 a_0 大，初始速度梯度小，流动应力小，都将使 t_{b1} 增大，即射流稳定，不易颈缩和断裂。另外，射流由颈缩发展到断裂的时间（$t_{b2}-t_{b1}$）还与罩的加工情况有关，旋压罩比冲压罩易断裂。

3.7　金属射流侵彻的定常不可压缩理想流体理论

3.7.1　金属射流的侵彻过程

高速运动的金属射流冲击靶板产生高温、高压和高应变状态，必然会在靶板和射流中形成冲击波，由于射流不断地以极高的速度向靶板冲击，加上射流很细，卸载波作用迅速，因此，射流上的冲击波不能沿着射流传播到后继射流上，只是驻留在冲击界面，使冲向坑底的射流径向飞散产生扩孔作用。射流和靶板的界面也即冲击界面与对称轴交点的运动速度称为侵彻速度，向靶中传播的冲击波速一般大于侵彻速度，所以冲击波逐渐超前冲击界面并向靶内传播。由于冲击波的作用，冲击界面附近的靶板介质在受射流冲击前，已获得了一定的轴向和径向速度。因此，在径向飞散的射流的进一步作用下，靶板上将形成 5～10 倍射流直径的弹孔（图 3-7-1）。

由于靶板介质最初是静止的，因此，射流头部冲击靶板所造成的撞击应力是整个侵彻过程的最大值。由于靶板正表面的卸载影响，在着靶初期（对应的侵彻深度约为数倍射流直径），靶板材料的流动变化很剧烈，过程是非定常的，但因为射流直径

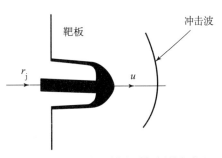

图 3-7-1　金属射流对靶板的侵彻

很细，所以在着靶初期，侵彻深度占总侵彻深度的比例很小，故常不加以详细研究。当侵彻进行到数倍射流直径以后，靶板表面的影响已可以忽略，尽管冲击界面的压力有所降低，但由于后继射流连续地冲击，靶板材料的流动逐渐平稳，冲击界面的压力长期维持在一定范围，因此，完全可以把侵彻运动看作准定常理想流体的动力学流动来解。因为定常理想流体侵彻理论是准定常理想流体侵彻理论的基础，所以，下面先来介绍早期破甲侵彻研究所建立的定常理想流体侵彻模型。值得注意的是，目前大部分射流的侵彻模型都是不可压缩理想流体模型，事实上，在破甲过程的高温、高压下，材料的可压缩性也有一定的意义。

3.7.2　定常不可压缩理想流体理论

金属射流侵彻的定常不可压缩理想流体理论的基本假设如下：
（1）金属射流无速度梯度；
（2）侵彻速度不变；
（3）射流和靶板都是不可压缩理想流体；
（4）射流各段在侵彻中不相互影响。
设射流以速度 v_j 射向靶板，侵彻速度为 u，为了计算的方便，采用动坐标系，把坐标系取

图 3 - 7 - 2　动坐标中射流侵彻示意

在坑底 A 处，这时射流以速度 $v_j - u$ 流向坑底，坑底固定不动（驻点），靶板以速度 $-u$ 向坑底流来（图 3 - 7 - 2）。

在 A 点处，射流与靶板的质点速度 v 均等于零。由作用与反作用的原理和伯努利方程，可得

$$\frac{1}{2}\rho_j(v_j - u)^2 = \frac{1}{2}\rho_t u^2 \qquad (3-7-1)$$

解出侵彻速度为

$$u = \frac{v_j}{1 + \sqrt{\dfrac{\rho_t}{\rho_j}}} \qquad (3-7-2)$$

由式（3 - 7 - 2）可知，侵彻速度和射流速度成正比，且和材料密度比也有关系。如射流与靶板的密度相同，则侵彻速度正好是射流速度的 1/2。靶板的密度比射流的密度大时，侵彻速度要慢一些，反之则快一些。

如果射流长度为 l，总的侵彻时间为 t，则破甲深度为

$$L_{max} = ut \qquad (3-7-3)$$

侵彻时间为

$$t = \frac{1}{v_j - u} \qquad (3-7-4)$$

由式（3 - 7 - 2）~式（3 - 7 - 4），可得

$$L_{max} = l\sqrt{\frac{\rho_t}{\rho_j}} \qquad (3-7-5)$$

显然，当射流与靶板的密度相同时，破甲的总侵彻深度约等于射流长度。如射流密度大于靶板密度，则破甲深度大于射流长度，相反破甲深度则小于射流长度。

3.8　金属射流侵彻的准定常不可压缩理想流体理论

实际上，射流是有速度梯度的。将定常不可压缩理想流体模型的第一条假设去掉，换为假设金属射流速度为线性分布，如图 3 - 8 - 1 所示。轴向坐标 x 以药型罩底为 O，时间坐标 t 以爆轰波到达药型罩底端面为 O。在 $x - t$ 图上，从 A 点出发的每一直线的斜率对应每一射流微元的速度，H 是炸高。射流头部在 B 点与靶板相遇，BCD 线是破甲穿孔随时间而加深的曲线。曲线上每一点的斜率是该点的侵彻速度 u。曲线上任意点 C 的侵彻深度为 x，其切线斜率为 u，AC 线的斜率是相应的侵彻射流微元的速度 v_j，侵彻到 D 点停止，D 点对应最大侵彻深度为 L_{max}。

由图 3 - 8 - 1 可知，

$$(t_0 + t - t_n)v_j = x + H - b \qquad (3-8-1)$$

对式（3 - 8 - 1）中的 t 求导数，并注意到 $\dfrac{dx}{dt} = u$，可得

$$v_j + (t_0 + t - t_n)\frac{dv_j}{dt} = u \qquad (3-8-2)$$

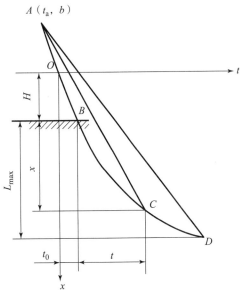

图 3 - 8 - 1 金属射流侵彻准定常理论计算用图

对式（3 - 8 - 2）积分可得

$$\int_0^t \frac{\mathrm{d}t}{t_0 + t - t_n} = - \int_{v_{j0}}^{v_j} \frac{\mathrm{d}v_j}{v_j - u}$$

式中：v_{j0} 表示射流的头部速度，对上式积分后得到

$$(t_0 + t - t_n) = (t_0 - t_n)\mathrm{e}^{-\int_{v_{j0}}^{v_j} \frac{\mathrm{d}v_j}{v_j - u}} \tag{3 - 8 - 3}$$

将式（3 - 8 - 3）代入式（3 - 8 - 1）得到

$$x = (t_0 - t_n)v_j \mathrm{e}^{-\int_{v_{j0}}^{v_j} \frac{\mathrm{d}v_j}{v_j - u}} - H + b \tag{3 - 8 - 4}$$

如能给出 $v_j - u$ 关系表达式，即可积分解出侵彻深度 x。

把射流分成一些小段，对每一小段射流，可以认为速度不变，应用定常不可压缩流体模型的 $v_j - u$ 关系式

$$u = \frac{v_j}{1 + \sqrt{\dfrac{\rho_t}{\rho_j}}}$$

可以得到

$$\mathrm{e}^{-\int_{v_{j0}}^{v_j} \frac{\mathrm{d}v_j}{v_j - u}} = \left(\frac{v_j}{v_{j0}}\right)^{-1 - \sqrt{\frac{\rho_t}{\rho_j}}} \tag{3 - 8 - 5}$$

式中：v_{j0} 为射流头部速度，因为

$$(t_0 - t_n)v_{j0} = H - b$$

所以

$$x = (H - b)\left[\left(\frac{v_{j0}}{v_j}\right)^{\sqrt{\frac{\rho_t}{\rho_j}}} - 1\right] \tag{3 - 8 - 6}$$

将式（3 - 8 - 5）代入式（3 - 8 - 3），得到

$$\frac{v_{j0}}{v_j} = \left(\frac{t_0 + t - t_n}{t_0 - t_n}\right)^{\frac{1}{1+\sqrt{\frac{\rho_t}{\rho_j}}}} \tag{3 - 8 - 7}$$

将式（3 - 8 - 7）代入式（3 - 8 - 6），得 x 和 t 关系为

$$X = (H - b)\left[\left(\frac{t_0 + t - t_n}{t_0 - t_n}\right)^{\frac{1}{1+\sqrt{\frac{\rho_t}{\rho_j}}}} - 1\right] \tag{3 - 8 - 8}$$

【例】 已知 45 号钢靶材料密度为 7.806 kg/cm³，药型罩炸高为 164 mm，$b = 6$ mm，射流头部速度为 7 560 m/s，临界侵彻速度为 2 090 m/s，药型罩材料为紫铜，密度为 8.906 kg/cm³。试用射流侵彻的准定常不可压缩理想流体理论求最大破甲深度 L_{max}。

解： 试验表明，当射流速度低于某一个临界值时，就不能对靶板进行侵彻，这一临界值称为临界侵彻速度，用 v_{jc} 表示，令式（3 - 8 - 6）中的 $v_j = v_{jc}$，则 x 就等于 L_{max}，即

$$L_{max} = (H - b)\left[\left(\frac{v_{j0}}{v_{jc}}\right)^{\sqrt{\frac{\rho_j}{\rho_t}}} - 1\right] = (164 + 6)\left[\left(\frac{7\ 560}{2\ 090}\right)^{\sqrt{\frac{8.906}{7.806}}} - 1\right] = 420 \ (mm)$$

3.9 考虑强度和断裂影响的侵彻理论

3.9.1 考虑靶板强度修正的侵彻计算

当遇到高强度装甲或射流速度较低时，靶板强度的影响就明显地表现出来了，这时必须考虑靶板强度对侵彻的影响。目前比较方便的方法是在射流不可压缩流体模型中以静压力项来反映材料的强度，即将式（3 - 7 - 1）改写成

$$p_j + \frac{1}{2}\rho_j(v_j - u)^2 = \frac{1}{2}\rho_j u^2 + p_t \tag{3 - 9 - 1}$$

展开式（3 - 9 - 1）并整理可得

$$\left(1 - \frac{\rho_t}{\rho_j}\right)u^2 - 2uv_j + v_j^2 - 2\frac{p}{\rho_j} = 0 \tag{3 - 9 - 2}$$

式中：$p = p_t - p_j$，反映了靶板和射流的相对强度。

破甲过程停止的条件是 $u = 0$，此时，对应的射流速度称为临界侵彻速度 v_{jc}，即当射流速度低于 v_{jc} 时，不能继续侵彻。以 $u = 0$ 代入式（3 - 9 - 2），可得

$$v_{jc} = \sqrt{\frac{2p}{\rho_j}} \tag{3 - 9 - 3}$$

可见射流的临界侵彻速度是由靶板材料强度决定的，从式（3 - 9 - 3）中解出 p，即

$$p = \frac{1}{2}\rho_j v_{jc}^2$$

将上式代入式（3 - 9 - 2），解出 u：

$$u = \frac{1}{1 - \frac{\rho_t}{\rho_j}}\left[v_j - \sqrt{\frac{\rho_t}{\rho_j}v_j^2 + \left(1 - \frac{\rho_t}{\rho_j}\right)v_{jc}^2}\right] \tag{3 - 9 - 4}$$

由式（3 - 9 - 3）可求出 $u - v_j$ 关系，从而可得

$$\int_{v_{j0}}^{v_j} \frac{\mathrm{d}v_j}{v_j - u} = -\frac{Q_0}{Q} \ln \left[\frac{Q + \sqrt{Q^2 - (1-d)^2 v_{jc}^2}}{Q_0 + \sqrt{Q_0^2 - (1-d)^2 v_{jc}^2}} \right]^{-\frac{1}{\sqrt{d}}} \qquad (3-9-5)$$

其中

$$d = \frac{\rho_t}{\rho_j}$$

$$Q = -v_j d + \sqrt{v_j d + (1-d) v_{j0}^2}$$

$$Q_0 = -v_{j0} d + \sqrt{v_{j0} d + (1-d) v_{j0}^2}$$

将式（3-9-5）代入式（3-8-4）得到

$$x = (t_0 - t_n) v_j \frac{Q_0}{Q} \left[\frac{Q_0 + \sqrt{Q_0^2 - (1-d)^2 v_{jc}^2}}{Q + \sqrt{Q^2 - (1-d)^2 v_{jc}^2}} \right]^{-\frac{1}{\sqrt{d}}} \qquad (3-9-6)$$

式（3-9-6）即为考虑靶板强度的金属射流侵彻准定常不可压缩理想流体模型的解。

3.9.2　断裂射流的侵彻计算

射流断裂成非连续的小段后，由于空气阻力的作用和速度差别的存在，各段射流之间的距离逐渐增大；由于断裂扰动和气动力矩的作用，射流段将摆动甚至翻转；由于各段射流间断地冲击靶板，前一段射流所造成的靶板加载和卸载将影响后一段射流的侵彻运动，即后继射流要在硬化的弹坑上重新"开坑"，因而要消耗额外的能量。因此，射流断裂后，侵彻能力将大为下降。下面近似地计算断裂射流的侵彻深度。

设射流在 t_{b2} 时刻各段同时发生断裂，且断裂后射流总长度不变，忽略各段射流之间的距离（即不考虑靶板卸载的影响），并且认为射流断裂后各段射流速度分布遵循断裂前的线性分布，这样可以得到

$$\frac{\mathrm{d}x}{\mathrm{d}t} = u \qquad (3-9-7)$$

$$\frac{\mathrm{d}l}{\mathrm{d}t} = -(v_j - u) \qquad (3-9-8)$$

$$K = -\left[\frac{\mathrm{d}v_j}{\mathrm{d}l} \right]_{t_{b2}} \qquad (3-9-9)$$

式中：K 为 t_{b2} 时刻的射流速度梯度。

将式（3-9-7）与式（3-9-8）联立消去 $\mathrm{d}t$，可得

$$\frac{\mathrm{d}x}{\mathrm{d}l} = -\frac{u}{v_j - u} \qquad (3-9-10)$$

即

$$\frac{\mathrm{d}x}{\mathrm{d}v_j} = -\frac{1}{K} \frac{u}{v_j - u} \qquad (3-9-11)$$

在考虑靶板和射流强度的情况下，则有

$$\frac{u}{v_j - u} = \frac{v_j - \sqrt{v_j^2 d + (1-d) v_{jc}^2}}{-v_j d + \sqrt{v_j^2 d + (1-d) v_{jc}^2}} = \frac{v_j \sqrt{v_j^2 d + (1-d) v_{jc}^2}}{v_j^2 d + v_{jc}^2} - \frac{v_{jc}^2}{v_j^2 d + v_{jc}^2}$$

$$(3-9-12)$$

将式（3-9-11）写成积分形式，则有

$$\int_{x_{b2}}^{x} dx = \int_{v_{jb2}}^{v_j} \frac{u}{v_j - u} \frac{1}{K} dv_j \qquad (3-9-13)$$

式中：x_{b2} 为射流断裂时已达到的侵彻深度；v_{jb2} 为射流断裂时的头部速度。

将式（3-9-12）代入式（3-9-13）积分后得到侵彻深度为

$$x = x_{b2} + \frac{1}{Kd}\left[\sqrt{v_{jb2}^2 d + (1-d)v_{jc}^2} - \sqrt{v_j^2 d + (1-d)v_{jc}^2} \right] - \frac{v_{jc}}{K\sqrt{d}}$$

$$\left\{ \arctan\left[\frac{v_{jb2}^2 d + (1-d)v_{jc}^2}{v_{jc}^2 d} \right]^{\frac{1}{2}} - \arctan\left[\frac{v_j^2 d + (1-d)v_{jc}^2}{v_{jc}^2 d} \right]^{\frac{1}{2}} + \arctan\sqrt{d}\frac{v_{jb2}}{v_{jc}} - \arctan\sqrt{d}\frac{v_j}{v_{jc}} \right\}$$

$$(3-9-14)$$

3.10 破甲影响因素

3.10.1 炸药

1. 爆压

炸药的爆压是破甲威力的最主要影响因素，由爆速和密度决定。不同炸药的成型装药侵彻深度试验结果如表3-10-1所示，试验使用同样的药型罩及靶板，只改变药的种类。

表3-10-1 各种炸药成型装药的侵彻深度

炸药		密度/(g·cm⁻³)	爆速/(m·s⁻¹)	侵彻深度/mm
HMX/TNT	77/23	1.80	8 490	189
HMX/TNT	75/25	1.80	8 430	188
RDX/TNT	75/25	1.68	8 060	158
RDX/TNT	70/30	1.69	1 930	158
RDX/TNT	60/40	1.88	7 850	157
RDX/TNT	90/10	1.61	8 340	154
PENTOLITE	50/50	1.65	7 600	140
PBX		1.61	7 980	131
HRX-1		1.69	7 440	131
TETRY1/TNT	70/30	1.63	7 370	130
H-6		1.73	7 460	115
INT		1.60	6 980	108
ROX/WAX	91/9	1.30	7 000	107

从表3-10-1中可见，HMX/TNT炸药一般要比其他炸药的破甲威力高出至少20%，多者可达80%以上，这应该是首选的炸药，其次是RDX/TNT炸药。

由爆炸动力学可知，爆压与炸药密度和爆速存在以下关系：

$$p_{CJ} = \frac{1}{4}\rho_e D^2$$

某些炸药的爆压与穿深关系如图 3 - 10 - 1 所示。不难看出，爆压与侵彻速度存在线性关系，即爆压越高，侵彻深度也越大。

2. 炸药尺寸

炸药直径或长度增加，破甲深度一般也随之增加。但当炸药柱过长时，由于稀疏波的影响，炸药的效率随长度增加而降低。试验表明，当炸药长度超过 3 倍炸药直径后，破甲深度几乎不再随炸药长度的增长而增加。

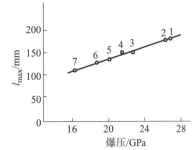

图 3 - 10 - 1　爆压与侵彻深度的关系

1—HMXTNT（77/3）；2—HMX/TNT（7525）；
3—RDX/TNT（75/25）；4—RDX/TNT（60/40）；
5—Pentolite（50/50）；6—TetrylTNT（70/30）；7—INT

3.10.2　隔板

采用隔板的目的是改变爆轰波形，使炸药的能量较充分地作用在药型罩上，提高作用在药型罩上的爆压。

隔板材料要求具有声阻低、隔爆性能好、与炸药相容性好、有一定的强度、密度小等特点，常用的有胶布塑料、泡沫塑料等。除了使用塑料等惰性材料外，还可使用低爆速的炸药等活性材料来制作隔板。

隔板一般需要中心厚、边缘薄，从而使从隔板外周通过的爆轰波与通过隔板的爆轰波同时到达隔板至药型罩顶。隔板直径与药型罩锥角有关，一般随锥角的增大而增大。一般两板直径的选择与药型罩的锥角有很大关系，但是当药形罩的锥角大于 40°时，采用隔板会使破甲性能更加不稳定，因此在选用时要考虑。

隔板至药型罩之间的炸药厚度要适当，过薄则能量不足，破甲能力反而降低，过厚则隔板的作用不明显。

采用隔板能提高侵彻能力，但装药工艺复杂，侵彻深度跳动加大。

3.10.3　药型罩

药型罩应选用熔点高、声速高、密度大和动态塑性好的材料制造。图 3 - 10 - 2 所示的是三种材料的对比试验结果。从图上可见，理想的药型罩材料是铜。

由射流形成的定常理论可知

$$v_j = \frac{1}{\sin\frac{\beta}{2}} v_0 \cos\left(\frac{\beta}{2} - \alpha - \delta\right)$$

$$m_j = m\sin^2\frac{\beta}{2}$$

近似取 $\delta = 0$，$\beta = \alpha$，则有

$$v_j = v_0 \cot\frac{\alpha}{2}$$

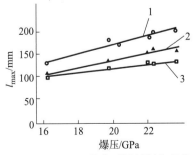

图 3 - 10 - 2　三种药型罩材料与侵彻
深度的关系

1—铜；2—钢；3—铝

$$m_{j} = m\sin^{2}\frac{\alpha}{2}$$

由此可见，射流速度 v_j 随锥角的减小而增大，但射流质量随锥角的减小而减小。从试验结果看，当锥角小于 30°时，破甲性能不够稳定，一般锥角选在 30°～60°。其他结构参量不变，只改变锥角时，侵彻深度往往有一最大值（图 3－10－3）。试验表明，等壁厚的药型罩壁厚 h_z/d 在 0.02～0.03。这里 d 为药型罩底部直径。采用合适的顶部薄、底部厚的变壁厚药型罩，可以提高射流头部速度、降低尾部速度、提高速度梯度、减少杆的质量和能量，从而增强破甲能力。

复合罩是一种提高破甲能力的新技术。工艺是用爆炸作用将铜板与铝板焊接在一起，然后旋压成药型罩。由于罩外壁的铝质量轻且有燃烧性，因此杆的质量小，能量主要集中在形成射流的铜上，从而提高了破甲深度。

药型罩最常用的是锥形。锥角增大将使射流速度减小，当锥角大到一定程度后，药型罩在变形过程中会发生反转而形成自锻破片。

喇叭罩是最佳药型罩形状（图 3－10－4）。喇叭罩实质上是锥角连续变化的药型罩，它有以下优点。

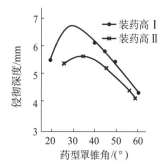

图 3－10－3　药型罩锥角与侵彻深度的关系

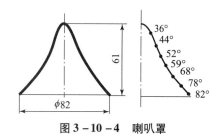

图 3－10－4　喇叭罩

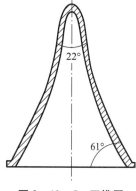

图 3－10－5　双锥罩
（美国 BRL1958 年设计）

（1）增加了药型罩母线长，提高了射流质量；

（2）增加了炸药装药量；

（3）加大了射流的速度梯度。

为了便于制造，可用双锥罩来近似喇叭罩，如图 3－10－5 所示。

3.10.4　炸高

成型装药最佳炸高随药型罩材料、形状和锥角等参数的变化而改变，如图 3－10－6 和图 3－10－7 所示。从机理角度来看，炸高既要保证射流充分拉长，又要保证侵彻过程中射流不能过早失稳。

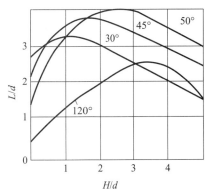

图 3 − 10 − 6　不同药型罩锥角的最佳炸高

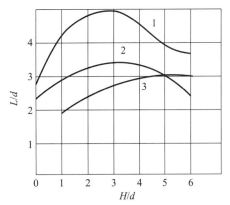

图 3 − 10 − 7　不同药型罩材料的最佳炸高

3.10.5　壳体

壳体能减小稀疏波作用，提高壳体的强度有利于提高炸药的能量利用率。另外，壳体还能起到杀伤作用。

3.10.6　旋转运动

射流旋转产生的离心力会造成射流空心和扭曲，因此要尽量避免，常用的方法如下：

（1）控制弹体转速，一般要小于 100 r/s；

（2）采用轴承，使其他结构的旋转不影响成型装药的微旋；

（3）采用错位抗旋药型罩，产生预旋射流，从而抵消旋转运动的影响（图 3 − 10 − 8）；

（4）用旋压工艺制造药型罩，因为晶格扭曲也能产生预旋射流。

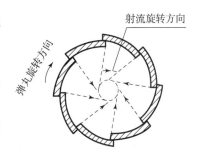

图 3 − 10 − 8　错位抗旋药型罩

3.10.7　靶板材料

高强度装甲的临界侵彻速度高，抗破甲能力强。各向异性的装甲易造成射流的失稳，复合材料能减小装甲的相对质量，加大破甲行程，干扰引信起爆时间，从而破坏有利的炸高。用少量炸药干扰射流等，也能有效地降低破甲深度。

3.10.8　弹目交汇状态

通常，当物体的移动速度很低时，像坦克的速度为 15.8 ~ 21.4 m/s，而金属射流的速度为 7 000 m/s，坦克速度约为金属射流的 1/300，远小于射流的速度，可忽略坦克的移动速度。这时，相当于射流侵彻垂直物体，不会产生轴向方向的分量，并且侵彻厚度即为物体的初始厚度。当物体的移动速度较高时，像飞机的速度约为 500 m/s，速度约为金属射流的 1/10，不可忽略其移动速度。此时，物体的移动对射流会产生一个横向的剪切力矩，这个横向的剪切力矩会导致射流发生严重的弯曲，偏转，甚至发生分散以及断裂，严重地影响了射流的侵彻能力。

3.10.9 误差

在药型罩的生产过程中，由于设备的因素、冷挤压操作因素以及其模具因素的影响，使出来的药型罩结构相比于规定工艺生产的产品出现不同程度的误差，影响金属射流的侵彻能力。在战斗部的生产过程中，装药密度的不均匀以及装药存放时的环境因素，使得同一批次生产的战斗部存在参差不齐的误差，使得战斗部的破甲威力也各不相同。

3.11 自锻破片

自锻破片技术是从聚能破甲技术中分离出来的一个新的分支。自锻破片，也称 P 型装药（Projectile Charge），具有对炸高不敏感、能有效对付复合装甲、后效作用良好等优点。近十年来，自锻破片技术已受到了极大的重视。

3.11.1 自锻破片形成机理

自锻破片是由大锥角（$2\alpha = 130° \sim 105°$）药型罩或球缺药型罩翻转变形产生的。当药型罩的半锥角 $\alpha > 65°$ 后，罩壁微元在轴线汇合时的压合角 $\beta > 90°$，由于罩壁微元的径向运动速度太小，罩壁微元在压合过程中不可能像小锥角药型罩那样发生内外壁能量和速度的再分配。由于药型罩顶部上的微元运动速度高于邻近微元，该微元在压合过程中始终走在前面，其他微元的速度依次降低，因此造成药型罩在压合过程中出现了翻转。由于爆轰波到达药型罩的时间有先有后，罩顶和罩底的炸药量不同和罩壁锥角、壁厚等参数的变化，自锻破片也存在着一定的速度梯度。因此，在自锻过程中会有许多小的颗粒被拉断而脱离出去，但随着空气阻力的作用和爆轰产物的推动，自锻破片头部速度逐渐减慢，尾部速度逐渐加快，最后速度趋近一致。这时，自锻成型的破片不再发生塑性变形，可以根据这一特性来确定自锻破片的有利炸高。高速摄影观察表明，从引爆到自锻破片的形成，历时数百微秒。

3.11.2 自锻破片速度分布计算

罩壁微元的压合运动几何关系如图 3 – 11 – 1 所示。设罩壁微段 $\overset{\frown}{AB}$ 在压合过程中没有伸长，在 Δt 时间里爆轰波从 A 点扫到 B 点，罩壁微元从 A 点运动到 C 点，由假设知，$\overset{\frown}{AB} = \overset{\frown}{BC}$，由于 Δt 取得很小，可用 $\overline{AB}$ 和 $\overline{BC}$ 代替 $\overset{\frown}{AB}$ 和 $\overset{\frown}{BC}$，则有 $\overline{AB} = \overline{BC}$，由图中几何关系可知，

$$\frac{\overline{AC}}{\sin \delta_i} = \frac{\overline{BC}}{\sin\left(\dfrac{\pi}{2} - \dfrac{\delta_i}{2}\right)} \tag{3 – 11 – 1}$$

式中：δ_i 为罩壁微段 $\overline{AB}$ 在 Δt 时间内转动的角度。

从式（3 – 11 – 1）可以解出

$$2\sin \frac{\delta_i}{2} = \frac{\overline{AC}}{\overline{BC}} \tag{3 – 11 – 2}$$

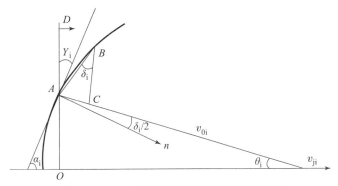

图 3-11-1 罩壁微元的压合运动几何关系

设置壁微元的压垮速度是从 0 经过 Δt 而增加到 v_{0i}，因此取其平均值 $\overline{v_{0i}}$ 来计算，显然有

$$\overline{AC} = \overline{v_{0i}}\Delta t = \frac{v_{0i}}{2}\Delta t \tag{3-11-3}$$

$$\overline{BC} = \overline{AB} = \frac{D\Delta t}{\sin \gamma_i} \tag{3-11-4}$$

将式（3-11-3）和式（3-11-4）代入式（3-11-2），可得

$$\sin \frac{\delta_i}{2} = \frac{v_{0i}}{4D}\sin \gamma_i \tag{3-11-5}$$

由式（3-11-5）可知，如已知 v_{0i}，即可求得 δ_i。v_{0i} 可用 R. Singh 的经验关系求得

$$v_{0i} = \frac{D}{4(1 + \sin \alpha_i)} \tag{3-11-6}$$

式中：α_i 为罩微元切线与轴线的夹角，显然有

$$\gamma_i = (90° - \alpha_i) \tag{3-11-7}$$

设自锻破片各截面的运动速度为 v_{ji}，显然，头部截面速度 $v_{j1} = v_{01} = v_{j\,max}$。从轴线开始，将罩壁分为 i 个微元，记压合速度 v_{0i} 与对称轴的夹角为 θ_i，则由图 3-11-1 可知，

$$\theta_i = \frac{\pi}{2} - \alpha_i - \frac{\delta_i}{2} \tag{3-11-8}$$

自锻破片各截面的速度为

$$v_{ji} = v_{0i}\cos \theta_i = v_{0i}\cos\left(\frac{\pi}{2} - \alpha_i - \frac{\delta_i}{2}\right) \tag{3-11-9}$$

一般自罩顶以后，罩壁厚逐渐增加，炸药量逐渐减少，α_i 也逐渐减小，因此压垮速度越来越小，故对应的自锻破片截面的速度也越来越小。

3.12 聚能破甲效应的数值仿真

3.12.1 静态破甲算例分析

1. 问题描述
成型装药，其圆锥形金属罩截面尺寸如图 3-12-1 所示，炸药在其顶部中心点起爆，

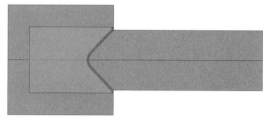

图 3 - 12 - 1　装药初始状态（0 s）

分析炸药爆炸后金属罩形成射流的过程。

2. 建模分析

由于该问题具有轴对称特点，因此可以简化为二维轴对称问题。计算模型使用 soid 162 二维实体单元进行划分，使用算法 14。由于金属罩在爆炸作用下形成射流的过程中存在大变形、大应变，若使用拉格朗日算法，则会造成单元严重畸变，因此需要使用自适应网格。在 ANSYS/LS - DYNA81 前处理中，对自适应网格的定义仅适用于 solid 163 单元，因此在 K 文件的编辑过程中将添加对 solid 162 单元自适应网格划分控制。炸药和金属罩之间的接触使用 * CONTACT_2D_AUTOMATIC_SURFACE_TO_SURFACE 接触算法，采用 cm_g_us 建模。

计算过程中使用小型重启动分析。30 μs 后炸药基本爆轰完毕，对射流的形成影响很小，因此将删除炸药 PART 和接触，计算时间为 50 μs，每 2 μs 输出一个结果数据文件。

3. 数值模拟结果

射流形成过程的数值模拟结果如图 3 - 12 - 2 ~ 图 3 - 12 - 4 所示。

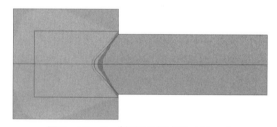

图 3 - 12 - 2　射流形成过程（10 μs）

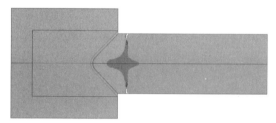

图 3 - 12 - 3　杆体形成过程（20 μs）

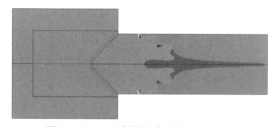

图 3 - 12 - 4　破甲形成过程（30 μs）

通过数值模拟不仅可以直观地看到射流的形成过程，还可以得到射流各节点在任意时刻的速度以及其位移、应力等数据，为成型装药总体设计提供了有力的依据。

3.12.2　动态破甲算例分析

1. 问题描述

仿真 JPC（杆式射流）对移动靶板在不同角度、不同速度下的侵彻效果，为实际应用提供仿真参考。

2. 建模分析

数值模拟需要建立五个部分，即药型罩、炸药、空气域、壳体以及靶板。

3. 数值模拟结果

如图 3－12－5 所示，在 68～108 μs 时，射流在侵彻靶板之初，头部射流速度较大，受到靶板的横向扰动较小。能够快速侵彻靶板开孔，让后续射流能够无障碍地进入；在 128～148 μs 时，随着侵彻过程继续进行，速度较低的中部以及尾部射流受到靶板横向扰动，出现弯曲甚至是断裂；在 178 μs 时，头部射流和中部射流完全断开，头部射流在靶板横向运动干扰下继续向下侵彻靶板，中部以及尾部射流在孔径内侧侵蚀，扩大"通道"，部分尾部射流在这一过程中速度降为 0。

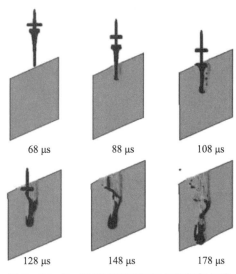

| 68 μs | 88 μs | 108 μs |
| 128 μs | 148 μs | 178 μs |

图 3－12－5　射流不同时刻下侵彻靶板示意

当目标在垂直于射流运动方向上的速度范围在 Ma0～Ma2 时，杆式射流对目标具有良好的侵彻效果，能够形成"通道"，"通道"弯曲程度受到靶板速度和交汇角度共同影响。射流侵彻移动靶板过程中，中部和尾部射流对靶板表面开坑、内部扩孔的影响较大。同时射流的偏移距离受到交汇角度和靶板运动速度的共同影响，为今后的聚能射流侵彻移动靶提供了有力的依据。

思考题与习题

1. 金属射流形成的临界条件是什么？

2. 影响破甲威力的因素有哪些？

3. 增加隔板的目的是什么？隔板直径式越大越好吗？如果不是，请说明为什么？

4. 什么叫金属射流的侵彻速度？

5. 已知铜合金靶材料密度为 8.900 kg/cm³，药型罩炸高为 237 mm，$b = -8$ mm，射流头部速度为 6 600 m/s，临界侵彻速度为 1 880 m/s，药型罩材料为紫铜，密度为 8.906 kg/cm³。试用射流侵彻的准定常不可压缩理想流体理论求最大破甲深度 L_{max}。

6. 在设计破甲弹时应如何减小弹目交汇对破甲威力造成的影响？

第 4 章

碎 甲 效 应

4.1 概　述

碎甲弹采用大威力的塑性炸药，主要用于破坏单层钢甲或混凝土墙等目标。碎甲弹对目标的破坏作用是一种特定的层裂效应，在弹丸终点效应中称为碎甲效应。

4.1.1 碎甲机理

在碎甲弹碰击目标瞬间，惯性作用使弹头部受压变形，随之炸药装药被堆积于装甲表面；同时，引信内部的击发机构也开始作用。经过一定的延时后，引信起爆，从而引爆炸药。由于爆轰产物对靶板的强烈冲击，所以在靶板内引起应力波的传播、反射和叠加，最终产生碟形破片，形成碎甲效应或剥落效应。

4.1.2 碎甲作用的特点

1. 层裂裂纹的扩展

裂纹的扩展与飞片从靶板上的断裂和局部的拉应力有关，而与整个应力场关系不大。裂纹的扩展方向大致垂直于局部拉应力方向。

2. 层裂破坏与作用时间的关系

在应力波作用下，层裂的产生不仅和应力的大小有关，而且和应力作用持续的时间长短有关，根据积累破坏准则可表示为

$$\int_0^\tau (\sigma - \sigma_\mathrm{P})^\alpha \mathrm{d}t = K_\mathrm{s} \qquad (4-1-1)$$

式中：τ 为应力脉冲作用时间；σ_P 为材料的层裂破坏应力；α、σ、K_s 为由材料决定的常数。

3. 集体效果

层裂不是单个裂纹扩展的结果，因为在层裂过程中，没有那么长的时间使单一裂纹传播到整个层裂破坏面。显微结构观察表明，它是由许多小裂纹形成、发展、连接，最后形成剥落。

4.2 应力波基础知识

4.2.1 应力波的概念

固体材料受到随时间变化的外载荷作用时，介质中受扰动部分由近及远在介质中传播的

现象就是应力波。例如，由于爆炸载荷的作用，金属板与炸药爆炸的接触面上突然升高的压应力在板中产生了应力差，这个应力差促使该处周围的介质微团运动，如此传递下去，形成应力波的传播过程。

应力波分为弹性波和塑性波。当扰动部分的应力小于固体材料的弹性极限时，介质中只形成弹性波；当扰动部分的应力超过材料的弹性极限后，介质中除了形成弹性波外，还要形成塑性波。按介质运动方向与波传播方向的关系，应力波还可分为纵波和横波。纵波的特征是质点运动方向与波的传播方向平行；而横波的特征是质点运动方向与波的传播方向垂直。

介质受扰动部分与未受扰动部分之间的分界面称为波阵面。应力波阵面的形状由载荷性质所决定，工程上常见的是球面波和平面波。典型的平面波可分为两种：一种是一维应力平面波；另一种是一维应变平面波。

当应力波扫过固体介质时，波阵面前方和后方介质的状态参量之间如有一个有限的差值，则状态参量在波的传播方向上出现了间断，此应力波称为间断波。间断波通过后，介质状态参量将发生突跃。当波阵面前后的状态参量的差值为无限小时，此应力波称为连续波。连续波波阵面前后参量沿传播途径分布的陡度是有限的，一般可以有相同的陡度，也允许陡度不相同，后面这种情况在数学上称为弱间断。

由连续波转化成的间断波称为冲击波，虽然在爆炸载荷作用下产生的冲击波是在介质边界上突然受载瞬间形成的，但在形成的内在机制上仍是由连续波汇聚转化而成。

冲击波与连续波之间存在着质的区别。当连续波通过介质时，黏性和应变率的影响可以忽略，这是一个准静态的等熵可逆过程，而冲击波通过介质时，过程虽然是绝热的，但是因为黏性、应变率的影响不可忽略，因此过程是不可逆的。应该注意的是，弹性间断波不是冲击波，这是因为弹性间断波是一等熵过程，它与连续波在物理本质上没有区别。

4.2.2 平面应力波

1. 一维应力平面波

设有一突加的拉伸载荷 F 作用于图 4-2-1 所示的细长杆的左端。由于细长杆基本上符合横向惯性，剪切力可以忽略，因此在其上传播的应力波可以看作一维应力平面波。设其传播速度为 c，在杆上取一微元 dx，设在时刻 t，波阵面到达微元左端，经过时间 dt，到达微元右端，沿波阵面后质点速度为 u，位移为 v，根据动量守恒有

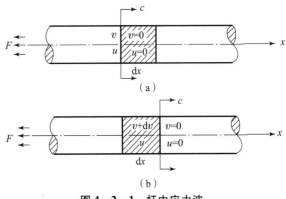

图 4-2-1 杆中应力波

$$A\sigma dt = \rho A dx(0 - u) \qquad (4-2-1)$$

即

$$\sigma = -\rho u \frac{dx}{dt} = -\rho uc \qquad (4-2-2)$$

因为在 t 时刻波阵面前面的质点位移为零，而在 $t + \mathrm{d}t$ 时刻，波阵面前面的质点位移也为零，由波阵面前后介质连续条件可得

$$v = 0, \, v + \mathrm{d}v = 0 \qquad\qquad (4-2-3)$$

即

$$\mathrm{d}v = 0 \qquad\qquad (4-2-4)$$

因为

$$\mathrm{d}v = \frac{\partial v}{\partial x}\mathrm{d}x + \frac{\partial v}{\partial t}\mathrm{d}t = \varepsilon \mathrm{d}x + u\mathrm{d}t = 0$$

所以得到

$$u = -\varepsilon \frac{\mathrm{d}x}{\mathrm{d}t} = -c\varepsilon \qquad\qquad (4-2-5)$$

如果拉伸波以传播速度 c 由右向左传播，类似上述推导，可得

$$\begin{cases} \sigma = \rho c u \\ u = c\varepsilon \end{cases} \qquad\qquad (4-2-6)$$

由此可知，对一维应力平面波有如下公式。

右行波：

$$\begin{cases} \sigma = -\rho c u \\ u = -c\varepsilon \end{cases} \qquad\qquad (4-2-7)$$

左行波：

$$\begin{cases} \sigma = \rho c u \\ u = c\varepsilon \end{cases} \qquad\qquad (4-2-8)$$

当波阵面前后参量的变化很微小时，σ、u 与 ε 都应写成 $\mathrm{d}\sigma$、$\mathrm{d}u$ 与 $\mathrm{d}\varepsilon$，这时有如下公式。

右行波：

$$\begin{cases} \mathrm{d}\sigma = -\rho c \mathrm{d}u \\ \mathrm{d}u = -c\mathrm{d}\varepsilon \end{cases} \qquad\qquad (4-2-9)$$

左行波：

$$\begin{cases} \mathrm{d}\sigma = \rho c \mathrm{d}u \\ \mathrm{d}u = c\mathrm{d}\varepsilon \end{cases} \qquad\qquad (4-2-10)$$

从以上两个方向的波均可得到

$$\mathrm{d}\sigma = \rho c^2 \mathrm{d}\varepsilon$$

即

$$c = \sqrt{\frac{1}{\rho}\frac{\mathrm{d}\sigma}{\mathrm{d}\varepsilon}} \qquad\qquad (4-2-11)$$

这就是细长杆中传播的一维应力平面波波速表达式。应该指出，以上推导并未限定细长杆是弹性状态还是塑性状态，因此，以上结果既可适用于弹性波，也可适用于塑性波。

由式（4-2-11）可知，应力波速取决于"应力—应变"曲线斜率。用 c_{er} 表示弹性一维应力平面波速，c_{pr} 表示塑性一维应力平面波速，图 4-2-2 所示为几种材料模型的应力波速。

对弹塑性线性硬化材料，如弹性模量为 E，硬化模量为 E_{t}，则其一维应力平面波速为弹

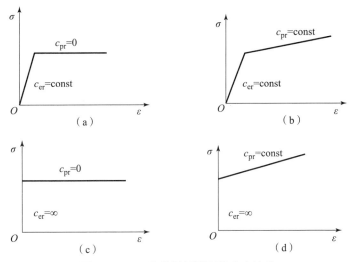

图 4 - 2 - 2　几种材料模型的应力波速

性波速，即

$$c_{er} = \sqrt{\frac{E}{\rho}} \qquad (4 - 2 - 12)$$

塑性波速：

$$c_{pr} = \sqrt{\frac{E_t}{\rho}} \qquad (4 - 2 - 13)$$

2. 一维应变平面波

假设突加载荷 F 沿板面法线方向作用在一横向尺寸很大的板的表面上，由于这时介质的横向惯性极大，横向变形可以忽略，只有在载荷 F 作用方向上传播的一维应变，即一维应变平面波。类似于一维应力平面波的推导，可以得到以下形式相同的关系式。

右行波：

$$\begin{cases} d\sigma_x = -\rho c du_x \\ du_x = -c d\varepsilon_x \end{cases} \qquad (4 - 2 - 14)$$

左行波：

$$\begin{cases} d\sigma_x = \rho c du_x \\ du_x = c d\varepsilon_x \end{cases} \qquad (4 - 2 - 15)$$

波速：

$$c = \sqrt{\frac{1}{\rho} \frac{d\sigma_x}{d\varepsilon_x}} \qquad (4 - 2 - 16)$$

下面求 $\dfrac{d\sigma_x}{d\varepsilon_x}$，对一维应变平面波，有关系式

$$\begin{cases} \varepsilon_x = \varepsilon_y = 0 \\ \sigma_y = \sigma_z \end{cases} \qquad (4 - 2 - 17)$$

将式（4 - 2 - 17）代入胡克定律可得

$$\begin{cases} \varepsilon_x = \dfrac{1}{E}\big[\,\sigma_x - \mu(\sigma_y + \sigma_z)\,\big] \\[3mm] \varepsilon_y = \dfrac{1}{E}\big[\,\sigma_y - \mu(\sigma_z + \sigma_x)\,\big] \end{cases} \qquad (4-2-18)$$

则

$$\begin{cases} \varepsilon_x = \dfrac{\sigma_x}{E} - \dfrac{2\mu}{E}\sigma_y \\[3mm] \varepsilon_y = \dfrac{1-\mu}{E}\sigma_y - \dfrac{\mu}{E}\sigma_x = 0 \end{cases} \qquad (4-2-19)$$

由式（4-2-19）解得

$$\sigma_y = \frac{\mu}{1-\mu}\sigma_x \qquad (4-2-20)$$

以上各式中的 μ 为泊桑系数。将式（4-2-20）代入式（4-2-19），可得

$$\varepsilon_x = \frac{\sigma_x}{E}\Big(1 - \mu\frac{\mu}{1-\mu}\Big) = \frac{(1+\mu)(1-2\mu)}{(1-\mu)E}\sigma_x \qquad (4-2-21)$$

所以有

$$\frac{\mathrm{d}\sigma_x}{\mathrm{d}\varepsilon_x} = \frac{(1-\mu)E}{(1+\mu)(1-2\mu)} \qquad (4-2-22)$$

将式（4-2-22）代入波速表达式（4-2-16），可得

$$c_{ep} = \sqrt{\frac{(1-\mu)E}{(1+\mu)(1-2\mu)\rho}} \qquad (4-2-23)$$

式中，c_{ep} 为一维应变平面弹性波速。

对平面应变状态，还可得到

$$\sigma_x = \frac{1}{3}(\sigma_x + \sigma_y + \sigma_z) + \frac{1}{3}(2\sigma_x - \sigma_y - \sigma_z) = -p + \frac{2}{3}(\sigma_x - \sigma_y)$$

$$= -p + \frac{4}{3}\Big(\frac{\sigma_x + \sigma_y}{2}\Big) = -p + \frac{4}{3}\tau \qquad (4-2-24)$$

在弹性状态下，$\tau = 2G\gamma = 2G\dfrac{\varepsilon_x - \varepsilon_y}{2} = G\varepsilon_x$，$G$ 为剪切模量，$G = \dfrac{E}{2(1+\mu)}$，因此有

$$\sigma_x = K\varepsilon_x + \frac{4}{3}G\varepsilon_x = \Big(K + \frac{4}{3}G\Big)\varepsilon_x \qquad (4-2-25)$$

这样，一维应变平面波的弹性波速还可表示为

$$c_{ep} = \sqrt{\frac{K + \dfrac{4}{3}G}{\rho}} \qquad (4-2-26)$$

在小变形条件下，$\rho \approx \rho_0$，则式（4-2-26）可写为

$$c_{ep} = \sqrt{\frac{K + \dfrac{4}{3}G}{\rho_0}} \qquad (4-2-27)$$

当材料进入塑性阶段后，胡克定律不再适用，以第四强度理论作为屈服准则，则有

$$\sqrt{\frac{1}{2}\big[(\sigma_1 - \sigma_2)^2 + (\sigma_2 - \sigma_3)^2 + (\sigma_3 - \sigma_1)^2\big]} = Y \qquad (4-2-28)$$

在平面应变条件下，有 $\sigma_1 = \sigma_x$，$\sigma_2 = \sigma_3 = \sigma_y = \sigma_z$，将其代入式（4 - 2 - 28）可得

$$\sigma_x - \sigma_y = \pm Y \tag{4 - 2 - 29}$$

式中：Y 为单向拉伸极限；正号（+）用于拉伸屈服；负号（-）用于压缩屈服。

根据小变形塑性理论，塑性变形引起的体积变化可以忽略，故材料的体积变形仍服从弹性规律，可表示为

$$-p = K\Delta \tag{4 - 2 - 30}$$

式中：p 为平均压力，可表示为

$$-p = \frac{1}{3}(\sigma_1 + \sigma_2 + \sigma_3) \tag{4 - 2 - 31}$$

Δ 为体应变，可表示为

$$\Delta = \varepsilon_1 + \varepsilon_2 + \varepsilon_3 \tag{4 - 2 - 32}$$

K 为体积模量，可表示为

$$K = \frac{E}{3(1 - 2\mu)} \tag{4 - 2 - 33}$$

将平面应变条件 $\varepsilon_x = \varepsilon_y = 0$，$\sigma_y = \sigma_z$ 代入式（4 - 2 - 31）和式（4 - 2 - 32），然后代入式（4 - 2 - 30）可得

$$\frac{1}{3}(\sigma_x + 2\sigma_y) = K\varepsilon_x \tag{4 - 2 - 34}$$

将式（4 - 2 - 34）与式（4 - 2 - 29）联立消去 σ_y，可得

$$\sigma_x = K\varepsilon_x \pm \frac{2}{3}Y \tag{4 - 2 - 35}$$

所以有

$$\frac{\mathrm{d}\sigma_x}{\mathrm{d}\varepsilon_x} = K$$

用 c_{pp} 来表示一维应变平面塑性波速，则

$$c_{pp} = \sqrt{\frac{K}{\rho}} = \sqrt{\frac{E}{3(1 - 2\mu)\rho}} \tag{4 - 2 - 36}$$

在一般的固体介质中，板中一维应变平面塑性波速为一维应变平面弹性波速的 75% ~ 80%，而杆中一维应力平面塑性波速最大只有一维应力平面弹性波速的 10%。表 4 - 2 - 1 所示的是一些介质中的应力波速。

表 4 - 2 - 1 几种介质中的应力波速　　　　　　　　　　　单位：m/s

材料	杆中弹性波速 c_{er}	板中弹性波速 c_{ep}	板中塑性波速 c_{pp}
铝	5 120	6 100	5 430
铜	3 570	4 550	3 900
黄铜	3 500	4 300	3 800
铅	1 220	2 160	1 310
钢	5 000	5 950	5 420
钛	4 850	6 000	6 150
镍	4 970	5 700	5 120

4.2.3　应力波的性质

两个弹性波相互作用时，遵循叠加原理。这是因为无论前方介质状态如何，弹性波都以相同的相对速度 c 向前传播，弹性变形可恢复，过程是等熵可逆的，而且波的运动方程和应力—应变关系都是线性的，如图 4-2-3 所示。

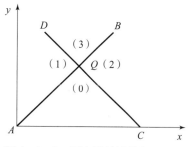

图 4-2-3　两个弹性波的相互作用

图 4-2-3 中的扰动线 AB 和 CD 分别代表右行的弹性波波阵面和左行的弹性波波阵面运动轨迹，两条线的斜率分别为 l/c 和 $-l/c$。波区（1）和波区（2）为简单波区，两波在 Q 点相遇，开始形成复波区（3），（0）区是未扰动的静止区。利用守恒条件得出以下公式。

CD 右半部：

$$\sigma_3 = \sigma_1 + (\sigma_3 - \sigma_1) = \rho c u_1 - \rho c(u_3 - u_1) \tag{4-2-37}$$

AB 左半部：

$$\sigma_3 = \sigma_2 + (\sigma_3 - \sigma_2) = -\rho c u_2 - \rho c(u_3 - u_2) \tag{4-2-38}$$

由式（4-2-37）和式（4-2-38）可得

$$u_3 = u_1 + u_2 \tag{4-2-39}$$

再将式（4-2-39）代入式（4-2-37）可得

$$\sigma_3 = \sigma_1 + \sigma_2 \tag{4-2-40}$$

由此可见，弹性波相互作用时，其结果相当于每个波单独传播时结果的叠加，即弹性波的相互作用符合叠加原理。

弹性波波阵面通过后质点速度 u 可以从式（4-2-9）和式（4-2-10）、式（4-2-14）和式（4-2-15）得到右行波式（4-2-40）和左行波：

$$u = -\int \frac{\mathrm{d}\sigma}{\rho c_e} = -\frac{\sigma}{\rho c_e} \tag{4-2-41}$$

当一个弹性波由一个介质 ρ_1、c_1 向右传向另一个介质 ρ_2、c_2 时，将在两个介质面处发生入射和透射。用下标 I 表示入射波参量，用下标 F 表示反射波参量，下标 T 表示透射波参量。根据界面连续条件和牛顿第三定律，分界面两边质点速度和应力相等，因此有

$$\begin{cases} \sigma_I + \sigma_F = \sigma_T \\ u_I + u_F = u_T \end{cases} \tag{4-2-42}$$

式（4-2-42）可改写为

$$-\frac{\sigma_I}{\rho_1 c_1} + \frac{\sigma_F}{\rho_1 c_1} = -\frac{\sigma_T}{\rho_2 c_2} \tag{4-2-43}$$

联立式（4-2-42）和式（4-2-43）可得

$$\begin{cases} \sigma_F = F\sigma_I \\ u_F = -Fu_I \end{cases} \tag{4-2-44}$$

$$\begin{cases} \sigma_T = T\sigma_I \\ u_T = \dfrac{\rho_1 c_1}{\rho_2 c_2} T u_I \end{cases} \qquad (4-2-45)$$

式中

$$F = \frac{\rho_2 c_2 - \rho_1 c_1}{\rho_2 c_2 + \rho_1 c_1} \qquad (4-2-46)$$

和

$$T = \frac{2\rho_2 c_2}{\rho_2 c_2 + \rho_1 c_1} = 1 + F \qquad (4-2-47)$$

分别称为反射系数和透射系数，ρc 为波阻抗，显然，F 的正负由阻抗的相对大小决定。

（1）当 $\rho_2 c_2 > \rho_1 c_1$ 时，$F > 0$，反射波和入射波同号，即压缩波仍反射成压缩波，拉伸波反射后仍为拉伸波。

（2）当 $\rho_2 c_2 < \rho_1 c_1$ 时，$F < 0$，反射波和入射波异号，即压缩将反射成拉伸波，拉伸波反射成压缩波。

从式（4-2-47）可知，T 总为正，即透射波的性质总是与入射波的性质相同。应力波从一种介质传向另一种介质时总要发生应力再分配。表 4-2-2 所示的是平面压缩波在两种材料界面正入射时的应力分配。

表 4-2-2 平面压缩波在两种材料界面正入射时的应力分配

介质 1	介质 2	$\sigma_F = \sigma_I$	$\sigma_T = \sigma_I$
钢	铝	-0.46	+0.54
	黄铜	-0.11	+0.89
	铅	-0.29	+0.71
	镁	-0.61	+0.39
	有机玻璃	-0.87	+0.13
铝	钢	+0.46	+1.46
	黄铜	+0.37	+1.27
	铅	+0.20	+1.20
	镁	-0.21	+0.79
	有机玻璃	-0.68	+0.32
铅	铝	-0.20	+0.80
	黄铜	+0.18	+1.18
	钢	+0.29	+1.29
	镁	-0.37	+0.63
	有机玻璃	-0.78	+0.22

续表

介质 1	介质 2	$\sigma_F = \sigma_I$	$\sigma_T = \sigma_I$
有机玻璃	铝	+0.68	+1.68
	黄铜	+0.84	+1.84
	铅	+0.78	+1.78
	镁	+0.56	+1.56
	钢	+0.87	+1.87

当载荷应力超过材料弹性极限时，介质中就会产生弹塑性波。由于弹性波速较塑性波速大，因此在塑性波前面，故称为弹性前驱波，这时的应力波为双波结构。关于应力波的相互作用，这里不再详细介绍。图 4 - 2 - 4 所示的是线性硬化材料中两个反向传播的弹塑性波的相互作用；图 4 - 2 - 5 所示的是两矩形弹性波的相互叠加作用；图 4 - 2 - 6 所示的是弹性波在固定端和自由端的正反射。

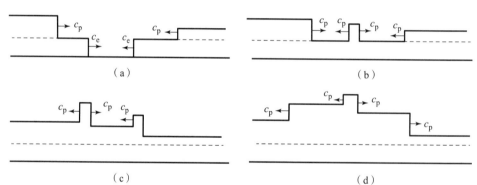

图 4 - 2 - 4　线性硬化材料中两个反向传播的弹塑性波的相互作用

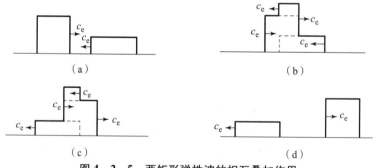

图 4 - 2 - 5　两矩形弹性波的相互叠加作用

必须强调，前面所进行的讨论不适宜于一般的弹塑性波的作用，这是因为任何材料被塑性波扫过，都会发生永久性变形，即过程为不可逆的，而且任何材料的应力—应变曲线的弹性段和塑性段都不一定是单一的直线，因此叠加原理不可能成立。一般情况下，有

$$u = \pm \int_0^\sigma \frac{\mathrm{d}\sigma}{\rho c} = \pm (u_e + u_p) = \pm \int_0^{\sigma_Y} \frac{\mathrm{d}\sigma}{\rho c_e} \pm \int_0^{\sigma_Y} \frac{\mathrm{d}\sigma}{\rho c_p(\sigma)}$$

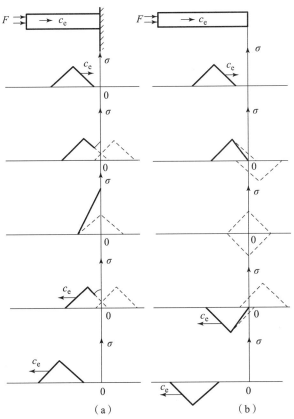

图4-2-6 弹性波在固定端和自由端的正反射

（a）固定端反射；（b）自由端反射

式中：u_e 为弹性波引起的质点速度；u_p 为塑性波引起的质点速度；c_e 为弹性波速；c_p 为塑性波速；σ 为材料屈服应力。

图4-2-6（a）和（b）分别为三角形波形的弹性波在刚性固定端和自由端的反射示意图。由式（4-2-44）~式（4-2-47）可得到刚出现反射瞬间的参数关系如下：

固定端：

$$\begin{cases} F = 1 \\ T = 2 \\ \sigma_F = \sigma_I \\ u_F = -u_1 \\ \sigma_T = 2\sigma_1 \\ u_T = 0 \\ \sigma = \sigma_F + \sigma_I = 2\sigma_I \\ u = u_F + u_1 = 0 \end{cases}$$

自由端：

$$\begin{cases} F = -1 \\ T = 0 \\ \sigma_F = -\sigma_I \\ u_F = u_1 \\ \sigma_T = 0 \\ u_T = 2u_1 \\ \sigma = \sigma_F + \sigma_I = 0 \\ u = u_F + u_1 = 2u_1 \end{cases}$$

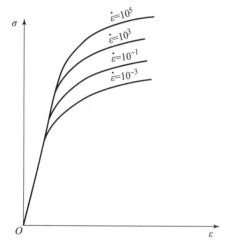

图 4 - 2 - 7　应变率对材料的反应

快速变形试验表明，材料的弹性模量受应变率的影响不大，但屈服强度和塑性段"应力—应变"曲线的曲率会随应变率的提高而增加，如图 4 - 2 - 7 所示。一般低熔点金属如铅、锡、锌等材料对应变率较敏感，高熔点金属如铜、铝、钢等次之，有的材料如铝合金和高强度合金钢，对应变率较不敏感。需指出的是，应变率只有变化几个数量级时，材料的"应力—应变"曲线才有明显的改变。

对一般硬化材料连续加载时，其中产生的弹性波与塑性波均为连续波；突然加载时，所产生的弹性波为间断波，但塑性波仍为连续波，如图 4 - 2 - 8 所示。

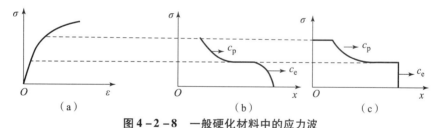

图 4 - 2 - 8　一般硬化材料中的应力波

（a）$\alpha - \varepsilon$ 曲线；（b）连续加载；（c）突然加载

对线性硬化材料突然加载时，弹性波与塑性波均为间断波，如图 4 - 2 - 9 所示。对"应力—应变"曲线上翘的材料（如某些高强度材料），不论是间断加载还是连续加载，其塑性波均为间断波，如图 4 - 2 - 10 所示。

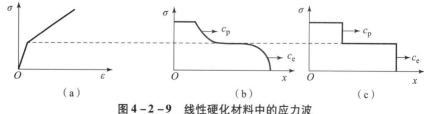

图 4 - 2 - 9　线性硬化材料中的应力波

（a）$\alpha - \varepsilon$ 曲线；（b）连续加载；（c）突然加载

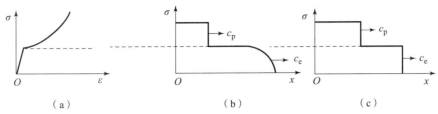

图 4 - 2 - 10　高强度材料中的应力波

(a) $\alpha - \varepsilon$ 曲线；(b) 连续加载；(c) 突然加载

4.3　层裂效应的工程计算

对层裂效应进行较精确的计算需要很大的工作量。这一节介绍工程上使用的层裂效应解法。

4.3.1　破片厚度计算

将塑性冲击波的峰值应力随传播距离的衰减用下式近似：

$$\sigma_m = \rho u c_i \tag{4-3-1}$$

对于 B 炸药与钢板系统，有

$$u = 915 - 554.49 \frac{x}{H} \tag{4-3-2}$$

$$c_i = 4\,600 + 1.48u \tag{4-3-3}$$

式中：c_i 为应力波波速（m/s）；x 为与炸药的接触面到所考察截面的距离（m）；H 为炸药高度（m）；u 为波阵面后质点速度（m/s）。

因此有

$$\sigma_m = \rho\left(915 - 554.49 \frac{x}{H}\right)(4\,600 + 1.48u) \tag{4-3-4}$$

对应力波波形，可以用三角波形近似或用指数衰减波形近似，层裂破坏准则，也可分别用瞬时破坏准则和积累破坏准则来近似。因此，计算层裂厚度有多种方法。下面分别讲述。

1. 指数衰减波形近似，瞬时破坏准则

将某一个截面上应力波峰值通过后 t 时刻的应力 $\rho(t)$ 用指数函数来近似，即

$$\rho(t) = \rho_m e^{-bt} \tag{4-3-5}$$

式中：b 为应力波衰减指数，约为

$$b = 96.8 x^{-3} \tag{4-3-6}$$

式中：x 的单位为 m；b 的单位为 s^{-1}。

瞬时破坏准则为 $\bar{\sigma} = \sigma_B^D$，若满足这一准则，层裂立即发生。其中，$\sigma_B^D$ 为材料动态拉伸强度极限。由图 4-3-1 可知

$$\sigma = \sigma_m - \sigma_m e^{-bt} = \sigma_B^D \tag{4-3-7}$$

对式（4-3-7）两边取对数后可得

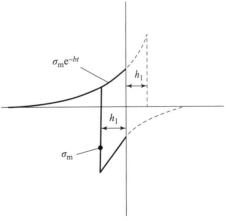

图 4 - 3 - 1　指数波形近似图

$$bt = \ln \frac{\sigma_m}{\sigma_m - \sigma_B^D} \qquad (4-3-8)$$

如钢板中弹性波速为 c，则

$$t = \frac{2h_1}{c} \qquad (4-3-9)$$

将式（4-3-9）代入式（4-3-8）可得

$$h_1 = \frac{c}{2b} \ln \frac{\sigma_m}{\sigma_m - \sigma_B^D} \qquad (4-3-10)$$

2. 三角波形近似，瞬时破坏准则

用三角波形来近似应力波形（图4-3-2），这时有

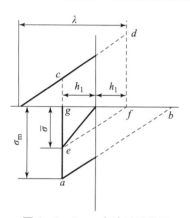

$$ag = ce$$

$$ce = df = \sigma_m$$

所以

$$ef // cd$$

因为

$$cd // ab$$

所以

$$ef // ab, \triangle gef \sim \triangle gab$$

和

$$\frac{\sigma_m}{\lambda} = \frac{\sigma_R}{2h_1}, \quad \sigma_R = \frac{2h_1}{\lambda} \sigma_m \qquad (4-3-11)$$

图4-3-2 三角波形近似图

即

$$h_1 = \frac{1}{2} \frac{\sigma_R}{\sigma_m} \lambda$$

层裂时，有

$$h_1 = \frac{1}{2} \frac{\sigma_B^D}{\sigma_m} \lambda$$

式中：λ 为应力波波长，近似为

$$\lambda \approx \frac{\frac{d}{2}}{\frac{D}{2}} c = \frac{d}{D} c \qquad (4-3-12)$$

式中：D 为炸药爆速；d 为炸药直径。

因此有

$$h_1 = \frac{d}{D} \frac{\sigma_B^D}{\sigma_m} c \qquad (4-3-13)$$

不同材料的层裂破坏应力如表4-3-1所示。

表 4 - 3 - 1　层裂破坏应力

材料	σ_p/MPa	注
铝 1100	1 320	—
铝 2024 - 0	1 323	未退火
铝 2024 - TY	1 600	未退火
铝 A - 1	1 410	—
铝	1 420	退火
B95 合金	1 130	时效
铜 M1	1 320	退火
铜（99.999%）	2 400	800 ℃退火
铜（99.81%）	2 820	450 ℃退火
铍铜	3 700	铍25%
青铜（60 - 40）	2 140	450 ℃退火
BT3 合金	3 140	退火
工业纯铁	2 650	正火
45 钢	2 400	正火
SAE - 1020 钢	1 580	857 ℃退火
SAE - 4340 钢	3 020	857 ℃退火
银（99.9%）	2 200	857 ℃退火
电解镍	4 190	857 ℃退火
铅（99.99%）	902	857 ℃退火
铸铅	588	857 ℃退火
铀	5 000	—
有机玻璃	255	—

3. 三角波形近似，积累破坏准则

将式（4 - 3 - 11）代入积累破坏准则，取 $\alpha = 2$ 可得

$$\int_0^t (\sigma - \sigma_p)^2 \mathrm{d}t = \int_{\frac{h_1}{c}}^T \left(\frac{2h_1}{\lambda}\sigma_m - \sigma_p\right)^2 \mathrm{d}t = K_s \qquad (4 - 3 - 14)$$

式中：σ_p 如表 4 - 3 - 1 所示。

由式（4 - 3 - 14）可得

$$T = \frac{h_1}{c} + \frac{K_s}{\left(\dfrac{2h_1}{\lambda}\sigma_m - \sigma_p\right)^2} \qquad (4 - 3 - 15)$$

求 T 的根值，令 $\dfrac{\mathrm{d}T}{\mathrm{d}h_1} = 0$ 可得

$$\frac{1}{c} - \frac{\dfrac{2\sigma_m}{\lambda}(2K_s)}{\left(\dfrac{2h_1}{\lambda}\sigma_m - \sigma_p\right)^3} = 0$$

求出层裂厚度为

$$h_1 = \frac{\sigma_p\lambda}{2\sigma_m} + \sqrt[3]{\frac{K_s\lambda^2 c}{2\sigma_m^2}} \qquad (4-3-16)$$

4.3.2 裂片速度计算

裂片飞散速度是衡量后效作用的重要参数。用 v_s 表示裂片的飞散速度，取裂片外表面（自由面）的顶点速度 u_f 与内表面（层裂面）的顶点速度 u_s 的平均值作为裂片速度。u_s 和 u_f 如图 4-3-3 所示。

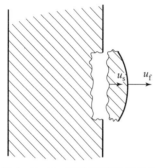

图 4-3-3 裂片速度计算示意

在自由表面处，压缩波反射为拉伸波，质点速度为入射波引起的质点速度的 2 倍，对 B 炸药与钢板系统由式（4-3-2）可得

$$u_f = 2\left(915 - 544.49\frac{h}{H}\right) \qquad (4-3-17)$$

式中：h 为靶板厚。

层裂面上的质点速度为入射波引起的质点速度加上反射波引起的质点速度（两者方向相同），即

$$u_s = \frac{\sigma_m}{\rho c} + \frac{\sigma_m e^{-\frac{2bh_1}{c}}}{\rho c} = \frac{\sigma_m}{\rho c}\left(1 + e^{-\frac{2bh_1}{c}}\right) \qquad (4-3-18)$$

因此，可写出裂片飞散速度：

$$v_s = \frac{1}{2}(u_f + u_s) = 915 - 554.49\frac{h}{H} + \frac{\sigma_m}{2\rho c}\left(1 + e^{-\frac{2bh_1}{c}}\right)$$

【例】已知炸药长 100 mm，直径为 140 mm，爆速为 8 000 m/s，合金钢靶板材料密度为 7.85 g/cm^3，厚度为 120 m，$\sigma_B^D = 3.18 \times 10^9$ N/m^2，$K_s = 4.27 \times 10^6$ N/m^2，$\sigma_p = 3.5 \times 10^9$ N/m^2，弹性波速为 6 000 m/s，试用本节介绍的各种工程方法计算裂片厚度，并求解裂片的飞散速度。

解： $u = 915 - 554.49 \times \dfrac{x}{H} \approx 915 - 554.49 \times \dfrac{120}{100} = 250$ （m/s）

$$c_i = 4\,600 + 1.48u = 4\,970 \text{ （m/s）}$$

$$\sigma_m = \rho u D_i = 7.85 \times 10^3 \times 250 \times 4970 = 9.75 \times 10^9 \text{ （N/m}^2\text{）}$$

$$b = 96.8x^{-3} \approx 96.8 \times \frac{1}{0.12^3} = 56\,019 \text{ （s}^{-1}\text{）}$$

（1）指数衰减波形近似，瞬时破坏准则：

$$h_1 = \frac{c}{2b}\ln\frac{\sigma_m}{\sigma_m - \sigma_B^D} = \frac{6\,000}{2 \times 56\,019} \times \ln\frac{9.75 \times 10^9}{9.75 \times 10^9 - 3.18 \times 10^9} = 0.021 \text{ （m）}$$

（2）三角波形近似，瞬时破坏准则：

$$h_1 = \frac{\mathrm{d}}{2D}\frac{\sigma_B^D}{\sigma_m}c = \frac{0.14}{2 \times 8\,000} \times \frac{3.18 \times 10^9}{9.75 \times 10^9} \times 6\,000 = 0.017\,（\mathrm{m}）$$

（3）三角波形近似，积累破坏准则：

$$\lambda = \frac{\mathrm{d}}{D}c = \frac{0.14}{8\,000} \times 6\,000 = 0.105\,（\mathrm{m}）$$

$$h_1 = \frac{\sigma_p\lambda}{2\sigma_m} + \sqrt[3]{\frac{K_s\lambda^2 c}{2\sigma_m^2}} = \frac{3.5 \times 10^9 \times 0.105}{2 \times 9.75 \times 10^9} + \sqrt[3]{\frac{4.27 \times 10^6 \times 0.105^2 \times 6\,000}{2 \times (9.75 \times 10^9)^2}}$$

$$= 0.019\,（\mathrm{m}）$$

（4）裂片飞散速度：

取 $h_1 = 0.02$ m，则有

$$v_s = 915 - 554.49\frac{h}{H} + \frac{\sigma_m}{2\rho c}\left(1 + \mathrm{e}^{-\frac{2bh_1}{c}}\right)$$

$$= 915 - 554.49\frac{120}{100} + \frac{9.75 \times 10^9}{2 \times 7.8 \times 10^3 \times 6\,000} \times \left(1 + \mathrm{e}^{-\frac{2 \times 56\,109 \times 0.02}{6\,000}}\right)$$

$$= 425\,（\mathrm{m/s}）$$

4.4 层裂效应的影响因素

4.4.1 炸药

高爆压炸药可以在接触爆炸时产生高的峰值压力，提高层裂效果。炸药的爆压决定于爆速和密度，故应选用爆速高、密度大的炸药。

炸药与目标应有良好的接触，即应有良好的塑性。据研究，A3 炸药装填碎甲弹效果较好，其次是 C4 炸药，铸装 TNT 和 B 炸药不适宜于装填碎甲弹。

炸药起爆瞬间的长度与直径之比是一个很重要的参量，若长度增大，则将提高裂片速度；若直径增大，则裂片厚度增大。对一定的靶板，炸药的直径不能小于某一临界值，若小于这一临界值，就不可能产生层裂。

炸药接触爆炸在板中产生的应力波波形对层裂效果有不可忽视的影响。峰值压力相同，但波背陡度 σ_m/λ 不同时，产生的裂片厚度也将不同。波背越陡的波形，产生的裂片厚度越薄，层裂概率提高。

4.4.2 装甲板

装甲板厚度增加，可以加长应力波的传播距离，引起较大的衰减，从而降低层裂效果。

值得注意的是，当板厚小于应力波脉冲长度时，随着板厚的减小，发生层裂的可能性也将随之降低；当板厚远小于波长时，板将弯曲而不层裂。

用多层不同材料的板叠合起来，可以使应力波在叠层界面多次反射和透射，使应力波大幅度地衰减。

装甲板的内、外表面对层裂效果也会有影响，若正表面凹凸不平，则将影响炸药堆积和入射应力波方向；若背表面凹凸不平，则会影响反射波方向和层裂位置。

思考题与习题

1. 影响碎甲威力的因素有哪些？
2. 应力波在介质中传播时与阻抗有何关系？

第 5 章

杀 伤 作 用

5.1 概 述

杀伤弹爆炸后，弹体内部的炸药爆炸将迫使壳体向外作快速膨胀，膨胀到一定限度后，壳体上开始出现破裂面，破裂面相互贯通使壳体全部破裂成破片并以一定的初速向四周飞散以杀伤目标。壳体膨胀的极限半径与壳体材料的机械性能是相关的。钢壳和铜壳膨胀极限半径一般可表示如下：

低碳钢：$(1.6 \sim 2.1) r_0$；

中碳钢：$1.8 r_0$；

铜：$> 2.6 r_0$。

试验表明，由动态塑性较好的材料制成的壳体，膨胀极限半径要大一些。壳体破裂前膨胀越充分，破片加速越充分，壳体的膨胀速度一般为 $1\,000 \sim 2\,000$ m/s。

从机理上可将壳体破裂分为拉伸和剪切两种破坏形式。像延性较好的普通低碳钢壳体破裂时，其破裂形式与壳体的壁厚有关。在薄壳体中，外表面最先出现剪切破裂，这是因为，当壳体厚度小于应力波波长时，应力波不能在外表面处反射造成径向拉伸破裂，而在静水压力极高的情况下，材料出现剪切破坏的概率将增大，故薄壁壳体首先在外表面出现剪切破裂；当壳体厚度大于应力波波长时，应力波将在壳体外表面反射造成径向拉伸破裂，径向破裂又会导致环向拉伸破裂，而在拉伸破裂未到达的壳体内部出现剪切破裂的概率仍较大。对于厚度很大的壳体，应力波还未波及外表面时，内表面就会出现拉伸破裂。这是因为内表面处轴向和环向应力与径向应力异号，静水压力并不很高，因此这是出现剪切破裂的概率并不大的缘故。对于高碳钢、合金钢和冷拔钢等战斗部壳体，剪切破裂和拉伸破裂都可能随机地出现在壳体的任意位置。这是因为这些材料在爆炸冲击载荷作用下极易破裂。

根据以上分析可以知道，壳体在爆炸载荷作用下的破裂完全不同于静态情况下壳体的破裂。由于大变形，弹体壁厚将显著减薄，金相组织改变，硬度显著增加（图 5 - 1 - 1）。壳体完全破碎后，爆轰产物冲出并将破片包围起来，因此破片形成后仍受到爆轰产物的推动，所以破片速度仍在提高，这一过程持续到爆轰产物的运动速度小于破片速度时为止，这时破片的速度称为破片初速。由于空气阻力对破片的减速作用远远小于爆轰产物自身的衰减作用，因此破片将逐渐超前于爆轰产物。

壳体破裂面的传播一般遵循如下准则：

（1）破裂面一出现，就向两侧垂直方向传出卸载波；

（2）破裂面如扩及其他破裂面，则破裂扩展过程停止；

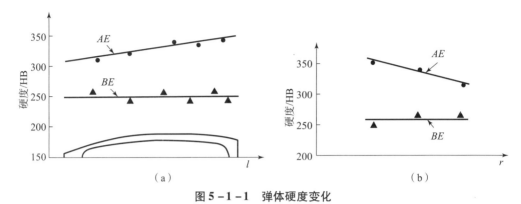

图 5 - 1 - 1 弹体硬度变化

（a）155 mm 弹体轴向硬度分布；（b）155 mm 弹体径向硬度分布

BE—爆炸前弹体硬度分布；*AE*—爆炸后弹体硬度分布

（3）破裂面如扩及与它平行的其他破裂面所发出的卸载波区，则破裂扩展过程也将停止。

弹体爆炸所产生的破片可分为以下三种：

（1）自然破片，由整体壳体在爆轰波作用下自然形成的破片；

（2）可控破片，用机械力法削弱壳体或利用炸药的局部聚能效应来控制壳体的破裂所形成的破片；

（3）预制破片，将预先制造的抛射体组装在较薄的壳体内，炸药爆炸后即成为数量众多的预制破片。

以上三种破片尽管在形成机理上有本质的区别，但在飞散的能量来源上却是一致的，炸药爆炸所释放的能量是它们飞散动能的唯一来源。从能量守恒观点可知，炸药爆炸所释放的能量将用于破片飞散、外壳变形破坏、爆轰产物飞散以及空气冲击波的形成等方面。

5.2 破片初速计算

5.2.1 爆炸作用下弹体破裂的刚塑性模型

该模型假设条件如下：

（1）炸药瞬时爆轰，只考虑壳体的一维径向运动；

（2）壳体在变形过程中，应力波已在其中多次反射，即不讨论应力波的传播作用；

（3）由于所研究的问题为壳体的大变形问题，所以其弹性阶段可不考虑，采用不可压缩理想刚塑性材料模型。

用 r、θ、z 表示柱面坐标系的三个坐标，用 ρ 表示壳体材料密度，用 u 表示壳体内某点变形的瞬时径向速度，用 σ_r、σ_θ、σ_z 表示壳体某点的瞬时应力。在空间取单元体如图 5 - 2 - 1 所示，此单元体由 6 个空间面所构成，它们分别垂直于 z 轴的 z 和 $z + dz$ 平面、半径为 r 和 $r + dr$ 的圆柱面、极角为 θ 和 $\theta + d\theta$ 的子午面。

在时间 t 到 $t + \Delta t$ 这段时间间隔里，通过六面体的 6 个表面流进单元体内的物质总质量，

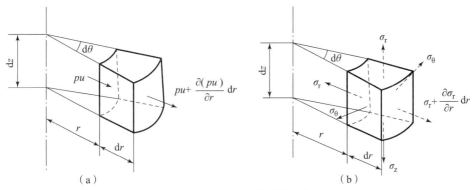

图 5 - 2 - 1　壳体内的单元体

（a）通过单元体的质量流；（b）单元体上的应力分布

根据质量守恒条件，应该等于 $\mathrm{d}t$ 时间间隔内六面体内物质质量的增加量。由轴对称条件知，子午面 θ 及 $\theta + \mathrm{d}\theta$ 面没有质量通过，在忽略轴向变形的条件下，z 面及 $z + \mathrm{d}z$ 面同样没有质量通过，通过 r 面有质量流入，其值为

$$\rho u r \mathrm{d}\theta \mathrm{d}z \mathrm{d}t$$

通过 $r + \mathrm{d}r$ 面，流出质量为

$$\rho u r \mathrm{d}\theta \mathrm{d}z \mathrm{d}t + \frac{\partial \rho u r}{\partial r} \mathrm{d}r \mathrm{d}\theta \mathrm{d}z \mathrm{d}t$$

然而，在 $\mathrm{d}t$ 时间间隔内，六面体内所增加的质量为

$$\frac{\partial}{\partial t}(\rho r \mathrm{d}r \mathrm{d}\theta \mathrm{d}r)\mathrm{d}t$$

由质量守恒条件可得

$$\frac{\partial}{\partial t}(\rho r \mathrm{d}r \mathrm{d}\theta \mathrm{d}r)\mathrm{d}t = \rho u r \mathrm{d}\theta \mathrm{d}z \mathrm{d}t - \left(\rho u r + \frac{\partial \rho u r}{\partial r}\mathrm{d}r\right)\mathrm{d}\theta \mathrm{d}z \mathrm{d}t$$

展开上式，并化简可得

$$r\frac{\partial \rho}{\partial t} = -\frac{\partial \rho u r}{\partial r} \tag{5-2-1}$$

即

$$\frac{\partial \rho}{\partial t} + \frac{\partial \rho u r}{\partial r} + \frac{\rho u}{r} = 0 \tag{5-2-2}$$

式（5 - 2 - 1）和式（5 - 2 - 2）为质量守恒连续方程。

由轴对称性可知，单元体角不发生角应变，切应力均为零，如忽略体积力，则单元体只受面力 σ_r、σ_θ 和 σ_z。由于只有 r 方向有质量通过，因此只有 r 方向有动量流入、流出，在 $\mathrm{d}t$ 时间间隔里，流入 r 面的动量为

$$u \rho u r \mathrm{d}\theta \mathrm{d}z \mathrm{d}t$$

这时流出 $r + \mathrm{d}r$ 面的动量为

$$\left(u \rho u r - \frac{\partial u \rho u r}{\partial r}\mathrm{d}r\right)\mathrm{d}\theta \mathrm{d}z \mathrm{d}t$$

而在 $\mathrm{d}t$ 时间间隔里，六面体 r 方向动量的增加量为

$$\frac{\partial}{\partial t}(\rho u r \mathrm{d}\theta \mathrm{d}x \mathrm{d}r)\mathrm{d}t$$

显然，作用在 z 和 $z + \mathrm{d}z$ 面上的面力不产生 r 方向的冲量，作用在 r 面上的面力产生 r 方向的冲量为

$$-\sigma_r r \mathrm{d}\theta \mathrm{d}z \mathrm{d}t$$

作用在 $r + \mathrm{d}r$ 面上的面力产生 r 方向的冲量为

$$\left(\sigma_r r + \frac{\partial \sigma_r r}{\partial r}\mathrm{d}r\right)\mathrm{d}\theta \mathrm{d}z \mathrm{d}t$$

由轴对称可知，作用在 θ 和 $\theta + \mathrm{d}\theta$ 面上的面力产生 r 方向的冲量均为

$$-\sigma_\theta \mathrm{d}r \mathrm{d}z \mathrm{d}t + \sin\frac{\mathrm{d}\theta}{2} \approx -\frac{\sigma_\theta}{2} + \mathrm{d}r \mathrm{d}\theta \mathrm{d}z \mathrm{d}t$$

根据动量守恒条件可知，六面体内动量的增加量应该等于通过各面动量的净流入量加上各面力所作用的冲量，即

$$\frac{\partial}{\partial t}(u\rho r \mathrm{d}\theta \mathrm{d}z \mathrm{d}r)\mathrm{d}t = u\rho u r \mathrm{d}\theta \mathrm{d}z \mathrm{d}t + \left(u\rho u r + \frac{\partial u\rho u r}{\partial r}\mathrm{d}r\right)\mathrm{d}\theta \mathrm{d}z \mathrm{d}t - \sigma_r r \mathrm{d}\theta \mathrm{d}z \mathrm{d}t + \\ \left(\sigma_r r + \frac{\partial \sigma_r r}{\partial r}\mathrm{d}r\right)\mathrm{d}\theta \mathrm{d}z \mathrm{d}t - 2 \times \frac{\sigma_\theta}{2}\mathrm{d}r \mathrm{d}\theta \mathrm{d}z \mathrm{d}t \tag{5-2-3}$$

展开并化简式（5-2-3）后可得

$$r\frac{\partial u\rho}{\partial t} = -\frac{\partial u\rho u r}{\partial r} + \frac{\partial \sigma_r r}{\partial r} - \sigma_\theta \tag{5-2-4}$$

将连续方程式（5-2-1）代入式（5-2-4）得到

$$ru\frac{\partial \rho}{\partial t} + r\rho\frac{\partial u}{\partial t} = -u\left(-r\frac{\partial \rho}{\partial t}\right) - \rho u r \frac{\partial u}{\partial r} + r\frac{\partial \sigma_r}{\partial r} + \sigma_r - \sigma_\theta$$

将上式整理后可得

$$\rho\left(\frac{\partial u}{\partial t} + u\frac{\partial u}{\partial r}\right) = \frac{\partial \sigma_r}{\partial r} + \frac{\sigma_r - \sigma_\theta}{r} \tag{5-2-5}$$

注意，在欧拉坐标下有

$$\frac{\mathrm{d}u}{\mathrm{d}t} = \frac{\partial u}{\partial t} + u\frac{\partial u}{\partial r} \tag{5-2-6}$$

将式（5-2-6）代入式（5-2-5）可得

$$\rho\frac{\mathrm{d}u}{\mathrm{d}t} = \frac{\partial \sigma_r}{\partial r} + \frac{\sigma_r - \sigma_\theta}{r} \tag{5-2-7}$$

这就是由动量守恒原理得到的 r 方向的运动方程。

采用米赛斯（Mises）屈服准则来考察壳体材料的失效，米赛斯屈服准则的表达式为

$$(\sigma_1 - \sigma_2)^2 + (\sigma_2 - \sigma_3)^2 + (\sigma_3 - \sigma_1)^2 = 2\sigma_Y^D \tag{5-2-8}$$

式中：σ_1、σ_2 和 σ_3 为主应力；σ_Y^D 为材料的动态屈服应力。

在柱面坐标系的轴对称问题中，三个正应力 σ_r、σ_θ 和 σ_z 就是三个主应力，按照平面应变条件，有

$$\sigma_z = \frac{1}{2}(\sigma_r + \sigma_\theta)$$

则米赛斯屈服准则可写为

$$\sigma_\theta - \sigma_r = 1.15\sigma_Y^D \qquad (5-2-9)$$

利用连续方程式（5-2-1）、运动方程式（5-2-7）和式（5-2-9），加上边界条件就可以解出壳体破裂半径和破片初始速度。

以 a、b 分别表示变形过程中壳体的内半径和外径，u_a、u_b 分别表示壳体内壁和外壁的质点速度。将不可压条件 ρ = 常数代入连续方程式（5-2-1）得

$$\frac{\partial ru}{\partial r} = 0$$

这说明 ru 不随 r 的改变而改变。因此，对任意半径 r 处都有

$$ru = au_a$$

将上式对 t 微分，并利用 $u = \dfrac{\mathrm{d}r}{\mathrm{d}t}$ 和 $u_a = \dfrac{\mathrm{d}a}{\mathrm{d}t}$ 可得

$$u^2 + r\frac{\mathrm{d}u}{\mathrm{d}t} = u_a^2 + a\frac{\mathrm{d}u_a}{\mathrm{d}t}$$

即

$$\frac{\mathrm{d}u}{\mathrm{d}t} = \frac{1}{r}\left(u_a^2 + a\frac{\mathrm{d}u_a}{\mathrm{d}t}\right) - \frac{1}{r^3}a^2 u_a^2 \qquad (5-2-10)$$

把式（5-2-10）和式（5-2-9）代入式（5-2-5），则运动方程化为

$$\frac{\partial \sigma_r}{\partial r} = \frac{1.15\sigma_Y^D}{r} + \frac{\rho}{r}\left(u_a^2 + a\frac{\mathrm{d}u_a}{\mathrm{d}t}\right) - \frac{a^2 u_a^2 \rho}{r^3}$$

上式对 r 积分后可得

$$\sigma_r = 1.15\sigma_Y^D \ln r + \rho\left[\left(u_a^2 + a\frac{\mathrm{d}u_a}{\mathrm{d}t}\right)\ln r + \frac{a^2 u_a^2}{zr^2}\right] + C_1 \qquad (5-2-11)$$

用边界条件 $r = a$ 时，$\sigma_r = -\rho$，此时式（5-2-11）可得出常数 C_1 为

$$C_1 = -p + 1.15\sigma_Y^D \ln r - \rho\left[\left(u_a^2 + a\frac{\mathrm{d}u_a}{\mathrm{d}t}\right)\ln r - \frac{u_a^2}{z}\right]$$

从而得到

$$\sigma_r = -p_1 + 1.15\sigma_Y^D \ln\frac{r}{a} + \rho\left[\left(u_a^2 + a\frac{\mathrm{d}u_a}{\mathrm{d}t}\right)\ln\frac{r}{a} - \frac{u_a^2}{z}\left(1 - \frac{a^2}{r^2}\right)\right] \qquad (5-2-12)$$

将式（5-2-12）再代入式（5-2-9）和平面应变条件，可得另外两个主应力为

$$\sigma_\theta = -p_1 + 1.15\sigma_Y^D\left(1 + \ln\frac{r}{a}\right) + \rho\left[\left(u_a^2 + a\frac{\mathrm{d}u_a}{\mathrm{d}t}\right)\ln\frac{r}{a} - \frac{u_a^2}{2}\left(1 - \frac{a^2}{r^2}\right)\right]$$

$$(5-2-13)$$

$$\sigma_z = -p + 1.15\sigma_Y^D\left(\frac{1}{2} + \ln\frac{r}{a}\right) + \rho\left[\left(u_a^2 + a\frac{\mathrm{d}u_a}{\mathrm{d}t}\right)\ln\frac{r}{a} - \frac{u_a^2}{2}\left(1 - \frac{a^2}{r^2}\right)\right]$$

$$(5-2-14)$$

对壳体外壁，有 $r = b$ 和 $\sigma_r = 0$，将其代入式（5-2-12）得到内壁质点速度随时间变化的表达式为

$$\frac{\mathrm{d}u_a}{\mathrm{d}t} = \frac{p - 1.15\sigma_Y^D \ln\dfrac{b}{a}}{\rho a \ln\dfrac{b}{a}} - \frac{u_a^2}{a}\left(1 - \frac{1 - \dfrac{a^2}{b^2}}{2\ln\dfrac{b}{a}}\right) \tag{5-2-15}$$

将爆轰产物状态方程 $pv^\gamma = \text{const}$ 变化，可得

$$\frac{p}{p_0} = \left(\frac{v_0}{v}\right)^\gamma = \left(\frac{a_0}{a}\right)^{2\gamma} \tag{5-2-16}$$

式中：p、v 为膨胀过程中爆轰产物的压力和比容；p_0、v_0 为瞬时爆轰时爆轰产物的压力和比容；γ 为爆轰产物多方指数，近似取为 3；a_0 为壳体膨胀前的内壁半径。

事实上，壳体和爆轰产物并不像假设的那样只作径向膨胀，为了修正轴向膨胀影响，将式（5-2-16）可修改为

$$\frac{p}{p_0} = \left(\frac{a_0}{a}\right)^{n\gamma} \tag{5-2-17}$$

当只考虑径向膨胀时，$n = 2$；对于球形膨胀，$n = 3$；对于一般情况，n 显然应在 $2 \sim 3$ 之间。通过理论分析和试验观察后发现，爆轰产物的膨胀与爆轰产物的压力密切相关。当爆轰压力很高时，轴向膨胀效应较大。根据试验取瞬时爆轰压力为 5 MPa 时，$n = 2$；瞬时爆轰压力为 20 MPa 时，$n = 2.45$，取 n 值与瞬时爆轰压力呈线性关系，即

$$n = 2 + 0.03 \times 10^{-3} \times (p_0 - 5) \tag{5-2-18}$$

式中：p_0 为瞬时爆轰压力（MPa）。

由不可压缩条件可知

$$b^2 - a^2 = b_0^2 - a_0^2$$

即

$$b = \sqrt{b_0^2 - a_0^2 + a^2} \tag{5-2-19}$$

将式（5-2-19）与式（5-2-17）代入式（5-2-15），可得

$$\frac{\mathrm{d}u_a}{\mathrm{d}t} = \frac{p_0\left(\dfrac{a_0}{a}\right)^{n\gamma}}{\rho a \ln\sqrt{1 + \dfrac{b_0^2 - a_0^2}{a^2}}} - \frac{1.15\sigma_Y^D}{\rho a} \frac{u_a^2}{a}\left(1 - \frac{1 - \dfrac{a^2}{b^2}}{2\ln\dfrac{b}{a}}\right) \tag{5-2-20}$$

一般情况下，壳体厚度都不大，因此有

$$\ln\left(1 + \frac{b_0^2 - a_0^2}{a^2}\right)^{\frac{1}{2}} = \frac{1}{2}\ln\left(1 + \frac{b_0^2 - a_0^2}{a^2}\right)^{\frac{1}{2}} \approx \frac{b_0^2 - a_0^2}{2a^2} \tag{5-2-21}$$

$$\lim_{b \to a} \frac{1 - \dfrac{a^2}{b^2}}{2\ln\dfrac{b}{a}} = \lim_{x \to 1} \frac{\dfrac{2}{x^3}}{\dfrac{2}{x}} = 1 \tag{5-2-22}$$

其中 $x = \dfrac{b}{a}$。注意到

$$\frac{\mathrm{d}u_a}{\mathrm{d}t} = u_a \frac{\mathrm{d}u_a}{\mathrm{d}a}$$

将式（5-2-21）、式（5-2-22）代入式（5-2-20），可得

$$u_a \frac{du_a}{da} = \frac{2p_0 a_0^{n\gamma}}{\rho(b_0^2 - a_0^2)} a^{1-n\gamma} - \frac{1.15\sigma_Y^D}{\rho a} \tag{5-2-23}$$

对式（5-2-23）分离变量并积分可得

$$\int_0^{u_0} du_0 = \int_{a_0}^a \frac{2p_0 a_0^{n\gamma}}{\rho(b_0^2 - a_0^2)} a^{1-n\gamma} da - \int_{a_0}^a \frac{1.15\sigma_Y^D}{\rho} \frac{da}{a}$$

$$u_0 = \sqrt{\frac{4p_0 \left[1 - \frac{a_0^{n\gamma-2}}{a} \right]}{\rho(n\gamma-2)\left(\frac{b_0^2}{a_0^2} \right)} - \frac{2.3}{\rho}\sigma_Y^D \ln \frac{a}{a_0}} \tag{5-2-24}$$

将边界条件代入屈服准则式（5-2-9），可得

$$\begin{cases} \sigma_\theta = 1.15\sigma_Y^D - p(r = a) \\ \sigma_\theta = 1.15\sigma_Y^D(r = b) \end{cases} \tag{5-2-25}$$

设破裂是从外壁开始向内壁发展的，并且认为破裂机理是环向拉伸破坏，这样，当破裂面贯通壳体时，内壁的环向应力 σ_θ 将等于零，这时壳体所具有的内半径 a 即为破裂瞬间的半径 R_f，由式（5-2-25）可知

$$\rho = 1.15\sigma_Y^D \tag{5-2-26}$$

将式（5-2-26）代入式（5-2-17）可得

$$R_f = a_0 \left(\frac{P_0}{1.15\sigma_Y^D} \right)^{\frac{1}{n\gamma}} \tag{5-2-27}$$

将式（5-2-27）代入式（5-2-25）得破片初速 v_0：

$$v_0 = \left\{ \frac{4p_0}{\rho(n\gamma-2)\left(\frac{b_0^2}{a_0^2} - 1 \right)} \left[1 - \left(\frac{1.15\sigma_Y^D}{p_0} \right)^{\frac{n\gamma-2}{n\gamma}} \right] - \frac{2.3\sigma_Y^D}{\rho} \ln \left(\frac{p_0}{1.15\sigma_Y^D} \right)^{\frac{1}{n\gamma}} \right\}^{\frac{1}{2}}$$

$$\tag{5-2-28}$$

试验表明，此模型的预测结果令人满意。

5.2.2　计算破片初速的能量模型

该模型假设炸药为瞬间爆轰，不考虑爆轰产物沿装药轴向的飞散；壳体为等壁厚；爆炸后形成的破片速度相等。并设 E_c 为破片动能；E_m 为壳体材料破坏能；E_g 为爆轰产物动能；E_e 为爆轰产物内能；E_i 为壳体传给周围空气的能量；E_H 为炸药爆炸释放的总能量。

根据能量守恒条件可得

$$E_H = E_c + E_m + E_g + E_e + E_i \tag{5-2-29}$$

下面分别来求 E_H、E_c、E_m、E_g、E_e 和 E_i。

（1）炸药爆炸释放的总能量 E_H。炸药爆炸的能量等于炸药质量乘以爆热，即

$$E_H = mQ_v \tag{5-2-30}$$

（2）破片动能 E_c。设共有 N 块破片，壳体质量为 M，由假设得

$$E_c = \sum_{i=1}^N \frac{m_i}{2} v_0^2 = \frac{v_0^2}{2} \sum_{i=1}^N m_i = \frac{1}{2} M v_0^2 \tag{5-2-31}$$

（3）壳体材料破坏能 E_m。设单位体积的壳体材料的动态破坏能为 A_p^D，则整个壳体的破坏能为

$$E_m = \frac{M}{\rho} A_p^D \qquad (5-2-32)$$

常用材料在动载和静载下的单位体积破坏能 A_p^D 和 A_p^S 如表 5-2-1 所示。从表中可以看到，动态破坏能要高于静态破坏能。

表 5-2-1　常用材料的 A_p^D 和 A_p^S 值

材料	A_p^S/MPa	A_p^D/MPa	A_p^D/A_p^S
黄铜	110	233	2.1
铜	12	150	12.5
不锈钢	282	275	0.98
钛	56	196	3.5
铝	2	68	31.0
低碳钢	60	200	3.3
铝合金	57	95	1.67

（4）爆轰产物动能 E_g。先来研究球形壳体。设距对称轴 r 处的爆轰产物的运动速度为 v，则爆轰产物的动能为

$$E_g = \int_0^m \frac{v^2}{2} dm \qquad (5-2-33)$$

式中，m 为爆轰产物质量，可表示为

$$m = \frac{4}{3} \pi r^3 \rho \qquad (5-2-34)$$

或

$$dm = 4\pi r^2 \rho dr \qquad (5-2-35)$$

显然，爆轰产物飞散速度与时间和距离有关。设爆轰产物的速度沿径向的变化由以下方程决定

$$v = \varphi(t) r^n \qquad (5-2-36)$$

式中，$\varphi(t)$ 为时间的函数。

将式（5-2-34）~式（5-2-36）代入式（5-2-33）并积分，得

$$E_g = \int_0^R \varphi^2(t) r^{2n} 2\pi r^2 \rho dr = \frac{\varphi^2(t) R_f^{2n} 2\pi R_f^3 \rho}{2n+3} = \frac{3mv_0^2}{2(2n+3)} \qquad (5-2-37)$$

对圆柱壳体，爆轰产物质量 $m = \pi r^2 l \rho$，$dm = 2\pi r \rho l dr$，所以有

$$E_g = \int_0^m \frac{v^2}{2} dm = \frac{1}{2} \int_0^{R_f} \varphi^2(t) r^{2n} 2\pi r \rho l dr$$

$$= \frac{\pi R_f^2 \rho l \varphi^2(t) R_f^{2n}}{2n+2} = \frac{mv_0^2}{2n+2} \qquad (5-2-38)$$

为便于记忆，可以从式（5-2-37）和式（5-2-38）总结出如下表达式：

$$E_g = \frac{mv_0^2}{\psi}$$

式中：ψ 有如下表达公式。

球形壳体：$\psi = \dfrac{2(2n+3)}{3}$；

圆柱壳体：$\psi = 2n + 2$；

平面壳体：$\psi = 2(2n+1)$。

如取爆轰产物速度为线性分布，即 $n = 1$，则有以下公式。

球形壳体：$\psi = \dfrac{10}{3}$；

圆柱壳体：$\psi = 4$；

平面壳体：$\psi = 6$。

可以把爆轰产物的动能 E_g 看作爆轰产物的虚拟质量 m_1 以破片初速 v_0 运动时的动能，即

$$E_g = \frac{m_1 v_0^2}{2} = \frac{m v_0^2}{\psi} \tag{5-2-39}$$

因此有

$$m_1 = \frac{2}{\psi} m$$

m_1 和 E_g 有如下的表达公式。

球形壳体：$m_1 = \dfrac{3}{5} m$，$E_g = \dfrac{3}{10} m v_0^2$；

圆柱壳体：$m_1 = \dfrac{1}{2} m$，$E_g = \dfrac{1}{4} m v_0^2$；

平面壳体：$m_1 = \dfrac{1}{3} m$，$E_g = \dfrac{1}{6} m v_0^2$。

（5）爆轰产物内能 E_e。显然，爆轰产物在壳体破裂瞬间具有的内能，等于爆轰产物从破裂处开始膨胀到无穷远处做的功。设爆轰产物单位质量的内能为 e_e，v' 为壳体完全破裂瞬间爆轰产物的比容。在爆轰产物膨胀的过程中，其比容 v 由 v_f 变到 ∞，状态变化用 $p = A v^{-\gamma}$ 来描述，γ 取为常数，则有

$$E_e = m e_e = m \int_{v_f}^{\infty} p \, \mathrm{d}v = \int_{v_f}^{\infty} A v^{-\gamma} \mathrm{d}v = m \frac{v_f p_f}{\gamma - 1} \tag{5-2-40}$$

式中：p_f 为破裂瞬间爆轰产物的压力；γ 在膨胀过程中实际上是在变化的，大约从 1.7 变到 1.2；应用瞬时爆轰假设可以求出 p_f 和 v_f 的值。

以圆柱形壳体为例，从

$$\frac{v_f}{v_0} = \left(\frac{R_f}{R_0} \right)^2 \tag{5-2-41}$$

和

$$\frac{p_f}{p_0} = \left(\frac{v_0}{v_f} \right)^{\gamma_1}$$

可解得

$$p_f = p_0 \left(\frac{R_0}{R_f} \right)^{2\gamma_1} \tag{5-2-42}$$

式中：下标 0 表示瞬时爆轰结束时的参量；R_0 为壳体初始半径；γ_1 约等于 3。

（6）壳体传给周围空气的能量 E_i。由空气冲击波的动量守恒方程可知，空气介质作用于壳体外表面的压力为

$$p = \rho_a D_a u_a \qquad (5-2-43)$$

式中：D_a 为空气冲击波速；ρ_a 为空气介质密度；u_a 为波阵面上介质的质点速度。

设空气介质中传播的冲击波波阵面后的介质质点速度等于壳体破裂瞬间的破片速度，即

$$u_a = v_0$$

由爆炸力学可知

$$D_a = \frac{k+1}{2} u_a = \frac{k+1}{2} v_0 \qquad (5-2-44)$$

式中：k 为空气介质状态方程的多方指数。

如果认为作用于壳体上的压力 p 为常数，则传给空气介质的能量等于壳体等压膨胀时克服空气阻力所做的功，即

$$E_i = p W_0 \left[\left(\frac{R_f}{R_0} \right)^N - 1 \right] \qquad (5-2-45)$$

式中：W_0 为壳体的初始体积；N 为壳体形状系数。W_0 和 N 的值表示如下。

球形壳体：$W_0 = \frac{4}{3}\pi R_0^3, N = 3$；

圆柱壳体：$W_0 = \pi l R_0^2, N = 2$；

平面壳体：$W_0 = S_0 R_0, N = 1$。

将式（5-2-38）和式（5-2-39）代入式（5-2-40），可得

$$E_i = \rho_0 v_0^2 W_0 \frac{(k+1)}{2} \left[\left(\frac{R_f}{R_0} \right)^N - 1 \right] \qquad (5-2-46)$$

将式（5-2-30）～式（5-2-32）、式（5-2-39）、式（5-2-40）和式（5-2-45）代入式（5-2-29），可得

$$mQ_v = \frac{1}{2} M v_0^2 + \frac{M A_p^D}{\rho} + \frac{m v_0^2}{\psi} + \frac{v_f p_f m}{\gamma - 1} + \frac{\rho_a v_0^2 W_0}{2}(k+1) \left[\left(\frac{R_f}{R_0} \right)^N - 1 \right] \qquad (5-2-47)$$

据分析，空气介质吸收的能量 E_i 占总能量的 1% 以下，壳体破坏能 E_m 占总能量的 1% 左右，故均可忽略，则式（5-2-47）可简化为

$$\frac{m}{M} Q_v = \frac{v_0^2}{2} + \frac{m v_0^2}{M \psi} + \frac{m v}{M} e_e \qquad (5-2-48)$$

令 $\frac{m}{M} = \beta$，式（5-2-48）可解得

$$v_0 = \sqrt{(Q_v - e_e) \frac{2\beta}{1 + \frac{2\beta}{\psi}}}$$

斯达纽可维奇建议采用 $\sqrt{(Q_v - e_e)} = \frac{D}{4}$，则有

$$v_0 = \frac{D}{4} \sqrt{\frac{2\beta}{1 + \frac{2\beta}{\psi}}} \qquad (5-2-49)$$

如认为炸药能量全部用于壳体飞散，可以方便地得到破片飞散速度的上限 v_{0m}。由

$$mQ_v = \frac{Mv_{0m}^2}{2}$$

得

$$v_{0m} = \sqrt{2\beta Q_v} \tag{5-2-50}$$

由爆炸动力学得到凝聚炸药的爆热与爆速的关系为

$$D = \sqrt{2(\gamma^2-1)Q_v} \approx 4\sqrt{Q_v}$$

即

$$\sqrt{Q_v} = \frac{D}{4} \tag{5-2-51}$$

将式 (5-2-51) 代入式 (5-2-50)，可得

$$v_{0m} = \frac{D}{2}\sqrt{\frac{\beta}{2}} \tag{5-2-52}$$

5.2.3　计算破片初速的动量模型

该模型的假设如下：

（1）炸药瞬时爆轰；

（2）炸药的能量全部用于爆轰产物和壳体的飞散；

（3）爆轰产物的飞散速度从中心到壳体是线性分布的，爆轰产物的虚拟质量取能量模型给出的值 m_1。

先来讨论球形壳体的运动。球形壳体爆轰产物的虚拟质量 $m_1 = 3m/5$，可以写出壳体运动方程为

$$\left(M + \frac{3}{5}m\right)\frac{dv}{dt} = Sp \tag{5-2-53}$$

式中：S 为壳体受爆轰产物作用的壳体内表面面积，如用 S_0 表示膨胀运动前的内表面面积，则有

$$S_0 = 4\pi R_0^2 \tag{5-2-54}$$

$$S = S_0\left(\frac{R}{R_0}\right)^2 \tag{5-2-55}$$

对凝聚炸药，采用 $p = Av^{-\gamma}$，可得

$$p = p_0\left(\frac{v_0}{v}\right)^\gamma = p_0\left(\frac{v_0}{v}\right)^3 \tag{5-2-56}$$

瞬时爆轰压力为

$$p_0 = \frac{\rho_0 D^2}{8} \tag{5-2-57}$$

由质量守恒可得

$$\frac{v_0}{v} = \left(\frac{R_0}{R}\right)^3 \tag{5-2-58}$$

将式 (5-2-58) 代入式 (5-2-56) 可得

$$p = p_0 \left(\frac{R_0}{R}\right)^9 = \frac{\rho_0 D^2}{8} \left(\frac{R_0}{R}\right)^9 \qquad (5-2-59)$$

将式（5-2-59）代入运动方程式（5-2-53），并注意到 $\frac{\mathrm{d}v}{\mathrm{d}t} = v \frac{\mathrm{d}v}{\mathrm{d}R}$，可得

$$\frac{m}{2}\left(\frac{M}{m} + \frac{3}{5}\right)\int_0^v \mathrm{d}v^2 = \frac{S_0 \rho_0 D^2 R_0^7}{8}\int_{R_0}^R \frac{\mathrm{d}R}{R^7} \qquad (5-2-60)$$

对式（5-2-60）积分，并注意到 $m = \frac{4}{3}\pi R_0^3 \rho_0 = \frac{1}{3}S_0 R_0 \rho_0$，则

$$\frac{1}{5\beta}(5 + 3\beta)v^2 = \frac{D^2}{8}\left[1 - \left(\frac{R}{R_0}\right)^6\right]$$

即

$$v = \frac{D}{2}\sqrt{\frac{5\beta}{2(5+3\beta)}\left[1 - \left(\frac{R}{R_0}\right)^6\right]} \qquad (5-2-61)$$

如果 $\beta = \frac{m}{M} \ll 1$（壳体质量相对炸药质量较大），则可得近似公式：

$$v_0 = \frac{D}{2}\sqrt{\frac{\beta}{2}\left[1 - \left(\frac{R}{R_0}\right)^6\right]} \qquad (5-2-62)$$

壳体破裂时，$v = v_0$，$R = R_f$，并注意到这时 $(R_f/R)^6 \ll 1$，则

$$v = \frac{D}{2}\sqrt{\frac{\beta}{2}} \qquad (5-2-63)$$

显然，式（5-2-63）与能量模型求出的破片初速上限式（5-2-52）相一致。把式（5-2-61）改写成

$$\frac{\mathrm{d}R}{\mathrm{d}t} = \frac{D}{2}\sqrt{\frac{5\beta}{2(5+3\beta)}\left[1 - \left(\frac{R}{R_0}\right)^6\right]}$$

因此有

$$t = \frac{D}{2}\sqrt{\frac{2(5+3\beta)}{5\beta}}\int_{R_0}^R \frac{R^3}{\sqrt{R^6 - R_0^6}}\mathrm{d}R \qquad (5-2-64)$$

要积分出式（5-2-64），需找到 $R = R(t)$ 的函数关系。

下面再来考察圆柱壳体的运动。圆柱壳体的爆轰产物的虚拟质量 $m_1 = \frac{m}{2}$，壳体运动方程为

$$\frac{1}{2}\left(M + \frac{m}{2}\right)\frac{\mathrm{d}v^2}{\mathrm{d}R} = Sp \qquad (5-2-65)$$

而

$$S = S_0 \left(\frac{R}{R_0}\right) \qquad (5-2-66)$$

$$p = p_0 \left(\frac{R_0}{R}\right)^6 = \frac{\rho_0 D^2}{8}\left(\frac{R_0}{R}\right)^6 \qquad (5-2-67)$$

将式（5-2-66）和式（5-2-67）代入式（5-2-65），可得

$$\frac{1}{2}\left(M + \frac{m}{2} \right)\mathrm{d}v^2 = \frac{D^2}{8}S_0\rho_0\left(\frac{R_0}{R} \right)^5 = \frac{D^2}{4}m\frac{R_0^4}{R^5} \qquad (5-2-68)$$

式中，$m = \pi R_0^2 l_0 = \frac{1}{2}S_0 R_0\rho_0$。

令 $\frac{m}{M} = \beta$，则

$$\int_0^v \mathrm{d}v^2 = \int_{R_0}^R \frac{\beta}{2+\beta}D^2\frac{R_0^4}{R^5}\mathrm{d}R \qquad (5-2-69)$$

对式（5-2-69）积分可得

$$v = \frac{D}{2}\frac{\beta}{2+\beta}\left[1 - \left(\frac{R_0}{R} \right)^4 \right] \qquad (5-2-70)$$

当 $R = R_f$ 时，$\left(\frac{R_0}{R_f} \right)^4 \ll 1$，$v = v_0$，这时解得

$$v_0 = \frac{D}{2}\sqrt{\frac{\beta}{2+\beta}} \qquad (5-2-71)$$

显然，柱形壳体的破片初速小于球形壳体的破片初速。将式（5-2-70）写成微分形式，即

$$\frac{\mathrm{d}R}{\mathrm{d}t} = \frac{D}{2}\sqrt{\frac{\beta}{2+\beta}\left[1 - \left(\frac{R_0}{R} \right)^4 \right]}$$

$$t = \frac{2}{D}\sqrt{\frac{2+\beta}{\beta}}\int_{R_0}^R \frac{R^2}{\sqrt{R^4-R_0^4}}\mathrm{d}R \qquad (5-2-72)$$

5.3 破片初速沿壳体的分布

由于引爆方式不同，实际弹体长度有限，爆轰过程必将受轴向稀疏波的影响，因此作用于壳体各单元的冲量是不同的，这就造成壳体各单元的初速变化。事实上，炸药起爆后，稀疏波就紧跟着爆轰波向内传播，使爆轰产物对壳体内表面的作用冲量减小，因此靠近引爆端的壳体单元的破片初速必然较低。距引爆端不同距离处，壳体单元的破片初速可表示为

$$v_x = v_0'\left(\frac{i_x}{i_0} \right) \qquad (5-3-1)$$

式中：v_0' 为最大破片初速；v_x 为 x 处的壳体单元破片初速；i_0 为作用于壳体内侧壁可能的最大冲量；i_x 为作用于 x 处壳体内侧壁的冲量。

破片速度沿壳体的分布，实际上是壳体侧壁所受冲量沿壳体长度变化的结果。

引进参数 $\alpha = x/l$（x 为壳体上各单元距引爆点的轴向距离），按爆炸力学可给出不同截面的冲量。

1. 药柱一端起爆

设药柱长为 1，则有

$$i_x = \frac{i_0}{8}\left[1 + 6\alpha(1-\alpha) + \frac{3}{2}\alpha\ln\frac{3-2\alpha}{3} + 6\alpha(1-\alpha)(2\alpha-1)\ln\frac{3-2\alpha}{2(1-\alpha)} \right] \quad (5-3-2)$$

利用式（5-3-2）对不同截面进行计算，得到的结果如下：

$$\begin{cases} \alpha = 0 \text{ 时}, i_x = 0.125i_0 \\ \alpha = \dfrac{1}{4} \text{ 时}, i_x = 0.34i_0 \\ \alpha = \dfrac{1}{2} \text{ 时}, i_x = 0.43i_0 \\ \alpha = \dfrac{3}{4} \text{ 时}, i_x = 0.44i_0 \\ \alpha = 1 \text{ 时}, i_x = 0.125i_0 \end{cases}$$

将式（5-3-2）代入式（5-3-1），得到的结果如下：

$$\begin{cases} \alpha = 0 \text{ 时}, v_x = 0.125v'_0 \\ \alpha = \dfrac{1}{4} \text{ 时}, v_x = 0.34v'_0 \\ \alpha = \dfrac{1}{2} \text{ 时}, v_x = 0.43v'_0 \\ \alpha = \dfrac{3}{4} \text{ 时}, v_x = 0.44v'_0 \\ \alpha = 1 \text{ 时}, v_x = 0.125v'_0 \end{cases}$$

令

$$v_0 = \frac{D}{2} \sqrt{\frac{\beta}{2+\beta} \left[1 - \left(\frac{R_0}{R_f} \right)^4 \right]} \tag{5-3-3}$$

将式（5-3-3）和式（5-3-2）代入式（5-3-1），可得

$$v_x = \frac{D}{16} \sqrt{\frac{\beta}{2+\beta} \left[1 - \left(\frac{R_0}{R_f} \right)^4 \right]} \left[1 + 6\alpha(1-\alpha) + \frac{3}{2}\alpha \ln \frac{3-2\alpha}{3} + 6\alpha(1-\alpha)(2\alpha-1) \ln \frac{3-2\alpha}{2(1-\alpha)} \right] \tag{5-3-4}$$

注意：式（5-3-2）是对刚性两端开口管子的计算结果，所以 $\alpha = 0$、$\alpha = 1$ 两处 i 最小，v_x 也最低。

2. 药柱两端起爆

设药柱长为 $2l$，则有

$$i_x = \frac{i_0}{8} \left\{ \frac{8-\alpha^3}{(1.7-\alpha)^2 \times 2.025} - \frac{3\alpha^2}{(1.7-\alpha) \times 1.42} + \frac{3\alpha}{2} \ln \left[\frac{1.42}{\alpha}(1.7-\alpha) \right] + \frac{15\alpha}{4} + \frac{1.42(1.7-\alpha)}{4} \right\} \tag{5-3-5}$$

用式（5-3-5）计算得到的结果如下：

$$\begin{cases} \alpha = 0 \text{ 时}, i_x = 0.246i_0, v_x = 0.246v'_0 \\ \alpha = \dfrac{1}{4} \text{ 时}, i_x = 0.530i_0, v_x = 0.530v'_0 \\ \alpha = \dfrac{1}{2} \text{ 时}, i_x = 0.685i_0, v_x = 0.685v'_0 \\ \alpha = \dfrac{3}{4} \text{ 时}, i_x = 0.838i_0, v_x = 0.838v'_0 \\ \alpha = 1 \text{ 时}, i_x = i_0, v_x = v'_0 \end{cases}$$

同前，有

$$v_x = \frac{D}{16} \sqrt{\frac{\beta}{2+\beta} \left[1 - \left(\frac{R_0}{R_f} \right)^4 \right]} \left[\frac{8-\alpha^3}{2.025 \times (1.7-\alpha)^2} - \frac{2.11\alpha^2}{1.7-\alpha} + \frac{3\alpha}{2} \ln \frac{1.42(1.7-\alpha)}{\alpha} + \right.$$

$$\left. 3.75\alpha + 0.355(1.7-\alpha) \right] \tag{5-3-6}$$

3. 药柱中间截面起爆

设药柱长为 $2l$，则有

$$i_x = \frac{i_0}{16} \left[\frac{16 + 23\alpha + 8\alpha^2 - 15\alpha^3}{(1+\alpha)^2} - 3(1-\alpha) \ln \frac{1+\alpha}{1-\alpha} + 3\alpha \ln 2 \right] \tag{5-3-7}$$

用式（5 - 3 - 7）计算得到的结果如下：

$$\begin{cases} \alpha = 0 \text{ 时}, i_x = i_0, v_x = v'_0 \\[2mm] \alpha = \frac{1}{4} \text{ 时}, i_x = 0.94 i_0, v_x = 0.94 v'_0 \\[2mm] \alpha = \frac{1}{2} \text{ 时}, i_x = 0.81 i_0, v_x = 0.81 v'_0 \\[2mm] \alpha = \frac{3}{4} \text{ 时}, i_x = 0.64 i_0, v_x = 0.64 v'_0 \\[2mm] \alpha = 1 \text{ 时}, i_x = 0.25 i_0, v_x = 0.25 v'_0 \end{cases}$$

同前，有

$$v_x = \frac{D}{32} \sqrt{\frac{\beta}{2+\beta} \left[1 - \left(\frac{R_0}{R_f} \right)^4 \right]} \left[\frac{16 + 23\alpha + 8\alpha^2 - 15\alpha^3}{(1+\alpha)^2} - 3(1-\alpha) \ln \frac{1+\alpha}{1-\alpha} + 3\alpha \ln 2 \right]$$

$$\tag{5-3-8}$$

4. 瞬时爆轰

设药柱长为 $2l$，则有

$$i_x = \frac{i_0}{8} \left[\frac{9}{2}\alpha + \frac{9}{16} \left(2 - \ln \frac{\alpha}{2-\alpha} - \frac{3\alpha^2}{2-\alpha} - \frac{\alpha^3}{2(2-\alpha)^2} + \frac{3}{2}\alpha \right) + \frac{9}{4(2-\alpha)^2} \right]$$

$$\tag{5-3-9}$$

5. 瞬时爆轰，药柱装在两端有底的圆管内

设药柱长为 $2l$，一个底的质量为 M_c，则有

$$i_x = \frac{i_0}{8} \left\{ \frac{9\alpha}{2} + \frac{9}{16} \left[2 - 2\alpha - 3 \left(\alpha + \frac{3}{2\beta_c} \right) \ln \left(\frac{\alpha + \frac{3}{2\beta_c}}{2 - \alpha + \frac{3}{2\beta_c}} \right) - \frac{3 \left(\alpha + \frac{3}{2\beta_c} \right)^2}{2 - \alpha + \frac{3}{2\beta_c}} - \right. \right.$$

$$\left. \left. \frac{\left(\alpha + \frac{3}{2\beta_c} \right)^3}{2 \left(2 - \alpha + \frac{3}{2\beta_c} \right)^2} + \frac{7}{2} \left(\alpha + \frac{3}{2\beta_c} \right) \right] + \frac{9}{4} \frac{\left(\alpha + \frac{3}{2\beta_c} \right)^3}{\left(2 - \alpha + \frac{3}{2\beta_c} \right)^2} \right\} \tag{5-3-10}$$

$$v_x = \frac{D}{16}\sqrt{\frac{\beta}{2+\beta}\Big[1-\Big(\frac{R_0}{R_f}\Big)^4\Big]}\left\{\frac{9\alpha}{2}+\frac{9}{16}\left[2-2\alpha-3\Big(\alpha+\frac{3}{2\beta_c}\Big)\ln\left(\frac{\alpha+\frac{3}{2\beta_c}}{2-\alpha+\frac{3}{2\beta_c}}\right)-\right.\right.$$

$$\left.\left.\frac{3\Big(\alpha+\frac{3}{2\beta_c}\Big)^2}{2-\alpha+\frac{3}{2\beta_c}}-\frac{\Big(\alpha+\frac{3}{2\beta_c}\Big)}{2\Big(2-\alpha+\frac{3}{2\beta_c}\Big)^2}+\frac{2}{7}\Big(\alpha+\frac{3}{2\beta_c}\Big)\right]+\frac{9}{4}\frac{\Big(\alpha+\frac{3}{2\beta_c}\Big)^3}{\Big(2-\alpha+\frac{3}{2\beta_c}\Big)^2}\right\}$$

$$(5-3-11)$$

式中：

$$\beta_c = \frac{m}{2M_c}$$

下面研究计算破片初速的冲量方法并与能量方法进行对比。

由动量守恒条件可得

$$Mv_0 = I$$

式中：M 为壳体质量；v_0 为破片初速；I 为爆轰波作用于壳体上的冲量。

对于圆柱形壳体，作用于侧表面的冲量为

$$I = 2\pi r_0 l \int_0^1 i\,d\alpha \tag{5-3-12}$$

式中：$2\pi r_0 l$ 为圆柱形壳体的侧表面面积；$\int_0^1 i\,d\alpha$ 为作用于侧壁单位面积上的冲量，但这是整个侧壁冲量的平均值。

考虑到起爆方式对作用于侧壁冲量的影响，$\int_0^1 i\,d\alpha$ 可表示为

$$\int_0^1 i\,d\alpha = Bi_0 \tag{5-3-13}$$

式中：B 为起爆方式的影响系数，取一端起爆另一端有底时为 1，中间起爆两端开口为 $1/2$。

由爆炸力学可知，一端起爆时作用于迎面刚性壁上的冲量为

$$I_0 = Si_0 = S\frac{8}{27}l\rho_e D \tag{5-3-14}$$

式中：I_0 为起爆时作用于迎面刚性壁上的冲量；S 为迎面刚性壁的面积；i_0 为单位面积的冲量；l 为药柱长；ρ_e 为药柱密度；D 为炸药爆速。

弹体一般为圆柱形，故底面面积为 πR_0^2。如认为作用于侧壁的单位面积冲量最大时（$B=1$）与作用于端面上的冲量相等，则有

$$i_0 = \frac{8}{27}l\rho_e D \tag{5-3-15}$$

将式（5-3-13）、式（5-3-15）代入式（5-3-12），并注意到 $\pi r^2 l\rho_e = m$，可得

$$I = B\frac{8}{27}\frac{2l}{R_0}mD \tag{5-3-16}$$

从而有

$$v_0 = \frac{I}{M} = \frac{32}{27}B\frac{m}{M}\Big(\frac{l}{2R_0}\Big)D \tag{5-3-17}$$

对于药柱长径比小的装药壳体，由于爆炸时轴向稀疏波的影响较为显著，爆轰压力会很快下降，以致壳体破裂为破片前，径向没有充分膨胀，所以破片初速不会大。但整个过程时间较短，用冲量方程仍可以得到令人满意的结果。

【例】 一个短圆柱形装药壳体，其长径比 $\dfrac{l}{2R_0} = 0.25$，在装药一端引爆，炸药爆速为 7 300 m/s，$\beta = m/M = 1/8$，由式（5-3-16）计算得到

$$v_0 = \frac{32}{27} \times 1 \times \frac{1}{8} \times 0.25 \times 7\,300 = 270\ (\text{m/s})$$

这一结果与试验结果很接近。

从式（5-3-17）可以注意到，v_0 与药柱长径比（$l/2R_0$）呈线性关系，实际是否如此呢？表 5-3-1 所示的是用高速摄影对一组长径比不同的战斗部破片初速 v_0 的测试结果。

表 5-3-1　高速摄影对一组长径比不同的战斗部破片初速的测试结果

$l/2R_0$	0.50	0.75	1.0	1.25	1.50	1.75	2.00	2.25	3.0
$v_0/(\text{m}\cdot\text{s}^{-1})$	480	620	630	730	750	760	780	800	845

根据表 5-3-1 实测数据绘制曲线如图 5-3-1 所示，从曲线可以看出，v_0 与 $l/2R_0$ 的关系如下：

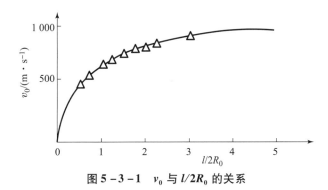

图 5-3-1　v_0 与 $l/2R_0$ 的关系

（1）$\dfrac{l}{2R_0} < 1$ 时，v_0 变化显著；

（2）$1 < \dfrac{l}{2R_0} < 2$ 时，v_0 变化较小；

（3）$2 < \dfrac{l}{2R_0} < 3$ 时，v_0 变化甚小。

上例如果用能量公式估算，可以求得

$$v_0 = \frac{D}{2}\sqrt{\frac{\beta}{2}} = \frac{7\,300}{2}\sqrt{\frac{1}{2} \times \frac{1}{8}} = 912.5\ (\text{m/s})$$

这一结果虽属理论的上限值，但与试验结果相差仍属过大。

在长径比较大的情况下，用同样的 D 值和 β 值代入能量模型计算，结果却与试验值相当接近。

可见冲量方法适用于长径比较小的情况，而能量法适用于长径比较大的情况。

5.4 破片在空气中的运动

破片在空气中的运动实际上是一个弹道学问题。破片在空气中运动将受空气阻力和重力的作用，由于破片从形成到击中目标所经过的路程一般不长，飞行时间也很短，故可以不考虑重力的影响，即认为破片的飞行弹道为一直线，作用在破片上的外力只有空气阻力，这样，破片在空气中的运动方程可写为

$$M_e \frac{\mathrm{d}v}{\mathrm{d}t} = -\frac{\rho_a v^2}{2} C_D \bar{S} \qquad (5-4-1)$$

式中：M_e 为所考察的破片质量；ρ_a 为当地空气密度；v 为破片飞行速度；C_D 为破片迎面阻力系数；$\bar{S}$ 为破片垂直于飞行方向的迎风面积。

式（5-4-1）可改写成

$$M_e v \frac{\mathrm{d}v}{\mathrm{d}r} = -\frac{\rho_a v^2}{2} C_D \bar{S} \qquad (5-4-2)$$

对式（5-4-2）分离变量并积分可得

$$\int_{v_0}^{v_R} \frac{\mathrm{d}v}{v} = -\frac{C_D \rho_a \bar{S}}{2 M_e} \int_0^R \mathrm{d}r$$

$$v_R = v_0 \mathrm{e}^{-\frac{C_D \rho_a \bar{S}}{2 M_e} R} = v_0 \mathrm{e}^{-\alpha R} \qquad (5-4-3)$$

其中

$$\alpha = \frac{C_D \rho_a \bar{S}}{2 M_e} \qquad (5-4-4)$$

式中：α 为速度衰减系数（m^{-1}）；R 为破片距炸点的飞行距离（m）；v_R 为破片在 A 处的飞行速度（m/s）。

衰减系数 α 反映了破片在飞行过程中速度损失的程度。显然，α 值越大，破片飞行过程中速度损失的程度就越大。由式（5-4-4）可知，影响衰减系数的因素有飞行破片的质量、破片迎面空气阻力系数、当地空气密度和破片迎风面积等。下面研究后三个参数的计算。

（1）破片的空气阻力系数 C_D。破片的空气阻力系数 C_D 与破片飞行速度及形状有关。对于形状相同的破片，其 C_D 值是飞行马赫数的函数，即 $C_D = C_D(Ma')$。图 5-4-1 所示的是风洞的试验值。从图中可见，破片空气阻力系数大约在 $Ma' = 1.5$ 处最大。$Ma' = 3 \sim 5$ 时，可用以下经验式计算 C_D 值。

球形破片：$C_D(Ma') = 0.97$

立方体形破片：$C_D(Ma') = 1.72 - \dfrac{0.3}{Ma'^2}$ 或 $C_D(Ma') = 1.285\,2 + \dfrac{1.053\,6}{Ma'} - \dfrac{0.925\,8}{Ma'^2}$

圆柱形破片：$C_D(Ma') = 0.805\,8 + \dfrac{1.322\,6}{Ma'} - \dfrac{1.120\,2}{Ma'^2}$

菱体形破片：$C_D(Ma') = 1.45 - 0.03\,89 Ma'$

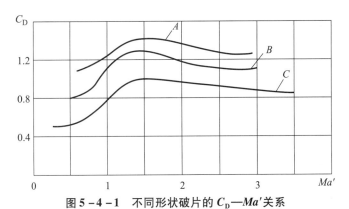

图 5 - 4 - 1　不同形状破片的 C_D—Ma' 关系

A—长方体形和菱体形破片；B—立方体形和圆柱形破片；C—球形破片

在工程设计中，为处理问题方便，常将 C_D 取为常数。

球形破片：$C_D = 0.97$

立方体形或圆柱形破片：$C_D = 1.17$

长方体形或菱体形破片预制破片：$C_D = 1.24$

自然破片：$C_D = 1.5$

（2）当地空气密度 ρ_a。当地空气密度 ρ_a 是指破片所在飞行高度处的空气密度，基本是由战斗部的爆炸高度 Y 决定。当地空气密度随高度的变化可表示为

$$\rho_a = \rho_0 H(Y)$$

式中：ρ_0 为标准空气密度；$H(Y)$ 值可通过空气动力学附表查得。

（3）迎风面积 $\overline{S}$。破片在飞行过程中要做无规则的旋转，因此其迎风面积是一个随机变量。下面以长方体形破片为例介绍迎风面积的计算。

长方体形破片如图 5 - 4 - 2 所示，边长为 l_1、l_2、l_3，用 $l_i l_k$ 表示 $l_1 l_2$、$l_2 l_3$、$l_3 l_1$ 三对面积中的任意一个，通过 $l_1 l_2$ 面的中心，取相互垂直的三个轴：I - I 轴平行于 l_2；II - II 轴平行于 l_1；III - III 轴平行于 l_3 并与飞行方向一致。设破片飞行时最初受空气阻力作用的迎风面积为 $l_1 l_2$，则破片绕 I 轴和 II 轴转动的概率远大于绕 III 轴转动的概率，因此下面只研究此长方体形破片的 $l_i l_k$ 面绕 I - I 轴和 II - II 轴转动的情况。设 $l_i l_k$ 绕 I - I 轴转动了 α_1 角，绕 II - II 轴转动了 α_2 角，则破片的任何一面在飞行方向的有效面积即投影面积为

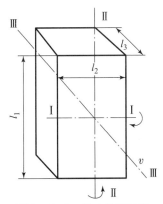

图 5 - 4 - 2　长方体形破片

$$\overline{S_{ik}} = l_i l_k \cos \alpha_1 \cos \alpha_2 \tag{5 - 4 - 5}$$

破片在飞行过程中，α_1 与 α_2 的变化范围为 $0 \sim \dfrac{\pi}{2}$，在此区间上取 $\cos \alpha_1$ 与 $\cos \alpha_2$ 的平均值为

$$\begin{cases} (\cos \alpha_1)_{av} = \dfrac{\displaystyle\int_0^{\frac{\pi}{2}} \cos \alpha_1 \, d \, \alpha_1}{\dfrac{\pi}{2}} = \dfrac{2}{\pi} \\[6mm] (\cos \alpha_2)_{av} = \dfrac{\displaystyle\int_0^{\frac{\pi}{2}} \cos \alpha_2 \, d\alpha_2}{\dfrac{\pi}{2}} = \dfrac{2}{\pi} \end{cases} \qquad (5-4-6)$$

将式（5-4-6）代入式（5-4-5）可得

$$\overline{S_{ik}} = \frac{4}{\pi^2} l_i l_k$$

由此可知，破片以 $S_1 = l_1 l_2$ 朝飞行方向的有效面积等于 $\dfrac{4}{\pi^2} l_1 l_2$。同样，另外两个有效面积为 $\dfrac{4}{\pi^2} l_2 l_3$ 和 $\dfrac{4}{\pi^2} l_3 l_1$，各面在飞行方向出现的概率分别为

$$\frac{\dfrac{4}{\pi^2} l_1 l_2}{\overline{S}}, \quad \frac{\dfrac{4}{\pi^2} l_2 l_3}{\overline{S}}, \quad \frac{\dfrac{4}{\pi^2} l_3 l_1}{\overline{S}} \qquad (5-4-7)$$

式（5-4-7）的和应为 1，即

$$\frac{\dfrac{4}{\pi^2} l_1 l_2}{\overline{S}} + \frac{\dfrac{4}{\pi^2} l_2 l_3}{\overline{S}} + \frac{\dfrac{4}{\pi^2} l_3 l_1}{\overline{S}} = 1$$

解得

$$\overline{S} = \frac{4}{\pi^2} (l_1 l_2 + l_2 l_3 + l_3 l_1) \qquad (5-4-8)$$

令 $l_1/l_3 = x, l_2/l_3 = y$，将其代入式（5-4-8）可得

$$\overline{S} = \frac{4}{\pi^2} (xy + y + x) l_3^2 \qquad (5-4-9)$$

因为

$$M_e = l_1 l_2 l_3 \rho = l_3^3 xy\rho$$

所以

$$\lambda = \left(\frac{M_e}{xy\rho} \right)^{\frac{1}{3}} \qquad (5-4-10)$$

将式（5-4-10）代入式（5-4-9）可得

$$\overline{S} = \left(\frac{4}{\pi^2} \frac{xy + y + x}{(xy\rho)^{\frac{2}{3}}} \right) M_e^{\frac{2}{3}} = \Phi M_e^{\frac{2}{3}} \qquad (5-4-11)$$

其中

$$\Phi = \frac{4}{\pi^2} \frac{xy + y + x}{(xy\rho)^{\frac{2}{3}}} \qquad (5-4-12)$$

式中：Φ 的量纲为 $\mathrm{kg}^{-\frac{2}{3}}\mathrm{m}^2$。

长方体形破片各边常见比值为 $l_1 : l_2 : l_3 = 5 : 2 : 1$，即 $l_1/l_3 = x = 5$，$y = l_2/l_3 = 2$，将其代入式（5 - 4 - 12）可得

$$\Phi = \frac{4}{\pi^2}\frac{10 + 2 + 5}{(10 \times 7.8 \times 10^3)^{\frac{2}{3}}} = 0.003\,8\,(\mathrm{kg}^{-\frac{2}{3}}\mathrm{m}^2)$$

用同样方法可推得圆柱形、平行四边体形、菱体形、立方体形破片的相应 Φ 值。圆柱形破片（图 5 - 4 - 3）的 Φ 值为

$$\Phi = 0.002\,75\lambda^{\frac{1}{3}}$$

式中：$\lambda = \dfrac{l}{d}$。

平行四边体形破片（图 5 - 4 - 4）的 Φ 值为

$$\Phi = 1.03 \times 10^{-3}\frac{x + xy + \dfrac{y}{\sin\,\gamma_1}}{(xy)^{\frac{2}{3}}}$$

式中：$x = \dfrac{l_1}{l_3}$；$y = \dfrac{l_2}{l_3}$。

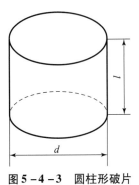

图 5 - 4 - 3　圆柱形破片

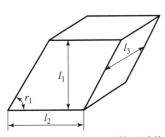

图 5 - 4 - 4　平行四边体形破片

菱体形破片（图 5 - 4 - 5）的 Φ 值为

$$\Phi = 1.635 \times 10^{-3}\frac{\dfrac{x'}{\cos\,\gamma_2} + \dfrac{x'y'}{2}}{(x'y')^{\frac{2}{3}}}$$

式中：$x' = \dfrac{l'_2}{l'_3}$；$y' = \dfrac{l'_1}{l'_3}$。

正立方体形破片的 Φ 值为

$$\Phi = 3.09 \times 10^{-3}$$

以上均为钢质破片，即 $\rho = 7.8 \times 10^3\ \mathrm{kg/m}^3$。各种形状的钢质破片的 Φ 值列于表 5 - 4 - 1 中。

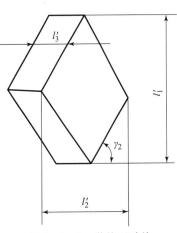

图 5 - 4 - 5　菱体形破片

表 5 - 4 - 1　Φ 值

破片形状	球形	正立方体形	圆柱形	平行四边体形	菱体形	长方体形
$\Phi/(\mathrm{kg}^{-\frac{2}{3}} \cdot \mathrm{m}^2)$	3.07×10^{-3}	3.09×10^{-3}	3.347×10^{-3}	$(3.6 \sim 4.3) \times 10^{-3}$	$(3.2 \sim 3.6) \times 10^{-3}$	$(3.3 \sim 3.8) \times 10^{-3}$

从表 5 - 4 - 1 可见，各种形状的破片的 Φ 值变化范围为 $3.07 \times 10^{-3} \sim 4.3 \times 10^{-3}$，对于自然破片，往往表面粗糙，相当于等效面积增大，设计时常将所求得的 C_D、ρ_a、S 代入式（5 - 4 - 3），则有

$$v_R = v_0 \mathrm{e}^{-\alpha R} = v_0 \mathrm{e}^{-\frac{C_D \rho_a \Phi M_e^{\frac{2}{3}}}{2M_e} R} = v_0 \mathrm{e}^{-\frac{C_D \rho_a \Phi M_e^{-\frac{1}{3}}}{2M_e} R} \qquad (5 - 4 - 13)$$

取 $\Phi = 5 \times 10^{-3}$。

5.5　杀伤威力

5.5.1　杀伤标准

破片对有生目标的损伤，就其本质而言，主要是对活组织的一种机械破坏作用。破片的动能主要消耗在贯穿机体组织及对伤道周围组织的损伤上。研究杀伤机理，不可避免地要通过多种破片对动物的直接杀伤以取得数据。由解剖学可知，狗与人相比在骨骼、肌肉、血管、神经等方面，尽管存在着不少差别，但在组织结构上仍有许多相近之处。因此，可以通过对狗的杀伤机理研究，近似地了解破片的实际作用原理和结果。

1. 对狗的各类致伤能量

破片对狗的致伤所需能量，由于进入机体部位不同，各种组织对破片的抗力不同，差别甚大。因此，分析破片能量与杀伤效果的关系，必须根据伤情与性质合理地加以分类。一般分为以下四种情况。

（1）软组织伤：破片穿过皮肤进入肌肉内，而未穿入体腔时的致伤。

（2）脏器伤：破片穿过肌肉进入胸、腹腔内，或穿透体腔进入对侧肌肉内所引起的内脏器官的致伤。

（3）骨折：破片使肋骨、椎骨、肱骨、肩胛骨等造成不完全性骨折或粉碎性骨折时的致伤。

（4）骨折加脏器伤：肋骨折和脏器伤的综合。

不同破片造成上述各类创伤的能量见表 5 - 5 - 1。

表 5 - 5 - 1　造成各类创伤的能量　　　　单位：J

破片形状及质量	软组织伤	脏器伤	骨折	骨折加脏器伤
0.5 g（方形）	12.65	15.98	18.04	19.22
1.0 g（球形）	16.18	19.61	29.51	30.30
1.0 g（方形）	27.65	31.19	33.44	36.77
5.0 g（方形）	62.13	74.82	97.18	100.03

2. 贯穿狗胸腔的能量

胸腔为心、肺等器官和大血管的所在部位。从杀伤效果来说，如果弹片贯穿胸腔，即便不能使之当场毙命，其创伤也是严重的。表 5 - 5 - 2 所示为破片贯穿狗胸腔并进入对侧肌肉或刚好贯穿时的致伤能量。

表 5 - 5 - 2　贯穿狗胸腔的动能和比动能

破片形状及质量	动能/J	比动能/(J·cm^{-2})
0.5 g（方形）	21.28	111.8
1.0 g（球形）	35.40	110.8
1.5 g（方形）	38.54	113.8
5.0 g（方形）	101.99	114.7

由表 5 - 5 - 2 可见，对于同样的创伤，不同形状、质量的破片，造成同等创伤所需的动能有很大差别。一般大破片需较大的动能，但各种破片的比动能却非常接近。从表中可知，贯穿狗胸腔的致伤比动能大约为 112.8 J。

做个对比试验，破片贯穿 25 mm 厚的松木板所需的动能和比动能见表 5 - 5 - 3。

表 5 - 5 - 3　贯穿 25 mm 厚的松木板所需的动能和比动能

破片形状及质量	动能/J	比动能/(J·cm^{-2})
0.5 g（方形）	24.3	128
1.0 g（球形）	35.3	111
1.5 g（方形）	54.0	123
5.0 g（方形）	104	117

3. 造成狗当场致死的能量

造成狗当场致死的动能和比动能见表 5 - 5 - 4。

表 5 - 5 - 4　造成狗当场死亡的动能和比动能

破片形状及质量	动能/J	比动能/(J·cm^{-2})
0.5 g（方形）	20.2	106
1.0 g（球形）	33.2	104
1.5g（方形）	36.6	108
5.0 g（方形）	99.0	111

这一试验结果对制定杀伤标准很有参考价值。从试验结果可得到以下五点结论。

（1）对于一定质量和形状的破片，动能越大，造成活组织的损失就越严重（表 5 - 5 - 1）。

（2）由表 5 - 5 - 1～表 5 - 5 - 3 可知，对同类创伤，要求的致伤动能随破片几何形状的流线型化而减小。若使脏器致伤，同样是 1 g 破片，钢珠要比方形破片所需动能小。

（3）从表 5 - 5 - 1～表 5 - 5 - 4 还可知道，不同形状及质量的破片，造成同一种创伤，尽管所需动能相差很大，但比动能值却很接近。因此，用比动能作为杀伤标准更为合理。

（4）贯穿狗胸腔的能量与贯穿 25 mm 厚的松木板的能量相当，因此杀伤威力试验可用 25 mm 厚的松木靶来作人员模拟靶。

（5）具有一定速度的小破片，虽然质量只有 0.5 g，仍有良好的杀伤效果。当命中狗胸腔时，可以当地致死，说明杀伤破片的质量标准可以规定得更小。

杀伤弹体除用于杀伤有生力量外，还要用于毁伤飞机、汽车和军用器材等。因此，从兵器的设计和使用的角度来说，正确地制定破片对各类目标的杀伤标准是非常重要的，但由于目标类型多，结构复杂，制定杀伤标准的工作量相当大。因此，除进行靶场试验外，还应进行战场统计。衡量破片杀伤作用的性能参数有破片质量、破片动能、破片比动能等，以下分别加以讨论。

目前，仍把破片质量 m 作为衡量是否具有杀伤力的标准。例如，破坏飞机部件，要求破片 $m = 4～8$ g；破坏飞机油箱，$m \geqslant 10$ g；毁伤火炮、装甲输送车，$m \geqslant 10$ g；破坏汽车，$m \geqslant 4$ g；杀伤人员，$m \geqslant 1$ g。

应该指出，把破片质量 m 作为杀伤标准，实质上是把动能作为杀伤标准。因弹体所装炸药，爆速一般为 7 000～8 000 m/s，破片速度也就随之决定下来。对破片质量的要求，实质上反映了对动能的要求。

近年来，随着高能炸药的采用，作为杀伤标准的破片质量也随着有所改变。例如，杀伤力量的战斗部，其破片质量可要求为 0.5 g，甚至可以要求为 0.2 g；对飞机可要求为 2 g。

以破片遭遇目标所具有的动能作为杀伤标准，即

$$E = \frac{1}{2}mv^2$$

由此可见，这一标准包含有破片质量与存速两个因素，动能杀伤标准见表 5 - 5 - 5。

表 5 - 5 - 5　动能杀伤标准值

目标	杀伤标准值/J
人员	74～78
马匹	123
飞机	981～1 960
机翼、油箱、油管	196～294
穿透 50 cm 厚砖墙	1 910
穿透 10 cm 混凝土墙	2 450
穿透 7 mm 厚装甲板	2 160
穿透 10mm 厚装甲板	3 430
穿透 13 mm 厚装甲板	5 790
汽车	1 770～2 550
装甲输送车	14 600～22 100

杀伤机理的研究结果表明，用破片比动能作为杀伤标准更为合理。破片比动能的定义为

$$e = \frac{E}{\overline{S}} = \frac{m}{2\,\overline{S}}v^2$$

式中：$\overline{S}$ 为破片与目标遭遇时的迎风面积。

比动能杀伤标准见表 5 - 5 - 6。

表 5 - 5 - 6　比动能杀伤标准值

目标	杀伤标准值/$(\mathrm{J \cdot cm^{-2}})$
生动力量	160
飞机机翼、油箱、油管	390 ~ 490
飞机桁架	790
穿透 4 mm 厚装甲板	790
穿透 12 mm 厚装甲板	3 430

5.5.2　杀伤威力

杀伤威力除了与破片数量、质量、初速、飞散方向等破片初始参数有关外，还与弹丸或战斗部爆炸瞬时的速度、弹道倾角、爆炸点与目标的相对位置等弹道终点参数有关。压制步兵用的杀伤弹药一般用杀伤面积来衡量其杀伤威力。

进行杀伤威力计算一般要取得以下试验数据：

（1）通过爆坑试验得到破片数随质量的分布；

（2）测得破片的初速；

（3）通过球形靶试验得到破片在靶上的分布。

1. 破片数及其按质量的分布

1）爆坑试验

弹体的自然破片的形状大小和质量相互差别很大，它受炸药、壳体外形、壳体材料力学性能以及装填条件的影响，破片数及其按质量的分布是计算弹丸和战斗部杀伤威力的基础。这一分布可通过破片回收试验来求得。

目前，回收破片常用的试验设施是爆坑（见图 5 - 5 - 1）。爆坑的设计以尽可能全地收集破片为原则，同时要防止破片穿出外筒壁或爆轰气体冲开顶盖。爆坑底及四周均衬以钢板，坑内置内、外两个木制圆筒。其间充填减速用的沙或木屑，试验弹体用木架支于坑中部，爆坑顶用钢板盖住并压以重物（如混凝土浇筑块等）。

三种情况的爆坑尺寸如下：

内圆筒直径：$d_1 = 5d$

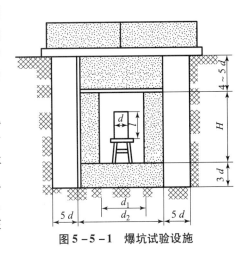

图 5 - 5 - 1　爆坑试验设施

内圆筒高度：$H = l + 2d$

圆筒直径：$d_2 = d_1 + 2l_1$

式中：d 为弹体直径；l 为弹体长；l_1 为破片可穿透的沙层厚，可用下式计算：

$$l_1 = \eta \sqrt{m_\omega}$$

式中：m_ω 为炸药质量；η 为由炸药决定的常数。当炸药为 TNT 时，取 $\eta = 400 \sim 500$；当炸药为 RDX 时，取 $\eta = 480 \sim 540$。

爆坑试验要将破片与减速介质分开，这项工作量较大，而工作环境较差。较先进的方法是将试验弹体放在水下爆井中爆炸，利用水作减速介质，用尼龙网将破片收集，然后经丙酮溶液处理干燥。

2）试验结果处理

回收了所有破片之后，按质量间隔来分别统计破片数。一般采用以下两种间隔划分方法。

（1）等间隔划分法：这种划分方法用于产生可控破片的弹体，方法是将破片质量范围分成若干个等差值的质量间隔，然后统计落在各间隔内的破片数。

（2）变间隔划分法：这种划分方法常用于产生自然破片的弹体。例如，以 g 为单位按质量大小分为 11 级：$0 \sim 1$、$1 \sim 4$、$4 \sim 8$、$8 \sim 12$、$12 \sim 16$、$16 \sim 20$、$20 \sim 30$、$30 \sim 50$、$50 \sim 100$、$100 \sim 200$、>200。（单位为 g）。

设破片总数为 N，破片最大质量为 $m_{\max}$，任意破片质量为 m_i，则任意破片的相对质量为

$$\lambda_i = \frac{m_i}{m_{\max}}$$

与质量间隔相对应，可以求出破片的相对质量间隔，即

$$\Delta\lambda_i = \lambda_i - \lambda_{i-1}$$

根据回收结果，可以确定落在 $\Delta\lambda_i$ 内的破片数 $N_{i\lambda}$，则破片分布在 $\Delta\lambda_i$ 内的频率为 $N_{i\lambda}/N$。如这一频率在多次试验中稳定，则可视为概率 P_i，即

$$P_i = \frac{N_{i\lambda}}{N}$$

在 $\Delta\lambda_i$ 内破片分布的平均概率密度为

$$t(\lambda_i) = \frac{P_i}{\Delta\lambda_i} = \frac{\dfrac{N_{i\lambda}}{N}}{\Delta\lambda_i} \tag{5-5-1}$$

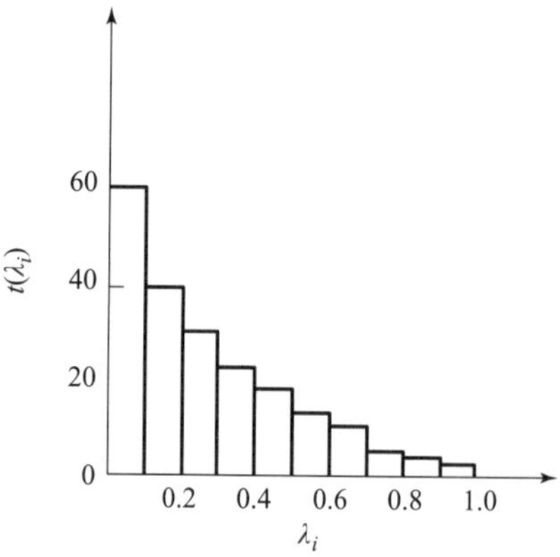

式中：$t(\lambda_i)$ 为破片数随质量的统计分布（图 5-5-2），由于

$$P_i = t(\lambda_i)\Delta\lambda_i \tag{5-5-2}$$

所以图 5-5-2 所示中的每一矩形面积表示在相对质量间隔 $\Delta\lambda_i$ 内破片出现的概率。当 $\Delta\lambda_i \to 0$ 时，$t(\lambda_i)$—λ_i 分布转化为连续曲线 $t(\lambda) \sim \lambda$，这一曲线称为破片数随质量的微分分布，如图 5-5-3 所示。设 $0 \sim \lambda_i$ 之间的破片分布概率为 $T(\lambda_i)$，显然有

图 5-5-2 破片数随质量的统计分布

$$T(\lambda_i) = \sum_0^i P_i = \sum_0^i t(\lambda_i) \Delta \lambda_i \qquad (5-5-3)$$

式中：$T(\lambda_i)$ 为破片数随质量的统计分布（图 5 - 5 - 4），其对应的积分分布为

$$T(\lambda) = \int_0^\lambda t(\lambda) \mathrm{d}\lambda \qquad (5-5-4)$$

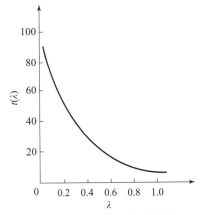

图 5 - 5 - 3　破片数随质量的微分分布

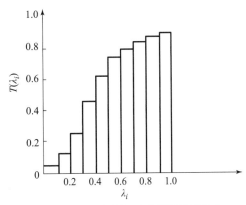

图 5 - 5 - 4　破片数随质量的统计分布

绘出积分分布曲线如图 5 - 5 - 5 所示，显然有

$$T(1) = \int_0^1 t(\lambda) \mathrm{d}\lambda \approx 1$$

2. 破片的空间分布

1）球形靶试验

通常用球形靶试验来测定破片的空间分布。球形靶高 3 ~ 4 m；半圆形直径为 3 ~ 10 m（视弹体大小而定），靶板材料选用 0.5 ~ 1.5 mm 钢板。靶板上画有经纬线（图 5 - 5 - 6）；两经线之间的区域称为球瓣，夹角为 $\Delta\theta$；两纬线之间的区域称为球带，夹角为 $\Delta\varphi$。一般 $\Delta\theta$ 取 5°，$\Delta\varphi$ 取 10°。球形靶的展开如图 5 - 5 - 7 所示。

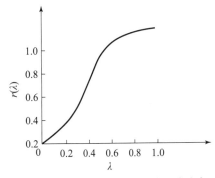

图 5 - 5 - 5　破片数随质量的积分分布

图 5 - 5 - 6　球形靶示意

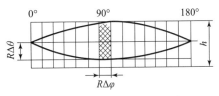

图 5 - 5 - 7　球形靶展开示意

2）破片空间分布计算

用 ΔN_i 表示通过球形靶单元面积（$\Delta\varphi_i$，$\Delta\theta$）的破片数，则通过球带（$\Delta\varphi_i$，360°）的破片数为

$$N_i = \frac{\Delta N_i}{\Delta \theta} \times 360° \tag{5-5-5}$$

设半圆靶上的破片总数为 N_n，则通过 R 处整个球面的破片总数 N 可以求得：

$$N = \frac{N_n}{h} \times 2\pi R \tag{5-5-6}$$

在球带（$\Delta \varphi_i$，360°）上破片分布概率为

$$P_i = \frac{N_i}{N} \tag{5-5-7}$$

在 $\Delta \varphi_i$ 上破片分布的平均概率密度 $f(\varphi_i)$ 为

$$f(\varphi_i) = \frac{P_i}{\Delta \varphi_i} = \frac{N_i}{N \Delta \varphi_i} \tag{5-5-8}$$

在 0° ~ φ_i 之间破片分布的概率 $F(\varphi_i)$ 为

$$F(\varphi_i) = \sum_0^i f(\varphi_i) \Delta \varphi_i \tag{5-5-9}$$

球带（$\Delta \varphi_i$，360°）与球瓣（180°，$\Delta \theta$）的空间关系如图 5-5-8 所示。

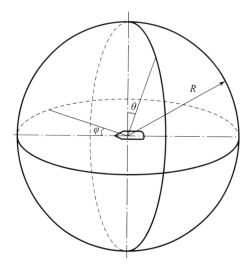

图 5-5-8　球带与球瓣的空间关系

以上为破片空间的统计分布。取 $\Delta \varphi_i \to 0$ 即可得到微分分布 $f(\varphi)$ 和积分分布 $F(\varphi)$，显然有

$$F(\varphi) = \int_0^\varphi f(\varphi) \mathrm{d}\varphi \tag{5-5-10}$$

图 5-5-9 和图 5-5-10 所示为某弹体的微分和积分分布曲线。

由球形靶试验求破片的空间分布的步骤可表示为

$$选\ \varphi_i \xrightarrow{\text{统计}} \Delta N_i \xrightarrow{\frac{\Delta N_i}{\Delta \theta} \times 360°} N_i \xrightarrow{\frac{N_i}{N}} P_i \xrightarrow{\frac{P_i}{\Delta \varphi_i}} f(\varphi_i) \xrightarrow{\sum_0^i f(\varphi_i) \Delta \varphi_i} F(\varphi_i)$$

$$\xrightarrow{\text{统计}} N_n \xrightarrow{\frac{N_n}{h} \times 2\pi R} N$$

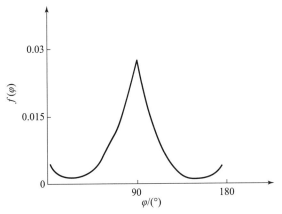

图 5 - 5 - 9　某弹体破片的空间微分分布

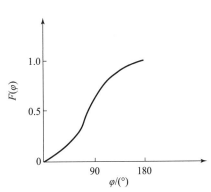

图 5 - 5 - 10　某弹体破片的空间积分分布

3. 有效破片数随飞行距离的增加而减少

能满足杀伤标准的破片称为有效破片。由于空气阻力的存在，破片速度随飞行距离的增加不断下降。因此，有效破片数随距离的增加而不断减少。用 $N_e(R)$ 表示 R 处的有效破片总数，$n_e(R)$ 表示 R 处的相对有效破片数，即

$$n_e(R) = \frac{N_e(R)}{N} \qquad (5-5-11)$$

设 $m_e(R)$ 为 R 处最小有效破片质量，则有效破片的相对质量的最小值 $\lambda_e(R)$ 为

$$\lambda_e(R) = \frac{m_e(R)}{m_{max}} \qquad (5-5-12)$$

如采用动能杀伤标准 E_{min}，则

$$v_R = v_0 e^{-\alpha R} = \sqrt{\frac{2E_{min}}{m_e(R)}} \qquad (5-5-13)$$

从式（5-5-13）可得

$$R = \frac{1}{a}\ln\left(v_0\sqrt{\frac{m_e(R)}{2E_{min}}}\right) \qquad (5-5-14)$$

$$m_e(R) = \frac{2E_{min}}{v_0^2}e^{2\alpha R} \qquad (5-5-15)$$

利用破片数随质量的分布，可以求出 R 处的相对有效破片数 $N_e(R)$ 为

$$n_e(R) = \frac{N_e(R)}{N} = \sum_{\lambda_e(R)}^{1} t(\lambda_i)\Delta\lambda_i \underset{\Delta\lambda_i\to 0}{=\!=\!=} \int_{\lambda_e(R)}^{1} t(\lambda)d\lambda\, n_e(R)$$

$$= 1 - \int_0^{\lambda_e(R)} t(\lambda)d\lambda = 1 - T[\lambda_e(R)] \qquad (5-5-16)$$

式中：$n_e(R)$ 随 R 的变化如图 5-5-11 所示。

作 $n_e(R)$—R 曲线如图 5-5-12 所示，其过程可以表示为

$$取一系列 R \xrightarrow{\frac{2E_{min}}{v_0^2}e^{2\alpha R}} m_e(R) \xrightarrow{\frac{m_e(R)}{m_{max}}} \lambda_e(R) \xrightarrow{1-T[\lambda_e(R)]} n_e(R)$$

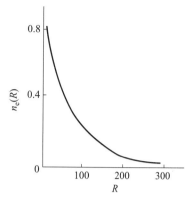

图 5 - 5 - 11　某弹体的有效破片数 $n_e(R)$

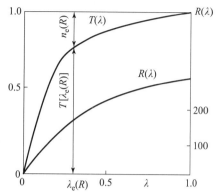

图 5 - 5 - 12　某弹体的 $T(\lambda)$ 和 $n_e(R)$ 曲线

4. 空间等杀伤概率曲线

设通过 R 处整个球面的有效破片总数为 $N_e(R)$，通过球带 （$\Delta\varphi_i$，360°） 的有效破片数为 N_{ie}，则

$$N_{ie}(R) = N_e(R)f_e(\varphi_i)\Delta\varphi_i \tag{5 - 5 - 17}$$

式中：$f_e(\varphi_i)$ 为 $\Delta\varphi_i$ 上有效破片分布的平均概率密度。

由图 5 - 5 - 13 所示可知，球带 （$\Delta\varphi_i$，360°） 所对应的面积 ΔS_i 为

$$\Delta S_i = 2\pi(R\sin\varphi_i)R\Delta\varphi_i \tag{5 - 5 - 18}$$

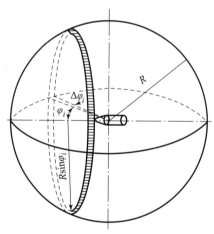

图 5 - 5 - 13　球带示意

设球带 （$\Delta\varphi_i$，360°） 面积上单位面积的有效破片数为 γ_e，则

$$\gamma_e = \frac{N_{ie}(R)}{\Delta S_i} = \frac{N_e(R)f_e(\varphi_i)\Delta\varphi_i}{2\pi R^2\Delta\varphi_i\sin\varphi_i} = Y_e(R)\Phi_e(\varphi_i) \tag{5 - 5 - 19}$$

其中

$$Y_e(R) = \frac{N_e(R)}{2\pi R^2} \tag{5 - 5 - 20}$$

$$\Phi_e(\varphi_i) = \frac{f_e(\varphi_i)\Delta\varphi_i}{\Delta\varphi_i \sin\varphi_i} \qquad (5-5-21)$$

如目标垂直于破片飞行方向的投影面积为 S_0，至少有一块有效破片命中该目标的概率为 P_0，设击中目标的有效破片数为 x，则 x 服从二项式分布。当有效破片总数 $N_e(R)$ 很多时，可引用二项式分布的泊松分布来求 $x = K$ 的概率，即

$$P(x = K) = \frac{\lambda^k}{K!}e^{-\lambda} \qquad (5-5-22)$$

式中：$\lambda = N_e(R)P_n = S_0\gamma_e$

上式中的 P_n 为各块有效破片命中 S_0 的概率，这样可得

$$P_0 = P(x \geqslant 1) = 1 - P(x = 0) = 1 - \frac{\lambda^0}{0!}e^{-S_0\gamma_e} = 1 - e^{-S_0\gamma_e} \qquad (5-5-23)$$

对给定的目标，S_0 为已知。如立姿射手 $S_0 = 0.75\ \text{m}^2$，跪姿射手 $S_0 = 0.35\ \text{m}^2$，根据 P_0，可得

$$Y_e(R) = \frac{-\ln(1-P_0)}{S_0\Phi_e(\varphi_i)} \qquad (5-5-24)$$

由式（5-5-24）可画出空间等杀伤概率曲线。

（1）画 $Y_e(R)$—R 曲线；

（2）给出一系列杀伤概率 P_{0i} 画出 $Y_e(R) = \dfrac{-\ln(1-P_{0i})}{S_0\Phi_e(\varphi_i)}$ 曲线；

（3）取一系列 Φ_i，由 $Y_e(R)$—φ 曲线上查得对应某个杀伤概率的 $Y_e(R)$ 值，再用此值去反查 $Y_e(R)$—R 曲线，得到与 φ_i 对应的 R_i 值；

（4）将用上述步骤求得的 R_i 值连接起来，即得空间等杀伤概率曲线。

以上步骤如图 5-5-14 所示。应该注意，空间等杀伤概率曲线是空间等杀伤概率曲面与过弹体轴线的子午面的交线，由于弹体的对称性，这一交线就足以表达空间等杀伤概率曲面。显然，空间等杀伤概率曲线是轴对称的并且不会相交，如图 5-5-15 所示。

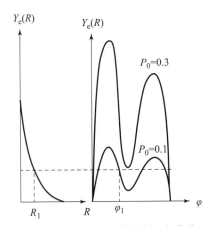

图 5-5-14　空间等杀伤概率曲线

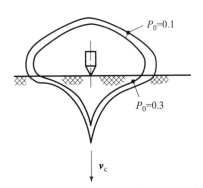

图 5-5-15　某弹体的空间等杀伤概率曲线

通常把 $P_0 = 0.5$ 的等杀伤概率曲线所包围的杀伤区域称为有效杀伤区域；把 $P_0 = 0.9$ 的等杀伤概率曲线所包围的杀伤区域称为严密杀伤区域。

5. 地面等杀伤概率曲线

空间等杀伤概率曲面与地面的交线就是地面等杀伤概率曲线。显然，当弹体垂直地面爆炸时，地面等杀伤概率曲线为许多同心圆。

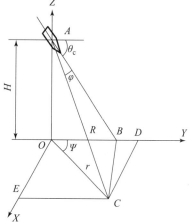

图 5 – 5 – 16　空间坐标与地面坐标的关系

取图 5 – 5 – 16 所示的坐标系。图中 A 点为弹体质心，O 点为 A 点在地面上的投影，θ_c 为弹体轴线的倾角，H 为弹体爆炸高度，YOZ 为射面，且各坐标轴相互垂直。显然 $AC = R$，设 $OC = r$，OC 与射面的夹角为 ψ。这样，C 点位置在空间坐标系中由 R 和 φ 决定，而在地面坐标系中由 r 和 ψ 决定，由图 5 – 5 – 16 可知

$$\begin{cases} \overline{BC}^2 = \overline{AB}^2 + R^2 - 2R\,\overline{AB}\cos\varphi = \dfrac{H^2}{\sin^2\theta_c} + R^2 - \dfrac{2RH}{\sin\theta_c}\cos\varphi \\[2mm] \overline{BC}^2 = \overline{DC}^2 + \overline{DB}^2 = r^2\sin^2\psi + (r\cos\psi - H\cot\theta_c)^2 \end{cases}$$

$$(5 – 5 – 25)$$

令式（5 – 5 – 25）中两式相等，则

$$\cos\psi = \frac{R\cos\varphi}{r\cos\theta_c} - \frac{H}{2r}\left(\frac{2}{\sin^2\theta_c} - \cot\theta_c + \tan\theta_c\right) \qquad (5 – 5 – 26)$$

利用式（5 – 5 – 26）和 $r = \sqrt{R^2 - H^2}$ 即可求得由 R 和 φ 所确定的空间等杀伤概率曲线及由 r 和 ψ 所确定的地面等杀伤概率曲线。

6. 杀伤面积计算

炮兵一般用杀伤面积来表征炮弹和火箭战斗部等杀伤弹药的杀伤威力。杀伤面积为杀伤概率乘以其对应的区域面积之和所得到的折算面积，在此面积上至少有一块有效破片命中目标的概率为 100%。

为了计算杀伤面积，可以将整个地面杀伤区域分成 n 环，环线即为地面等杀伤概率曲线，并用 S_Ω 表示杀伤面积，S_i 表示两条地面等杀伤概率曲线所包围的区域面积。根据杀伤面积的定义可得

$$S_\Omega = \sum_{1}^{n}\left(\frac{P_0^i + P_0^{i+1}}{2}\right)S_i$$

实践上常把杀伤面积用矩形表示，如图 5 – 5 – 17 所示。矩形边长比 K 定义为

$$K = \frac{2a}{2b} = \frac{r(0°, 0.5) + r(180°, 0.5)}{2r(90°, 0.5)} \qquad (5 – 5 – 27)$$

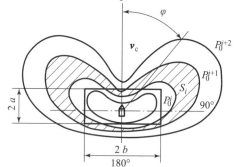

图 5 – 5 – 17　杀伤面积计算示意

式（5 – 5 – 27）右边的 r 值显然是由 ψ 和 P_0^i 唯一决定的，即 $r = r(\psi_i, P_0^i)$。根据 K 值，就可根据已计算出来的 S_Ω 来求得矩形边长 $2a$ 和 $2b$：

$$\begin{cases} b = \sqrt{\dfrac{S_\Omega}{4K}} \\[3mm] a = Kb \end{cases} \qquad (5 – 5 – 28)$$

7. 动态爆炸破片的空间分布

弹体在飞行中爆炸时，由于弹丸本身具有速度，破片的空间分布与静止爆炸时有所不同。弹体速度附加在破片上，将使原静止杀伤作用场发生朝弹体运动方向的变形，变形后的作用场称为动态杀伤作用场。

弹体的杀伤作用场归根结底取决于破片的初速矢量场。一般情况下，弹体同时具有直线运动和旋转运动，这时每块破片的动态初速矢量 v'_0 为（图 5-5-18）

$$v'_0 = v'_0 + v'_r + v'_c \tag{5-5-29}$$

式中：v'_0 为静态爆炸的破片初速矢量；v_r 为旋转运动给破片附加的切向速度矢量；v_c 为轴向直线运动给破片附加的轴向速度矢量。

切向速度 v_r 一般较小，况且它的影响相当于使整个破片初速矢量场绕弹丸轴线旋转某个角度，因此对破片的杀伤作用均没有显著影响，可以不予考虑。

轴向直线运动速度 v_c 的影响有两个方面：一是使破片初速值由原来的 v_0 变为 v'_0；二是使破片飞散方向由原来的 φ 变为 φ'。根据图 5-5-19 所示中的几何关系可得

$$v'_0 = \sqrt{v_0^2 + v_c^2 + 2v_0 v_c \cos \varphi} \tag{5-5-30}$$

$$\varphi' = \arctan \frac{\sin \varphi}{\cos \varphi + \dfrac{v_c}{v_0}} \tag{5-5-31}$$

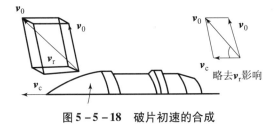

图 5-5-18　破片初速的合成

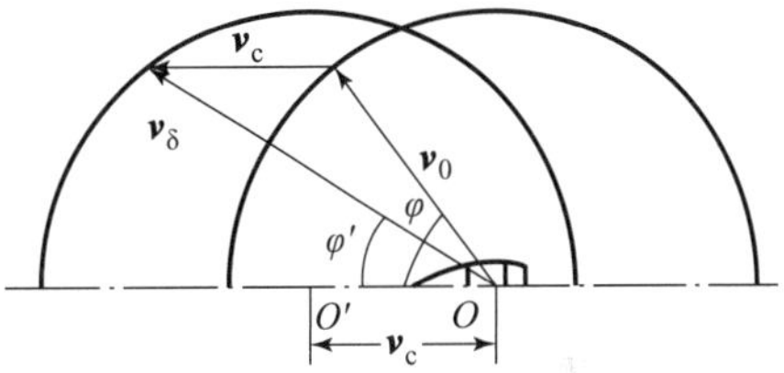

图 5-5-19　破片初速矢量关系

弹体轴向运动速度 v_c 使靠近弹体前部的破片初速值增加，后部的速度值减小，所有的破片飞散方向前倾（即方向角 φ 减小）。无论 v_c 为何值，以下关系显然始终成立（图 5-5-20）：

$$F(\varphi) = F_d(\varphi) \tag{5-5-32}$$

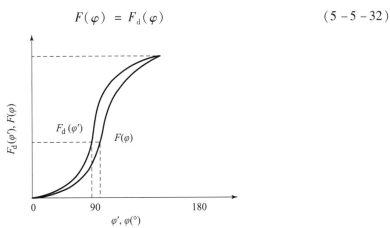

图 5-5-20　某弹体 $F(\varphi)$ 和 $F_d(\varphi')$ 的曲线

因此，当已知静态破片的散布，欲求出相应的动态破片的散布，需要注意的只是将 φ 换为 φ'，v_0 换为 v'_0。

5.6 破片性能影响因素

5.6.1 炸药性质

欲提高杀伤威力，除要求爆炸后能获得符合要求的大量破片外，还要求这些破片具有尽可能高的初速，这就要求使用高能炸药。

从前面推导的破片初速公式可知，爆速和爆热的增加对破片初速的增加有重要意义。常用单质炸药的爆热如表 5 – 6 – 1 所示。

表 5 – 6 – 1　常用单质炸药的爆热

炸药	密度/$(g \cdot cm^{-3})$	爆热/$(\times 10^5 \ J \cdot kg^{-1})$
TNT	1.53	45.73
PETN	1.73 ~ 1.74	62.21
RDX	1.78	63.18
HMX	1.89	61.88

用高速摄影法测定不同炸药成分，对铜制壳体破片初速影响的试验结果见表 5 – 6 – 2，试验条件：壳体内径为 25.4 mm，壁厚为 2.6 mm，壳体长度为 305 mm，药柱由一端引爆。为了能对不同炸药的性能进行比较，以 B 炸药作为相对标准。试验结果表明，HMX 的性能比 B 炸药大 1.3 倍，比 TNT 大 1.75 倍。

表 5 – 6 – 2　炸药成分对破片初速的影响

炸药	成分/%	密度/$(g \cdot cm^{-3})$	爆速/$(km \cdot s^{-1})$	初速（实测）/$(km \cdot s^{-1})$	初速（计算）/$(km \cdot s^{-1})$	$\dfrac{v_0^2}{(v_0^2) \ B}$
HMX	HMX 100	1.89	9.11	1.86	1.98	1.30
PBX	HMX 94 CEF 3 NC 3	1.84	8.80	1.80	1.89	1.22
PETN	PETN 100	1.765	8.16	1.79	1.73	1.21
LX – 07 – 0	HMX 90 Viton 10	1.865	8.64	1.77	1.87	1.18
Octol	HMX 72 TNT 28	1.821	8.48	1.75	1.82	1.15
HMX – Kelf	HMX 84 Kelf 16	1.882	—	1.73	—	1.13
X – 204	HMX 83 Teflon 17	1.911	8.42	1.72	1.84	1.11

炸药	成分/%	密度 /(g·cm^{-3})	爆速 /(km·s^{-1})	初速（实测） /(km·s^{-1})	初速（计算） /(km·s^{-1})	v_0^2 /(v_0^2) B
LX – 04 – 1	HMX 85 Viton 15	1.865	8.47	1.71	1.83	1.10
PBX – 9010	RDX 90 Kelf 10	1.787	8.39	1.71	1.78	1.10
Cyclotol	TNT 23 RDX 77	1.754	8.25	1.70	1.74	1.09
RX – 04 – RL	HMX 80 Viton 20	1.876	8.32	1.67	1.81	1.05
B	TNT 36 RDX 64	1.717	7.99	1.63	1.67	1.00
TNT	TNT 100	1.630	6.94	1.40	1.42	0.76

注：CEF 指的是 3 – β – 氯乙基磷酸酯；Kelf 指的是氯三氟乙烯和亚乙烯基氟化物的共聚物；Teflon 指的是聚四氟乙烯；Viton 指的是氟橡胶。

5.6.2　壳体

采用高破片率的壳体材料——高破片率钢——能有效地提高弹体的杀伤威力。破碎性试验表明，爆炸后高破片率钢壳体形成的断口多属拉断。高破片率钢的显微组织中，珠光体含量比 D60 钢高。通常裂纹多沿珠光体团交界处扩展，有的裂纹可以从珠光体片间穿过，甚至可以垂直穿过珠光体层片，而铁素体对裂纹扩展却有抑制作用。用扫描电镜拍摄裂纹的扩展状态可以见到裂纹进入铁素体后，裂纹尖端会发生钝化而停止发展，这证明铁素体会阻碍裂纹发展。高破片率钢与 D60 钢比较，其显微组织中珠光体多而铁素体少，这是它破片率高的主要原因。

美国采用的高破片率钢 AISI9260 与普通炮弹钢 AISI1045 的化学成分比较如表 5 – 6 – 3 所示。使用 9260 钢和 1045 钢制造的 155 mm 炮弹的破碎性试验结果如表 5 – 6 – 4 所示。

表 5 – 6 – 3　AISI9260 钢与 AISI1045 钢化学成分比较

成分种类 ＼ 钢种	9260 钢	1045 钢
碳	0.55% ~0.65%	0.45% ~0.50%
锰	0.70% ~1.00%	0.60% ~0.90%
硅	1.80% ~2.20%	0.05%
磷	0.040%	0.04%
硫	0.040%	—

表 5 - 6 - 4   美国 155 mm 炮弹破片试验结果

破片质量 e	9260 钢、复合炸药 B	1045 钢、复合炸药 D
0 ~ 0.13	127	114
0.13 ~ 0.64	737	362
0.64 ~ 1.94	1 106	569
1.94 ~ 3.89	786	（1.94 ~ 3.24）328
3.98 ~ 7.78	928	（3.24 ~ 6.48）557
7.78 ~ 15.55	532	（6.48 ~ 12.96）476
15.55 ~ 32.40	353	（12.96 ~ 32.4）404
32.40 ~ 64.80	130	228
64.80 ~ 129.60	57	（64.80 ~ 324.00）57
破片总数	1 591	4 190
破片平均质量/g	1.89	7.32
杀伤面积/m²	2 154	1 375

改善材料的机械性能也能提高破片率。一般地，强度的提高和延性的降低均会导致破片平均质量下降和数量增加。

1. 预制破片

这样做可以百分之百地控制破片，而且可以保证破片的气动外形和有利的终点外形。缺点是要用附加的支撑结构，增加了非有效质量，同时不便于在高加速的炮弹上使用，一般用于手雷、炸弹和战斗部。生产成本较高也是问题之一。预制破片常见的有球形、小箭、立方体形等破片。

2. 可控破片

控制破片的方法除了预制破片外，还有如下方法：

（1）采用多层壳体，预制壳体的环向破坏；

（2）用塑料、纸板等材料作药形衬套，使炸药上带有小聚能沟槽，从而使炸药爆炸后能按需要切割壳体形成破片；

（3）用刻槽环制作壳体；

（4）用刻槽的钢带绕制壳体；

（5）将内壁刻槽的筒旋锻或收口制成壳体。

3. 含能破片

含能破片又称活性破片，是一种将多功能含能结构材料与预制破片相结合而产生的新概念毁伤元。当含能破片高速撞击目标时，自身能够产生化学反应，释放出不低于炸药量级的热量，并在穿透目标后引燃易燃易爆类部件，能够有效提高破片毁伤效能及杀伤后效，增强对轻型装甲车辆、雷达和导弹等目标的毁伤威力，可广泛应用于各类炮弹、导弹、火箭弹的破片式战斗部。其能量的输出方式主要为动能侵彻和高温热能，因此含能破片对油箱类目标和电子设备有较好的毁伤效果。

5.7　创伤弹道

研究枪弹头、破片等抛射体在人体内的运动规律及其对机体影响的学科叫创伤弹道学。它是介于终点弹道学与创伤外科之间的边缘学科。研究创伤弹道的目的：一是指导杀伤武器的研制、试验；二是为火器伤的诊断、治疗及预防提供理论根据和处理原则。

第二次世界大战后，美国 5.56 mm M193 枪弹、苏联 5.45 mm 小口径枪弹的装备以及杀伤弹普遍采用高密度小质量破片，使致伤机理更加复杂，创伤弹道的研究为新型小口径枪弹的出现提供了理论依据。

创伤弹道研究的基本方法：一是战场实际调查统计，二是动物试验研究，三是非生物模拟试验。生物试验应选用皮肤强度与人体相近，个体差异小，具有一定可侵彻厚度、便于搬运以及可长时间观察治疗的动物。非生物模拟物常用肥皂、明胶、黏土、新鲜猪牛肉等；也常将防护材料与活动物组合进行试验，以研究防护物的效果。

5.7.1　抛射体致伤机理

1898 年，Woodurff 将海洋工程学的概念应用于创伤弹道学，提出高速度抛射体侵彻组织会造成空腔的预见。1935 年，Callender 根据对猪、羊、陶土的一系列试验表明，生物体内由抛射体引起的空腔如同炸药空穴膨胀一样，比永久性伤道大许多倍，是引起广泛组织损伤的原因所在。1941 年，Black 等首次用高速脉冲 X 射线摄影证明了这种空腔的存在。对形成空腔的机理有多种解释，有代表性的观点认为，当高速抛射体进入组织时，组织微团在抛射体作用下获得动能后，又在惯性力作用下从弹道向外喷射，即沿着某一曲线与抛射体表面分离，并在其后方形成一个小空腔，这些大量的小空腔联合就形成了连续而扩大的空腔。

5.7.2　组织对抛射体的反应

在空气中稳定飞行的抛射体进入机体后，由于机体组织的各向异性，抛射体的运动会受到扰动而产生不稳定弹道。另外，抛射体在不同的组织中运动，所受阻力也不同。对于软组织，速度衰减与抛射体速度平方成比例，即

$$\frac{\mathrm{d}v}{\mathrm{d}t} = \alpha v^2 \tag{5-7-1}$$

式中：α 为衰减系数，可用下式计算：

$$\alpha = \frac{\rho A}{2M} C_{\mathrm{D}} \tag{5-7-2}$$

式中：A 为抛射体在速度方向的投影面积；M 为抛射体质量；ρ 为组织密度；C_{D} 为阻力系数。

瑞典学者 Berlin 利用猪试验测得 C_{D} 值为

$$C_{\mathrm{D}} = 0.357\,(v = 1\,000 \text{ m/s})$$

$$C_{\mathrm{D}} = 0.371\,(v = 1\,500 \text{ m/s})$$

钢球对软组织的侵彻深度可用下式计算：

$$L_{\max} = 46.3 r_0 \ln\left(\frac{v_0}{84}\right) \tag{5-7-3}$$

式中：r_0 为钢球半径（cm）；v_0 为冲击速度（m/s）；L_{max} 为侵彻深度（mm）。

试验表明，由于皮肤韧性大，其速度衰减系数比肌肉大 40%，阻力系数大约为 0.528。骨骼对抛射体运动的阻抗要比肌肉和皮肤复杂，因为骨骼的各向异性很突出，并且受到冲击后所出现的破碎、弯曲和撕裂都会影响抛射体的运动。一般说来，抛射体对骨骼的侵彻深度只能达到对软组织侵彻深度的几十分之一。

5.7.3　影响致伤效应的物理因素

同一种抛射体，以不同速度冲击肌肉组织时，伤道入口与出口面积之比、坏死组织清除量、伤道容积和能量传递都随冲击速度的增大而加大，5.65 mm 钢珠的试验结果见表 5 - 7 - 1。

表 5 - 7 - 1　5.65 mm 钢珠致伤效果与冲击速度的关系

冲击速度/(m·s⁻¹)	出口与入口面积比	坏死组织清除量/g	伤道容积/cm³
555	1.76	3.8	8.4
955	2.85	27.3	21.5
1 151	5.29	38.2	34.5
1 448	6.43	48.8	50.3

高速抛射体在侵彻过程中，其章动角 δ 还会随着速度的锐减而剧增，而章动角的增大，又会造成更严重的致伤效果。因此，提高抛射体的速度，是造成严重致伤的最有效的手段之一。

一般来说，抛射体的质量愈大，它在组织中克服阻力、保存速度的能力就愈强，因而造成窄而深的伤道；而质量小的抛射体（如小破片、小口径枪弹），速度衰减很快，能量传递量很大，因而造成宽而浅的伤道，如图 5 - 7 - 1 所示。

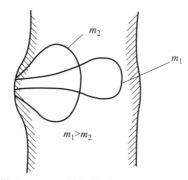

图 5 - 7 - 1　抛射体质量对伤道的影响

较软的抛射体较易变形，因此致伤效果较好。弹尖露出铅芯的达姆弹，侵入组织后自身会严重变形和破碎，几乎全部能量都传给了伤道周围的组织，其致伤效果是众所周知的。使抛射体进入机体后运动失稳，也能提高致伤效应。西德 4.6 mm 的非对称枪弹就是基于这一思想的设计。钢球在机体内不易变形，也不易失稳，但容易沿最小抗力方向改变侵彻方向，从而造成曲折复杂的伤道。

目前，已有的一些避弹衣，大都是用多层柔韧材料（如尼龙）制成的，在一定条件下，对人体有保护作用。它可使小质量、易变形和低速度的抛射体的致伤效果明显降低，但对大质量和速度较快的枪弹（如 56 式 7. 62 mm 枪弹），不但不能减小致伤效果，反而会使枪弹失稳变形，加大能量传递，造成更大的损伤。

5. 7. 4　创伤弹道的形态

创伤弹道一般有如下形态。

1. 贯通伤道

贯通伤道即抛射体正位贯穿机体形成的伤道。抛射体速度较高且章动角较大时（如枪弹刚出枪口），入口大于出口——自伤弹道常出现这种情况。当抛射体减速剧烈，失稳翻滚时，出口常大于入口。

2. 盲管伤道

这种伤道以破片产生的为多。由于在这种情况下，抛射体能量全部消耗在组织内，而且抛射体本身也滞留在组织内，因而在相同条件下，往往盲管伤道比贯通伤道更严重、更难处理。

3. 切线伤道

切线伤道为不封闭的浅沟状。其伤势常被轻视。应该指出，由于高速抛射体（如重机枪枪弹头）擦过组织时会产生很大的侧冲力，因此常造成深部组织器官的损伤，如骨折、血气胸等。

组织各向异性会造成创伤弹道的原发性偏斜，而伤后姿态变化，又会导致继发性伤道偏斜。由于伤道内负压作用，体外物体（如衣片、砂石、防弹衣碎片等）会从出入口吸入伤道，加上伤道内的坏死组织的存在，伤道极易被感染。

思考题与习题

1. 破片在空气中运动时，哪些因素影响其飞行速度？
2. 破片初速的大小与哪些因素有关？
3. 创伤弹道一般有哪些形态？
4. 含能破片与传统破片相比较，有何优缺点？

第6章

空气中爆炸

6.1 空气中爆炸现象及其描述

炸药在空气中爆炸，瞬时（10^{-6} s 量级）转变为高温（103 K 量级）和高压（10^{10} Pa 量级）的类似于气体的爆炸产物。由于空气的初始压力（10^5 Pa 量级）和密度都很低，于是爆炸产物急剧膨胀，导致压力和密度的下降，在爆炸产物中形成稀疏波。同时，爆炸产物膨胀，强烈压缩空气，在空气中形成爆炸空气冲击波。

6.1.1 冲击波概念

冲击波是一种强烈的压缩波，是由于炸药爆炸后爆轰产物以超声速的方式向四周传播，这种压缩空气的波动形式称为冲击波。其特点是波前突跃式变化，产生一个锋面。锋面处介质的物理性质发生跃变，造成强烈的破坏作用，冲击波在传播过程中最终会衰减成声波。冲击波与声波相比有以下特点。

（1）声波是弱扰动的传播，扰动前后状态参数的变化很小；冲击波是强扰动的传播，扰动前后状态参数发生激烈变化。同时，冲击波有陡峭的波阵面而声波却没有。

（2）声波的传播速度是声速，取决于介质的压力和密度；而冲击波的传播速度是超声速的，取决于扰动的强度。

（3）声波在介质中传播时，介质质点只在平衡位置做微小的振动，不随声波一起运动；而冲击波在介质中传播时，介质的质点将随波以一定的速度（小于冲击波速度）运动。

（4）冲击波的传播过程虽然是绝热的，但却不是等熵的；冲击波传播过后介质的熵是增加的，声波的传播过程既是绝热的又是等熵的。

（5）声波的传播具有周期性，而冲击波的传播则不具有周期性。

（6）冲击波在传播过程中逐渐衰减而变成声波，直至最后消失。

6.1.2 爆炸产物的膨胀和爆炸空气冲击波的形成

爆炸产物的膨胀规律，可近似地认为符合多方指数型状态方程，即

$$pv^\gamma = \text{const}$$

式中：p、v 分别为爆炸产物的压力和比体积（单位质量的体积）；γ 为多方指数，与爆炸产物的组成和密度有关，密度越大，则 γ 值越大。

对于半径为 r_0 的球形装药，爆炸后的爆炸产物膨胀半径用 r 表示，则爆炸产物的比体积 V 和压力 p 分别与 r^3 和 $r^{-3\gamma}$ 成正比。γ 值一般大于理想气体的等熵指数 1.4，多数在 2 ~ 4 之

间。所以，随着爆炸产物的膨胀，压力下降得很快。对于普通的炸药，当压力下降到空气的初始压力 p_0 时，膨胀半径 r 只达到初始半径 r_0 的几倍到十几倍。随着爆炸产物的膨胀，密度不断减小，γ 值也不断减小，所以爆炸产物压力的下降速率在最初时最大，并不断减小。

当爆炸产物膨胀到空气的初始压力 p_0 时，由于惯性效应产生过度膨胀，直到惯性效应消失为止。此时，爆炸产物的平均压力低于空气的初始压力 p_0，爆炸产物的体积达到最大值。由于爆炸产物的压力低于空气的初始压力 p_0，空气反过来对爆炸产物进行压缩，使其压力不断回升。同样，由于惯性效应产生过度压缩，使爆炸产物的压力又稍大于 p_0。这样，重新开始膨胀和压缩，形成膨胀和压缩的脉动（振荡）过程。

爆炸产物与空气最初存在着清晰的界面，由于脉动过程，特别是界面周围产生湍流等作用，使界面越来越模糊，最后与空气介质混合在一起。

当爆轰波到达炸药和空气界面时，瞬时在空气中形成强冲击波，称为初始冲击波。初始冲击波阵面和爆炸产物—空气界面相重合，其参数由炸药和介质性质所决定。初始冲击波作为一个强间断面，其运动速度大于爆炸产物—空气界面的运动速度，造成压力波阵面与爆炸产物—空气界面的分离。如果不考虑衰减，那么初始冲击波构成整个压力波的头部，其压力最高，压力波尾部压力最低，与爆炸产物—空气界面压力相连续。爆炸产物第一次过度膨胀后，由于爆炸产物的压力低于空气的压力，立即在压力波的尾部形成稀疏波，并开始第一次反向压缩。此时，压力波和稀疏波与爆炸产物分离并独立地向前传播。这样，就形成了一个尾部带有稀疏波区（或负压区）的空气冲击波，称为爆炸空气冲击波。爆炸空气冲击波不同于一般意义上的气体冲击波，普通气体冲击波不带稀疏波区（负压区）。爆炸空气冲击波的形成和压力分布如图 6 - 1 - 1 所示。

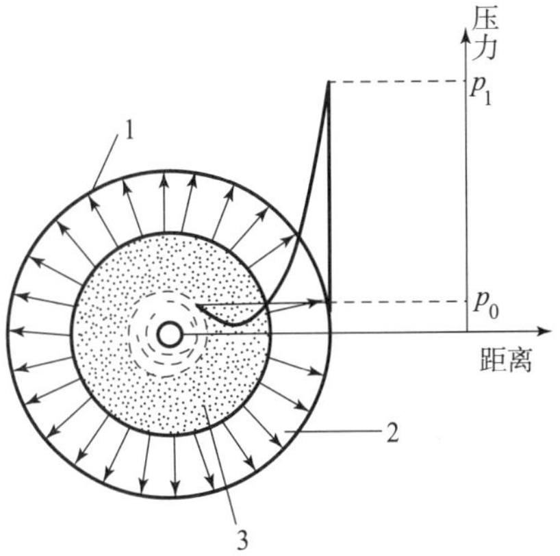

图 6 - 1 - 1　爆炸空气冲击波的形成和压力分布
1—冲击波波阵面；2—正压区；3—负压区

6.1.3　爆炸空气冲击波的传播

爆炸空气冲击波形成后，脱离爆炸产物独立地在空气中传播。爆炸空气冲击波在传播过程中，波的前沿以超声速传播，而正压区的尾部是以与压力 p_0 相对应的声速传播，所以正压区被不断拉宽。爆炸空气冲击波的传播如图 6 - 1 - 2 所示。

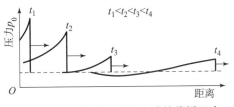

图 6 - 1 - 2　爆炸空气冲击波的传播示意

另外，随着爆炸空气冲击波的传播，其压力和传播速度等参数迅速下降。这是因为：首先，爆炸空气冲击波的波阵面随传播距离的增加而不断扩大，即使没有其他能量损耗，其波阵面上的单位面积能量也迅速减少；其次，爆炸空气冲击波的正压区随传播距离的增加而不断被拉宽，受压缩的空气量不断增加，使得单位质量空气的平均能量不断下降；最后，冲击波的传播是不等熵的，在波阵面上熵是增加的，因此在传播过程中，始终存在着因空气冲击绝热压缩而产生的不可逆的能量损失。爆炸空气冲击波传播过程中波阵面压力在初始阶段衰减快，后期衰减慢，传播到一定距离后，冲击波衰减为音波。冲击波阵面压力随时间的变化如图 6 - 1 - 3 所示，图中，$\Delta p_1 = p_1 - p_0$ 为峰值超压，t_+ 表示正压区作用时间。

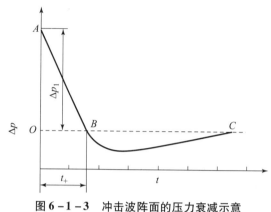

图 6 - 1 - 3　冲击波阵面的压力衰减示意

6.2　爆炸空气冲击波参数

炸药在空气中爆炸形成爆炸空气冲击波，爆炸空气冲击波有别于普通的冲击波，其尾部带有负压区（稀疏区）。爆炸空气冲击波随着传播距离的增加，其峰值压力不断减小，正压区被不断拉宽。本节讨论爆炸空气冲击波的参数及其变化规律。

6.2.1　爆炸空气冲击波初始参数

描述爆炸空气冲击波的有关参数包括冲击波峰值（波峰或波谷）压力、传播速度和质点速度，以及它们随空间和时间坐标的分布等。从解析的角度求解上述参数目前还难以做到，原因在于有关参数相互耦合的流体力学方程组不封闭。由于初始冲击波阵面与爆炸产物—空气界面相重合、初始冲击波与爆炸产物的压力和质点速度相连续，所以初始冲击波参数可以求得解析解。

一般来说，初始冲击波的波阵面压力 p_X 远小于爆轰 CJ 压力 p_H，在爆炸产物由压力 p_H 膨胀到 p_X 的过程中，联系爆炸产物状态量之间关系的爆炸产物状态方程目前还难以给出精确的表达式，或者难以得到适合整个压力范围的通用形式。所以只能在对爆炸产物的膨胀规律做某种假设的情况下，得到爆炸空气冲击波某些初始参数的近似计算方法。

假定炸药爆轰产物膨胀过程是绝热的，此过程分成两个阶段：第一阶段由压力 p_H 膨胀到 p_K，第二阶段由压力 p_K 膨胀到 p_X。两个阶段的状态方程如下：

$$p_H V_H^{\gamma} = p V^{\gamma} \quad (p \geqslant p_K) \tag{6-2-1}$$

$$p_K V_K^{\gamma} = p V^{k} \quad (p < p_K) \tag{6-2-2}$$

式中：p 和 V 分别为爆炸产物的压力和比体积；下标 H 表示 CJ 爆轰状态；下标 K 表示两阶段分界状态；$\gamma = 3$，$k = 1.4$。

p_K 可表示为

$$p_K = \frac{p_H}{2}\left\{ \frac{k-1}{\gamma-k}\left[\frac{(\gamma-1)Q_v}{\frac{1}{2}p_H V_0} - 1 \right]^{\gamma/(\gamma-1)} \right\} \qquad (6-2-3)$$

式中：V_0 为装药初始比体积；Q_v 为装药爆热。对于 TNT 炸药，经计算得到 $p_K \approx 274.4$ MPa。

事实上，爆炸产物压力由 p_H 膨胀到初始冲击波压力 p_X 的过程是不等熵的，多方指数 γ 是不断变化的，并随压力和密度的降低而减小，以上假设不过是某种意义上的平均。对于第二阶段，由于压力已经较低，可以近似地看成是等熵过程。下面讨论爆炸冲击波初始参数压力 p_X、质点速度 u_X 和波速 D_X 在以上假设基础上的求法。

由式（6-2-1）和式（6-2-3），可求出两个阶段分界的状态参数 p_K 和 V_K。对于第二阶段，由于可以假设为等熵过程，所以由声速的定义 $c = \sqrt{(\partial p/\partial\rho)_s}$，结合式（6-2-2）可得

$$\frac{c_X}{c_K} = \left(\frac{V_X}{V_K} \right)^{\frac{k-1}{2}} = \left(\frac{p_X}{p_K} \right)^{\frac{k-1}{2k}} \qquad (6-2-4)$$

式中：c 表示声速；$c_K = \sqrt{K p_K v_K}$；下标 X 表示形成初始冲击波时，爆炸产物的状态。

爆炸产物由 p_H 膨胀到 p_X，产物的速度由 u_H 增大到 u_X，于是

$$u_X = u_H + \int_{p_X}^{p_H} \frac{V}{c}\,\mathrm{d}p = u_H + \int_{p_X}^{p_K} \frac{V}{c}\,\mathrm{d}p + \int_{p_K}^{p_H} \frac{V}{c}\,\mathrm{d}p \qquad (6-2-5)$$

由爆轰理论可知

$$\begin{cases} u_H = \dfrac{1}{\gamma+1}D \\[2mm] c_H = \dfrac{\gamma}{\gamma+1}D \\[2mm] p_H = \dfrac{1}{(\gamma+1)V_0}D^2 \\[2mm] V_H = \dfrac{\gamma}{\gamma+1}V_0 \end{cases} \qquad (6-2-6)$$

式中：D 为装药爆速。

将式（6-2-6）代入式（6-2-5），整理可得

$$u_X = \frac{D}{\gamma+1}\left\{ 1 + \frac{2\gamma}{\gamma-1}\left[1 - \left(\frac{p_K}{p_H} \right)^{\frac{\gamma-1}{2\gamma}} \right] \right\} + \frac{2c_K}{k-1}\left[1 - \left(\frac{p_X}{p_K} \right)^{\frac{k-1}{2k}} \right] \qquad (6-2-7)$$

爆炸初始冲击波必然是强冲击波，因此引入强冲击波关系式：

$$p_X = \frac{K_a+1}{2}\rho_a u_X^2 \qquad (6-2-8)$$

$$D_X = \frac{K_a+1}{2}u_X \qquad (6-2-9)$$

式中：K_a 为未扰动空气的等熵指数，对于强冲击波，$K_a = 1.2$；ρ_a 为未扰动空气的密度，标准状况下，$\rho_a = 1.225$ kg/m³。

联立式（6-2-7）和式（6-2-8），可解出 p_X 和 u_X，再由式（6-2-9）解出 D_X。

表 6-2-1 所示的是部分炸药空气中爆炸按上述方法得到的空气冲击波初始参数的计算结果；表 6-2-2 所示的是部分试验结果。比较表 6-2-1 和表 6-2-2，可以看到计算结

果和试验结果具有较好的符合程度。另外，由试验结果可以看到，冲击波初始参数与装药密度有关。

表 6 – 2 – 1　空气冲击波初始参数的计算结果

炸药	$\rho_0/(\text{g} \cdot \text{cm}^{-3})$	$D/(\text{m} \cdot \text{s}^{-1})$	$Q_v/(\text{kJ} \cdot \text{kg}^{-1})$	p_K/MPa	p_X/MPa	$D_X/(\text{m} \cdot \text{s}^{-1})$	$u_X/(\text{m} \cdot \text{s}^{-1})$
TNT	1.60	7 000	4 186	270	64.2	7 590	6 900
RDX	1.60	8 200	5 442	266	71.4	8 008	7 280
PETN	1.69	8 400	5 860	348	79.1	8 426	7 660

表 6 – 2 – 2　炸药附近空气冲击波速度的试验结果（药柱直径 23 mm）

炸药种类	$\rho_0/(\text{g} \cdot \text{cm}^{-3})$	$D/(\text{m} \cdot \text{s}^{-1})$	$D_X/(\text{m} \cdot \text{s}^{-1})$		
			0 ~ 30 mm*	30 ~ 60 mm*	60 ~ 90 mm*
TNT	1.30	6 025	6 670	5 450	4 620
TNT	1.35	6 200	6 740	5 670	4 720
TNT	1.45	4 450	6 820	5 880	—
TNT	1.60	7 000	7 500	6 600	5 400
钝感 RDX	1.40	7 350	8 000	—	—
钝感 RDX	1.60	8 000	8 600	6 900	6 400

注：＊为药柱长度。

6.2.2　爆炸相似律——无限空气介质中爆炸冲击波参数的经验算法

在 6.2.1 节中，讨论了炸药在空气中爆炸所产生冲击波初始参数的计算问题，而且限于 p_X、u_X 和 D_X 的计算。本小节将介绍爆炸空气冲击波参数峰值超压 Δp、压力区作用时间 τ 和比冲量 i 随传播距离的变化及其经验算法。峰值超压是指冲击波峰值压力与环境压力之差。

1. 爆炸相似律

无限空气介质中的爆炸存在相似规律已得到人们的普遍共识。目前，关于爆炸空气冲击波三个基本参数 Δp、τ 和 i 的计算，均根据相似理论、通过量纲分析和试验标定参数的方法得到相应的经验计算公式。

通过量纲分析可得到 Δp、τ 和 i 均是 $\sqrt[3]{\omega}/r$（ω 为装药量，r 为距爆心的距离）的函数，进而可展开成级数形式（多项式），即

$$\begin{cases} \Delta p = f_1(\sqrt[3]{\omega}/r) = A_0 + \dfrac{A_1}{\bar{r}} + \dfrac{A_2}{\bar{r}^2} + \dfrac{A_3}{\bar{r}^3} + \cdots \\[2mm] \tau/\sqrt[3]{\omega} = f_2(\sqrt[3]{\omega}/r) = B_0 + \dfrac{B_1}{\bar{r}} + \dfrac{B_2}{\bar{r}^2} + \dfrac{B_3}{\bar{r}^3} + \cdots \\[2mm] i/\sqrt[3]{\omega} = f_3(\sqrt[3]{\omega}/r) = C_0 + \dfrac{C_1}{\bar{r}} + \dfrac{C_2}{\bar{r}^2} + \dfrac{C_3}{\bar{r}^3} + \cdots \end{cases}$$

式中：$\bar{r} = r/\sqrt[3]{\omega}$，为对比距离；$\omega$、$r$ 的单位分别为 kg 和 m；系数 A_i、B_i、C_i（$i = 0, 1, 2, \cdots$）由试验来确定。

2. 爆炸空气冲击波峰值超压的计算公式

对于裸露的 TNT 球形装药在无限空气中爆炸，正压区峰值超压 Δp_+，存在下列计算公式：

$$\Delta p_+ = \frac{0.096}{\bar{r}} + \frac{0.143}{\bar{r}^2} + \frac{0.573}{\bar{r}^3} - 0.001\,9 \quad (0.009\,8 \leqslant \Delta p_+ \leqslant 0.98)$$

$$(6-2-10a)$$

$$\Delta p_+ = \frac{0.657}{\bar{r}^3} + 0.098 \quad (\Delta p_+ \geqslant 0.98) \qquad (6-2-10b)$$

式中：Δp_+、$\bar{r}$ 的单位分别为 MPa 和 m/kg，以下的公式与此相同。

我国国防工程设计规范（草案）中规定的计算公式为

$$\Delta p_+ = \frac{0.082}{\bar{r}} + \frac{0.265}{\bar{r}^2} + \frac{0.686}{\bar{r}^3} \quad (1 \leqslant \bar{r} \leqslant 15) \qquad (6-2-11)$$

式（6-2-11）要求 $H/\sqrt[3]{\omega} \geqslant 0.35$（$H$ 为爆炸中心距地面的高度），即这样的爆炸近似为无限空气中的爆炸。

负压区的峰值超压 Δp_- 可表示为

$$\Delta p_- = -\frac{0.034\,3}{\bar{r}} \quad (\bar{r} \geqslant 1.6) \qquad (6-2-12)$$

冲击波阵面正压区压力随时间的变化可近似计算，即

$$\Delta p(t) = \Delta p_+ \left(1 - \frac{t}{\tau_+}\right) \exp\left(-a\frac{t}{\tau_+}\right) \qquad (6-2-13)$$

当压力 $0.1\ \mathrm{MPa} < \Delta p_+ < 0.3\ \mathrm{MPa}$ 时，有

$$a = \frac{1}{2} + 10\Delta p_+ \left[1.1 - (0.13 + 2.0\Delta p_+)\frac{t}{\tau_+}\right]$$

当压力 $\Delta p_+ \leqslant 0.1\ \mathrm{MPa}$ 时，有

$$a = \frac{1}{2} + 10\Delta p_+$$

以上公式都是针对 TNT 球形装药在无限空气介质中的爆炸情况，对于其他类型的装药及其他环境的爆炸将在本节后面讨论。另外，对于其他形状炸药，当传播距离大于装药特征尺寸时，可按上述公式近似计算；当传播距离小于装药的特征尺寸时，将在本节后面讨论。

3. 正压区作用时间的计算

正压区作用时间 τ_+ 是爆炸空气冲击波的另一个特征参数，它是影响对目标破坏作用大小的重要标志参数之一。与峰值超压一样，它的计算也是根据爆炸相似律通过试验来建立的经验关系式。

TNT 球形装药在空气中爆炸时，τ_+ 的计算公式为

$$\tau_+ = B\,\bar{r}^{1/2}\,\sqrt[3]{\omega} \quad (r > 12r_0) \qquad (6-2-14)$$

式中：$B = (1.3 \sim 1.5) \times 10^{-3}$；$\tau_+$ 的单位为 s。

负压区作用时间 τ_- 的计算公式为

$$\tau_- = 1.25 \times 10^{-2}\,\sqrt[3]{\omega} \qquad (6-2-15)$$

式中：τ_- 的单位为 s。

4. 比冲量的计算

理论上讲，比冲量由超压对时间的积分得到，但计算比较复杂。由爆炸相似律可得正压区比冲量：

$$i_+ = \frac{C}{r} \sqrt[3]{\omega} \qquad (6-2-16)$$

式中：i_+ 的单位为 $N \cdot s/m^2$；对于 TNT 装药，系数 $C = 196 \sim 245$。

冲击波负压区的比冲量为

$$i_- = i_+ \left(1 - \frac{1}{2r}\right) \qquad (6-2-17)$$

由式（6-2-17）可以看出，随着冲击波传播距离的增加，i_- 逐渐接近 i_+。

5. TNT 当量及其换算

上述所有计算公式都是针对 TNT 球形装药在无限空气介质中的爆炸。事实上，装药并不总是 TNT，也不总是在无限空气介质中爆炸。对于其他类型的炸药，在一定环境条件下的爆炸，可根据能量相似原理，将实际装药量换算成相当于 TNT 炸药在无限空气介质中爆炸的装药量（TNT 当量），再采用上述计算公式计算相应的爆炸空气冲击波参数。下面介绍 TNT 当量的换算方法。

1）其他类型炸药在无限空气介质中爆炸

设某个炸药的爆热为 Q_{vi}，药量为 ω_i，其 TNT 当量为

$$\omega_e = \frac{Q_{vi}}{Q_{vT}} \omega_i \qquad (6-2-18)$$

式中：Q_{vT} 为 TNT 的爆热。

2）TNT 装药在地面上爆炸

若地面是刚性地面，TNT 当量为

$$\omega_e = 2\omega \qquad (6-2-19)$$

若地面是普通土壤，TNT 当量为

$$\omega_e = 1.8\omega \qquad (6-2-20)$$

式中：ω 为原装药量。

3）TNT 装药在管道（坑道）内爆炸

设管道（坑道）截面面积为 S，对于两端开口情况下的 TNT 当量为

$$\omega_e = \frac{4\pi r^2}{2S} \omega = 2\pi \frac{r^2}{S} \omega \qquad (6-2-21)$$

式中：r 为冲击波传播距离。

对于一端开口情况下的 TNT 当量为

$$\omega_e = 4\pi \frac{r^2}{S} \omega \qquad (6-2-22)$$

4）TNT 装药在高空中的爆炸

设高空中的压力为 p_{01}，海平面的压力为 p_0，则在压力 p_{01} 的高空中爆炸的 TNT 当量为

$$\omega_e = \frac{p_{01}}{p_0} \omega \qquad (6-2-23)$$

5）长径比很大的圆柱形 TNT 装药的爆炸

设圆柱形装药半径和长度分别为 r_0 和 L，当冲击波传播距离 $r \geq L$ 时，可近似看成球形装药的爆炸。对于 $r < L$ 时，TNT 当量为

$$\omega_e = \frac{4\pi r^2}{2\pi rL}\omega = 2\frac{r}{L}\omega \qquad (6-2-24)$$

综上所述，TNT 当量的换算要注意两点：首先对装药的类型根据爆热进行换算；然后根据爆炸条件和装药形状再进行换算。

6.3　战斗部（弹丸）在空气中的爆炸

前面讨论的是裸露装药在静止条件下的爆炸情况，而对于实际的战斗部（弹丸）来说，装药外部都有壳体，而且经常是在运动过程中爆炸，这些都直接影响着爆炸作用场。一方面，战斗部爆炸后，炸药释放出的能量一部分消耗于壳体的变形、破碎和破片的飞散，另一部分消耗于爆炸产物的膨胀和形成空气冲击波，因此与无壳装药相比，空气冲击波的超压和比冲量要减小；另一方面，装药的运动本身具有动能，这会使运动装药比静止装药的爆炸冲击波的超压和比冲量增大。下面分别进行讨论。

6.3.1　带壳装药的爆炸

壳体的变形和破碎所消耗的能量占炸药释放出总能量的 $1\% \sim 3\%$，近似估算时，可以忽略不计。这样，根据能量守恒定律，质量为 ω 的炸药释放出的总能量用于爆炸产物的内能和动能的增加，以及破片飞散的动能，即

$$\omega Q_v = E_1 + E_2 + E_3 \qquad (6-3-1)$$

式中：E_1、E_2、E_3 分别为爆炸产物的内能、动能和破片的动能；Q_v 为炸药的爆热。

爆炸产物的内能为

$$E_1 = \frac{\omega pV}{\gamma - 1} \qquad (6-3-2)$$

式中：p、V 分别为爆炸产物的压力和比体积；γ 为多方指数。

若装药为瞬时爆轰，爆轰产物按 $pV^\gamma = \mathrm{const}$ 的规律膨胀，则有

$$p = \overline{p_H}\left(\frac{V_0}{V}\right)^\gamma$$

式中：$\overline{p_H}$、V_0 分别为瞬时爆轰压力和装药比体积。

将上式代入式（6-3-2），得到

$$E_1 = \omega Q_v\left(\frac{r_0}{r}\right)^{b(\gamma-1)} \qquad (6-3-3)$$

式中：r_0、r 分别为壳体初始半径和膨胀半径；b 为形状系数，对于圆柱形壳体，$b=2$，对于球形壳体，$b=3$。

假设壳体内爆炸产物的压力均匀分布，则爆炸产物的动能为

$$E_2 = \frac{\omega}{2(a+1)}u_P^2 \qquad (6-3-4)$$

式中：u_P 为壳体膨胀速度；a 为形状系数，对于圆柱形装药，$a=1$，对球形装药，$a=2/3$。

壳体所具有的动能为

$$E_3 = \frac{q}{2} u_P^2 \qquad (6-3-5)$$

式中：q 为壳体质量。

将式（6-3-3）~式（6-3-5）代入式（6-3-1），可得

$$\omega Q_v = \omega Q_v \left(\frac{r_0}{r} \right)^{b(\gamma-1)} + \frac{\omega}{2(a+1)} u_P^2 + \frac{q}{2} u_P^2$$

或

$$u_P^2 = \frac{\omega Q_v \left[1 - \left(\frac{r_0}{r} \right)^{b(\gamma-1)} \right]}{\frac{\omega}{2} \left(\frac{q}{\omega} + \frac{1}{a+1} \right)} \qquad (6-3-6)$$

令 $\alpha = \dfrac{\omega}{\omega+q}$（称装填系数），则 $\dfrac{q}{\omega} = \dfrac{1}{\alpha} - 1$，将其代入式（6-3-6）可得

$$u_P = \sqrt{\frac{2Q_v \left[1 - \left(\frac{r_0}{r} \right)^{b(\gamma-1)} \right]}{\frac{1}{\alpha} - \frac{a}{a+1}}}$$

设壳体破裂时破片初速为 u_{P_0}，破裂半径为 r_{P_0}，则留给爆炸产物的能量为

$$E_1 + E_2 = \omega Q_v - \frac{q}{2} u_{P_0}^2 = \omega Q_v \left[\frac{\alpha}{a+1-a\alpha} + \frac{(a+1)(1-\alpha)}{a+1-a\alpha} \left(\frac{r_0}{r_{P_0}} \right)^{b(\gamma-1)} \right]$$

$$(6-3-7)$$

可以认为式（6-3-7）右端是带壳装药留给爆炸产物的能量当量，则可得到带壳装药相当于裸露装药的当量 ω_{be}：

$$\omega_{be} = \omega \left[\frac{\alpha}{a+1-a\alpha} + \frac{(a+1)(1-\alpha)}{a+1-a\alpha} \left(\frac{r_0}{r_{P_0}} \right)^{b(\gamma-1)} \right] \qquad (6-3-8)$$

对于圆柱形壳体装药，$a = 1$，$b = 2$，得到

$$\omega_{be} = \omega \left[\frac{\alpha}{2-\alpha} + \frac{2(1-\alpha)}{2-\alpha} \left(\frac{r_0}{r_{P_0}} \right)^{2(\gamma-1)} \right] \qquad (6-3-9)$$

对于球形壳体装药，$a = 2/3$，$b = 3$，则有

$$\omega_{be} = \omega \left[\frac{3\alpha}{5-2\alpha} + \frac{5(1-\alpha)}{5-2\alpha} \left(\frac{r_0}{r_{P_0}} \right)^{3(\gamma-1)} \right] \qquad (6-3-10)$$

由试验可知，对于韧性材料：钢壳可近似取 $r_{P_0} = 1.5r$，铜壳取 $r_{P_0} = 2.24r$；对于脆性材料或预制破片，此值应小些。

对于带壳装药爆炸空气冲击波参数的计算：首先根据式（6-3-5）换算为裸露装药的当量；然后再换算成 TNT 当量，采用 6.2 节提供的计算公式进行相应的计算。

6.3.2　装药运动的影响

现代某些弹药的运动速度很高，可与爆炸产物的平均飞散速度相比。在这种速度下，运动着的装药爆炸所产生的能量要比静止爆炸大得多，有的可增加一倍以上，这就会使爆炸作

用场产生明显的变化。当装药运动的方向与爆炸产物飞散的方向一致时，爆炸效应最大，并且随两者速度矢量之间的夹角的增加而减小。

设装药以速度 u_0 运动，则其在空气中爆炸时形成的冲击波阵面的初始压力 p_X 和速度 D_X 分别为

$$p_X = \frac{K_a + 1}{2} \rho_a (u_{X0} + u_0)^2 \tag{6-3-11}$$

$$D_X = \frac{K_a + 1}{2} (u_{X0} + u_0) \tag{6-3-12}$$

式中：K_a 为未扰动空气的等熵指数；ρ_a 为未扰动空气的密度；u_{X0} 为静止爆炸时的质点速度。

设静止爆炸时的冲击波初始速度和压力分别为 D_{X0} 和 p_{X0}，那么

$$\frac{D_X}{D_{X0}} = \frac{u_{X0} + u_0}{u_{X0}} = 1 + \frac{u_0}{u_{X0}} \tag{6-3-13}$$

$$\frac{p_X}{p_{X0}} = \left(\frac{u_{X0} + u_0}{u_{X0}}\right)^2 = \left(1 + \frac{u_0}{u_{X0}}\right)^2 \tag{6-3-14}$$

显然，运动装药比静止装药爆炸所形成的初始冲击波的速度和压力都要大。

根据能量相似原理，可把运动装药携带的动能所引起的能量增加看成装药量的增加，这时相当于静止装药的药量为

$$\omega_{be} = \frac{Q_v + \frac{1}{2} u_0^2}{Q_v} \omega \tag{6-3-15}$$

于是，可通过式（6-3-15）结合 6.2 节的有关计算公式，来计算运动装药各冲击波的参数。

6.4　空气冲击波对目标的作用

空气冲击波遇到目标，如建筑物、军事设施等将发生反射和绕流现象。冲击波对目标的作用过程是很复杂的，为了便于研究，在此只讨论一些典型的基本问题。

6.4.1　空气冲击波在刚性壁面上的反射

当空气冲击波遇到刚性壁面时，质点速度立刻变为零，壁面处质点不断聚集，使压力和密度增加，于是形成反射冲击波。现在讨论平面定常冲击波在无限绝对刚壁上进行的正入射和斜入射问题。

1. 空气冲击波的正入射

平面定常正冲击波在刚性壁面的垂直入射及反射如图 6-4-1 所示。由于入射波是定常的，则反射波也是定常的。令未经扰动介质参数为 p_0、ρ_0、$u_0 = 0$；入射冲击波阵面参数为 D_1、p_1、ρ_1、u_1；反射冲击波阵面参数为 D_2、p_2、ρ_2、$u_2 = 0$。由冲击波的基本关系式可得

$$\begin{cases} u_1 - u_0 = \sqrt{(p_1 - p_0)\left(\frac{1}{\rho_0} - \frac{1}{\rho_1}\right)} \\ u_2 - u_1 = -\sqrt{(p_2 - p_1)\left(\frac{1}{\rho_1} - \frac{1}{\rho_2}\right)} \end{cases} \tag{6-4-1}$$

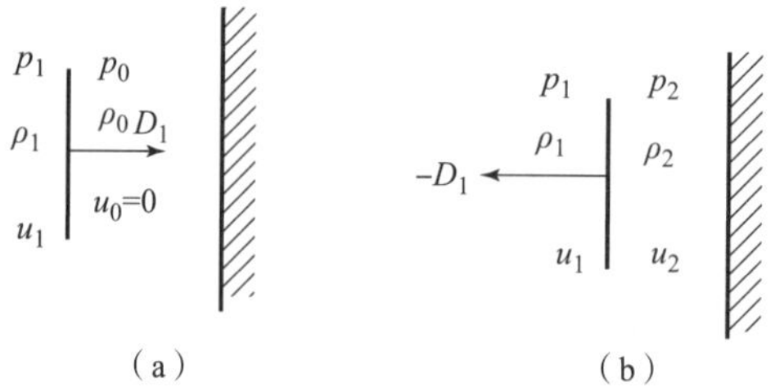

图 6 - 4 - 1 平面冲击波在刚性壁面上的正反射

通常规定坐标向右为正，而反射冲击波方向向左，因此式（6 - 4 - 1）中的第二个公式取负号。又因 $u_0 = u_2 = 0$，所以

$$\sqrt{(p_1 - p_0)\left(\frac{1}{\rho_0} - \frac{1}{\rho_1}\right)} = \sqrt{(p_2 - p_1)\left(\frac{1}{\rho_1} - \frac{1}{\rho_2}\right)} \tag{6 - 4 - 2}$$

将空气视为理想气体时的冲击绝热方程，即

$$\begin{cases} \dfrac{\rho_1}{\rho_0} = \dfrac{(K + 1)p_1 + (K - 1)p_0}{(K + 1)p_0 + (K - 1)p_1} \\ \dfrac{\rho_2}{\rho_1} = \dfrac{(K + 1)p_2 + (K - 1)p_1}{(K + 1)p_1 + (K - 1)p_2} \end{cases} \tag{6 - 4 - 3}$$

将式（6 - 4 - 3）代入式（6 - 4 - 2），整理后可得

$$\frac{(p_1 - p_0)^2}{(K - 1)p_1 + (K + 1)p_0} = \frac{(p_2 - p_1)^2}{(K + 1)p_2 + (K - 1)p_1} \tag{6 - 4 - 4}$$

式中：K 为空气的等熵指数。

令 $\Delta p_1 = p_1 - p_0$，$\Delta p_2 = p_2 - p_0$，式（6 - 4 - 4）可写成

$$\frac{\Delta p_1^2}{(K - 1)\Delta p_1 + 2Kp_0} = \frac{(\Delta p_2 - \Delta p_1)^2}{(K + 1)\Delta p_2 + (K - 1)\Delta p_1 + 2Kp_0}$$

于是，反射冲击波峰值超压为

$$\Delta p_2 = 2\Delta p_1 + \frac{(K + 1)\Delta p_1^2}{(K - 1)\Delta p_1 + 2Kp_0} \tag{6 - 4 - 5}$$

反射冲击波的峰值压力为

$$p_2 = p_1 + \left[(p_1 - p_0) + \frac{(K + 1)(p_1 - p_0)^2}{(K - 1)p_1 + (K + 1)p_0}\right] \tag{6 - 4 - 6}$$

由于反射冲击波的压力是 p_1，故式（6 - 4 - 6）括号内的值就是反射冲击波所引起的压力增量。变换式（6 - 4 - 6）可得

$$\frac{p_2}{p_1} = \frac{(3K - 1)p_1 - (K - 1)p_0}{(K - 1)p_1 + (K + 1)p_0} \tag{6 - 4 - 7}$$

对于空气来说，取 $K = 1.4$，由式（6 - 4 - 5）可得

$$\Delta p_2 = 2\Delta p_1 + \frac{6\Delta p_1^2}{\Delta p_1 + 7p_0} \tag{6 - 4 - 8}$$

将函数 $\Delta p_2 / \Delta p_1 = f(\Delta p_1)$ 作成曲线，如图 6-4-2 所示。对于弱冲击波，即 $\Delta p_1 \ll p_0$ 时，$\Delta p_2 / \Delta p_1 = 2$，与声波的反射情况相一致。而对于强冲击波，$\Delta p_1 \gg p_0$，则 $\Delta p_2 / \Delta p_1 = 8$。

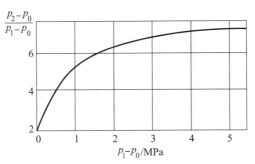

图 6-4-2　$f(\Delta p_1)$ 与 Δp_1 的关系

反射冲击波的速度为

$$D_2 = \sqrt{\frac{2}{\rho_0 (K+1) p_1 + (K-1) p_0} \left[(K-1) p_1 + p_0 \right]} \qquad (6-4-9)$$

反射冲击波阵面两侧的密度之比为

$$\frac{\rho_2}{\rho_1} = \frac{K p_1}{(K-1) p_1 + p_0} \qquad (6-4-10)$$

2. 空气冲击波的斜入射

当空气冲击波与刚壁表面呈一个角度 φ_0 入射时，发生冲击波的斜反射。冲击波的斜反射有两类情况：一类是冲击波的正规斜反射；另一类是非正规斜反射，又称为马赫反射。究竟出现哪一类的反射与冲击波入射角有关系。当入射角较小时，出现正规斜反射；当入射角超过某一临界值 φ_{0c}（马赫反射临界角）时，则出现马赫反射。需要强调指出的是，马赫反射临界角 φ_{0c} 与入射波的强度有关系。图 6-4-3 描述了 φ_{0c} 与入射波压力的关系，由图可见，随着入射波压力的增大，φ_{0c} 不断减小，并趋于一个极限值 40°。

空气冲击波以 φ_0 角入射发生正规斜反射，如图 6-4-4 所示。由于推导过程比较复杂，现只给出如下结果：

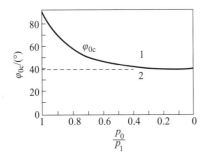

图 6-4-3　φ_{0c} 与入射波压力的关系

1—马赫反射区；2—可能有正规反射区

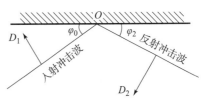

图 6-4-4　冲击波在刚性壁面上的
正规斜反射

$$\begin{cases} \dfrac{(\prod_1 - 1)t_0}{(\prod_2 - 1)t_2} = \dfrac{\prod_1 + \mu + (1 + \mu\prod_1)t_0^2}{1 + \mu\prod_2 + (\prod_2 + \mu)t_2^2} \\[4mm] \dfrac{(\prod_1 - 1)^2}{(\prod_2 - 1)^2} = \dfrac{(\mu\prod_1^2 + \prod_1)(1 + t_0^2)}{(\mu + \prod_2)(1 + t_2^2)} \end{cases} \qquad (6-4-11)$$

式中：$\prod_1 = \dfrac{p_1}{p_0}$；$\prod_2 = \dfrac{p_2}{p_1}$；$t_0 = \tan\varphi_0$；$t_2 = \tan\varphi_2$；$\mu = \dfrac{K-1}{K+1}$。

显然，当已知 p_1、φ_0 时，便可由上式求出 p_2、φ_2。

空气冲击波以 φ_0 角入射发生的马赫反射如图 6-4-5 所示。马赫反射区的峰值超压由下式近似计算：

$$\Delta p_M = \Delta p_G (1 + \cos\varphi_0) \qquad (6-4-12)$$

式中：Δp_M 为马赫反射的峰值超压；Δp_G 为装药在壁面上爆炸时的峰值超压。

另外，由试验得到的马赫反射临界角 φ_{0c}（°）与装药质量 ω（kg）和爆炸高度 H（m）的关系，如图 6-4-6 所示。

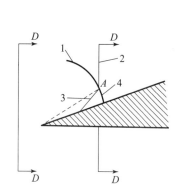

图 6-4-5　冲击波在楔形壁面上的
马赫反射

1—反射冲击波；2—入射冲击波；
3—间断面；4—马赫波

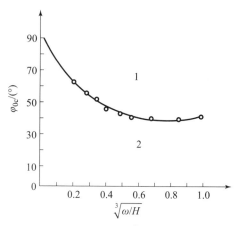

图 6-4-6　φ_{0c} 与 $\sqrt[3]{\omega}/H$ 的关系

1—非正规反射；2—正规反射

马赫反射冲量的计算公式为

$$\begin{cases} i_M = i_+ (1 + \cos\varphi_0) & (0° < \varphi_0 < 45°) \\ i_M = i_+ (1 + \cos^2\varphi_0) & (45° < \varphi_0 < 90°) \end{cases} \qquad (6-4-13)$$

式中：i_M 为马赫反射的比冲量；i_+ 为壁面上爆炸时的比冲量。

6.4.2　空气冲击波的绕流

在 6.4.1 节中讨论的是冲击波对无限大尺寸障壁的作用。实际上，冲击波在传播时遇到的目标尺寸往往是有限的。这时，除了反射冲击波外，还发生冲击波的绕流作用，又称为环流作用。假设平面冲击波垂直作用于一座很坚固的墙，这时就发生正反射，反射结果是壁面

压力增高为 Δp_2。与此同时，入射冲击波沿着墙顶部传播，显然并不发生反射，其波阵面上压力为 Δp_1。由于 $\Delta p_1 < \Delta p_2$，稀疏波向高压区传播。在稀疏波的作用下，壁面处受空气影响而改变了运动方向，形成顺时针方向运动的旋风，另外又和相邻的入射波一起作用，变成绕流向前传播，如图 6 - 4 - 7（a）所示。

绕流进一步发展，绕过墙顶部向下运动，如图 6 - 4 - 7（b）所示。这时墙后壁受到的压力逐渐增加，而墙的正面则由于稀疏波的作用，压力逐渐下降。即使如此，降低后的压力还要比墙后壁的大。

绕流波继续沿着墙壁向下运动，经某一时刻到达地面，并从地面发生反射，使压力升高，如图 6 - 4 - 7（c）所示。这和空气中爆炸时，冲击波从地面反射的情况相类似。

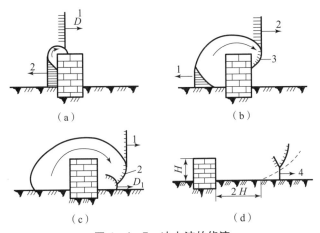

图 6 - 4 - 7　冲击波的绕流

（a）反射的初始情况；（b）绕流情况；（c）绕流波与地面的反射；（d）障碍物后的马赫反射

1—入射冲击波；2—反射波；3—绕流波；4—马赫波

绕流波沿着地面运动，大约在离墙后壁 $2H$（H 为墙高）的地方形成马赫反射，这时冲击波的压力大为加强，如图 6 - 4 - 7（d）所示。

如果冲击波对高而不宽的障碍物作用，如烟囱等建筑物，则发生如图 6 - 4 - 8 所示的情况，其特点是墙的两侧同时产生绕流，当两个绕流绕过墙继续运动时，就发生相互碰撞现象，碰撞区的压力骤然升高。高、宽都不很大的墙壁，受到冲击波作用后绕流同时产生于墙的顶端和两侧，这时在墙的后壁某处会出现三个绕流波汇聚作用的合成波区，该处压力很高。因此，在利用墙作防护时，必须注意墙后某距离处的破坏作用可能比无墙时更加厉害。

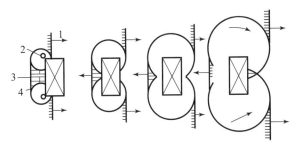

图 6 - 4 - 8　冲击波对高而不宽的障碍物的绕流

1—入射波；2—涡流；3—反射波；4—稀松波

6.5 空气中爆炸的破坏作用

装药在空气中爆炸能使周围目标（如建筑物、军事装备和人员等）产生不同程度的破坏和损伤。离爆炸中心小于 $10r_0 \sim 15r_0$（r_0 为装药半径）时，目标受到爆炸产物和冲击波的同时作用；而超过上述距离时，只受到空气冲击波的破坏作用。因此在进行估算时，必须选用相应距离的有关计算式。

各种目标在爆炸作用下的破坏是一个极其复杂的问题，它不仅与冲击波的作用情况有关，而且与目标的特性及其某些随机因素有关。

目标与装药有一定距离时，其破坏作用的计算由结构本身振动周期 T 和冲击波正压区作用时间 τ_+ 确定。如果 $\tau_+ \ll T$，则目标的破坏作用决定于冲击波冲量；反之，若 $\tau_+ \gg T$，则取决于冲击波的峰值压力。通常，大药量和核爆炸时，由于正压区作用时间比较长，主要考虑峰值压力的作用。目标与炸药距离较近时，由于正压区作用时间很短，通常按冲量破坏来计算。

冲击波的作用按冲量计算时，必须满足 $\tau_+ / T \ll 0.25$；而按峰值压力计算时，必须满足 $\tau_+ / T \gg 10$。在上述两个范围之间，无论按冲量还是按峰值压力计算，误差都很大。

一些建筑物构件的自振动周期和破坏载荷的数据如表 6-5-1 所示。只要把冲击波正压区作用时间同表中的自振动周期进行比较，就可以确定冲击波的破坏性质。

表 6-5-1 各种结构部件的自振动周期和破坏载荷

构件 参量	砖墙		钢筋混凝土墙 0.25 m	木梁上的 楼板	轻隔板	装配玻璃
	2 层砖	1.5 层砖				
T/s	0.01	0.015	0.015	0.3	0.07	$0.02 \sim 0.04$
$\Delta p/(\times 10^4 \ \mathrm{Pa})$	4.41	2.45	2.45	$0.98 \sim 1.57$	0.49	$0.49 \sim 0.98$
$i/(\mathrm{N} \cdot \mathrm{s} \cdot \mathrm{m}^{-2})$	2 156	1 862	—	—	—	—

炸药爆炸对目标造成破坏的最大距离，称为破坏距离，用 r_a 表示；对目标不造成破坏的最小距离，称为安全距离，用 r_b 表示。破坏距离和安全距离近似按以下两式计算：

$$r_a = k_a \sqrt{\omega} \qquad (6-5-1)$$

$$r_b = k_b \sqrt{\omega} \qquad (6-5-2)$$

式中：k_a、k_b 是与目标有关的系数，$k_b \approx (1.5 \sim 2)k_a$；$r_a$、$r_b$ 的单位为 m；ω 为装药量（kg）。表 6-5-2 给出了部分目标的 k_a 值。

表 6-5-2 部分目标的 k_a 值

目标	k_a	破坏程度
飞机	1	结构完全破坏
火车头	$4 \sim 6$	结构破坏
舰艇	0.44	舰面建筑物破坏

续表

目标	k_a	破坏程度
非装甲船舶	0.375	船舶结构破坏，适用于 $\omega < 400$ kg
装配玻璃	7 ~ 9	破碎
木板墙	0.7	破坏，适用于 $\omega > 250$ kg
砖墙	0.4	形成缺口，适用于 $\omega > 250$ kg
砖墙	0.6	形成裂缝，适用于 $\omega > 250$ kg
不坚固的木石建筑物	2.0	破坏
混凝土墙和楼板	0.25	严重破坏

对于核爆炸破坏距离和安全距离，可用以下两式计算：

$$r_a = \overline{k_a} \sqrt[3]{\omega} \qquad (6-5-3)$$

$$r_b = \overline{k_b} \sqrt[3]{\omega} \qquad (6-5-4)$$

地面核爆炸时各种目标结构的 $\overline{k_a}$ 值如表 6-5-3 所示。

表 6-5-3　地面核爆炸时各种目标结构的 $\overline{k_a}$ 值

冲击波超压/MPa	$\overline{k_a}$	破坏程度
0.098 ~ 0.196	15 ~ 10	建筑物部分破坏
0.196 ~ 0.294	9 ~ 7	建筑物有显著破坏
0.588 ~ 0.686	4.5 ~ 4.0	钢骨架和轻型钢筋混凝土建筑物破坏
0.98	3.5	除防地震钢筋混凝土建筑物外，其他建筑物均破坏
1.49 ~ 1.96	2.8 ~ 2.5	防地震钢筋混凝土建筑物破坏或严重破坏
1.96 ~ 2.94	2.5 ~ 2.0	钢架桥位移

空气冲击波超压对各种军事装备的总体破坏情况简介如下。

（1）飞机：超压大于 0.1 MPa 时，各类飞机完全破坏；超压为 0.05 ~ 0.1 MPa 时，各种活塞式飞机完全破坏，喷气式飞机受到严重破坏；超压为 0.02 ~ 0.05 MPa 时，歼击机和轰炸机轻微损坏，而运输机受到中等或严重破坏。

（2）轮船：超压为 0.07 ~ 0.085 MPa 时，船只受到严重破坏；超压为 0.028 ~ 0.043 MPa 时，船只受到轻微或中等破坏。

（3）车辆：超压为 0.035 ~ 0.3 MPa 时，可使装甲运输车、轻型自行火炮等受到不同程度的破坏。超压为 0.045 ~ 1.5 MPa 时，车辆受到不同程度的破坏。

（4）当超压为 0.05 ~ 0.11 MPa，能引爆地雷、破坏雷达和损坏各种轻武器。

（5）冲击波对人员的杀伤作用：引起血管破裂致使皮下或内脏出血；内脏器官破裂，特别是肝脾等器官破裂和肺脏撕裂；肌纤维撕裂等。空气冲击波超压对暴露人员的损伤程度见表 6-5-4。空气冲击波对掩体内的人员的杀伤作用要小得多，如掩蔽在战壕内，杀伤半径为暴露时的 2/3；掩蔽在掩蔽所和避弹所内，杀伤半径仅为暴露的 1/3。

表 6 - 5 - 4　冲击波超压对暴露人员的损伤

冲击波超压/MPa	损伤程度
0.02~0.03	轻微（轻微的挫伤）
0.03~0.05	中等（听觉器官损伤、中等挫伤、骨折等）
0.05~0.1	严重（内脏严重挫伤，可引起死亡）
>0.1	极严重（可能大部分人死亡）

思考题与习题

1. 62 - 02 式触发锚雷重 419 kg，内装 TNT 236 kg，在空气中爆炸，试分别计算离爆心 20 m、25 m、30 m 处空气冲击波的峰值超压。

2. 设 10 kg TNT 炸药在 3 m 高处空中爆炸，试求入射角为 30°处反射冲击波的压力和冲量。

3. 冲击波和声波有何异同？

第7章
岩土中爆炸

7.1 概　述

所谓岩土是指岩石和土壤的总称。它由多种矿物颗粒组成，颗粒与颗粒之间有的相互联系，有的互不联系。岩土的孔隙中还含有水和空气。根据颗粒间机械联系的类型、孔隙率和颗粒大小的不同，岩土可分为坚硬岩石、半坚硬岩石、黏性土和非黏性（松散）土。

由于岩土是一种很不均匀的介质，颗粒之间存在较大的孔隙，即使是同一岩层，各部位岩质的结构构造与力学性能也可能有很大的差别。

7.2　岩土中爆炸的基本现象

7.2.1　装药在无限均匀岩土介质中的爆炸

炸药的爆速一般为每秒几千米，当炸药装药爆炸后，爆轰波以相同的速度向各个方向传播，具体的传播速度与炸药类型和装药条件有关，而岩土的变形速度要小得多。因此，可以近似地认为，炸药爆轰时，装药周围的介质同时受到爆轰产物的作用，因而可以忽略引爆位置和爆轰波形的影响。

炸药爆轰后的瞬间，爆轰产物的压力达数万个兆帕，而最坚固的岩石的抗压强度仅为几个兆帕，因此直接与炸药接触的土石将受到强烈的压缩，结构完全破坏，颗粒被压碎，甚至进入流动状态。土石因受爆轰产物挤压发生运动，形成一个空腔（对脆性岩石则压碎成粉末），称为爆腔或排出区，如图7-2-1所示。爆腔（排出区）的体积约为装药体积的几十倍甚至几百倍。

与排出区相邻接的是强烈压碎区。在此区域内，原土石结构全被破坏和压碎。若岩土为均匀介质，在这个区域内形成一组滑移面，表

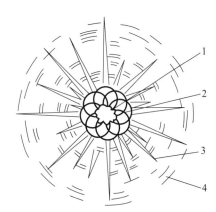

图7-2-1　装药在无限均匀岩土中的爆炸
1—排出区；2—强烈压碎区；3—破裂区；4—震动区

现为细密的裂纹，这些滑移面的切线与爆炸中心引出的射线之间呈45°角。上述两个区土石的破坏主要是由压缩应力作用引起的，故通常称为压碎区和压缩区。

随着与爆炸中心的距离的增加，爆轰产物的能量扩散到越来越大的介质体积中，冲击波在介质内形成的压缩应力波幅迅速下降。当压缩应力值小于土石的动态抗压强度极限时，土石不再被压坏和压碎，基本保持原有的结构。由于岩土受到冲击波的压缩会产生径向运动，这时介质中的每一环层受切向拉伸应力的作用。

以上所述的压碎区、破裂区和震动区之间并无明显的、截然分开的界线，各区的大小与炸药的性质、装药量、装药结构以及岩土的性质有关。

7.2.2　装药在有限岩土介质中的爆炸

7.2.1 节讨论了装药在无限岩土介质中爆炸后所产生的物理现象。实际上，装药经常在有限深度的岩土介质中爆炸。例如，爆破战斗部有时需要先侵彻地下一定深度后再爆炸，在开山时要把装药放入预先钻好的一定深度的炮眼中爆炸。在爆炸冲击波（压力波）没有到达自由表面以前，7.2.1 节的叙述现象同样存在。一旦压力波到达自由表面，则反射为拉伸波（稀疏波），如图 7-2-2 所示。由于拉伸波、压力波和气室内爆炸气体压力的共同作用，使装药上方的岩土向上鼓起，地表产生拉伸波和剪切波。这些波使地表介质产生振动和飞溅。

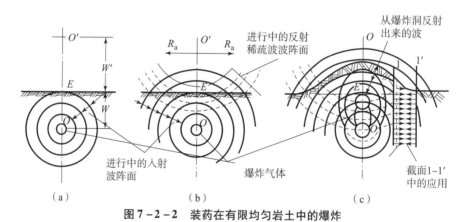

图 7-2-2　装药在有限均匀岩土中的爆炸

（a）压力波的传播；（b）反射稀疏波的形成；（c）岩土的鼓起

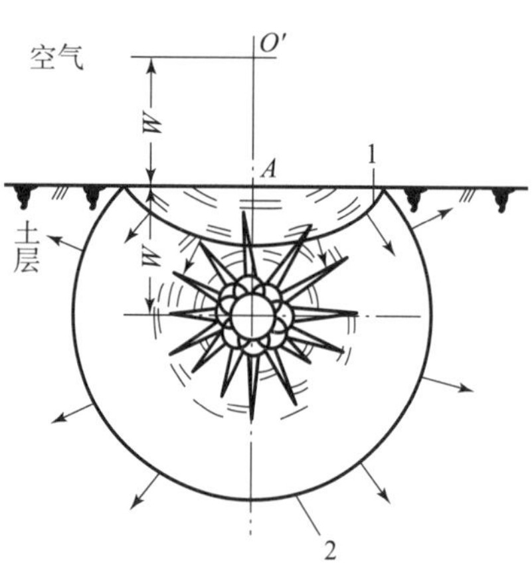

装药在有限岩土中的爆炸，根据装药所埋入深度的不同而呈现程度不同的爆破现象，分别称为松动爆破和抛掷爆破。

1. 松动爆破现象

当装药在地下较深处爆炸时，爆炸冲击波只引起周围介质的松动，而不发生土石向外抛掷的现象。如图 7-2-3 所示，装药爆炸后，压力波由中心向四周传播。当压力波到达自由表面时，介质产生径向运动。与此同时，压力波从自由表面反射为拉伸（稀疏）波，以当地的声速向岩土深处传播。反射拉伸波到达之处，岩土内部受到拉伸应力的作用，造成介质

图 7-2-3　松动爆破时波的传播

1—反射波阵面；2—爆炸波阵面

结构的破坏。这种破坏从自由面开始向深处一层层地扩展，而且基本按几何光学或声学的规律进行。可以近似地认为反射拉伸波是从与装药成镜像对称的虚拟中心 O' 发出的球形波。

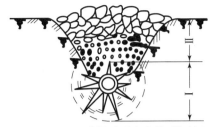

图 7 - 2 - 4　松动爆破时岩土的破坏情况
Ⅰ—内松动破碎区；Ⅱ—外松动破碎区

如图 7 - 2 - 4 所示，松动爆破的破坏由两部分组成：①由爆炸中心到周围基本保持球状的破坏区，称为松动破坏区Ⅰ，其特点是岩土介质内的裂缝径向发散，介质颗粒破碎得较细；②自由面反射拉伸波所引起的破坏区，称为松动破坏区Ⅱ，其特点是裂缝大致以虚拟中心发出的球面扩散，介质颗粒破碎得较粗。松动区的形状像一个漏斗，通常称为松动漏斗。

自由面的存在，使装药的破坏作用增大，工程爆破中往往利用增多自由面的方法来提高炸药的爆破效率。

2. 抛掷爆破现象

如图 7 - 2 - 5 所示，如果装药与地面进一步接近，或者装药量更多，那么当爆炸的能量超过装药上方介质的阻碍时，土石就被抛掷，在爆炸中心与地面之间形成一个抛掷漏斗坑，称为抛掷爆破。图 7 - 2 - 5 所示中，装药中心到自由面的垂直距离称为最小抵抗线，用 W 表示，漏斗坑口部半径用 R 表示。

如图 7 - 2 - 6 所示，对于单药包爆炸所形成的抛掷爆破，在装药爆炸后的一段时间内，最小抵抗线 OA 处地面首先凸起，同时不断向周围扩展。上升的高度和扩展的范围随着时间的增加而增加，但范围扩展到一定程度后就停止了，而高度却继续上升。在这一阶段内，抛掷漏斗坑内的岩土虽已破碎，但地面却仍保持一个整体的向上运动，其外形如鼓包（类似钟形），故称为鼓包运动阶段。当地面上升到最小抵抗线高度的 $1\sim2$ 倍时，鼓包顶部破裂，爆轰产物与岩土碎块一起向外飞散，此即为鼓包破裂飞散阶段。此后，岩土块在空中飞行，并在重力和空气阻力的作用下落到地面，形成抛掷堆积阶段。因此，抛掷爆破整个过程可分为三个阶段：鼓包运动阶段、鼓包破裂飞散阶段和抛掷堆积阶段。这样，就可以根据各阶段的特点进行分析研究。就鼓包运动速度而言，单药包抛掷爆破时，在最小抵抗线 OA 方向上，岩土块运动速度最大；偏离 OA 越远，速度越小；在 B 点（漏斗坑边缘），速度最小。

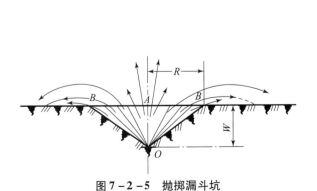

图 7 - 2 - 5　抛掷漏斗坑

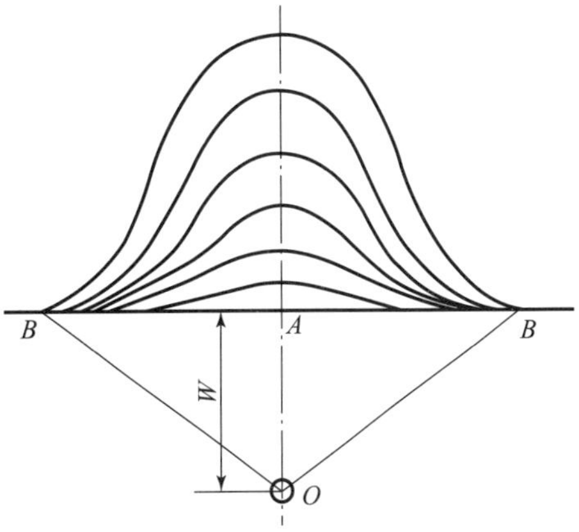

图 7 - 2 - 6　抛掷爆破时鼓包运动阶段的情况

岩土块刚被抛起来时，由于周围压力较低，稀疏波（拉伸波）传入岩土中，并且将它进一步破碎。

抛掷爆破可根据抛掷指数的大小分成以下四种情况。

（1） $n > 1$，为加强抛掷爆破，这时漏斗坑顶角大于 90° $\left(n = \dfrac{R}{W} \right)$；

（2） $n = 1$，为标准抛掷爆破，这时漏斗坑顶角等于 90°；

（3） $0.75 < n < 1$，为减弱抛掷爆破，这时漏斗坑顶角小于 90°；

（4） $n < 0.75$，属于松动爆破，这时漏斗坑顶角大于 90°，而且没有岩土抛掷现象，如果战斗部在这种情况下发生爆炸，则称为隐炸现象。

7.3　岩土中的爆炸波及其传播规律

岩土中爆炸波的实质就是以爆炸为波源的应力（冲击）波，因而应力波的基本规律也适用于爆炸波。

7.3.1　岩土中爆炸波的基本关系式

爆炸波是一种强间断波，波阵面上的压力、密度、声速、质点速度和温度等参数是不连续的，它们之间的关系由力学的和热力学的条件给出。力学条件表示为质量守恒定律和动量守恒定律；热力学条件确定了能量守恒定律。于是可建立起爆炸波的基本关系式。

质量守恒：

$$\rho_f(D_f - u_f) = \rho_0(D_f - u_0) \tag{7-3-1}$$

动量守恒：

$$p_f - p_0 = \rho_0(D_f - u_0)(u_f - u_0) \tag{7-3-2}$$

能量守恒：

$$E_f - E_0 = \frac{1}{2}(p_f + p_0)\left(\frac{1}{\rho_0} - \frac{1}{\rho_f} \right) \tag{7-3-3}$$

式中： p、ρ、u、E 分别为介质的压力、密度、质点速度和比内能；下标 f、0 分别表示波后和波前状态； D_f 为爆炸波速度。

以上三个公式再辅以介质的状态方程，就构成了封闭的方程组，在已知波阵面一个参数的情况下，可求出其他参数。对于岩土介质，比内能并不常用，而且状态方程常表示成压力 p 和比体积 V 的关系。这样，质量守恒的式（7-3-1）、动量守恒的式（7-3-2）和状态方程式 $p = p(V)$，组成常用的求解波阵面参数的方程组。

7.3.2　岩土介质的状态方程（本构关系）和爆炸波参数

7.3.1 节介绍了岩土介质爆炸波的基本关系式，这些关系式从理论上来讲是严格的。所以爆炸波参数理论计算的关键是确定严格的介质状态方程，但介质状态方程到目前为止还没有公认的表达形式，因而精确地计算爆炸波的参数是不现实的。基于岩土由三相介质组成，本节给出通过固态、液态和气态的状态方程综合得到的岩土状态方程，并给出在该状态方程形式下爆炸波参数的表达式。

假设岩土是由固体颗粒、水和空气所组成的一种三相介质，以 α_{01}、α_{02}、α_{03} 分别表示初始状态三个相的体积分数；ρ_{01}、ρ_{02}、ρ_{03} 为初始状态三个相的密度，那么可得到岩土初始状态的密度 ρ_0：

$$\rho_0 = \alpha_{01}\rho_{01} + \alpha_{02}\rho_{02} + \alpha_{03}\rho_{03} \tag{7-3-4}$$

对固体颗粒，状态方程为

$$p_{\mathrm{f}} = p_0 + \frac{\rho_{01}c_{01}^2}{K_1}\left[\left(\frac{\rho_1}{\rho_{01}}\right)^{K_1} - 1\right] \tag{7-3-5}$$

式中：p_{f}、p_0 分别表示终态和初始态的压力；ρ_1 为固体颗粒终态的密度；c_{01} 为固体颗粒声速，$c_{01} = 4\,500$ m/s；K_1 为常数，其值取 3。

对于水，其状态方程为

$$p_{\mathrm{f}} = p_0 + \frac{\rho_{02}c_{02}^2}{K_2}\left[\left(\frac{\rho_2}{\rho_{02}}\right)^{K_2} - 1\right] \tag{7-3-6}$$

式中：ρ_2 为水的终态密度；c_{02} 为水的声速，$c_{02} = 1\,500$ m/s；K_2 为常数，其值取 3。

对于空气，其状态方程式为

$$p_{\mathrm{f}} = p_0\left(\frac{\rho_3}{\rho_{03}}\right)^{K_3} \tag{7-3-7}$$

式中：ρ_3 为空气的终态密度；K_3 为常数，其值取 1.4。

式（7-3-5）~式（7-3-7）经过变换得到

$$\rho_1 = \rho_{01}\left[\frac{(p_{\mathrm{f}} - p_0)K_1}{\rho_{01}c_{01}^2} + 1\right]^{-1/K_1} \tag{7-3-8}$$

$$\rho_2 = \rho_{02}\left[\frac{(p_{\mathrm{f}} - p_0)K_2}{\rho_{02}c_{02}^2} + 1\right]^{-1/K_2} \tag{7-3-9}$$

$$\rho_3 = \rho_{03}\left(\frac{p_{\mathrm{f}}}{p_0}\right)^{-1/K_3} \tag{7-3-10}$$

终态的体积分数分别用 α_1、α_2、α_3 表示，于是得到

$$\alpha_1 = \frac{\dfrac{\rho_{01}\alpha_{01}}{\rho_1}}{\dfrac{\rho_{01}\alpha_{01}}{\rho_1} + \dfrac{\rho_{02}\alpha_{02}}{\rho_2} + \dfrac{\rho_{03}\alpha_{03}}{\rho_3}} \tag{7-3-11}$$

$$\alpha_2 = \frac{\dfrac{\rho_{02}\alpha_{02}}{\rho_2}}{\dfrac{\rho_{01}\alpha_{01}}{\rho_1} + \dfrac{\rho_{02}\alpha_{02}}{\rho_2} + \dfrac{\rho_{03}\alpha_{03}}{\rho_3}} \tag{7-3-12}$$

$$\alpha_3 = \frac{\dfrac{\rho_{03}\alpha_{03}}{\rho_3}}{\dfrac{\rho_{01}\alpha_{01}}{\rho_1} + \dfrac{\rho_{02}\alpha_{02}}{\rho_2} + \dfrac{\rho_{03}\alpha_{03}}{\rho_3}} \tag{7-3-13}$$

对于终态的密度，得到

$$\rho = \alpha_1\rho_1 + \alpha_2\rho_2 + \alpha_3\rho_3 \tag{7-3-14}$$

将式（7-3-8）~式（7-3-13）代入式（7-3-14），并结合式（7-3-4），可得

$$\rho = \rho_0 \left\{ \alpha_{01} \left[\frac{(p_f - p_0) K_1}{\rho_{01} c_{01}^2} + 1 \right]^{-1/K_1} + \alpha_{02} \left[\frac{(p_f - p_0) K_2}{\rho_{02} c_{02}^2} + 1 \right]^{-1/K_2} + \alpha_{03} \left(\frac{p_f}{p_0} \right)^{-1/K_3} \right\}^{-1}$$

$$(7-3-15)$$

状态方程式（7-3-15）对含水饱和土的适用性已被爆炸波与直接测量土的可压缩性的结果所证实。

式（7-3-15）的状态方程是 p 和 ρ 之间的一个关系式，如前所述，可以与式（7-3-1）和式（7-3-2）联立求解一些爆炸波参数。如果爆炸波前介质是静止的，那么由式（7-3-1）和式（7-3-2）可得

$$D_f = \sqrt{\frac{\rho_f}{\rho_0} \frac{(p_f - p_0)}{(\rho_f - \rho_0)}} \qquad (7-3-16)$$

$$u_f = \sqrt{\frac{1}{\rho_0 \rho_f} (p_f - p_0)(\rho_f - \rho_0)} \qquad (7-3-17)$$

式（7-3-16）和式（7-3-17）分别用式（7-3-15）代入，可得到

$$D^2 = \frac{p_f - p_0}{\rho_0} \left\{ 1 - \alpha_{01} \left[\frac{K_1 (p_f - p_0)}{\rho_{01} c_{01}^2} + 1 \right]^{-1/K_1} - \alpha_{02} \left[\frac{K_2 (p_f - p_0)}{\rho_{02} c_{02}^2} + 1 \right]^{-1/K_2} - \alpha_{03} \left(\frac{p_f}{p_0} \right)^{-1/K_3} \right\}^{-1}$$

$$(7-3-18)$$

$$u_f^2 = \frac{(p_f - p_0)}{\rho_0} \left\{ 1 - \alpha_{01} \left[\frac{K_1 (p_f - p_0)}{\rho_{01} c_{01}^2} + 1 \right]^{-1/K_t} \cdot \alpha_{02} \left[\frac{K_2 (p_f - p_0)}{\rho_{02} c_{02}^2} + 1 \right]^{-1/K_2} - \alpha_{03} \left(\frac{p_f}{p_0} \right)^{-1/K_3} \right\}$$

$$(7-3-19)$$

如果波阵面上的压力 p_f 或超压 $\Delta p_f = p_f - p_0$ 已知，则可以通过式（7-3-15）、式（7-3-18）和式（7-3-19）分别计算爆炸波后介质密度 ρ_f、爆炸波速度 D_f 和质点速度 u_f。

7.3.3　岩土中爆炸波的传播规律

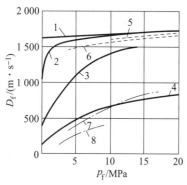

图 7-3-1　冲击波阵面速度与峰值压力的关系

对孔隙率 $\alpha_{02} + \alpha_{03} = 0.4$ 的饱和土按式（7-3-18）计算得到的 D_f 和 p_f 的关系曲线如图 7-3-1 所示。曲线 1、2、3 和 4 是相应于空气相对体积分别为 0、10^{-4}、10^{-3} 和 10^{-2} 的计算曲线；曲线 5、6、7 和 8 是试验曲线，分别对应于 α_{03} 为 0、0.5×10^{-4}、10^{-2} 和 4×10^{-2}，由图 7-3-1 可以看出，爆炸波传播速度随 α_{03} 的增大而迅速减小。在不含空气的岩土中，传播速度的变化很小。

图 7-3-2 给出了饱和土的质点速度 u_f 与 p_f 的关系曲线，土的孔隙率 $\alpha_{02} + \alpha_{03} = 0.4$。曲线 1、2 和 3 分别对应于 α_{03} 为 0、10^{-2}、5×10^{-2}；曲线 4 指水，它几乎是一条直线。

冲击波在三相介质中的传播规律，要比在硬岩石（近似地认为符合胡克定律）中的传播规律复杂很多。在这里仅指出，根据试验结果，在非饱和土中，当冲击波垂直入射到刚性

障碍物时，超压将增加 2 ~ 3.3 倍（视土的种类而异）。超压的增加在很大程度上取决于超压的高低。对于低超压，增加 1 倍；随着超压的增大，其增加值可以达到上面所给范围的上限。

试验进一步表明，在饱和土中传播的压力波的超压与所取的方向无关，在这一点上，土壤的性质像液体一样。

应当指出，虽然土壤的密度和水的密度相差不多，但是爆炸产物和冲击波在土壤中的传播规律却与液体介质中的传播规律有很大的不同，这

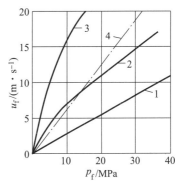

图 7 - 3 - 2　质点速度与峰值压力的关系

是土壤有空隙的缘故。实际上，土壤受压时，起初是单个颗粒被压拢，质量密度变大；而后在高压下才产生土壤颗粒的一般压实变形。由于土壤空隙的消失而被压实，爆炸冲击波的大部分能量将消耗于此，因而使大部分的爆炸能消耗于破坏土壤颗粒和转换为热能上。剩下来的能量，形成弱压缩波。弱压缩波的性质类似于地震波，但是地震波的能量比爆炸初始能量小得多。

7.4　岩土中的爆炸相似律

7.4.1　岩土中爆炸相似律的基本内容

如前所述，岩土中爆炸波的本质是应力波。由于岩土的多样性及其状态方程知识还没有很好地掌握，所以爆炸波参数的理论求解还难于得到精确的结果。

各种岩土具有不同的力学性质，这些性质对于判断有关的理论是否适用是特别重要的。比如岩石，可以应用以胡克定律为基础的弹性波理论。对于黏性土和非黏性土，弹—塑性波理论在一定范围内是可以应用的。一般而言，关于岩土中应力波传播理论的研究现状还不能十分令人满意。现在的一些理论只是在变形或应力值介于某个有限范围内才与实际相符合，而爆炸波的压力则在从药包附近的高应力到离药包很远处极低应力的相当宽的范围内变化；岩土的基本流变模型也没有充分地建立起来；如何将现在的各种模型应用于动力学问题，也没有充分的根据；对于岩土变形速度的敏感性问题，并没有很好掌握并形成理论；岩土的力学性质随空间坐标或连续变化，或在地层界面上的突跃变化，也没有深入的了解；在力学参数变化的介质中，爆炸波的传播在理论上还没有处理过；爆炸波在有裂缝的岩土中的传播，仍然是一个有待解决的问题。还可以列举出其他许多尚未解决的岩土动力学方面的重要问题。有关爆炸波参数及爆炸波传播规律的最可靠的认识，还是利用爆炸相似理论通过试验研究所获得的。

关于在岩土中爆炸相似律的描述：在介质中任意装药的爆炸，假定介质对变形速率是不敏感的；进一步假设，在介质中应力和变形的不稳定场是受爆炸能量的影响（不考虑重力和其他力的影响）。因此可以认为两个尺寸不同（能量大小不同）、但装药相同（更确切地说是密度和爆速相同）的两个药包在任意形状介质（介质甚至可以包含不连续性和各种形状的被隔离的块体）的相同点上爆炸时，它们两者的应力场和变形场在几何上、时间上和

强度上都是相似的。

从爆炸点传播出一个全向波，径向压力随时间变化的一般情况如图 7 - 4 - 1（a）所示。若介质或药包为非对称，则应力随时间的变化如图 7 - 4 - 1（b）所示。其中，第一个最大值对应于纵波；第二个最大值对应于横波。波中质点速度、波阵面传播速度对最大超压的关系已在 7.3 节进行了讨论，下面通过爆炸相似律确定参数 Δp_m、τ、$\Delta\tau$。其中，Δp_m 是压力波中的最大超压（对于冲击波，$\Delta p_\mathrm{m} = \Delta p_\mathrm{f}$）；$\tau$ 是超压持续时间，$\Delta\tau$ 是超压达到最大值所需要的时间。

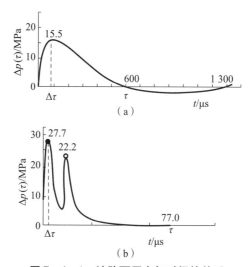

图 7 - 4 - 1　波阵面压力与时间的关系

（a）75g6#硝铵炸药在花岗岩中爆炸时距爆源为 0.5 m 处的纵波；

（b）75g TNT 在花岗岩中爆炸时距爆源为 0.77 m 处的纵波和横波

由爆炸相似律，对于球形装药，有

$$\frac{r_2}{\sqrt[3]{\omega_2}} = \frac{r_1}{\sqrt[3]{\omega_1}} \tag{7 - 4 - 1}$$

式中，r_i 和 ω_i（$i = 1, 2$）分别为距爆炸中心的距离和装药量。

于是可得

$$\Delta p_\mathrm{m} = \sum_{i=1}^{n} A_i \left(\frac{1}{\bar{r}}\right) \alpha_i \tag{7 - 4 - 2}$$

式中：Δp_m 为爆炸波峰值超压；$\bar{r} = \dfrac{r}{\sqrt[3]{\omega}}$；$A_i$ 为试验标定常数。

通常，式（7 - 4 - 2）最多到四项（$n = 3$ 或 $n = 4$）。试验得到的关系也常常只用级数的一项来近似，这时 $n = 1$，α_i 为某一常数。常数 A_i 和 $n = 1$ 时的 α_i 值取决于介质的种类和形状。在药包附近，它们还或多或少与炸药的种类有关。这些常数是这样来确定的：使式（7 - 4 - 2）的曲线尽可能与试验得到的曲线相接近。

压力波其他参数的最大值，如最大质点速度 u_m、最大密度 ρ_m、最大声速 c_m、最大超压传播速度 D_m 和最高温度 T_m 可以表示成 Δp_m 的函数，于是有

$$\begin{cases} u_{\mathrm{m}} = u_{\mathrm{m}}(\bar{r}) \\ \rho_{\mathrm{m}} = \rho_{\mathrm{m}}(\bar{r}) \\ c_{\mathrm{m}} = c_{\mathrm{m}}(\bar{r}) \\ D_{\mathrm{m}} = D_{\mathrm{m}}(\bar{r}) \\ T_{\mathrm{m}} = T_{\mathrm{m}}(\bar{r}) \end{cases} \qquad (7-4-3)$$

式 (7-4-3) 中的参数均是 $\bar{r}$ 的函数，它们取决于介质的种类和形状；在炸药附近，还取决于炸药的种类。

由相似关系得到

$$\frac{t_2}{t_1} = \frac{r_2}{r_1} = \sqrt[3]{\frac{\omega_2}{\omega_1}} \qquad (7-4-4)$$

式中：t_1、t_2 分别为爆炸应力波到达点 r_1、r_2 的时间。

这样，在距离爆炸中心分别为 r_1、r_2 的点上，爆炸应力波达到最大值的时间 t_{m1}、t_{m2}；压力波持续时间 τ_1、τ_2；稀疏波持续时间 $\bar{\tau}_1$、$\bar{\tau}_2$；超压达到最大值所需时间 $\Delta\tau_1$、$\Delta\tau_2$；与乘积 $\Delta p_{\mathrm{m1}}\tau_1$、$\Delta p_{\mathrm{m2}}\tau_2$ 分别成正比的比冲量 i_{m1}、i_{m2}；以及介质质点的最大位移 s_{m1}、s_{m2} 满足方程

$$\frac{t_{\mathrm{m2}}}{t_{\mathrm{m1}}} = \frac{\tau_2}{\tau_1} = \frac{\bar{\tau}_2}{\bar{\tau}_1} = \frac{\Delta\tau_2}{\Delta\tau_1} = \frac{i_{\mathrm{m2}}}{i_{\mathrm{m1}}} = \frac{s_{\mathrm{m2}}}{s_{\mathrm{m1}}} = \sqrt[3]{\frac{\omega_2}{\omega_1}} \qquad (7-4-5)$$

因而得到一般关系式：

$$\begin{cases} t_{\mathrm{m}} = \sqrt[3]{\omega}\, t_{\mathrm{m}}(\bar{r}) \\ \tau = \sqrt[3]{\omega}\, \tau(\bar{r}) \\ \bar{\tau} = \sqrt[3]{\omega}\, \bar{\tau}(\bar{r}) \\ \Delta\tau = \sqrt[3]{\omega}\, \Delta\tau(\bar{r}) \\ i_{\mathrm{m}} = \sqrt[3]{\omega}\, i_{\mathrm{m}}(\bar{r}) \\ s_{\mathrm{m}} = \sqrt[3]{\omega}\, s_{\mathrm{m}}(\bar{r}) \end{cases} \qquad (7-4-6)$$

式中：函数 $t_{\mathrm{m}}(\bar{r})$、$\tau(\bar{r})$、$\bar{\tau}(\bar{r})$、$\Delta\tau(\bar{r})$、$i_{\mathrm{m}}(\bar{r})$ 和 $s_{\mathrm{m}}(\bar{r})$ 可表示成

$$\begin{cases} t_{\mathrm{m}}(\bar{r}) = \sum_{i=1}^{n} A_i^0 \left(\frac{1}{\bar{r}}\right)^{\alpha_i^0} \\ \tau(\bar{r}) = \sum_{i=1}^{n} A_i^1 \left(\frac{1}{\bar{r}}\right)^{\alpha_i^1} \\ \bar{\tau}(\bar{r}) = \sum_{i=1}^{n} A_i^2 \left(\frac{1}{\bar{r}}\right)^{\alpha_i^2} \\ \Delta\tau(\bar{r}) = \sum_{i=1}^{n} A_i^3 \left(\frac{1}{\bar{r}}\right)^{\alpha_i^3} \\ i_{\mathrm{m}}(\bar{r}) = \sum_{i=1}^{n} A_i^4 \left(\frac{1}{\bar{r}}\right)^{\alpha_i^4} \\ s_{\mathrm{m}}(\bar{r}) = \sum_{i=1}^{n} A_i^5 \left(\frac{1}{\bar{r}}\right)^{\alpha_i^5} \end{cases} \qquad (7-4-7)$$

式中：A_i^j、α_i^j，（$j = 1 \sim 5$）是试验标定常数。

当 $n = 1$ 时，α_i^j 为某个常数；当 $n \neq 1$ 时，$\alpha_i^j = \alpha_i$。

如果进行比较的各次爆炸的静止介质所处的状态（p_0、ρ_0、T_0、c_0）相同，则所导出的公式是正确的。考虑到介质的状态，式（7 - 4 - 3）和式（7 - 4 - 7）可分别改写成

$$
\begin{cases}
\Delta p_{\mathrm{m}} = p_0 \Delta p_{\mathrm{m}}(\overline{r_0}) \\
\rho_{\mathrm{m}} = \rho_0 \rho_{\mathrm{m}}(\overline{r_0}) \\
u_{\mathrm{m}} = c_0 u_{\mathrm{m}}(\overline{r_0}) \\
c_{\mathrm{m}} = c_0 c_{\mathrm{m}}(\overline{r_0}) \\
D_{\mathrm{m}} = c_0 D_{\mathrm{m}}(\overline{r_0}) \\
T_{\mathrm{m}} = T_0 T_{\mathrm{m}}(\overline{r_0})
\end{cases}
\tag{7 - 4 - 8}
$$

和

$$
\begin{cases}
t_{\mathrm{m}} = \dfrac{\sqrt[3]{\omega/p_0}}{c_0} t_{\mathrm{m}}(\overline{r_0}) \\[2mm]
\tau = \dfrac{\sqrt[3]{\omega/p_0}}{c_0} \tau(\overline{r_0}) \\[2mm]
\overline{\tau} = \dfrac{\sqrt[3]{\omega/p_0}}{c_0} \overline{\tau}(\overline{r_0}) \\[2mm]
\Delta\tau = \dfrac{\sqrt[3]{\omega/p_0}}{c_0} \Delta\tau(\overline{r_0}) \\[2mm]
i_{\mathrm{m}} = \dfrac{\sqrt[3]{\omega/p_0}}{c_0} i_{\mathrm{m}}(\overline{r_0}) \\[2mm]
s_{\mathrm{m}} = \dfrac{\sqrt[3]{\omega/p_0}}{c_0} s_{\mathrm{m}}(\overline{r_0})
\end{cases}
\tag{7 - 4 - 9}
$$

式中

$$
\overline{r}_0 = \frac{r}{\sqrt[3]{\omega/p_0}} = \overline{r}\sqrt[3]{p_0}
\tag{7 - 4 - 10}
$$

当考虑爆炸的地震效应时，必须知道沿地表传播的地震波的最大振幅和周期。由前述的爆炸相似律，对于恒定状态的介质可以得出一般方程：

$$
\begin{cases}
A_x = \sqrt[3]{\omega} A_x(\overline{r}) \\
A_y = \sqrt[3]{\omega} A_y(\overline{r}) \\
A_z = \sqrt[3]{\omega} A_z(\overline{r}) \\
T = \sqrt[3]{\omega} T(\overline{r})
\end{cases}
\tag{7 - 4 - 11}
$$

式中：A_x、A_y、A_z 分别表示地表震动的水平径向、水平切向和竖直方向的最大振幅；T 为最大振幅的振动周期。

函数 $A_x(\overline{r})$、$A_y(\overline{r})$、$A_z(\overline{r})$ 只取决于地层介质的种类和几何形状，在药包附近还与炸药的种类有关。它们也可以写成级数式（7 - 4 - 7）的形式，其常数由试验得到。考虑到介质的状态，式（7 - 4 - 11）可改写成

$$\begin{cases} A_{\mathrm{x}} = \sqrt[3]{\omega/p_0} A_{\mathrm{x}}(\overline{r_0}) \\ A_{\mathrm{y}} = \sqrt[3]{\omega/p_0} A_{\mathrm{y}}(\overline{r_0}) \\ A_{\mathrm{z}} = \sqrt[3]{\omega/p_0} A_{\mathrm{z}}(\overline{r_0}) \\ T = \dfrac{\sqrt[3]{\omega/p_0}}{c_0} T(\overline{r_0}) \end{cases} \qquad (7-4-12)$$

上述一般公式可用于所有各种波，即纵波、横波、原生波和反射波等。另外，可对式（7-4-8）、式（7-4-9）、式（7-4-12）进行推广。这种推广基于物质的差异性可以解释为状态变化这一思想。

例如，假设某一特定气体的某个实际状态（p'_0、ρ'_0、T'_0、c'_0），已经导出了式（7-4-2）、式（7-4-3）和式（7-4-6），那么随着该气体的状态变化到（p_0、ρ_0、T_0、c_0），必须用包含新状态参数的式（7-4-8）和式（7-4-9）。对于另一种气体，两个式子也是适用的，只是要在其中代入该种气体的状态参数。按照上述理解，对于特定气体所导出的公式，如果代入相应的状态（p_0、ρ_0、T_0、C_0），则也可以用于水和其他液体，这里 p_0 不再是液体静压力，而是一种分子间力。类似地，也可以将岩土介质的一定状态代入具体表示某给定气体的式（7-4-8）和式（7-4-9），其中，p_0 是岩土的一种分子间的作用力，那么就得到关于该特定岩土介质的计算公式。同样，可以说明式（7-4-12）对于地表介质振动参数的应用。

通过上述处理，使前述理论达到统一和推广，从而导出一种普遍性的理论，它适用于各种材料中的爆炸波，并且可以单独地将气体、液体和土中的爆炸效应联系起来。

对于状态（p_0、ρ_0、T_0、c_0），按照式（7-4-8）和式（7-4-9），可以把国际标准大气压（标准状态）下空气爆炸波的最大超压写成

$$\Delta p_{\mathrm{m}} = p_0^{a_{\mathrm{i}}} \left(\frac{0.074}{\overline{r}} + \frac{0.221}{\overline{r}^2} + \frac{0.637}{\overline{r}^3} \right)$$
$$= \frac{0.074}{\overline{r}} p_0^{2/3} + \frac{0.221}{\overline{r}^2} p_0^{1/3} + \frac{0.637}{\overline{r}^3} \ (\mathrm{MPa}) \qquad (7-4-13)$$

根据上述的解释可以认为，式（7-4-13）也适用于液体和固体，p_0 是一种分子间的作用力，随介质及状态的不同而不同。对于水，可取 $p_0 = (0.98 \sim 1.18)\mathrm{GPa}$。

对于大多数岩土介质，可以写成

$$\left(\frac{V}{V_0} \right)^k = \frac{p_0}{p_0 + p}$$

式中：V、p 和 V_0 分别为体积、压力和初始体积；k 为与固体结构有关的常数。

体积变形模量 $K = (\mathrm{d}p/\mathrm{d}V) = kp_0(V_0/V)^k$。事实上，$V$ 充分接近于 V_0，所以 $K = k_0$，$p_0 = K/k$。各种岩土的 k 值可以在文献中查到，大多数的 k 值约等于 8，因此 $p_0 = K/8$。于是

$$\Delta_{\mathrm{m}} p = \frac{0.074}{\overline{r}} \left(\frac{K}{8} \right)^{2/3} + \frac{0.221}{\overline{r}^2} \left(\frac{K}{8} \right)^{1/3} + \frac{0.637}{\overline{r}^3} \ (\mathrm{MPa}) \qquad (7-4-14)$$

对于含水土，式（7-4-13）得到的结果是足够精确的，然而必须给出相应的 p_0 值。对于岩土，在药包附近（压碎区），土表现出液体的性状，式（7-4-14）给出足够的计算精度；而对于较远的地方，由于存在切向应力和能量消耗，式（7-4-14）给出的值偏高，

一般不太适用。

爆炸相似律在试验研究当中得到了广泛的应用，如上所述，它给出了计算爆炸波参数公式的函数形式。

7.4.2 岩土中爆炸相似律的应用

各种岩土的力学性质变动范围很大。例如，含水砂和黏土的力学性质可近似地看成液体。

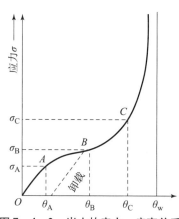

图 7 - 4 - 2 岩土的应力—应变关系

在这种介质中，传播的应力波总是具有突跃波阵面的冲击波。通常，岩土的应力—应变的关系如图 7 - 4 - 2 所示。当压力 $\Delta p_{\mathrm{m}} \geqslant \sigma_{\mathrm{c}}$ 时，岩土中传播的是冲击波；当 $\sigma_{\mathrm{A}} < \Delta p_{\mathrm{m}} < \sigma_{\mathrm{c}}$ 时，是弹塑性波；当 $\Delta p_{\mathrm{m}} \leqslant \sigma_{\mathrm{A}}$ 时，是弹性波。在药包附近，爆炸波的压力非常高，随着传播距离的增加，它们几乎降到零。因此，当爆炸应力波通过所述全部压力段时，其特征在传播过程中发生变化。首先，从药包传出稳定的冲击波；然后，随着压力的降低，冲击波就转化成弹—塑性波；最后，在离药包较大的距离处，超压进一步下降，变成弹性波。

装药在岩土中的爆炸，按其装药埋设位置的不同，可以分为封闭爆炸和接触爆炸。这里所谓的封闭爆炸，是指在介质中没有自由面的爆炸，即装药埋置于足够的深度或相当于无限大介质中的爆炸。接触爆炸是指装药在土壤—空气界面上的爆炸，也称为触地炸；对于装药深度小于 $2.5\sqrt[3]{\omega}$ 的爆炸，也属于接触爆炸。另外，前面提到的战斗部隐炸一般也属此列。对于接触爆炸，由于自由面的存在，问题要复杂得多，目前从理论上也还没有很充分的阐述。对于这一问题的研究，可参阅有关文献，在此不作详细讨论，下面仅就封闭爆炸问题进行研究，借此说明爆炸相似律的应用。

1. 球形装药的爆炸

对于自然湿度饱和的和非饱和的细粒砂介质，TNT 球形装药爆炸，通过试验，由爆炸相似律得到爆炸应力波峰值超压的计算公式为

$$\Delta p_{\mathrm{m}} = A_1\left(\frac{1}{r}\right)a_1 \ (\mathrm{MPa}) \qquad (7-4-15)$$

式中：常数 A_1 和 a_1 的值如表 7 - 4 - 1 所示。

表 7 - 4 - 1 式（7 - 4 - 15）中的 A_1 和 a_1 值

岩土的种类	A_1	a_1
饱和砂 $a_1 = 0$	58.8	1.05
饱和砂 $a_1 = 5 \times 10^{-4}$	44.1	1.50
饱和砂 $a_1 = 10^{-2}$	24.5	2.00
饱和砂 $a_1 = 4 \times 10^{-2}$	4.41	2.50
非饱和砂 $a_1 = (1.6 \sim 1.7) \ \mathrm{g/cm^3}$	1.47	2.80

岩土的种类	A_1	a_1
非饱和砂 $a_1 = (1.52 \sim 1.60)$ g/cm³	0.74	3.00
非饱和砂 $a_1 = (1.45 \sim 1.50)$ g/cm³	0.25	3.50

当装药埋置深度达到 $2.5\sqrt[3]{\omega}$ 时，可以排除自由面的影响，即当埋入深度达到 $2.5\sqrt[3]{\omega}$ 时，试验中发现并不降低 Δp_m 和 i_m 的值。如果埋入深度小于 $2.5\sqrt[3]{\omega}$ 时，则超压和其他参数值降低。

对于上述介质，爆炸应力的冲量计算公式为

$$i_m = A_2 \sqrt[3]{\omega} \left(\frac{1}{r} \right)^{a_2} \ (\mathrm{N \cdot s/m^2}) \tag{7-4-16}$$

式中：常数 A_2 和 a_2 的值如表 7 - 4 - 2 所示。

表 7 - 4 - 2　式（7 - 4 - 16）中的 A_2 和 a_2 值

岩土的种类	A_2	a_2
饱和砂 $a_1 = 0$	7 840	1.05
饱和砂 $a_1 = 5 \times 10^{-4}$	7 350	1.10
饱和砂 $a_1 = 10^{-2}$	4 410	1.25
饱和砂 $a_1 = 4 \times 10^{-2}$	3 430	1.40
非饱和砂 $a_1 = (1.6 \sim 1.7)$ g/cm³	2 940	1.50

在饱和土中，压力波总是有着冲击波的性质。在非饱和土中，从药包传出一个稳定的冲击波，在超压降到 $0.392 \sim 1.176$ MPa 的某个距离 r 处，陡峭的波阵面开始消失，然后传播弹塑性波。超压持续时间 τ 可根据如下假设来近似计算，即波剖面是以 Δp_m 为高，以 τ 为底的三角形，于是得到 τ 的计算公式为

$$\tau = \frac{2i_m}{\Delta p_m} \tag{7-4-17}$$

对于天然温度和湿度大的黄土，从药包位置直到 $\bar{r} = 10 \sim 15$（$\Delta p_m > 1.96$ MPa）范围内，传播的是稳定的冲击波；超出这个范围，传播的是弹塑性波；然后是弹性波。对于上述条件，得到下列关系式：

$$\begin{cases} \Delta p_m = 0.882 \, \bar{r}^{-2.42} & (\mathrm{GPa}) \\ \sigma_{\theta m} = 0.53 \, \bar{r}^{-2.42} & (\mathrm{GPa}) \\ D_m = 335.4 \, \bar{r}^{-0.4} & (\mathrm{m/s}) \\ \tau = 17 \times 10^{-3} \, \bar{r} \sqrt[3]{\omega} & (\mathrm{s}) \end{cases} \text{（相对湿度为 19\% ~ 21\%）} \tag{7-4-18}$$

$$\begin{cases} \Delta p_m = 1.0 \, \bar{r}^{-2.43} & (\mathrm{GPa}) \\ \sigma_{\theta m} = 0.45 \, \bar{r}^{-2.43} & (\mathrm{GPa}) \\ D_m = 500 \, \bar{r}^{-0.66} & (\mathrm{m/s}) \\ \tau = 14.41 \times 10^{-3} \, \bar{r} \sqrt[3]{\omega} & (\mathrm{s}) \end{cases} \text{（相对湿度为 22\% ~ 25\%）} \tag{7-4-19}$$

式中：$\sigma_{\theta m}$ 为最大切向应力；Δp_m 相当于最大径向应力。

对于砂质亚黏土，其密度为 $1.6 \sim 1.65 \ g/cm^3$；含水量为 $10\% \sim 12\%$；颗粒的粒度组成：$0.05 \sim 0.1 \ mm$ 的占 $15\% \sim 20\%$，$0.1 \sim 0.05 \ mm$ 的占 $18\% \sim 20\%$，$0.05 \sim 0.01 \ mm$ 的占 $18\% \sim 30\%$，$0.01 \sim 0.005 \ mm$ 的占 $8\% \sim 10\%$，小于 $0.005 \ mm$ 的占 $18\% \sim 23\%$。爆炸波峰值参数的计算公式为

$$\begin{cases} \Delta p_m = 1.088\, \bar{r}^{-2.7} & (GPa) \\ \sigma_{\theta m} = 0.466\, \bar{r}^{-2.7} & (GPa) \\ D_m = 145.3\, \bar{r}^{-0.64} & (m/s) \\ \tau = 4.35 \times 10^{1.64}\, \bar{r}\, \sqrt[3]{\omega} & (s) \\ \Delta\tau = 4.35 \times 10^{-3}\, \bar{r}\, \sqrt[3]{\omega} - r/c_P & (s) \end{cases} \tag{7-4-20}$$

式中：c_P 为纵波声速。

对于该种介质，另外一组计算公式为

$$\begin{cases} \Delta p_m = 0.784\, \bar{r}^{-3} & (GPa) \\ \sigma_{\theta m} = 0.353\, \bar{r}^{-3} & (GPa) \\ u_m = 3.721\, \bar{r}^{-2.06} & (m/s) \\ \tau = 10^{-3}\, \bar{r}\, \sqrt[3]{\omega}(0.13 + 7.8\bar{r}) & (s) \end{cases} \tag{7-4-21}$$

2. 圆柱形装药的爆炸

圆柱形装药的研究与球形装药相比要少得多，下面将扼要地给出部分研究成果。圆柱形装药的爆炸波的最大径向、轴向和切向应力分别表示为 $\sigma_{rm} = \Delta p_m$、σ_{zm} 和 $\sigma_{\theta m}$，相对距离 $\bar{r} = r/r_0$（r_0 为装药半径），对于砂土介质，有如下计算公式：

$$\begin{cases} \sigma_{rm} = \Delta p_m = 0.863\, \bar{r}^{-1.44} & (GPa) \\ \sigma_{zm} = 0.145\, \bar{r}^{-1.2} & (GPa) \\ \sigma_{\theta m} = 0.497\, \bar{r}^{-1.6} & (m/s) \end{cases} \tag{7-4-22}$$

由此可知，与球形药包相比，$\Delta p_m / \sigma_{\theta m}$ 不是常数。

对于波阵面和最大应力到达时间 t_f 和 t_m 的计算公式为

$$\begin{cases} t_f = (0.033\,5\bar{r} + 0.061)\sqrt{\omega_C} & (s) \\ t_m = 0.007\,4(\bar{r} - 1)^{1.51}\sqrt{\omega_C} & (s) \end{cases} \tag{7-4-23}$$

式中：$\sqrt{\omega_C}$ 为圆柱形装药单位长度的质量（线密度）。

压力波中应力从零上升到最大值的时间为

$$\Delta\tau = t_m - t_f \tag{7-4-24}$$

7.5 岩土中的爆炸效应

岩土中的爆炸，最直接的作用主要是爆炸之后形成爆腔（爆炸空穴）和爆破漏斗，下面分别予以讨论。

7.5.1　爆腔

如前所述，装药在足够深的岩土中爆炸，形成高温高压爆炸产物，使得在岩土中瞬间形成一个空腔，称为爆腔。随后，爆炸产物在空腔中向外膨胀，产物侵彻岩土的孔隙同时排出水，并在空腔周围形成一个干燥的区域。此后，爆炸产物继续侵彻空隙和岩土的开裂处，爆腔和壁面开始滑落，使爆腔改变形状。一般说来，在含水土中，爆腔在几天内变形；在非饱和质土壤中，爆腔在爆炸之后立即变形。

爆腔的形状取决于装药的形状，而爆腔的尺寸取决于岩土的性质和炸药的种类。在岩土的性质中，首先取决于它的抗压强度、密度、颗粒组成和空隙容量等。下面介绍爆腔尺寸的经验和理论的计算公式。

1. 经验公式

经验公式是根据爆炸相似律而得出的计算公式，其中的比例常数由试验来确定。

对于球形装药，有

$$\begin{cases} R_v = k_v r_0 \\ R_v = k_v^* \sqrt[3]{\omega} \end{cases} \tag{7-5-1}$$

式中：R_v、r_0 和 ω 分别为爆腔半径、装药半径和装药质量；9 号硝铵炸药的比例系数 k_v、k_v^* 由表 7-5-1 给出，其他炸药可以按爆热换算成 TNT 当量。

对于圆柱形装药，爆腔为圆柱形（端部区除外），有

$$\begin{cases} \overline{R_v} = \overline{k_v} r_0 \\ \overline{R_v} = \overline{k_v}^* \sqrt[3]{\omega_C} \end{cases} \tag{7-5-2}$$

式中：$\overline{R_v}$、r_0 和 ω_C 分别为圆柱形爆腔半径、装药半径和装药的线密度。

对于黏土，$\overline{k_v} = 28.3$，$\overline{k_v}^* = 0.4\text{m}^{3/2}/\text{kg}^{-1/2}$；对于砂土，$\overline{k_v} = 24.8$，$\overline{k_v}^* = 0.35~\text{m}^{3/2}/\text{kg}^{-1/2}$。

根据岩土类型的不同，存在 $12 \leqslant \overline{k_v} \leqslant 25$。

对于骨架密度为 $\rho_s = 1.57~\text{g/cm}^3$，含水量为 30% ~33% 的土壤，可近似地取

$$\overline{R_v} = 27 r_0 \tag{7-5-3}$$

对于骨架密度 $\rho_s = 1.4 \sim 1.6~\text{g/cm}^3$，含水量为 4% ~5% 的土壤，可近似地取

$$\overline{R_v} = 0.23 \sqrt{\omega_C} \tag{7-5-4}$$

经验公式的缺点在于不能区分和判断岩土中各个成分的影响，只能简单粗略地估计爆腔的大小。

表 7-5-1　9 号硝铵炸药爆炸时的 k_v 和 k_v^*（$=0.053k_v$）

岩土种类	k_v	$k_v^*/(\text{m} \cdot \text{kg}^{-\frac{1}{3}})$
塑性砂土，冰碛砂土，含水砂，含水黏土	11.3 ~ 13.1	0.6 ~ 0.7
侏罗纪黑色黏土	8.6 ~ 9.9	0.45 ~ 0.52
冰碛黏土	7.0 ~ 9.5	0.37 ~ 0.50
黄色耐火土	7.0 ~ 7.6	0.37 ~ 0.40

续表

岩土种类	k_v	$k_v^*/(\mathrm{m} \cdot \mathrm{kg}^{-\frac{1}{3}})$
棕色耐火土	6.5～7.4	0.34～0.39
软质、粉碎泥灰岩，黄土	6.6～7.7	0.35～0.40
软质、破碎泥灰岩，黄土	5.4～6.5	0.29～0.34
暗蓝色脆性黏土	5.4～6.2	0.29～0.33
重砂质黏土，砂质黏土	4.8～6.7	0.25～0.36
软质白垩，层状石灰岩	3.8～4.7	0.20～0.25
中等强度泥灰岩，泥质白云岩，有裂缝的软质石灰岩	2.4～4.0	0.13～0.21
致密细粒石膏，黏土质页岩，裂缝严重的花岗岩，中等强度的磷灰石，硅酸盐，有中等裂缝的石灰岩	1.7～2.9	0.09～0.15
中等裂缝的花岗岩，致密石英岩，霞石，致密石灰岩，带石棉的斑纹岩，砂岩，白云岩	1.5～2.5	0.078～0.13
黑硅石，大理石，花岗岩，层状石英岩，坚实石灰岩，坚实磷灰岩，坚实白云岩，石膏	1.1～2.0	0.058～0.11

2. 准静态理论

在爆炸过程中，将岩土介质看作流体，爆炸产物也不渗透到孔隙中去。那么，在几次脉动后，气体平衡下来，平衡时爆炸产物所占的体积作为爆腔的容积。在深度为 W（最小抵抗线）的岩土中的静压力为

$$p_0 = p_a + \rho_s W \tag{7-5-5}$$

式中：ρ_s 为土壤的密度；p_a 为大气压力。

对于半坚硬和坚硬的岩石，动力过程结束后，压力为

$$p_0 = p_a + \sigma_s + \rho_s W \tag{7-5-6}$$

式中：σ_s 为岩土中达到平衡时的爆腔压力，这时爆炸产物的压力和介质压力达到平衡。

对于含水土壤，式（7-5-6）可以给出相当精确的结果。

对于瞬时爆炸，爆炸产物绝热膨胀的状态方程为

$$\begin{cases} \dfrac{p}{p_H} = \left(\dfrac{\overline{V_H}}{V} \right)^{\gamma}, p \geqslant p_K \\ \dfrac{p}{p_K} = \left(\dfrac{\overline{V_K}}{V} \right)^{K}, p < p_K \end{cases} \tag{7-5-7}$$

式中：p、V 分别为爆炸产物的压力和比体积；$\overline{p_H}$、$\overline{V_H}$ 分别为炸药瞬时爆轰压力和比体积，$\overline{p_H} = \rho_0 D^2/[2(\gamma + 1)]$，$\overline{V_H} = 1/\rho_0 (\rho_0、D)$ 分别为两阶段分界的压力和比体积；p_K、V_K 分别为多方指数和等熵指数，$\gamma = 3$，$K = 4/3$。

对于球形装药包爆炸，有

$$p/\overline{p_H} = (\overline{V_H}/V)^3 = (r_0/R_v)^9$$

所以，当 $p = p_K = 0.274$ GPa 时，有

$$R_{vK} = r_0 \left[\frac{\rho_0 D^2}{8 p_K} \right]^{1/9} \tag{7-5-8}$$

式中：r_0 为药包半径。

当腔体进一步扩大，$p < p_K$ 时，应用式（7-5-7）可得

$$p = p_K \left(\frac{p_{vK}}{R_v} \right)^4$$

当 $p = p_0$ 时，腔体膨胀到最大值 p_{vm}，于是有

$$R_{vm} = 0.794 r_0 \frac{(\rho_0 D^2 p_K^{5/4})^{1/9}}{(p_a + \sigma_s + \rho_s W)^{1/4}} \tag{7-5-9}$$

对于圆柱形装药，分别得到

$$\overline{R_{vK}} = r_0 \left(\frac{\rho_0 D^2}{8 p_K} \right)^{1/6} \tag{7-5-10}$$

$$\overline{R_{vm}} = 0.707 r_0 \frac{(\rho_0 D^2 p_K^{5/4})^{1/6}}{(p_a + \sigma_s + \rho_s W)^{3/8}} \tag{7-5-11}$$

对于无限大平板装药，$\hat{r}_0$ 表示无限大平板装药厚度的 $1/2$；$\hat{R}_v$ 表示爆炸中心到爆腔边上的距离，则

$$\hat{R}_{vK} = \hat{r}_0 \left(\frac{\rho_0 D^2}{8 p_K} \right)^{1/3} \tag{7-5-12}$$

$$\hat{R}_{vm} = 0.5 \hat{r}_0 \frac{(\rho_0 D^2 p_K^{5/4})^{1/3}}{(p_a + \sigma_s + \rho_s W)^{3/4}} \tag{7-5-13}$$

7.5.2　爆破漏斗

1. 爆破漏斗的形成

如果装药在靠近地表处爆炸，将发生如 7.2 节描述的现象。过程可分为如下五个阶段。

（1）爆腔开始膨胀的同时，壁上有一个球形冲击波从药包向地表处传播，如图 7-5-1（a）所示。

（2）一个球面冲击波从药包传出，到达自由表面同时一个反射稀疏波从一个虚拟中心由自由表面向内传播，如图 7-5-1（b）所示。

（3）稀疏波在爆腔的表面反射为一压缩波，叠加到冲击波和稀疏波上，球形腔体产生变形，腔体向上扩张，腔体内的爆炸产物仍起作用，如图 7-5-1（c）所示。

（4）从腔体表面反射回来的波在自由表面反射为进一步的稀疏波传向腔体，再反射为压力波向自由表面传播。反射波的强度很快衰减，在抛起物体（即药包向上抛起的土体）中的波动过程也在衰减。被气体排挤出来的上抛物体继续向上，向两边运动，腔体继续向上扩张直到最大值，如图 7-5-1（d）（e）所示。

（5）达到最大高度以后，抛出来的土块回落，形成可见漏斗的表层，如图 7-5-1（f）所示，由于对地基的冲击，土体被压实。

应该注意到，在第 2 阶段，稀疏波引起的拉应力常常导致有一层或几层土壤呈镜片状剥离。这些碎块很快向上飞起，到一定时候超越抛起来的物体，后者由于受到爆炸产物不断的加速，又逐渐向上被抛起的剥离碎块撞击，使之再次加速，相互碰撞的结果使这些碎块进一

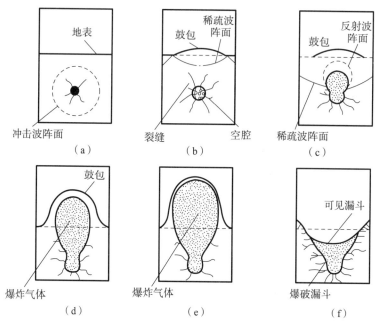

图 7 - 5 - 1　形成爆破漏斗的各个阶段

步被粉碎。

在坚硬岩石和黏土中，与爆破漏斗最后形状的有关术语介绍以及周围介质的物理变化如图 7 - 5 - 2 所示。

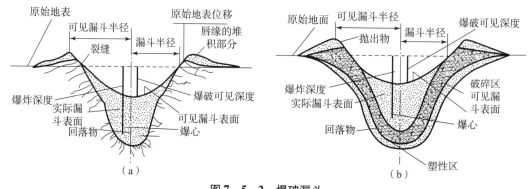

图 7 - 5 - 2　爆破漏斗

（a）在硬岩中；（b）在土壤中

2. 爆破漏斗计算的经验公式

对于爆破漏斗的计算，主要是指一定抛掷爆破条件下装药量的计算。多年来，人们得到了许多经验和半经验的计算公式，虽然这些公式从理论上并不严格，但是由于它们比较简单，使用方便，而且有一定的计算精度，一直被广泛采用。对装药量 ω 的计算公式如下：

$$\omega = k_3 W^3 \qquad (7 - 5 - 14\text{a})$$

$$\omega = k_2 W^2 + k_3 W^3 \qquad (7 - 5 - 14\text{b})$$

$$\omega = k_2 W^2 + k_3 W^3 + k_4 W^4 \qquad (7 - 5 - 14\text{c})$$

$$\omega = k_3 W^3 + k_4 W^4 \qquad (7 - 5 - 14\text{d})$$

$$\omega = k_3(0.4 + 0.6n^3)W^3 \qquad (7-5-14e)$$

$$\omega = k_3(0.4 + 0.6n^3)W^3\sqrt{\frac{W}{20}} \qquad (7-5-14f)$$

$$\omega = k_3(0.4 + 0.6n^3)W^3\sqrt{W} \qquad (7-5-14g)$$

$$\omega = k_3W^3\left[(1 + n^2)/2\right]^{9/4} \qquad (7-5-14h)$$

$$\omega = k_3W^3\left[2(4 + 3n^2)^2/(97 + n)\right] \qquad (7-5-14i)$$

在以上各式中：$n = R/W$（爆破作用指数），R、W 分别表示漏斗半径和最小抵抗线；k_1、k_2、k_3、k_4 为经验常数；ω 为药包质量。

对于上面介绍的计算药量的经验公式，在使用前必须考虑下面的因素。

（1）在相同类型的土中和相等最小抵抗线的一系列爆炸中，爆破漏斗半径随着装药量的增加而增大，因此装药必须是爆破作用指数的函数，即 $\omega = f(n)$。

（2）如果在一系列的爆炸中，最小抵抗线变化了，而漏斗的形状要保持相同（$n =$ 常数），于是随着最小抵抗线的增加，装药量也必须增加，即 $\omega = F(W)$，对于一个 $n = 1$ 的标准形状爆破漏斗，可以表示为 $\omega = F_s(W)$。

从上面两点可知，对于有变量 W 和 n 的爆炸，表达式 $\omega = f(n)$ 必须在 $f(n) = 1$，$n = 1$ 条件下才是适用的。

式（7-5-14e）~ 式（7-5-14i）包含了函数 $f(n)$，其形式分别为

$$f(n) = 0.4 + 0.6n^3 \qquad (7-5-15a)$$

$$f(n) = \left[(1 + n^2)/2\right]^{9/4} \qquad (7-5-15b)$$

$$f(n) = 2(4 + 3n^2)^2/(97 + n) \qquad (7-5-15c)$$

在式（7-5-15a）~ 式（7-5-15c）中，只有当 n 的范围分别为

$$\begin{cases} 0.7 \leqslant n \leqslant 2.5 \\ 0.7 \leqslant n \leqslant 2 \\ 0.7 \leqslant n \leqslant 3.5 \end{cases}$$

时，式（7-5-14e）~ 式（7-5-14i）才能使用。

对于中等效能的 9 号硝铵炸药，经验系数 k_3 的值列于表 7-5-2 中，若用于其他炸药，则必须将药量按能量相似原理换算成硝铵炸药的当量。对于中等硬度的土壤，作为一级近似，可取 $k_2 = 0$，$k_4 = 0.026 \text{ kg/m}^4$；对花岗岩一类的岩石，可取 $k_2 = 0.35 \text{ kg/m}^2$，$k_4 = 2.2 \times 10^{-3} \text{ kg/m}^4$。这些值适用于中等效能的硝铵炸药。

表 7-5-2　$n = 1$，9 号硝铵炸药的 k_3 值

岩土种类	$k_3/(\text{kg} \cdot \text{m}^{-3})$
砂	1.8 ~ 2.0
密实砂或湿砂	1.4 ~ 1.5
重砂质黏土	1.20 ~ 1.35
密实黏土	1.2 ~ 1.5
黄土	1.1 ~ 1.5
白垩	0.9 ~ 1.1

岩土种类	$k_3/(\text{kg} \cdot \text{m}^{-3})$
石膏	1.2 ~ 1.5
层状石灰岩	1.8 ~ 2.1
砂质泥灰岩，泥灰岩	1.2 ~ 1.5
带裂缝的凝灰岩，致密浮石	1.5 ~ 1.8
由石灰石胶结团状的角砾岩	1.35 ~ 1.65
黏土质砂岩，黏土质页岩，石灰岩，泥灰岩	1.36 ~ 1.65
白云岩，石灰岩，菱镁土，石灰石胶结的砂岩	1.50 ~ 1.95
石灰岩，砂岩	1.5 ~ 2.4
花岗岩，花岗闪长岩	1.80 ~ 2.55
玄武岩，安山岩	2.1 ~ 2.7
石英岩	1.8 ~ 2.1
斑岩	2.4 ~ 2.55

假设在最小抵抗线的范围内存在不同强度的土层，其各层厚度分别为 H_1，H_2，$\cdots$，H_m，其系数分别为 k_{31}，k_{32}，$\cdots$，k_{3m}，则可通过加权平均的方法，计算出 k_3 的平均值，即

$$k_3 = \frac{\sum\limits_{i=1}^{m} H_i k_{3i}}{W} \qquad (7-5-16)$$

7.6　战斗部在岩土中的爆炸

战斗部及一般弹药在岩土中的爆破威力与装药中心的位置及侵彻深度有关。试验表明，弹药在水平位置爆炸时的威力最大，而头部向下垂直放置爆炸时的威力最小，因为后者装药中心离地面最远。

实际上，战斗部是在运动中对地面产生侵彻作用的，侵彻深度大小对爆破威力影响很大。试验表明，侵彻深度为零时（即战斗部直接在地表面时），爆破效果最差。随着侵彻深度的增加，抛掷漏斗坑的体积也增大。达到最佳深度以后，漏斗坑的体积则随着侵彻深度的增加而逐渐减小，直至最后成为隐炸。

试验表明，形成最大弹坑（最大漏斗体积）的最佳侵彻深度为

$$L_{ur} = (0.85 ~ 0.95) \sqrt[3]{\omega} \ (\text{m}) \qquad (7-6-1)$$

由于侵彻深度对爆破威力的影响很大，因此为了发挥爆破战斗部的威力，必须控制战斗部的侵彻深度和引信作用时间。在介绍侵彻深度和引信作用时间的计算公式前首先对弹丸侵彻过程进行分析。

7.6.1　弹丸与战斗部侵彻介质时的受力分析

弹体在侵彻土壤、沙、岩石、混凝土等介质时，碰击目标的瞬间介质的阻力与介质的表

面垂直，弹体受力点位于弹体与介质的接触点。随着侵彻的深入，介质阻力方向向弹轴方向偏转。介质阻力方向不通过弹体的质心，阻力产生的力矩将使弹体的攻角发生变化。当弹体落角较小、弹体头部又较尖锐时，力矩使弹体攻角增大；但当弹体落角较大，弹体头部又很钝时，可能出现相反的情况，使弹体的攻角减小。

7.6.2　弹丸侵彻深度、头部形状、攻角对阻力的影响

当速度较高时，介质的惯性阻力远大于静阻力，可以近似地认为弹丸只受惯性阻力的作用。

弹丸侵彻介质的初始阶段，介质的阻力急剧增大，这是因为被排开和飞溅的介质越来越多。可以认为弹丸的能量主要消耗在介质的飞溅和一部分介质随弹丸一起运动所做的功上。也就是说，弹丸消耗的动能应该等于介质阻力做的功。

忽略黏滞阻力，并假设 $\delta = 0$，$f_3(\delta) = 1$，则近似可得

$$f_1\left(\frac{y}{d}\right) \propto \left(\frac{y}{d}\right)^2 \tag{7-6-2}$$

$$f_2\left(\frac{l_n}{d}\right) \propto \left(\frac{\cos \alpha'}{\sin \alpha'}\right)^4 (1 + \cos \alpha') \tag{7-6-3}$$

式中：α' 为头部母线与介质表面的夹角，可近似表示为

$$\alpha' = \arctan\left(\frac{2l_n}{d}\right) \tag{7-6-4}$$

当速度较低时，介质的动阻力和黏滞阻力皆可忽略不计，静阻力为介质主要阻力。

近似取介质对头部压力与速度方向之间呈余弦函数关系；而介质对头部压力取轴向分量并积分可得轴向阻力。在积分时可取介质对头部压力的平均压力，最后表达为速度方向压力的函数关系，即 $f_1(y/d) = 1$。

假设 $\delta = 0$，则 $f_3(\delta) = 1$。当 $y > l_n$ 时，可求出

$$f_2\left(\frac{l_n}{d}\right) \propto \left(\frac{l_n}{d}\right)(f) \tag{7-6-5}$$

式中：f 为弹体与介质的摩擦系数。

也就是说，弹头部越长，弹顶角（弹头部母线在弹顶处的夹角）就越小，如摩擦系数越小，则弹形函数 f_2 的值越小。球形弹 $l_n/d = 0.5$ 作为标准弹形，其弹形函数与其他头部形状弹的弹形系数之比

$$i_1 = \frac{f_2(1/2)}{f_2(l_n/d)}$$

称为弹形系数。其可近似计算求得，也可通过试验求得。近似计算公式为

$$i_1 = 1 + 0.3\left(\frac{l_n}{d} - 0.5\right)$$

在考虑攻角影响时，同样假设介质对头部压力与速度方向压力之间呈余弦函数关系。当弹轴偏离速度矢量一个角度 δ 时，则介质阻力可在 δ 平面内分解为两个分量，对这两个分量积分可得

$$\begin{cases} R_x = c_1 \cos \delta & （弹轴方向分量） \\ R_y = c_2 \sin \delta & （\delta 平面内垂直 x 轴分量） \\ M = c_3 \sin \delta \cos \delta \end{cases} \tag{7-6-6}$$

式中：c_1、c_2、c_3 与攻角 δ 无关，且可知 $\delta = 0$ 时，$c_1 = R_f$；$\delta = \pi/2$ 时，$c_2 = R_f$。

正面阻力、法向阻力与力矩的形式为

$$\begin{cases} R_f = R_x \cos \delta + R_y \sin \delta \\ R_N = -R_x \sin \delta + R_y \cos \delta \end{cases} \tag{7-6-7}$$

将式（7-6-6）中 R_x、R_y 的表达式代入式（7-6-7），则有

$$\begin{cases} R_f = c_1 \left(\cos^2 \delta + \dfrac{c_2}{c_1} \sin^2 \delta \right) \\ R_N = (c_2 - c_1) \sin \delta \cos \delta \end{cases} \tag{7-6-8}$$

对于正面阻击力，有

$$f_{3f}(\delta) \propto \sin^2 \delta$$

对于法向阻力，有

$$f_{3N}(\delta) \propto \sin 2\delta$$

对于翻转力矩，有

$$f_{3M}(\delta) \propto \sin 2\delta$$

由此可以看出，在攻角较小时，正面阻击、法向阻力、翻转力矩等随着攻角 δ 的增大而增大。

7.6.3 弹丸在介质中的运动方程

为推导弹体运动方程，做如下基本假设。

（1）入射平面在弹体侵彻过程中方位不变，攻角和弹靶入射角始终在入射平面内；

（2）弹体绕弹轴旋转对入射平面及入射角不产生影响；

（3）作用在弹体上的力和力矩只有质心速度方向的正面阻力 R_f、垂直于质心速度方向的法向阻力 R_N 以及绕质心轴的力矩 M_d；

（4）弹体视为刚体，且弹坑的直径与弹体直径相同；

（5）忽略旋转阻力和阻力矩的影响。

取直角坐标系，弹丸质心运动方程为

$$\begin{cases} m \dfrac{d^2 x}{dt^2} = -R_f \cos \theta + R_N \sin \theta \\ m \dfrac{d^2 y}{dt^2} = -R_f \sin \theta + R_N \cos \theta \\ B \left(\dfrac{d^2 \delta}{dt^2} - \dfrac{d^2 \theta}{dt^2} \right) = M_d \end{cases} \tag{7-6-9}$$

式中：m 为弹丸质量；θ 为落角，即弹道切线与水平面的夹角；B 为弹丸的赤道转动惯量。

弹丸速度在 x、y 轴方向的分量为

$$\frac{dx}{dt} = v \cos \theta, \frac{dy}{dt} = v \sin \theta \tag{7-6-10}$$

对式（7-6-10）微分后可得

$$
\begin{cases}
m\dfrac{\mathrm{d}^2 x}{\mathrm{d}t^2} = \cos\theta\,\dfrac{\mathrm{d}v}{\mathrm{d}t} - v\sin\theta\,\dfrac{\mathrm{d}\theta}{\mathrm{d}t} \\[2mm]
m\dfrac{\mathrm{d}^2 y}{\mathrm{d}t^2} = \sin\theta\,\dfrac{\mathrm{d}v}{\mathrm{d}t} + v\cos\theta\,\dfrac{\mathrm{d}\theta}{\mathrm{d}t}
\end{cases}
\tag{7-6-11}
$$

将式（7-6-11）代入弹丸质心运动方程式（7-6-9），可得

$$
\begin{cases}
\dfrac{\mathrm{d}v}{\mathrm{d}t}\cos\theta - v\sin\theta\,\dfrac{\mathrm{d}\theta}{\mathrm{d}t} = -\dfrac{1}{m}R_{\mathrm{f}}\cos\theta + \dfrac{1}{m}R_{\mathrm{N}}\sin\theta \\[2mm]
\dfrac{\mathrm{d}v}{\mathrm{d}t}\sin\theta + v\cos\theta\,\dfrac{\mathrm{d}\theta}{\mathrm{d}t} = -\dfrac{1}{m}R_{\mathrm{f}}\sin\theta - \dfrac{1}{m}R_{\mathrm{N}}\cos\theta
\end{cases}
\tag{7-6-12}
$$

式（7-6-12）第一个方程乘以 $\cos\theta$，第二个方程乘以 $\sin\theta$ 后再相加，可得

$$
\frac{\mathrm{d}v}{\mathrm{d}t} = -\frac{1}{m}R_{\mathrm{f}}
$$

式（7-6-12）第一个方程乘以 $\sin\theta$，第二个方程乘以 $\cos\theta$ 后再相减，可得

$$
\frac{\mathrm{d}\theta}{\mathrm{d}t} = -\frac{1}{m}\frac{R_{\mathrm{N}}}{v}
$$

由 $r\mathrm{d}\theta/\mathrm{d}t = v$（$r$ 为弹道曲率半径），而 $r = 1/K$（K 为弹道曲率），故有

$$
\begin{cases}
\dfrac{\mathrm{d}\theta}{\mathrm{d}t} = Kv \\[2mm]
Kv = -\dfrac{1}{m}\dfrac{R_{\mathrm{N}}}{v} \\[2mm]
K = -\dfrac{1}{m}\dfrac{R_{\mathrm{N}}}{v^2}\ \text{或}\ r = -m\dfrac{v^2}{R_{\mathrm{N}}}
\end{cases}
\tag{7-6-13}
$$

目前，不能建立 R_{f}、R_{N} 和 M_{d} 的解析表达式，也不能准确计算 R_{f}、R_{N} 和 M_{d} 的数值。通常通过量纲分析方法或者经验公式来确定弹体的运动特性。

7.6.4　侵彻深度

战斗部侵彻岩土时主要受到岩土介质的作用，侵彻深度的大小与弹的口径、落速、结构形式和介质的性质有关。下面介绍两个经验公式。

1. 别列赞公式

别列赞公式定义为

$$
L_{\mathrm{K}} = \lambda K_{\mathrm{K}}\frac{q_{\mathrm{K}}}{d^2}v_{\mathrm{c}}\sin\theta_{\mathrm{c}}
\tag{7-6-14}
$$

式中：L_{K} 为侵彻深度（m）；q_{K} 为弹丸质量（kg）；d 为弹丸口径（m）；v_{c} 为弹丸着速（m/s）；λ 为与弹形有关的系数（表7-6-1）；K_{K} 为介质的阻力系数（表7-6-2）；θ_{c} 为落角（落点弹轴线与水平面的夹角）。

表 7-6-1　各种弹的弹形系数

弹头弧形部长/弹头直径（H_{r}/d）	0~0.5	0.5~1.0	1.0~1.5	1.5~2.0	2.0~2.5
$\lambda \approx 1 + 0.3$（$H_{\mathrm{r}}/d - 0.5$）	1.00	1.10	1.25	1.40	1.55

表 7 - 6 - 2　各种介质的阻力系数 K_K

介质种类	$K_K/(m^2 \cdot s \cdot kg^{-1})$
坚实的花岗岩、坚硬砂岩	1.6×10^{-6}
一般砂岩、石灰岩、沙土片岩和黏土片岩	3.0×10^{-6}
软片岩、石灰石冻土壤	4.5×10^{-6}
碎石土壤、硬化黏土	4.5×10^{-6}
密实黏土、坚实冲积土、潮湿的砂、与碎石混杂的土地	5.0×10^{-6}
密实土地、植物土壤	5.5×10^{-6}
沼泽地、湿黏土	10.0×10^{-6}
钢筋混凝土	0.9×10^{-6}
混凝土	1.3×10^{-6}
水泥的砖筑砌物	2.5×10^{-6}

2. 彼德尔公式

彼德尔公式定义为

$$L_K = \frac{q_K}{d^2} K'_K f(v_c) \sin \theta_c \qquad (7-6-15)$$

式中：K'_K 为介质的阻力系数（表 7 - 6 - 3）；$f(v_c)$ 为落速 v_c 的函数（表 7 - 6 - 4），具有速度的量纲；其他符号同前。

表 7 - 6 - 3　一些介质的阻力系数 K'_K

介质种类	$K'_K/(m^2 \cdot s \cdot kg^{-1})$	介质种类	$K'_K/(m^2 \cdot s \cdot kg^{-1})$
石灰石岩	0.43	砂土	2.94
混凝土	0.64	植物土壤	3.68
石头建筑物	0.94	黏土	5.87
砖筑砌物	1.63	—	—

表 7 - 6 - 4　各种落速的 $f(v_c)$ 值

$v_c/(m \cdot s^{-1})$	40	60	80	100	120	140	160	180	200	220	240	260
$f(v_c)$	0.33	0.72	1.21	1.76	2.36	2.79	3.58	4.18	4.77	5.34	5.89	6.41
$v_c/(m \cdot s^{-1})$	280	300	320	340	360	380	400	420	440	460	480	500
$f(v_c)$	6.92	7.40	7.87	8.31	8.40	9.15	9.54	9.92	10.29	10.64	10.89	11.30

除上述两种计算公式外，还有许多类似的经验公式，它们的区别主要是研究的条件有所不同。在此不再赘述。

7.6.5　引信作用时间

引信作用时间应确保弹丸在最佳的侵彻深度爆炸，以获得最大的爆破效果，即要求引信的延期时间与弹丸侵彻到最佳深度时的时间相等。

设弹丸在岩土介质侵彻过程中为匀减速运动，则

$$s = v_c t - \frac{a}{2} t^2 \tag{7-6-16}$$

式中：s 为弹丸的侵彻行程（m）；v_c 为落速（m/s）；a 为平均加速度（m/s^2）；t 为侵彻时间（s）。

显然，对于最佳行程 s_{ur}，有

$$s_{ur} = \frac{L_{ur}}{\sin \theta_c} \tag{7-6-17}$$

根据假设

$$a = \frac{v_c^2}{2s} \tag{7-6-18}$$

可以得到引信的延期时间为

$$t_{ur} = \frac{2s}{v_c} \left[1 - \sqrt{1 - \frac{L_{ur}}{s \sin \theta_c}} \right] \tag{7-6-19}$$

用上述方法计算的时间只是概略值，须根据具体的弹丸进行试验修正。

思考题与习题

1. 130 mm 火箭弹发射装药燃烧完的质量为 27.021 kg，落速为 266.8 m/s，θ_c 为 54°56′，求对密实黏土的侵彻深度。

2. 130 mm 火箭弹内装 TNT 炸药 3.06 kg，试求上题的侵彻时间和引信的延期时间。

3. 用 122 mm 杀伤爆破弹破坏地下掩蔽部，为了考察弹丸的侵彻能力及引信是否满足要求，需进行校核。已知 $d = 0.122$ m，$m = 21.76$ kg，$v_c = 214$ m/s，$\theta_c = 45°$，介质为普通土壤，要求弹丸在 1.6 m 的侵彻深度处爆炸，即 $h_y = 1.6$ m。用别列赞公式求解，检验弹的侵彻能力。

4. 装药在岩土中爆炸，岩土受到强烈压缩会形成推出区、强烈压碎区、破碎区、振动区，请分析说明装药爆炸过程中各形成区域的特点。

第 8 章

水 下 爆 炸

8.1 概　　述

水下爆炸一般是指炸药、鱼雷、炸弹或核弹等在水中的爆炸。爆炸后在水中形成向四周扩展并不断减弱的冲击波（激波）。爆炸产物形成的"气泡"在水中膨胀然后回缩，进行振荡并不断上浮，同时向四周发出二次压力脉冲。当冲击波遇到物体时发生反射、折射和绕射，物体在冲击波和二次压力脉冲的作用下发生位移、变形或被破坏。当冲击波到达水面和气泡突出水面后，可在水面激起表面波。

8.2　水下爆炸的基本物理现象

8.2.1　爆轰

爆轰是一种自持放热、反应速率极快、以超声速传播的特殊化学反应，也是炸药最高烈度的反应形式（炸药也会燃烧、自分解等）。对理想炸药来讲，有不考虑爆轰传播过程的瞬时爆轰模型、考虑爆轰传播但不考虑反应区的 CJ 模型和考虑反应区宽度及状态的 ZND 模型三种主要模型对其爆轰反应过程进行理论描述和计算，如图 8 – 2 – 1 所示。

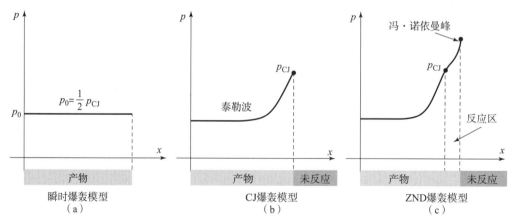

图 8 – 2 – 1　不同爆轰理论产物状态比较

p—冲击波压力；p_{CJ}—CJ 理论模型认为维持爆轰稳定传播的波阵面压力；

p_0—瞬时爆轰假设条件下根据 p_{CJ} 对产物压力的估计值

　　水中兵器普遍使用添加有铝粉等高热值燃剂及氧化剂的混合炸药（非理想炸药），这些添加剂主要在爆轰反应结束后与产物发生反应并持续放热，即含铝炸药的二次反应。因此，一般含铝炸药的能量输出结构中冲击波能占比更低，二次反应放热使得气泡能提升，炸药总能量水平可以达到 2 ~ 3 倍 TNT 当量。

8.2.2　无限水域爆炸冲击波

　　在爆轰过程结束后，高状态的产物气体开始膨胀并向水中发射一道冲击波，其形成机理、过程以及基本性质等均与空气中的爆炸相类似，主要是量级上有差别，其初始压力可达 10 GPa 以上。图 8 - 2 - 2 描述了某典型时刻水下爆炸冲击波的传播。

　　水下爆炸初始冲击波的波速很高，可达 5 ~ 6 倍声速。随着传播距离的增加迅速衰减，在 2 ~ 3 个装药半径内即衰减至 2 倍声速以内，在 10 倍装药半径处即可衰减至接近声速，如图 8 - 2 - 3 所示。因此，中远场冲击波的传播可以通过近似声学理论进行描述。

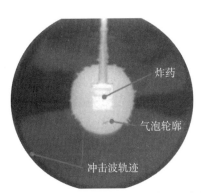

图 8 - 2 - 2　典型水下爆炸冲击波高速分幅快照

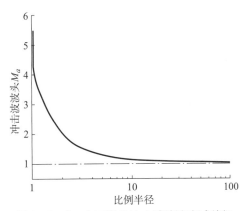

图 8 - 2 - 3　水下爆炸冲击波波速衰减特征

　　图 8 - 2 - 4 所示的是典型水下爆炸远场冲击波压力随时间变化而变化的曲线，波阵面扫过后，测点处压力 p 可在一定时间（数十秒或上百微秒）内以指数形式迅速衰减至约峰值的 37%，这段时间用字母 θ 表示，定义为冲击衰减常数或时间常数，用来表征水下爆炸冲击波的时间衰减特征，p_{m} 为峰值压力。过了该时间点后，压力衰减速率降低，呈倒数型。

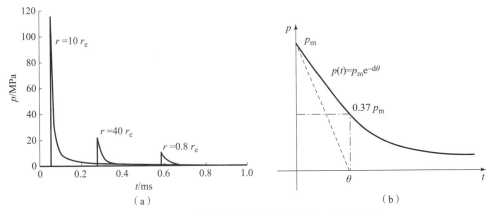

（ a ）　　　　　　　　　　　　　　　　　（ b ）

图 8 - 2 - 4　典型水下爆炸冲击波压力—时间曲线

（a）不同装药半径处冲击波压力衰减仿真数据；（b）典型中远场处冲击波压力衰减规律

水下爆炸冲击波的另一个重要物理特征根是其压力峰值的空间分布特征，可以用随比例半径 r/r_e 表征，这里的 r_e 是炸药装药半径，r 为爆距。在图 8-2-5 所示的对数坐标系内，冲击波峰值压力在 $10\ r/r_e$ 范围以外呈线性分布，以内则发生显著的非线性偏离。王树山团队发现近场冲击波衰减规律可以通过两相指数衰减模型进行描述。

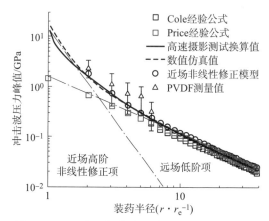

图 8-2-5　水下爆炸冲击波峰值压力分布特征

8.2.3　冲击波在界面处的反射

在真实海域中，装药爆炸后产生的冲击波会在海底和海面处发生反射，原理如图 8-2-6 所示。由于水和空气的阻抗明显不匹配，反射冲击波被自由面反射后产生稀疏波返回水中。反射的稀疏波随后沿目标方向传播并且在入射冲击波到达后的有限时间内抵达入射点并形成负加载，稀释当前状态甚至下降至负值，如图 8-2-6 所示中的压力—时间曲线，该负加载被称为水面截断或截断反射。与水面截断相关的延迟时间能够通过各自直接路径和表面反射冲击波进行计算，即截断时间。海底反射波会根据海底材料的性质不同，在冲击波和稀疏波之间变化，正常情况下反射波为冲击波，当反射波到达入射点时，会形成正加载，载荷压力突然增大。

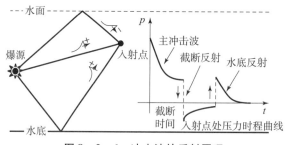

图 8-2-6　冲击波的反射原理

需要注意的是，在距离合适的情况下，冲击波在水面和水底的反射都会引起水体大范围的整体空化，空化闭合时也会产生具有一定强度的冲击载荷。

8.2.4　水下爆炸的气泡运动

水介质密度高、可压缩性弱，因此在冲击波形成并离开以后，爆轰产物会在水介质的约束下以气泡的形式持续膨胀并伴随着内部压力而降低。当气泡膨胀至内外压平衡点时，会因为惯性的作用继续过膨胀至最大尺寸，此时气泡内压低于外部环境压力，压差的存在使气泡开始向心收缩，并同样在惯性的作用下过收缩至最小尺寸。这样一个完整的膨胀收缩过程称为气泡的一次脉动。此后气泡会再次膨胀并向外辐射压力波，即脉动压力波或二次压力波，如图 8 - 2 - 7 所示。

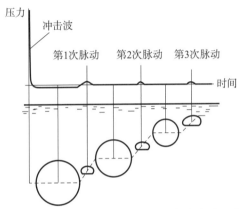

图 8 - 2 - 7　水下爆炸载荷曲线与气泡脉动示意

二次压力波虽然峰值只有主冲击波的 10% ~ 20%，但其脉宽远远大于冲击波，比冲量与冲击波水平相当，是水下爆炸毁伤研究中不可忽视的重要载荷。

当起爆深度较浅时，气泡上升到达自由面会出现与爆轰产物混在一起形成的喷射水柱，其形态与形成机理较为复杂。

8.3　水下爆炸的基本力学问题与研究现状

8.3.1　水下爆炸冲击波

如何精确求解与量化水下爆炸冲击波是水下爆炸动力学研究需要解决的关键科学问题之一，现存技术手段主要有三类，即工程模型（经验公式）、解析模型和数值仿真。

1. 工程模型

如果能够已知冲击波压力峰值随空间变化的分布规律，以及某点处压力随时间变化的衰减规律，就可以实现水下爆炸冲击波流场时空特征的完整重构。基于相似理论的经验公式就是实现水下爆炸冲击波流场演化参数便捷、快速预估的半经验半理论模型。

Hilliar 将空气中爆炸冲击波的相似准则引入到水下爆炸的研究中，证实了水下爆炸冲击波峰压 p、冲量 I 和能流通量 F，也可以表达为形如 $p = f(W^{1/3}/r)$ 的函数关系式。在此基础上，White 给出的压力峰值分布模型为

$$p_{\max}(r) = K_1 \cdot \left(\frac{\sqrt[3]{W}}{r}\right)^{\alpha_1} \tag{8-3-1}$$

而压力衰减模型则是 Cole 基于 Kirkwood 和 Bethe 的研究，Cole 首次在其著作中提出：

$$p(t) = p_{\max}\mathrm{e}^{-t/\theta}, \theta = K_2 \sqrt[3]{W}\left(\frac{\sqrt[3]{W}}{r}\right)^{\alpha_2} \tag{8-3-2}$$

上两式中：$p_{\max}$ 为冲击波峰值压力；W 为装药质量；r 为爆距；K_1、K_2、α_1 和 α_2 为试验数据拟合系数。不断有学者通过试验对模型适用范围开展研究并对四个系数进行修正。

1972 年，苏联学者 Zamyshlyayev 等对自由水域冲击波传播、自由面和海底效应、冲击波与结构的流固耦合等问题进行了深入研究，提出了一种能够描述水下爆炸载荷全时程演化的五段式（冲击波的指数衰减阶段、冲击波的倒数衰减阶段、倒数衰减后段、气泡膨胀收缩阶段和脉动压力段）工程模型。该模型具有非常高的实用价值和可靠的计算精度，至今仍被广泛使用。

2002 年，Geers 和 Hunter 创新性地将气泡动力学方程与表征 $p(r,t)$ 关系的工程模型相结合，建立了一套水下爆炸载荷全时程演化模型。

2022 年，Jia 等利用高精度数值仿真和试验结果，针对水下爆炸冲击波的传播模型进行了高阶非线性修正，即

$$p_{\max} = 14.2 \cdot \left[0.89 \times \left(\frac{r_e}{r}\right)^{3.53} + 0.11 \times \left(\frac{r_e}{r}\right)^{1.18}\right] \tag{8-3-3}$$

$$p(t) = p_{\max}(0.89\mathrm{e}^{-t/\theta} + 0.11\mathrm{e}^{-t/10\theta}) \tag{8-3-4}$$

不仅能够精确描述 6 倍装药半径以内冲击波的分布与衰减特征，在中远场范围内也有很高的预估精度。但是该模型的常系数仅利用小尺寸装药水下爆炸试验数据进行标定，其泛化性有待进一步验证。

2. K–B 理论

K–B（Kirkwood–Bethe）理论最早由 Kirkwood 和 Bethe 提出，是迄今为止唯一有关水下爆炸冲击波传播的解析理论，对水下爆炸冲击波在较远场（大于 10 倍装药半径）处的峰值压力分布特征和衰减特征有很高的解析精度。最早有关水下爆炸能量输出结构的相关结论（如 TNT 装药水下爆炸的冲击波能约占总能量的 53% 等）就是结合 K–B 理论计算获得的。

K–B 理论的另一个重要贡献是其创新性地提出利用时间常数 B 作为冲击波压力衰减特征的表征参量，为 Cole、Arons、Zamyshlyaev、Chapman 等提出相关工程模型提供了重要理论基础。2020 年，王树山团队将时间常数 θ 修正为时间相关函数，实现了 6 倍装药半径以内水下爆炸冲击波阵面峰值压力分布特征以及压力衰减特征的精确计算。

3. 半解析半数值的特征线法

与渐近法或摄动法类似，特征线法是一种用来简化偏微分方程组的方法，起源于 19 世纪下半叶。沿着特征线方向，偏微分方程可以简化为一簇常微分方程，因此可以用图解法手工求得原方程的近似解在一维和二维不定常流的求解中广泛应用。

20 世纪上半叶，随着电子计算机的出现，特征线法发展成为一种基于有限差分的数值计算方法（半解析半数值）。1941—1942 年，Penney 等先后利用特征线法对 TNT 装药水下爆炸球面波传播问题进行了早期的数值求解。随后，Holt 利用特征线法对水下爆炸问题进行了较系统的研究，讨论了爆轰产物、环境介质（空气、水）状态方程的适用性。但是，受

限于当时的计算条件，他仅求解了从爆轰到冲击波运动至 2 ~ 3 倍装药半径时的水下爆炸极早期过程，并在后来一系列文献中对这一阶段中波的传播特征进行了讨论。

20 世纪 50 年代至 60 年代后，近代数值计算格式发展迅速，计算效率、精度以及对多物质、复杂边界和三维问题的处理能力等都远超特征线法，逐渐成为理论研究和工程应用的主流。李晓杰等基于二维非均熵流特征线法对水下爆炸近场流动问题，尤其是含铝炸药的近场问题开展的系列工作、是该方法应用在水下爆炸研究中的最新进展。

4. 高精度数值算法

在数学上，自由场水下爆炸问题是一个典型的气—水多物质黎曼问题，其瞬态非定常流动由 Eider 方程组控制。数值求解水下爆炸就是在数学上寻找 Eider 方程组的多物质初值问题的间断解，即多物质黎曼（Rimann）解。因此，激波间断（冲击波）的捕捉和物质间断（气泡界面）的求解是水下爆炸数值计算需要解决的关键难点和核心问题。

激波间断捕捉算法一般指在解算双曲型偏微分方程组时不需要人工额外地引入黏性效应就能够自动定位并求解激波间断的数值计算方法。由于能够参与一次插值计算的单元/节点数量受到理论限制，早期的激波捕捉算法普遍都只有 1、2 阶精度。如前文所述，水下爆炸初始时刻，爆轰产物—水界面两侧的压力差可达 5 ~ 6 个数量级，入射冲击波峰值可达 10 ~ 20 GPa。低精度算法在求解这种强冲击波间断时会引入过多的人工黏性，使计算结果被"抹平"，甚至导致非物理解或计算中断。1987 年，Harten 等开创性地提出了 ENO（Essentially Non - Oscillation）格式，在不破坏算法守恒性的前提下，将更多的模板节点纳入半节点重构中，将算法精度提高到了 3 阶以上。1996 年，Jiang 等提出具有 5 阶精度的有限差分加权 ENO（Weighted ENO，WENO）格式，权重因子的出现提高了插值模板的利用效率，在不增加模板节点的情况下提高了计算精度和稳定性，并且可以推广到 10 阶以上精度。WENO 格式被提出了近 30 年，然而其依然是数值算法领域最炙手可热的高精度格式，国内外大量学者致力于对其进行优化和改进，尤其国内学者 Wang 等提出的保正 WENO 格式，解决了求解大压力比间断会出现非物理负压的国际难题。

"多物质"体现在数值计算中，就是物质界面两侧参与计算的状态体构方程不同。因此，多物质界面的计算包含两个内容：多物质界面位置的确定和多物质界面流动参量的确定。由于这一技术主要用于求解与气泡界面相关的内容，故此处不再赘述。

8.3.2　水下爆炸气泡

气泡动力学问题在流体力学发展的历史进程中占据着重要地位，研究成果被广泛应用在物理学、化学、生物和医学等众多领域中。其中，对炸药水下爆炸气泡运动问题的研究起始于军事应用的需求，是气泡动力学研究中具有独特特征的研究领域之一。与冲击波研究类似，求解并表征爆炸气泡特征也有以下三种手段。

1. 气泡特征工程模型

气泡膨胀半径、脉动周期和脉动压力波峰值等特征的定量表征对水下爆炸研究成果的工程应用有重要意义。Ramsauer 最早提出气泡最大膨胀半径 R_{max}、装药量 W 和炸点位置附近一定深度静水压 p_h 间的关系（试验装置如图 8 - 3 - 1 所示），其关系式为

$$R_{max} = f \left[\left(\frac{W}{p_h} \right)^{1/3} \right] \tag{8-3-5}$$

由于水深每增加 1 m，静水压增加约 0.1 atm。所以，在式（8-3-5）中，p_h 可以写成关于深度 H 的关系式 $p_h = 1 + 0.1H$，将其代入式（8-3-5），得到

$$R = K_{R1} \cdot \left(\frac{W}{1 + 0.1H}\right)^{1/3} = K_{R2} \cdot \frac{1}{(H + 10)^{1/3}} r_e \qquad (8-3-6)$$

式中：K_{R1} 和 K_{R2} 是与装药类型有关的试验标定系数。

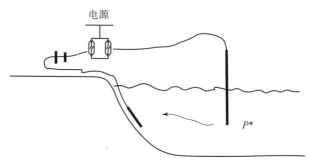

图 8-3-1　Ramsauer 试验装置布置示意（P^* 为炸点位置）

式（8-3-6）的形式就是现在应用最广泛的气泡最大半径计算模型。还可以进一步将装药质量变换成装药半径 r_e 的表达式，或者进行其他常参数变换；此外，还可以进一步到气泡第 1 个完整膨胀—收缩过程的持续时间：

$$T = K \cdot \frac{W^{1/3}}{(1 + 0.1H)^{5/6}} \qquad (8-3-7)$$

Cole 给出的二次压力波的峰值超压 Δp_{m2} 的计算公式为

$$\Delta p_{m2} = 7.095 \times \frac{\sqrt[3]{\omega}}{r} \qquad (8-3-8)$$

式中：ω 和 r 分别为 TNT 当量和爆距。

2. 气泡动力学方程

最早对水下气泡问题的科学探索起源于 19 世纪中期高速螺旋桨附近空化现象对船舶航行影响的研究。Plesset 在 Rayleigh 和 Lamb 的工作基础上引入了速度势形式的伯努利方程，得到不可压缩流体中理想球形气泡运动（Rayleigh - Plesset，R - P）方程，是气泡动力学理论研究的重要里程碑。

Herring 提出了考虑液体可压缩性的气泡动力学方程，其基于声学近似对方程的可压性进行了 1 阶精度修正。Trilling 在 Herring 的工作基础上对方程形式进行了简化，形成了 H - T（Herring - Trilling）模型。Gilmore 模型是在 K - B 假设的基础上简化控制气泡流场的偏微分方程得到的，将气泡边界速度的适用范围扩展到了 2.2 倍声速。K - K（Keller - Kolodner）模型采用线性波动方程代替了 Laplace 方程，能够计算压力波对气泡运动的影响。这三个模型是这一时期最具代表性的成果，指引了之后近 20 年气泡动力学理论发展的方向形成了"1 阶精度气泡动力学方程组"。

PLK（Poincare - Lighthill - Kuo）方法、奇异摄动法和渐近法等求偏微分方程近似解的理论方法的逐渐成熟为水下爆炸等强非线性问题的研究提供了新的强大工具。Tilmann、Shima 和 Tomita 等将气泡动力学方程推向 2 阶马赫精度。

Prosperetti 和 Lezzi 辩证地总结了近百年以来不同的可压缩性液体条件下气泡动力学方程

与模型，统一了 1 阶马赫精度的气泡动力学方程形式，发展了包含双参数的 2 阶马赫精度方程。

　　Geers 和 Hunter 基于双渐近理论构建了 G－H 模型并开展了系列研究工作，不仅将水下爆炸气泡动力学计算的初始条件从最大半径时刻推进到初始膨胀时刻，还通过所提出的体积加速度模型将气泡动力学方程中的加速度量与水下爆炸冲击波模型相关联，形成脉动压力波的求解模型，分析气泡能量耗散机制、内部波动效应等对气泡脉动的影响。然而，自然界中的气泡不是单一的，气泡会受到边界、多气泡、水深、重力、可压缩性、黏性、表面张力、环境流场等因素的严重影响，为此，张阿漫团队分别对水下爆炸气泡的动力学行为进行了较全面的探索，并在 2023 年提出了气泡统一理论。该气泡统一方程不仅统一了 RP、Keller 等的方程，而且还能预测气泡新的物理现象和机制，即

$$\left(\frac{C - \dot{R}}{R} + \frac{\mathrm{d}}{\mathrm{d}t} \right) \left(\frac{R}{C - \dot{R}} + \frac{\mathrm{d}F}{\mathrm{d}t} \right) = 2R\dot{R}^2 + R^2\ddot{R} \tag{8-3-9}$$

或

$$\left(\frac{C - \dot{R}}{R} + \frac{\mathrm{d}}{\mathrm{d}t} \right) \left[\frac{R^2}{C} \left(\frac{1}{2}\dot{R}^2 + \frac{1}{4}v^2 + H \right) \right] = 2R\dot{R}^2 + R^2\ddot{R} \tag{8-3-10}$$

式中：C 为声速；R 为气泡半径；$\dot{R}$ 和 $\ddot{R}$ 为 R 对时间的 1 阶、2 阶导数；F 为中间变量；H 为气泡表面的焓差；v 为气泡的迁移速度。

3. 高精度数值算法

　　仅仅利用解析理论难以支撑爆炸气泡动力学高维度（气泡上浮、气泡变形、水射流等）的需求。自 20 世纪 70 年代，数值计算逐渐发展为气泡动力学研究的主要方法之一，尤其是边界元方法（Boundary Element Method，BEM）或称边界积分法（Boundary Integration Method，BIM）计算效率高，与试验结果吻合较好，在气泡动力学研究中应用广泛。但是，BIM 类方法的基本假设之一是不可压流，其控制方程由 Bernoulli 方程和 Laplace 方程的耦合发展而来，在弱波条件下，对气泡运动形态的模拟有独特优势但天然不具备求间断解的能力。因此，在以爆炸载荷为前提的爆炸气泡模拟方面有所不足，并且在处理拓扑变化时更是需要引入复杂的算法模型。

　　除 BIM 以外，一些典型的气—液多物质算法也被应用于气泡动力学的研究。这些算法可根据气泡界面位置的捕捉方法不同分为 Lagrange 型和 Eider 型两大类。其中，在 Lagrange 型方法中，坐标是随物质流动而运动的，因此采用 Lagrange 型方法来解决多物质流动问题可以追踪物质界面的位置。但是，用 Lagrange 网格来描述流体动力学问题时会面临网格畸变、相交和重叠等问题，需要不断重构网格来抑制网格畸变误差。即便一些新兴的粒子类无网格算法可以完全避免网格畸变问题，但依然无法回避多物质节点之间的相交、重叠和错位等问题。

　　为了同时具备 Lagrange 网格对物质界面的解析精度和 Eider 网格对流动、大变形问题的计算优势，以任意拉格朗日—欧拉法（Arbitrary Lagrangian－Eulerian Method，ALE）、耦合拉格朗日—欧拉法（Coupled Eulerian－Lagrangian Method，CEL）和界面追踪法等为代表的 Lagrange—Euler 混合型算法得到发展。其中，ALE 和 CEL 是商业软件中最常见的算法。这些算法的基本策略是在界面处利用 Lagrange 网格追踪边界，在距离边界较远处采用 Eider 网格计算流场，但也面临界面重构效率和精度的问题。

Eider 型方法的优势在于擅长处理大变形和复杂拓扑问题；缺点是网格固定不动，界面位置精度会受网格密度的影响。这类方法最显著的共同特征在于通过输运方程和场函数配合求解界面位置。其中，基于 Level – Set 法发展起来的虚拟流体（Ghost Fluid）簇方法一经提出，便成为水下爆炸研究领域的主流和热门方法。这类算法在配合 Eider 方程作为控制方程求解水下爆炸问题时，不仅能够准确求解气泡界面的状态量，还能够解决多物质界面与强冲击间断耦合的难题，甚至已被推广至解决气—液—固三相问题。但是该类方法依然面临气泡状态精确求解和激波间断精确捕捉二者不能统一的理论难题。

总之，在计算机水平高度发达的今天，仍然无法依靠数值计算完美解决冲击波—气泡体系跨尺度效应带来的理论困境。在具体研究工作中，只能针对具体问题选择合适的数值工具，尚不存在万能算法。

8.3.3　水下爆炸边界效应

1. 近自由面爆炸

1）冲击波反射空化

当冲击波到达水面并以稀疏波状态返回水中时，由于水不能承受很大的张力，会引起近自由面处水层压力急剧下降而出现整体空化。如果从水面之上俯视，会看到水面上出现一个白色丘状隆起，即"水冢"。在"水冢"边缘，可以看到一个迅速扩大的暗灰色水圈，这是由于水介质被冲击压实和密度提高所形成的冲击波迹线。该空化区的闭合会形成幅值可观的冲击载荷。由于空化区的闭合是一个随时间推进的连续过程，因此在空化闭合的整个过程中，会持续地向外辐射压力波。该压力波在水面处反射后会引起新的水体空化，并重复上述过程直至能量耗尽。

最早针对这一现象开展研究的是 Kennard，随后 Arons 等在其研究的基础上，给出水下爆炸引起近自由液面空化区的上下边界、流体速度等特性参数的计算方法，是这一研究领域的重要里程碑。该模型认为，自由液面附近的压力场由入射压力、反射压力（由装药的等强度镜像计算）和静水压三者相加得到。由于反射压力往往是负压，所以三者之和为负时即认为水介质发生空化。

目前，使用最广泛的模型均由 Arons 的工作发展而来。Zamyshlyayev 也在这方面独立开展了系统性研究。他运用动量原理分析了近自由面处整体空化的水锤效应，给出了描述水锤效应的简化公式，可以计算空化层的深度、水锤压力和压力开始时间。此后，学者们在理论、数值仿真和试验等方面开展工作，形成的近自由面水下爆炸空化计算模型，能够有效预测水下爆炸引起的近自由面空化的产生、发展及其溃灭过程，为水下爆炸空化效应的深入研究提供了重要参考。

2）水面兴波与水柱

爆炸气泡与自由液面的相互作用会形成喷射水柱和水面波（兴波），这类现象称为上临界深度问题（Upper Critical Depth Problem）。最早对喷射水柱的形态与形成过程进行了定性理论分析，认为水柱形态与气泡达到自由面时的状态有关。Cole 指出，当气泡在开始收缩前到达水面，由于气泡上浮速度小，几乎只作径向飞散。因此，水柱按径向喷射出现于水面；气泡在最大压缩的瞬间到达水面，气泡上升速度很快，这时气泡上方的水垂直向上高速喷射，形成高而窄的水柱或喷泉。当装药在足够深的水中爆炸时，气泡在到达自由面以前就被分散或溶解了，则不出现上述现象。

　　Cushing、Holt、John 等针对上临界深度问题展开了系统研究，不仅总结了水下爆炸近水面空泡及波浪（兴波）的变化规律，还给出了近水面爆炸流场的解析解，并指出在爆深约为装药半径一半时海面兴波幅度最大。Kendrinskii 综合前人研究结果，给出了近自由面不同起爆深度的四种典型喷射水柱形态，并分析了形成机理，如图 8 - 3 - 2 所示。

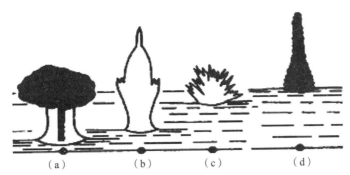

图 8 - 3 - 2　近自由面水下爆炸的不同水柱形态示意

　　如图 8 - 3 - 2（a）所示中，装药起爆深度小于气泡最大膨胀半径，且在气泡快速膨胀的过程中到达自由面，气泡上方的水体受爆轰气体产物的推动作用向上抛起，形成空心水柱，在此之后水面闭合，闭合水体在相互冲击的作用下，分别形成向上和向下的速度高而直径小的水射流。图 8 - 3 - 2（b）所示为起爆深度稍小于气泡最大膨胀半径时，少量水体被抛起，然后分别形成向上和向下的两股水射流。图 8 - 3 - 2（c）所示为起爆深度等于气泡最大膨胀半径时，水面的水体主要做径向飞散并形成向下的水射流。图 8 - 3 - 2（d）所示为起爆深度大于气泡最大膨胀半径并在收缩阶段到达自由面时，产生向上的水射流并穿透气泡形成高速水柱。

2. 近底爆炸

　　Britt 等提出了水底线性反射理论，忽略底部爆炸成坑过程，将冲击波简化为指数型脉冲压力，用卷积分对水底反射压力进行求解，为远距离水下爆炸弱冲击波的水底反射压力计算提供了理论依据，并在计算中考虑了水底为平面、均质以及弹性介质等情况。Zamyshlyaev 等运用线性与非线性反射理论对水下爆炸的水面及水底反射做了更全面的概括，形成了较完整的水底、水面反射理论。

　　对水底反射来说，底质材料特征和水底几何特征对反射冲击波的影响是关注的核心问题。如果考虑炸药触底爆炸，则与装药在地面爆炸类似，将使水中冲击波的压力提高。在考虑绝对刚壁时，相当于两倍装药量的爆炸，但在实际条件下却远远达不到这种情况。试验表明，对于砂质黏土的水底，冲击波压力增加约 10%，比冲量增加约 23%。

8.3.4　深水爆炸

　　深水这一概念，对于不同研究领域、不同研究人员和不同研究目的，其定义不尽相同。在水下爆炸研究中，尽管深水爆炸已逐渐成为一个行业内较为通用的专有名词，但其定义和适用范围仍各有所表。这里的"深水爆炸"并非界定于某固定水深范围，而是将考虑"水深"这一影响因素的水下爆炸统称为深水爆炸。

深水爆炸研究的需求源自潜艇水下作战平台的诞生。目前，仅有少数国家开展过几次相关试验。美国海军研究实验室（United States Naval Research Laboratory，USNRL）于 1967 年在大西洋开展的深海试验首次系统性地开展深海爆炸载荷研究。该试验获得了 38 发不同质量 TNT 在 100 ~ 4 500 m 水深范围的测试数据。分析认为，冲击波超压与水深无关，能流密度随水深减小，并提出了关联水深影响的冲击波爆炸相似律计算公式：

$$\begin{cases} \Delta p_1 = 50.489 \times \left(\dfrac{W^{1/3}}{R} \right)^{1.13} \\ E = 215 \times \left(\dfrac{W^{1/3}}{R} \right)^{2.07} H^{-1/5} \end{cases} \qquad (8-3-11)$$

2008 年，我国在南海进行了 50 m 和 300 m 水深的深海爆炸试验，获得了 0.1 kg 和 1 kg TNT 共计 32 个试验数据，发现冲击波超压峰值在 50 m 和 300 m 水深相差不大，而在 300 m 水深冲击波能流密度较小。这与美军结论基本一致。

关于深水爆炸气泡的研究由上面可知，气泡特征模型从建立之初便引入了深度变量。而气泡载荷方面，最早可追溯到 Friedman 于 20 世纪 50 年代前后建立的考虑静水压力的气泡脉动压力分析方法。在此基础上，Arons 基于 100 m 左右水深的相关试验数据，建立了二次压力波超压峰值与水深的函数关系。1967 年，USNRL 进行的深水爆炸试验中，基于爆炸相似律通过试验数据拟合，得到了深水爆炸二次压力波峰值压力的经验公式。该公式依水深采用 2 阶分段函数形式，其中第 1 段（500 ~ 4 000 ft/152.4 ~ 1 219.2 m）函数不含水深变量，即与水深无关。姚熊亮等给出了一种含水深变量的二次压力波峰值压力计算公式：

$$p_{m2} = 5.09 \times \frac{\omega^{0.27} \left[\ln(H+10) - 2.3 \right]}{r} \qquad (8-3-12)$$

式中：ω 和 r 的定义和单位与式（8-3-8）相同；H 为水深。该式能够直观反映峰值压力随水深的连续变化，但不符合严格意义上的爆炸相似律。2021 年，王树山团队在爆炸相似率模型式（8-3-12）的基础上引入水深修正，提出了一种计算二次压力波超压峰值的工程模型，即

$$\Delta p_2 = 9.34 \times \frac{W^{1/3}}{R} (1 + 0.006\ 1 H^{0.41}) \qquad (8-3-13)$$

深海试验费用高、周期长且实施难度大，近年来的深水爆炸试验多使用加压爆炸容器模拟深水环境。学者们大多通过试验结合理论或数值仿真的方法，对不同类型、不同质量的炸药深水爆炸气泡脉动特性和能量开展了更为深入的研究，获得了水深对爆炸气泡主要特征参量影响的定性及定量认识。王树山团队结合试验和数值仿真，研究了水深对冲击波超压峰值和能量的影响规律，并基于爆炸相似律建立了针对 TNT 炸药的深水爆炸冲击波载荷工程计算模型。

8.4 水下爆炸对舰船结构的毁伤

水中典型的兵器包括鱼雷、水雷等，鱼雷经过制导，一般是近场水下爆炸对舰船等目标结构造成严重毁伤，其装药量可达 500 kg TNT 当量。水雷一般是中远场水下爆炸，对舰船等目标造成严重的冲击环境，造成其功能毁伤，装药量可达到 1 000 kg TNT 当量，甚至更

大。水下爆炸包括冲击波和气泡两大部分载荷。冲击波强间断，作用时间很短，大约毫秒量级，但是压力峰值高，可达吉帕量级。相对于空中爆炸，水下爆炸特有的现象是在冲击波过后，在水中产生一个高温高压的大尺度气泡，气泡由于惯性力的作用，会不断膨胀。当膨胀到一定程度时，由于周围静水压力的作用又会收缩，在收缩的过程中由于周围流场压力梯度的作用，会产生高速射流（也有可能在气泡膨胀阶段形成射流）。射流碰撞气泡壁时，可能产生间断的压力波（冲击波），气泡收缩至最小体积，并释放压力波，之后又会再次膨胀，形成气泡脉动现象。在较深水处爆炸时，气泡会经过多次膨胀、收缩的脉动过程，最终在水面破碎（溃灭），形成"水冢"；如果在较浅水处爆炸时，气泡可能不会有完整的脉动周期就会破碎，冲出水面形成"水冢"。水下爆炸产生的是大尺度气泡，如 1 000 kg 水雷在一定水深处爆炸，其最大气泡直径可达 20 ~ 25 m，甚至更大。水下爆炸气泡的动力学行为属于高速瞬态过程，对于这类瞬态的大尺度气泡，雷诺数很大，其表面张力和黏性力均可忽略，主要是惯性力占主要优势。对自由场气泡进行受力分析，气泡上表面受到的压力是静水压力，下表面受到的力多出了两倍气泡半径的静水压力。如果气泡的半径和水深是在一个量级，那么下表面受到的压力会大很多，所以自由场中气泡上、下表面会产生明显的压力差，诱导气泡产生一个自下而上的高速射流，射流速度可达数百米每秒。在特殊情况下，气泡射流速度甚至可达到数千米每秒。水下爆炸产生的"水冢"即水柱现象，如产生"馒头型"的宽"水冢"，还有"冲天型"的高"水冢"，高度可达到百米乃至数百米，其本质都是由气泡在不同深度（位置）的破碎引起的，即在不同深度破碎产生不一样的"水冢"现象（图 8 - 4 - 1）。这种现象类似于打开可乐后弹出/飞溅出蹦到身上的液滴，其原理都是气泡在近水面破碎产生的水冢（水柱）现象。如图 8 - 4 - 2 所示，这是水下爆炸产生的高"水冢"现象，如果水下发生核爆炸，其气泡直径可以达到百米或数百米，甚至更大，其产生的"水冢"效应可形成人造海啸，对周围的舰船和建筑物造成摧毁。美国在 20 世纪 40 年代开展过水下核爆炸试验，图 8 - 4 - 3 所示是水下核爆产生的"水冢"现象，与水下核爆产生的"水冢"相比，大型舰船都是很小的目标，水下核爆产生的巨型"水冢"会摧毁这些舰船以及水中的建筑，具有很大的威力。

图 8 - 4 - 1　水中兵器对舰船毁伤威力（美国海军）

图 8 - 4 - 2　水下爆炸高"水冢"

从水下爆炸的压力—时间曲线来看（图8-4-4），冲击波作用时间短，压力峰值高，最大压力可达到吉帕量级，作用时间只有毫秒量级，甚至更小；气泡的压力只有冲击波的十分之一甚至更小，但是作用时间长，可达秒量级。对于TNT炸药来说，冲击波和气泡的能量大约各占一半。冲击波主要对舰船结构造成局部毁伤，而气泡主要造成总体毁伤，可能使舰船从中间折断。例如，如图8-4-5、图8-4-6所示，这是一艘驱逐舰，水下爆炸冲击波首先会对舰船造成局部毁伤，之后形成高温高压的气泡，气泡在膨胀收缩时产生脉动压力（气泡的脉动频率与舰船的1阶垂向总振动频率比较接近），即气泡在膨胀收缩时形成一个加载在船体上的弯矩，再加上气泡射流作用，这艘舰船就可能被轻易折断。上述属于水下爆炸对舰船的前期毁伤过程。在舰船破损之后，水下爆炸气泡破碎引起的涌流载荷会进入舱室，对破损后的舰船造成进一步冲击损伤，改变舰船的浮态和稳性，可导致舰船沉没，使其丧失生命力和战斗力。

图8-4-3　美国水下核爆炸试验

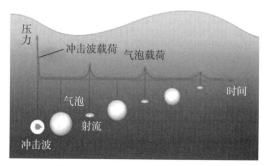

图8-4-4　水下爆炸载荷特性

图8-4-5　美国实船水下爆炸试验

如前所述，当气泡的脉动频率与舰船的垂向1阶固有频率较为接近时，可使舰船产生共振，而且气泡在坍塌阶段还会产生高速射流。也就是说，舰船在冲击波、加上气泡脉动压力（产生的弯矩）以及气泡高速射流载荷作用下，就有可能被折断，如图8-4-6所示。针对这种毁伤模式，可通过试验来验证，如通过设计船体梁来开展试验。在水下爆炸冲击波的作用下，船体梁的变形很小。但是，在气泡脉动压力及其形成的弯矩作用下，再加上气泡坍塌阶段的高速射流载荷，该船体梁就可能被折断。图8-4-7所示的分别是水下爆炸对舰船造

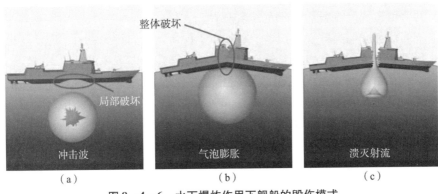

图 8-4-6　水下爆炸作用下舰船的毁伤模式

成局部毁伤和总体毁伤的情况，对于局部毁伤情况，可能是只有冲击波的威力，气泡的威力没有充分发挥出来（如气泡距离水面太近导致气泡破碎，无法形成完整的气泡等），也有可能有的工况水下爆炸的威力不足以造成舰船总体毁伤。如果水中兵器攻击舰船的深度、位置合适，使得炸药水下爆炸后能够形成一个完整的气泡，冲击波和气泡的能量均能发挥，尤其是气泡的能量能够充分发挥作用，水中兵器战斗部就可能通过一次性攻击造成舰船总体毁伤，即一次性摧毁舰船总纵强度，使舰船从中间折断。一般而言，舰船总体毁伤是冲击波和气泡联合作用下的综合毁伤结果，而且通常需将气泡的威力充分发挥。美国等海军强国做了较多的水下爆炸与实船毁伤试验（图 8-4-7），这是冲压气泡联合载荷作用下舰船折断的过程。总之，一般情况下，水下爆炸冲击波通常主要引起舰船的局部毁伤，而气泡主要引起舰船的总体毁伤。而对于聚能型战斗部水中兵器，在装药引爆之后，首先会产生高速金属射流，金属射流的速度可达到数千米每秒，并伴随着冲击波的形成；然后才是气泡效应，聚能射流可对深海目标构成严重威胁。

图 8-4-7　水下爆炸对舰船造成局部毁伤和总体毁伤的示意（美国海军）

水下爆炸对于潜艇的毁伤更为复杂，因为水面舰船主要来自垂向的水下爆炸攻击，潜艇的作战环境不同于水面舰船，其通常在水面以下航行。因此，有可能遭受全方位的水下爆炸攻击。同时，潜艇还需承受巨大的静水压力作用，其面临的生存环境更为严酷，研究起来也更复杂。潜艇结构也存在特殊性，其耐压壳体厚度远大于水面舰船的外板，部分潜艇在耐压壳体外面还存在非耐压壳，耐压壳和非耐压壳之间通过托板连接，存在舷间结构和舷间水，而且在潜艇壳体上通常还敷设有声学覆盖层。水下爆炸载荷首先作用在潜艇的声学覆盖层上，再传递至非耐压壳体；然后通过舱间结构和舱间水传递至耐压壳体；最后作用到潜艇的内部结构，对潜艇造成严重毁伤，危及其生命力。

关于水下爆炸与舰船高效毁伤技术，重点在于提高气泡的毁伤威力，遵从认识气泡、利用气泡、控制气泡的规律。如何提高气泡的威力，关键在于以下几点。

（1）如何产生大能量可控的气泡源形成气泡源技术，如采用炸药、高压放电、燃气爆炸、高压气体、新型配方等技术；

（2）如何利用气泡，形成智能可控的气泡技术，构建气泡兵器能力。气泡可控技术，包括气泡改变声传播技术（改变水中的阻抗，从而改变声传播特性）、气泡防护技术（包括消除尾迹、气泡帷幕抗冲击、气泡"水冢"反导等）、气泡毁伤技术（包括对大型目标、小型目标等高效毁伤技术）、气泡探测技术（包括深海勘探、低频大功率探测水中目标等）、智能气泡技术（包括智能可控的气泡源、智能可控的气泡技术等）。

水中高压大尺度气泡形成的弯矩和高速射流可对深海目标造成严重毁伤。研究表明，在气泡源中加入固体颗粒物，并被高速射流吸入，形成含"铁"高速射流，可显著增强毁伤效果，形成含"铁"气泡高效毁伤技术。随着水中目标防护能力的不断增加，单个气泡难以对深海目标造成有效毁伤。因此，利用气泡脉动频率与水中目标低阶固有频率接近，产生弯矩，并建立串列气泡形成"弯矩叠加"效应，可使气泡的弯矩显著增强，对深海目标造成高效毁伤，构建气泡"弯矩叠加"高效毁伤技术。为了增加气泡对水中目标的毁伤威力，提出串列气泡形成"弹弓效应"，利用一个气泡把另一个气泡拉长蓄能，可使气泡的射流速度大幅增强，形成水中超声速的高速射流，对水中目标造成高效毁伤，构建气泡"弹弓效应"高效毁伤技术。综合构建含"铁"气泡射流增强效应、串列气泡"弯矩叠加"效应以及气泡"弹弓"效应等高效毁伤技术，把气泡的能力发挥到极致。结合水中不同目标特性和海洋环境特性，智能定位水中目标的薄弱部位，形成可控可调的深海气泡高效毁伤技术，使目标丧失总纵强度，从中间折断，对水中目标造成毁灭性打击，构建新型气泡高效毁伤能力。此外，提高水中兵器毁伤威力的方法还有高能炸药、聚能战斗部、跨介质技术、多气泡（气泡群）技术、协同智能攻击技术等。

思考题与习题

1. 与空气中爆炸相比，水下爆炸产生的冲击波有哪些特征？
2. 近自由面爆炸和无限水域爆炸的相同点和不同点有哪些？
3. 水下爆炸作用对舰船的毁伤模式有哪些，如何提高水下爆炸对舰船的毁伤效率？
4. 简述气泡统一方程中各项的物理意义。

第 9 章
软杀伤效应概述

9.1 基 本 概 念

自 20 世纪 80 年代以来，国际上弹药技术领域的研究相当活跃，新概念、新原理、高技术弹药层出不穷，它代表着当今武器的发展趋势。其特点是：概念新、原理新、技术新、破坏机理新、杀伤效能新、指挥艺术新、作战使用新等。目前，软杀伤（非致命性）弹药已成为弹药技术领域一个崭新的、十分活跃和备受瞩目的研究领域。

软杀伤概念是相对于硬杀伤概念而言的。硬杀伤一般是指使用动能和强冲击波手段毁伤目标，使目标结构及其功能产生永久性损伤及失效，甚至整个目标摧毁并完全失效。软杀伤非致命性毁伤是在毁伤元作用下不导致人员伤亡或不发生装备机械结构损坏的同时，使他们特定的任务功能在一定时间内失效的一种毁伤方式。具体地说，所谓软杀伤，是指毁伤元虽对目标不产生硬毁伤痕迹或没有传统意义上的硬损伤，却产生使目标在一定程度上失能的作用效应。所谓的非致命性毁伤，是指毁伤元作用下人员不死亡或不发生不能生活自理或没有永久伤残的作用效应。对于装备而言，在毁伤元作用下，虽在一定程度失能，但仅需通过普通维修甚至无须更换器件便可恢复允许能力的作用效应。度量软杀伤或非致命毁伤程度的判据较复杂，原则上一事一议，通过充分论证提出战术使用要求。从武器使用角度，美国陆军向国防部提交的"陆军作战的概念"报告中，曾经把软杀伤武器定义为专门用于使人员或装备失能，同时使死亡和附带破坏为最小的武器。

非致命武器的定义各国有所不同。美国的定义为：明确设计并主要用于使人员和装备不起作用，同时将灾难、对人的永久性伤害、不希望的财产和环境破坏降至最低程度的那些武器。北约的定义为：明确设计和研制用来驱退人员或使他们丧失能力，但死亡或永久性伤害的概率又比较低；或者使武器装备不能使用，但所造成的不希望的破坏或对环境的影响又最小的武器。德国的定义为：用于避免（防止或停止）敌对行动，不造成人员死亡或重伤的技术手段，此外使用这些手段对无辜的人和环境造成的附带效应应最小。

基于上述定义，软杀伤武器一般分为两类：一类主要用于对付人员目标；另一类主要用于对付基础设施和武器装备。软杀伤的实质是利用光、电、声、化学和生物等方面的某些技术或研究成果，与武器系统结合，以较小的能量和功能材料效应，使敌方的武器设备系统性能降低甚至失效，使人员暂时丧失战斗能力。虽然软杀伤和硬杀伤使用的手段不同，但是达到的目的是相同的。

第二次世界大战以来，攻防武器装备的交替发展，高新技术在各种武器系统中的广泛应用，使武器系统日益复杂，性能不断提高，软杀伤技术为对付高性能的武器装备提供了新的技术途径和手段，这为软杀伤技术的发展提供了条件。

在战场上采用软杀伤弹药是达到军事目的比较文明的手段，从法律和道义上易于接受，而且在使用后经常会取得事半功倍的作战效果。因此，各国竞相发展软杀伤弹药。

目前，现代武器中早已存在的激光致盲武器、失能武器、烟幕武器以及其他一些非致命警用武器均属软杀伤武器。但是，在未来的战争中，这些武器还远远不够，需要研制更新、更好的软杀伤武器，像目前发展的导电纤维弹、计算机病毒武器、强电磁脉冲弹、强微波弹、干扰弹等。而且随着目标"软"防护能力的加强，软杀伤弹药的性能也要不断提高。

由于作战理念的变化，各国将更重视软杀伤武器的发展。因此，软杀伤弹药的发展趋势将是利用各种高新技术，采取完全不同于传统武器的毁伤机理，去设计、制造用于瘫痪敌方指挥、通信、控制系统，破坏运输工具，破坏后勤勤务等方面的武器。

软杀伤科学是研究软杀伤的毁伤特点、形成机制、作用范围、效应特征以及传播规律等基础理论，及其对软杀伤的防御对策和运用理论、实用工程和决策支持技术等的一门新学科。它是一门介于自然科学和社会科学之间的新的交叉学科，其领域广阔，知识密集，研究基础相对薄弱，很多问题还需深入进行专项研究。

软杀伤在国家重要决策、军事应用、减灾防灾、社会发展、经济对策等诸多方面具有广阔的应用前景。

软杀伤效应包括对人员的非致命杀伤效应和对武器装备的失能效应。软杀伤是针对武器系统和人员的最关键且又最脆弱的环节（部位）实施特殊的手段，使之失效，处于瘫痪状态。

9.2　软杀伤等级划分及指标体系

硬杀伤等级划分为四级：对物的破坏分为彻底破坏、严重破坏、中等破坏、轻微破坏；对人的杀伤分为死亡、重度伤、中度伤、轻微伤，而软杀伤等级的划分要复杂得多。

9.2.1　软杀伤指标体系

要进行软杀伤预测和评估，首先要划分杀伤等级和建立指标体系，根据指标体系进行量化处理，评估出每一等级杀伤的百分数。

软杀伤一般包括重度杀伤、中度杀伤和轻微杀伤三级。在不同情况下使用不同的语言表述：①使用一级、二级、三级；②使用重度、中等、轻微；③使用无法忍受、难以忍受、可忍受等。

从图9-2-1可以看出软杀伤分为三级，但可以根据实际情况用更贴切的语言表述。

软杀伤存在超前效应、灾中效应、滞后效应，评价一次大的灾变软杀伤效果，必须从这三个阶段进行评价，每个阶段评价的内容也有差异，灾变性质不同，指标体系和内容也会不同。下面举一个和核灾变软杀伤评估指标体系，如图9-2-2所示。

图 9 – 2 – 1　军事威慑软杀伤效果评估

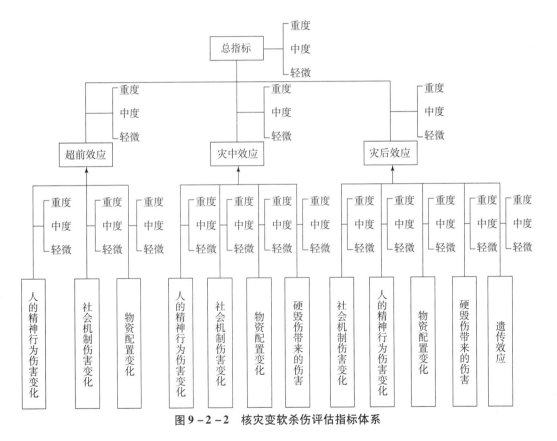

图 9 – 2 – 2　核灾变软杀伤评估指标体系

9.2.2　软杀伤社会效应评估体系

1. 软杀伤单项预测和评估体系

1）超前效应指标

（1）威慑强度：形成威慑的强弱程度分严重、中等、轻微三级。

（2）威慑级别：形成威慑效果的等级分一、二、三级。它由可信度、暗示系数和潜在系数三部分组成。

（3）威慑范围：形成某一威慑级别的面积，通常以等强度、等级别威慑区域的面积和半径两种方式表示。

（4）威慑效应阈值：形成威慑效应灾变不可忍受的限制值。

2）灾中效应指标

灾中效应指标如下。

（1）软杀伤强度：软杀伤社会效应强度分严重、中等、轻微三级。

（2）成灾区：在一定软杀伤强度下，软杀伤灾度等级分为一、二、三、四级。

（3）软杀伤等级：软杀伤对社会形成的危害分为瘫痪、失控、部分失控和冲击四个等级。

（4）软杀伤系数：主要包括经济衰减系数、精神活动过载系数、社会控制力衰减系数和超常反应系数。

（5）软杀伤社会心理效应指标。

（6）软杀伤社会心理效应半径：主要分为精神活动分化区半径、极度惊恐区半径、高度感情分化区半径、疑虑区半径和流言区半径等。

（7）软杀伤社会心理放大系数。

（8）软杀伤社会心理传播速度。

（9）软杀伤预测和评估风险系数。

（10）软杀伤社会心理等级变更阈值：主要包括软杀伤社会行为变更阈值、软杀伤社会人际关系变更阈值、软杀伤社会感情变更阈值、软杀伤社会态度变更阈值、软杀伤社会动机变更阈值、软杀伤大众心理变更阈值等。

（11）软杀伤社会政治效应指标：主要包括软杀伤社会生存条件衰减系数、软杀伤社会政治异化程度系数、软杀伤社会效应迫使政府首脑决策意向改变系数。

（12）软杀伤社会经济效应指标：主要包括软杀伤对国民经济全局影响系数、对经济周期的影响系数、对社会经济崩溃的影响系数、对国民心理的冲击系数等。

3）灾后效应指标

灾后效应指标如下。

（1）社会滞后指标：主要包括社会经济滞后系数、社会凝聚力衰减系数和社会活力衰减系数。

（2）软杀伤社会生态指标：主要包括软杀伤社会环境变更阈值、软杀伤社会生态危害放大系数等。

（3）社会遗传指标：主要包括人员伤残对社会影响系数、遗传病对人员素质影响程度系数等。

2. 软杀伤综合预测和评估指标

软杀伤综合预测和评估指标有综合软杀伤减灾度、软杀伤综合成灾度、软杀伤综合成灾范围、软杀伤负效应指标、社会黏和系数、超常系数、振奋系数等。

3. 软杀伤防御对策指标

软杀伤防御对策指标如下。

（1）灾减系数：主要包括投效比、减灾率减小比率、减灾能力提高比率、减灾效应系数等。

（2）防灾指标：主要包括防灾效应系数等。

9.3　软杀伤效应

由于软杀伤弹药针对的关键和脆弱的环节不同，以致形成了各种各样的软杀伤机理和效应，现对主要软杀伤弹药进行阐述。

9.3.1　高功率微波辐射效应

微波是一种高频电磁波，波长范围在 1 mm ~ 1 m，微波波束可用特殊的高增益天线聚成方向性强、能量极高的窄波束，在空中以光速沿直线传播，在几十千米的距离，瞬时到达，没有时间延迟。微波武器可在远距离（一般指几十千米）上对目标的光电设备进行干扰，在近距离上杀伤有生力量，引爆各种装药或直接摧毁目标，它是一种具备软硬多种杀伤效应的定向武器，又称射频武器。

强大的微波汇聚在窄波束内，可用于攻击军事卫星、洲际弹道导弹、巡航导弹、飞机、舰艇、坦克、C^4I 系统以及空中或地面与海面上的雷达、通信和计算机设备，尤其是指挥通信枢纽、作战联络网等重要的信息战节点和部位，使目标遭受物理性破坏，并丧失作战效能。使用微波武器压制和摧毁武器系统的电子设备会比用普通的杀伤爆破弹取得更好的效果。

高射频微波武器的发射峰值功率通常在 100 MW 以上，它一般由微波器件、高频率微波发生器、天线装置、电磁波定向发射装置和控制系统组成。只要目标处于高频率的覆盖范围内，都会受到其攻击而丧失作战效能。对目标能形成杀伤作用的电磁脉冲的功率密度为 1 ~ 100 W/m²，因此微波作为武器使用时，要求能在距辐射源 0.1 ~ 1 km 以外达到 1 ~ 100 W/m² 的功率密度。

根据核爆炸的电磁脉冲效应，对核武器加以改造，使其在爆炸时，将更多的能量转换为电磁脉冲，以这样的原理研制的武器属于战略微波武器。它作为电子战压制武器，用于在战略、战役纵深内对武器系统电子的压制。根据激光效应和带电离子束效应或利用普通炸药，火箭推进剂，碳氢化合物燃料燃烧时释放的化学能转换为脉冲电能的原理研制的微波武器属于战术微波武器。以飞机上的 30 mm 的机炮弹药为例，它可以用于产生 10 kJ、1 GW 的电脉冲，其功率密度达 0.1 W/m²，能量密度达 1 J/m²，可通过天线对前方 1 km 处的地面目标进行照射，利用重复发射来对付敌方的预警、通信、指挥控制和武器系统。

微波武器与激光、粒子束武器相比，其波束比它们宽得多，作用距离更远，受气候影响更小，并且只需大致指向目标，而不必像激光、粒子束武器那样精确跟踪和瞄准目标，便于火力控制，从而使敌方的对抗措施更加困难和复杂化。

1. 微波武器的技术特点及作战运用

高功率微波武器作用对象分为两类：一类是无生命的物体或系统，如电子系统、通信系统等；另一类是有生命的物体，如人类、动物等。

目前，已经提出了攻击电子系统的两类模式：一类是为了使较长距离上的特殊目标失去能力而发射一个强脉冲，武器在靶上产生高能量使其翻转或烧毁，现代军械中有相当数目的目标雷达、半主动寻的导弹和通信控制系统都易损于这种攻击模式；另一类是用辐射脉冲进行大范围辐照，使大量目标失效。为使大范围内的攻防武器失效，其辐射能量必须很大，或者靶子的易损性值很低。

无论什么攻击模式，微波能通过两种耦合传输到靶系统内的电子线路上，即"前门"耦合和"后门"耦合。"前门"耦合是指通过电磁能接收器（如天线和传感器）进行耦合，功率流通过接收传输线而终止在探测器和接收器里；"后门"耦合是指通过目标上的孔缝、电缆接头和焊缝等的耦合。高功率微波武器耦合的程度和大小，是构成高功率微波效应的基础。

微波武器的缺点如下。

（1）微波穿过大气层传播时，要受到电击穿，绕射和衰减受影响的程度与微波波束的强度、频率脉冲宽度及空气条件有关。在通常大气压下，空气介质被电击穿的功率密度为 $10^5 \sim 10^6$ W/cm^2，此时微波脉冲宽度大于数纳秒。

大气中的水蒸气、氧气和雨水对微波具有吸收作用。当微波频率在 22 GHz、185 GHz 时被水蒸气吸收，在 60 GHz、118 GHz 时被氧气吸收。在战术微波武器 1 ~ 100 km 的作用距离内，在以上频率附近有衰减。

即使一个校准得很好的微波波束也随发射距离的增加而扩散。采用高频率和大直径的天线可以减少这种绕射效应，所以一般天线对固定发射装置为 10 m，对移动发射装置为 3 m。

（2）对有核防护设施的武器设备无效。目前，世界上一些国家的武器和军用电子系统装有防原子破坏的设施，并且制定了军用电子设计标准。这些设施对微波武器同样有防范作用，因为金属板可保护电子设备不受热效应的影响。

（3）由于微波武器的发射功率很大，在作战使用中，可能会在一定范围内对友邻部队的电子系统和 C^{3}I 系统造成威胁和影响，所以必须采用高度定向的天线或利用地面的屏蔽物。

微波武器对目标的杀伤效果取决于微波发射源的输出功率、发射天线的增益和目标与发射源的距离。一个吉瓦级的微波发射源经 40 ~ 50 dB 高增益天线发射的微波，在 10 km 处可达到瓦每平方米级的辐射强度，能杀伤人员和毁伤设备。

当电磁波能量集中在以单一频率为主的窄波段内，波长以毫米或厘米为主时，对无屏蔽或有屏蔽但有缝隙的电子设备的破坏性很强。当电磁波能量分散在一个很宽的频段内时，任何种频率对应的能量都很小，它对有长电缆的设备干扰和破坏性极大。

总的来说，高功率微波武器是利用高功率微波在与物体或系统的相互作用的过程中所产生的电效应、热效应和生物效应对目标造成杀伤破坏的。高功率微波武器主要通过电效应和热效应干扰或破坏各种武器装备或军事设施中的电子装置或电子系统，如干扰和破坏雷达、战术导弹特别是反辐射导弹预警飞机、C 系统、通信台站、军用车辆点火系统等，特别是对其中的计算机系统能造成严重的干扰或破坏；此外，还可以引爆地雷等。一般情况下，高功率微波武器对人和其他生物的杀伤作用主要是利用微波的生物效应。

（1）高功率微波武器的电效应。高功率微波武器的电效应是指高功率微波在射向目标时会在目标结构的金属表面或金属导线上感应出电流或电压，这种感应电压或感应电流会对目标上的电子元件产生多种效应，如造成电路中元件的状态反转、元件性能下降、半导体结的击穿等。

当微波的功率密度为 $0.01 \sim 1 \ \mu W/cm^2$ 时，可以干扰相应频段的雷达、通信、导航设备的正常工作；$0.01 \sim 1 \ W/cm^2$ 时，可使探测系统、C^4I 系统和武器系统设备中的电子元件失效和烧毁；$10 \sim 100 \ W/cm^2$ 时，高频率微波辐射形成的瞬变电场可使金属表面产生感应电流，通过天线、导线、电缆和各种开口或缝隙耦合到卫星、导弹、飞机、舰艇、坦克、装甲车辆等内部，破坏各种敏感元件，如传感器和电子元件，使元件产生状态反转、击穿、出现误码、记忆信息抹掉等情况。强大的电磁辐射会使整个通信网络失控，这是因为大脉冲功率超过敏感气件的额定值，设备会因过载而造成永久性毁伤。如果辐射的微波功率足够强，则设备外壳开口与缝隙处可以被电离，从而变成良导体；如果微波功率为 $10^3 \sim 10^4 \ W/cm^2$，就会在很短的时间内使目标受高热而破坏，甚至能够提前引爆导弹中的战斗部或炸药。

对电子系统的损伤程度与进入电子系统的能量和电子系统本身的易损性有关。在高功率微波武器发射的有效功率确定的情况下，到达目标的能量 P_1 与两者之间的距离、目标的有效雷达反射面积有关，可表示为

$$P_1 = \frac{P_a G_a}{4\pi R^2}\sigma \tag{9-3-1}$$

式中：P_a 为高功率微波武器（HPMW）发射机功率；G_a 为高功率微波武器（HPMW）发射机天线增益；R 为高功率微波武器（HPMW）与目标之间的距离；σ 为目标的有效雷达面积。

表 9-3-1 所示的是 10 GW 功率、100 μs 脉冲宽度、100 m² 天线（效率50%）的高度微波源的能量流量、功率密度和电场强度，这些数据代表了高微波武器使用现有技术可达到的合理水平。

表 9-3-1 天线微波源的数据

距离/m	流量/$(J \cdot m^{-2})$	功率密度/$(kW \cdot m^{-2})$	电场强度/$(kV \cdot m^{-1})$
100	28	560×10^3	460
1	0.28	5.6×10^3	46
5	1.1×10^{-3}	220	9
10	2.8×10^{-3}	56	4.6
32	270×10^{-6}	5	1.4

C^4ISR 系统中的电子系统由各种晶体管、集成电路、芯片、比较器、运算放大器、整流器等组成，这些器件在 HPM 照射下是非常脆弱的，只要很少的能量就可以干扰其正常工作，并产生虚假信号，造成永久性破坏甚至烧毁。这便是电子元件的易损性。电子元件受到高功率微波武器照射时，产生的感应电流和感应电压一旦超过允许的极值，就会产生电流热效应和电压击穿效应，电子元件就会被损坏而不能工作。使各种电子元件的毁坏和功能降低的能量阈值如表 9-3-2 所示。

表 9-3-2 各种电子元件的毁坏和功能降低的能量阈值

器件类型	能量/J
砷化镓场效应管	$10^{-7} \sim 10^{-6}$
MMEC	$7 \times 10^{-7} \sim 5 \times 10^{-6}$

续表

器件类型	能量/J
微波二极管	$2 \times 10^{-6} \sim 5 \times 10^{-4}$
VLSI	$2 \times 10^{-6} \sim 2 \times 10^{-5}$
双极型晶体管	$10^{-5} \sim 10^{-4}$
CMOSRAM	$7 \times 10^{-5} \sim 10^{-4}$
MSI	$10^{-4} \sim 6 \times 10^{-4}$
SSI	$10^{-4} \sim 10^{-3}$
运算放大器	$2 \times 10^{-3} \sim 6 \times 10^{-3}$

高功率微波武器已成 C^4ISR 系统信息安全的巨大挑战。

正是由于电子系统的易损性和 C^4ISR 系统对电子设备的高度依赖性，给高功率微波武器提供了广阔的用武之地。C^4ISR 系统是一个庞大的信息系统，有完整的信息收集、传输、处理和分发环节，各个子系统通过电缆连成了网络，实现战场信息的融合和共享。信息的有序流动是 C^4ISR 姿态的最大特征，一旦信息出现无序流动或者停止流动，就表明 C^4ISR 系统的功能已经降低或者完全失效。高功率微波武器独特的杀伤机理和威力给 C^4ISR 系统的信息安全提出了严峻的挑战，C^4ISR 系统的信息流动的各个环节均处于高功率微波武器的攻击和威胁之下。

第一，切断 C^4ISR 系统的信息源。电子元件中对微波辐射最敏感的是点触型微波探测器二极管，其烧毁电平低于 1 μJ，因此，雷达或通信系统前端使用的微波或红外检测器中连接的半导体元件、射频或红外导弹寻的元件是最容易被烧坏的。例如，E - 3A 预警机上的雷达在搜索目标时，在雷达天线的主瓣对准高功率微波武器的主瓣瞬间，预警机雷达站收到的功率值 P_N 用式（9 - 3 - 2）计算：

$$P_N = \frac{P_j G_j}{4\pi R_j^2} \cdot \frac{\lambda^2}{4\pi} \cdot G_N \qquad (9-3-2)$$

式中：P_j 为高功率微波武器（HPMW）发射机功率，设为 1 GW；G_j 为高功率微波武器（HPMW）发射机天线增益，设为 10^4；G_N 为预警机雷达天线增益，设为 10^4；R_j 为高功率微波武器（HPMW）发射机与预警机雷达之间的距离；λ 为波长。

根据有关资料介绍，微波限幅器在脉宽为 0.5 μs，峰值功率为 100 W 时就会被烧坏。在上述假设下，计算得到 $R_j = 260$ km。也就是说，E - 3A 预警机上的侦察设备或者是雷达的一些微敏感元件，在距离 260 km 处两天线对准的瞬间将被烧毁。

第二，破坏 C^4ISR 之间的传输和分发途径。C^4ISR 各子系统之间的信息传输是通过有线和无线方式来实现的。当高功率微波武器发射的微波波束在目标区的能量密度较小时，可使相应工作波段的无线通信受到干扰；功率较大时，无线通信将被中断；功率极大时，无线通信将无法进行。如果功率较大又照射到通信线路时，通信线路中将产生虚假信号或烧毁相应通信部分以及对暴露于空中的有线通信均构成严重威胁。

第三，摧毁处理信息的计算机系统。当高功率微波武器的目标是一个计算机系统时，它被称作高能射频枪。许多计算机系统设计时根本没有考虑对高功率微波武器的防护，所以是相当脆弱的。当受到持续时间相当短的干扰时，一般是几百纳秒的数量级，也足以重新启动计算机，导致存储的数据完全丢失以及使微处理器转换工作模式。即使是加固的计算机，总有电源线、I/O 电缆和通风口等，高功率微波可以从这些地方进入计算机内部。试验表明，微波能量密度在 $0.01 \sim 1 \ \mu W/cm^2$ 时，计算机的工作将受到干扰；在 $0.01 \sim 1 \ W/cm^2$ 时，计算机芯片将被损坏；在 $10 \sim 100 \ W/cm^2$ 时，计算机元件将被烧毁。

Gibson 的计算机控制战的经典信息战模型中，被攻击的计算机必须连接到网络中，再高明的黑客也无法攻击没有 Modem 的计算机，况且还要通过敌方设置的防火墙。但是，用高功率微波武器进行并行的或超战争（Hyperwar）方式的结集攻击将是极难防御的，足以使整个计算机网络瘫痪。所以，高能射频枪是信息战的一个重要武器。

（2）高功率微波武器的热效应。高功率微波武器的热效应是指高功率微波对目标加热导致温度升高而引起的效应，如烧毁电路元件和半导体结，以及使半导体结出现热二次击穿等。

（3）高功率微波武器的生物效应。高功率微波武器的生物效应可以分为"非热效应"和"热效应"两种。"非热效应"指的是当较弱的微波能量照射后，造成人类出现神经紊乱、行为失控、烦躁、致盲或者心肺功能衰竭；造成动物活动能力变差，甚至失去知觉等行为现象。对于人体而言，当接收微波功率密度达 $10 \sim 50 \ MW/cm^2$ 时，就会造成作战人的神经混乱，行为错误，疼痛甚至失去知觉；当接收功率密度达到 $100 \ MW/cm^2$ 时，人的心肺功能会衰竭。对于动物而言，如 1979 年苏联在苏捷边境的科希城进行的动物试验表明，高功率微波可以在 1 km 内杀死山羊，使 2 km 外的山羊神经混乱或者丧失活动能力；在微波的照射下，猴子的好动性减弱程度正比于微波强度和照射时间，老鼠会产生疼痛甚至失去知觉等现象。"热效应"类似于微波炉加热原理。它是由高功率微波能量照射引起的。当接收的微波功率密度大到 $0.5 \ W/cm^2$，人体皮肤会受到损伤；当达到 $20 \ W/cm^2$ 时，2 s 内将使人体受到烧伤；当功率密度达到 $80 \ W/cm^2$ 时，1 s 内可以将人烧死。

因此，无论在上述哪一种情况下，都会因操作人员或者飞行员无法正常操纵计算机、雷达、飞机而导致严重的灾难性后果。对人员的杀伤主要是热效应和生物效应。

此外，高功率微波武器在对付硬目标时特别有用，可通过管道、通风口、电缆等结构去打击深埋地下的大规模杀伤性武器、生化武器。它不会产生物理结构上的破坏和有毒物质的泄漏，因而不会伤害许多无辜百姓，是一种非致命性武器，起到了常规武器起不到的作用。

微波发生器用于发射微波波束的电磁脉冲，微波发射装置用于将电子束的能量或爆炸的化学能量转换为微波波束的脉冲能量。高频率微波发生器的工作频率及峰值功率如表 9 - 3 - 3 所示。

表 9 - 3 - 3　高频率微波发生器

种类	工作频率/GHz	峰值功率/GW	备注
磁控管	$0.5 \sim 10$	5	—
速调管	$0.5 \sim 10$	1	脉冲工作时，功率超过 100 MW
虚阴极振荡器	$1 \sim 40$	20	脉冲工作
回波振荡器	毫米波段	>7	脉冲工作
自由电子激光器	>30	>1	—
等离子体辅助波振荡器	$1 \sim 100$	100	—

微波发射管的工作频率从 500 MHz 至几十吉赫兹，脉冲宽度从 10 ms 至连续波。由于不同武器系统的电子设备的灵敏度在不同频段有极值，所以战术微波武器的发射机做成宽频带或在 10 倍频范围内可调是最为理想的；等离子体辅助波振荡器是较为理想的；宽频带微波源、虚阴极振荡器是较为理想的可调微波源。

与雷达一样，微波波束也可以由相位阵列控制，它的相位阵列采用多个微波功率产生器，反应时间快，可发射高能量脉冲，并可处理多个目标。

电磁脉冲比连续波更容易使电子系统失效，而且敌方难以确定微波武器的位置，因此采取对抗措施非常困难，发射电磁脉冲与发射连续波所要求的电源不同。在微波武器的设计中，除了高功率微波发生器外，脉冲电源是一个难题。脉冲电源和通风冷却装置，尤其是其尺寸要适合车载、机载和空间作战平台。

按照一般的理论计算，假设微波管和微波电源的效率是 10% 左右，对固定武器系统来说，高功率微波发生器发射脉冲的能量为 5～20 MJ；对移动武器来说，为 0.5～2 MJ。如果采用电容、电感储能，对于固定武器，体积为几十立方米，对于移动武器，体积为几立方米。

目前，具备这种能量数值的脉冲电源，已在质子加速器、电磁脉冲产生器以及慢速核聚变的试验中应用。美国的桑迪亚国家实验室研制了一种小型爆炸压缩脉冲电源，其基本原理：储存电能的电容经电感充电，而电感则通过爆炸得到压缩，在被压缩的电感中，磁通量保持不变，结果在电感中得到一个比充电电源大的脉冲电流。这种电源可做成多种形式，将炸药中 20% 的化学能转变为脉冲电能，适用在高功率微波火箭和微波重力炸弹上。

近 30 年来，美国和俄罗斯一直在积极发展微波武器，重点是研究微波的杀伤和破坏机理以及高功率微波辐射源。

3. 微波武器的发展现状以及未来展望

1）美国微波武器的发展概况

近期，美国海军和空军研究实验室在加利福尼亚州的"中国湖"海军航空站对新型高功率微波导弹——高功率联合电磁非动能打击武器（HiJENKS）进行了为期两个月的测试。该武器未来可集成到航空母舰系统上，可对重要战略目标进行先遣电磁打击，对夺取战场内的制电磁权具有重要意义。

在 1991 年的海湾战争中，美国向伊拉克发射了 1 枚装有电磁脉冲弹头的"战斧"导弹，用来攻击伊方指挥控制中心的电子系统。在 1999 年的科索沃战争中，美国对南联盟轰炸时使用了还处于试验阶段的电磁脉冲弹，造成了南联盟部分地区的通信设备 2 h 以上的瘫痪。在 2003 年的伊拉克战争中，美国又使用电磁脉冲弹造成伊拉克电视台的转播信号数小时中断。多次的实战经历让美国看到了高功率微波武器的巨大威力，也看到了高功率微波武器的发展潜力，通过几十年的发展，目前美国的高功率微波武器已走在世界前列。

美国早在 1992 年提出的未来先进武器最关键的 6 项技术之一就有高功率微波武器，2002 年美国国防部就公布了未来 20 年发展计划，如表 9 - 3 - 4 所示。从 2015 年开始，美国在高功率微波技术方面的研究经费逐年增加，国防部加速推进高功率微波技术走出实验室，走向战场。美国也在 2015 年之后相继展出了多种高功率微波武器。

表 9 - 3 - 4　2002 年发布的美国定向能武器发展计划

时间	发展方向	发展能力
2005—2010 年	无人机载微波弹	近距离毁伤电子系统和商用目标
2010—2015 年	战斗机携带电磁脉冲弹	远距离攻击军事设施
2015—2020 年	可重复使用的电磁脉冲弹	具有大面积抛撒能力
2020—2025 年	高功率微波炮、天基高功率微波武器等	攻击多重目标，可远距离、大范围作战

（1）反无人机型高功率微波武器。2020 年 1 月，美国成立了反无人机办公室，由国防部长马克·埃斯功担任领导。2021 年 1 月 7 日，美国国防部颁布了"反小型无人机系统战略"。目前，反无人机型高功率微波武器主要有相位器（Phaser）系统和战术高功率微波作战响应器（THOR）系统。

Phaser 系统采用陆基发射平台，其主要有中断和破坏两种作战模式。在雷达、电光和红外热像仪瞄准和锁定目标后，通过发射的微波能量破坏无人机的电子组件使其坠毁，或是通过预定编程的紧急程序迫使无人机着陆。除此之外，洛克希德·马丁公司开发的莫菲斯（MORFIUS）反无人机峰群系统，自 2018 年以来已完成了 15 次的测试活动，利用 ALTIUS 无人机平台，可重复使用，发射平台有地面车辆、舰艇、直升机及 AC - 130 等固定翼飞机等。2021 年 3 月，美国陆军协会在"2021 年全球部队"研讨会上明确表示，机载高功率微波武器将在应对无人机威胁中发挥重要作用。

（2）CHAMP 电子战系统。2008 年，美国在巡航导弹的基础上研制反电子系统（CHAMP），利用巡航导弹带微波武器载荷，可在防区外发射，通过预先编程规划航迹，一次可实现多人特定目标的远程打击，能够有效干扰 1 127 km 内的电子系统。2012 年完成了一次飞行试验，可使 7 个不同目标的电子系统失效或降级。随着 CHAMP 计划取得的重大成就，美国又提出了 Super CHAMP 计划，如表 9 - 3 - 5 所示。进一步发展 CHAMP 系统的反电子能力，美国海军和空军联合开展的"高功率联合电磁非动能打击武器"（HiJENKS）项目已投入 1 亿美元，也是发展更加实用的 CHAMP 武器系统，重点解决作战应用、多目标适应性等问题。

表 9 - 3 - 5　CHAMP 的发展计划

时间	平台	发展方向
2025 年前	增程型联合防区外空面导弹（JASSM - ER）	发展增程型高功率微波武器
2030 年前	F - 35 战斗机或无人机	可回收、重复使用的武器系统

（3）高功率电磁网络电子战应用（HPEM）。该项目于 2013 年启动，涉及 HPEM 转化、HPEM 网络/电子应用、HPEM 效应、电磁武器技术、数值模拟和下一代 HPEM 6 个技术领域。目前，已提出专用波形技术、单冲 HPEM 技术和多脉冲 HPEM 技术的概念。2017 年 5 月，美国空军授予雷声公司 1 000 万美元，用来研究 HPEM 项目，协助美国空军在战斗机上使用高功率微波武器的可行性。2020 年 9 月，针对下一代 HPEM 领域向工业界征集解决功率源和天线技术问题的方案。

（4）灵巧波形射频定向能（WARDEN）项目。2021年2月，美国国防高级研究计划局微系统技术办公室发布了WARDEN项目的征询公告，从2021年10月开始，投入总经费约5 100万美元。主要研究包括高功率、稳定、宽带放大器、灵巧波形技术和目标复杂外壳的电磁武器预测理论和计算工具等内容，用来提升高功率微波武器"后门"（如电缆接散热空洞和壳体接缝等）的作用范围和作战效能。

（5）舰载高功率微波近程防御系统。英国BA公司在美国海军水面舰艇协会2018年的年会上公布了一款高功率微波武器的模型，配有发射天线和光电搜索设备，能够独立搜索目标。美国海军将利用此模型在MK-38舰炮上改装高功率微波武器，其跟踪系统使用的雷达安装在发射天线的保护装置内部，分别有一个前视红外雷达和一个Ku波段雷达，旨在对抗水面舰艇和无人机，将加固美国海军战舰的景后一道防线。

2）俄罗斯的发展概况

俄罗斯是研究高功率微波武器最早的国家之一，苏联/俄罗斯在20世纪50年代就开始研究电磁脉冲的效应和军事应用，70年代以来，苏联高功率微波源已获得迅速发展。经过了几十年的研究，俄罗斯的高功率微波武器已经积攒了很多经验，达到了先进的技术水平，在高功率微波产生技术、重复运行脉冲功率技术、超宽带和返波振荡器高功率微波源和固态脉冲功率技术等方面的研究一直位于世界领先地位。目前，已经研发出的有如图9-3-1和图9-3-2所示的"克拉苏哈"（Krasukha-4）和Rosa-E等高功率微波武器系统。

图9-3-1　Krasukha-4陆基电子压制系统　　　　图9-3-2　Ranets-E高功率微波武器

俄罗斯科学院研制的Ranets-E机动式的高功率微波防御系统于2001年首次露面，2008年正式推出，其输出功率为500 MW、工作频率为X波段，冲击频率为500 Hz，作用距离为1～10 km，主要用于攻击精确制导弹药和航空电子设备。

Krasukha系列包括Krasukha-2和Krasukha-4两个型号。其中，Krasukha-2于1996年开始研制，2011年完成了系统设计，2014年提前交付俄罗斯军队使用，2015年正式亮相第12届莫斯科航空航天展览会。Krasukha-2具有功率调节系统和发电机（100 kW），采用直径约2.7 m抛物面的反射面天线，安装平台可360°旋转，最大俯仰角为5°，可攻击150～300 km的预警机。Krasukh-4是新型的陆基电子压制和防护系统，能够对抗美国"捕食者"无人机、"全球鹰"无人机、"长曲棍球"系统侦察卫星和E-8C类战场监视机等。该系统基于BAZ-6910-022型越野卡车底盘，总重40 t，可载重20 t，公路最快速度可达80 km/h，续航里程达 1 000 km，车组人员为 3 ~ 7 人，可由伊尔 – 76 运输机远程投送，主要技术参数如表 9 – 3 – 6 所示。

表 9 – 3 – 6　Krasukha – 4 的主要技术参数

工作频率/GHz	8 ~ 18
能量潜力/dB	50 ~ 64
功耗/kW	30
卷起/展开时间/min	夏季 20，冬季 40
工作准备时间/min	3（不包括卷起/展开）
连续工作时间/d	1

3. 其他国家

美国、俄罗斯研制的高功率微波武器已经走在世界前列，瑞典、英国、法国等国家也纷纷开展相关研究。瑞典有很高水平的高功率微波外场试验，已拓展到 GPS、计算机系统及无线局域网等研究领域。目前，有英国 BAE 公司的博福斯高功率微波系统，用于研制可配装 BQM – 145A 无人机平台的高功率微波武器，并在未来拓展为小型化、可重复使用的武器。法国在 2019 年向外界透露将实施精通太空计划，可能会部署带有激光武器的微型卫星。德国研究的一种降落伞型高功率微波战斗部，通过降落伞拱形天线发射高功率电磁脉冲，辐射功率达 1 GW，工作频率为 100 MHz ~ 1 GHz，作用距离可达 10 ~ 100 m，可攻击雷达系统、通信系统和区域防御系统等。印度国防研究和发展组织已经研制了两种反无人机的微波武器：一种是车载型，功率达 10 kW，射程达 2 km；另一种是固定在三角架上的，功率达 2 kW，射程达 1 km，目前已完成测试，正在大量生产。

未来微波武器发展的关键技术是空间和无人飞行器所用高功率微波武器所需的质量小、功率高的微波元件，具体技术包括以下四个方面。

（1）高强度电磁场中等离子体的建立和影响；

（2）超宽带微波辐射源；

（3）发射高强度、窄带和宽带微波波束所需天线的优化；

（4）由于超高压脉冲电源以及电磁脉冲形状、调制方法、峰值功率和其他参数效应的影响，高功率微波武器在未来一旦投入作战使用，战场可能会在很大程度上进入以微波和光子武器代替导弹的新时代。

9.3.2　激光致盲效应

激光致盲的作用归纳为三个方面：①伤害人眼；②破坏光电元件；③破坏光学系统。根据各种试验结果，当激光照射到视网膜时，可使人眼受到伤害，其受伤程度从发红、短时失明到永久性失明，更严重的后果是烧坏视网膜，造成眼底大面积出血。对人眼损害的程度取决于激光器的各项参数，以 0.35 μm 波长的蓝/绿激光对人眼的伤害程度最大。相对来说，激光的波长处于 0.4 ~ 14 μm，都能对人眼造成较大伤害。

激光弹药发出的弱激光能量在远距离上不足以伤害人的皮肤，但很容易使人眼的视网膜烧伤或严重受损。视网膜被烧伤处留下盲点，其血管也可能受损而使视网膜充血。如果眼睛的受伤部位是视网膜的中心凹，或中心凹受边缘部位出血的影响，即使受伤部位很小，也会影响人的视觉观察和瞄准能力。如果受伤面积较大，看东西就会模糊不清。人受到弱激光攻击虽然没有生命危险，但在一定时间内不能发挥作为战士的作用，或者只能在极低的水平上发挥作用。在战场上使用激光武器或激光弹药将引起作战人员的普遍恐慌，造成很大的心理压力，影响他们的观察、瞄准和作战行为。

由于望远镜、望远式瞄准镜均有聚光作用，人员使用这些器材时受到微弱激光的损伤要比裸眼观察严重得多。

因为弹药大多发射出多色弱激光，目前难以用仅对一种或几种激光波长有效的滤光片来克服激光致盲效应。用非直接观察、释放烟雾等方法可防止或减轻激光的伤害，但掌握时机和战术使用比较困难。

对于破坏光电传感器，所需的激光能量则要高几个数量级。试验证实，当受到强激光照射时，热电型红外探测器将被汽化或熔化。对于光学系统来说，当光学玻璃表面在瞬间接收到大量激光能量时，就可能发生龟裂现象，并最终出现磨砂效应，致使玻璃变得不透明。当激光能量进一步提高，光学玻璃表面就开始熔化，这样光学系统就会立即失效。

9.3.3 音频效应

利用装备或弹药对敌方产生噪声或次声波，造成作战人员心理烦躁、动作失调、精神失常，并伴有呕吐、昏厥、造成内部器官损伤等，使敌人暂时失去战斗力。

次声波是频率为 0.000 1 ~ 20 Hz 的声波，通常情况下是人耳听不到的声音。近半个世纪以来，次声波引起了人们的较大关注，既有保护人类生存环境的目的，也有一些军事目的。随着科学技术和工业生产的发展，产生低频噪声和次声的声源越来越多。例如，人们在汽车、火车、轮船和飞机等运输工具中，检测到了次声波，并且认为次声波是引起人们不舒服、头晕和呕吐的一个主要原因。此外，高速公路上的车辆、锅炉、压缩机和空调装置等也是低频噪声和次声的声源。从民用角度看，各国关于次声波的研究方向大致有四个方面：①次声波的检测（例如，瑞典设置了两个观察站，长期进行次声波的传播、次声波谱的识别、次声源的检测等工作）。②次声波的实验室产生方法，主要用于次声波对人体生物效应的研究。③次声波的生物效应，即研究次声波对人体各器官的影响。④从环境保护出发，制定有关评价标准等。

次声波对人体有明显的不良影响，所以被认为是一种潜在的武器。把次声波用作武器的思想产生于 20 世纪 60 年代中期。从原则上说，足够强的次声波可导致人员伤亡甚至结构破坏，但次声波武器在美国军方被视为是非致命武器。

1. 次声波生物效应

（1）次声波对人体感觉系统的作用效应。据报道，一定强度的次声波对人体的作用效应主要表现为头重、头痛、耳鼓膜的振动感和压力感，内脏器官、腹壁、背肌、腓肠肌等的明显振动感，及口干、吞咽困难、极度疲劳；严重一点的还会出现头晕、目眩、恶心、呕吐、焦虑不安、工作效率显著下降等现象。

（2）次声波对红细胞膜及酶的效应。在次声波作用下，红细胞膜结构及通透性产生一定改变，与膜相结合的酶的活性也发生改变。

（3）次声波对神经系统的效应。其主要表现为神经系统功能障碍、大脑皮层内神经元结构变化、淡染色细胞增多、软脑膜充血、皮质区点状出血、病变神经元内神经纤维分解。

（4）次声波对心脏的作用效应。有报道表明，心脏是对次声波敏感的器官之一。主要表现为细胞色素氧化酶活性降低、心肌细胞的生物氧化过程受到抑制、ATP 合成减少、心肌糖原含量下降、心脏动脉管径变小、毛细血管扩张、血液循环障碍等。

（5）次声波对肺的作用。其主要表现为肺表面出血、肺小血管扩大、肺泡周围水肿、肺泡壁破坏等。

（6）次声波对肝脏的作用。肝细胞受损，胞浆部分溶解，形成大的空泡，线粒体肿胀，肝细胞功能被破坏或部分死亡。

（7）次声波对机体的作用机制。次声波对机体的基本作用原理是生物共振。可将人体内部的各器官看成是机械振动系统，其振动频率均在次声频率范围内。当人体处于次声波作用下时，只要声压级达到一定程度，体内器官就会发生共振。共振的结果是各部分出现不同程度的不适，甚至器官破坏。

2. 次声波的基本特点

次声波有四个基本特点：①传播速度快。次声波在空气中以 340 m/s，时速约 1 200 km 的速度传播。在水中传播速度更快，时速可达 6 000 km。②不易察觉，便于突袭。只要速度不是特别高，次声波就不能为人耳所听到。③不易被吸收，传播距离远。由于空气的热传导，黏滞和分子弛豫吸收效应与频率的平方成正比，而次声波的频率低，所以衰减小。例如，核爆炸所产生的次声波可绕地球好几圈。④穿透力强，不易防护。次声波的穿透能力与频率成反比。例如，7 000 Hz 的次声波可用一张厚纸挡住，而对于 7 Hz 的次声波，墙壁也挡不住。试验表明，次声波可穿透十多米的钢筋混凝土、建筑物、坦克、装甲车、深水下的潜艇等。

有报道表明，次声波武器可分为两种类型，即神经型和器官型。前者主要是利用与人脑内阿尔法波同频率（5 Hz）的次声波刺激脑神经；后者主要利用次声波造成体内器官共振，使人感觉不舒服，或致使器官损坏。

次声波武器是一种向敌方人员辐射高强度、低频声波的军用装备，它所辐射的次声波可以使敌方人员产生昏晕、恐慌、呼吸困难、心律失常、神经疲劳、注意力不集中等身体的不良反应，从而无法正常地执行、发出或接收指令。这种武器主要使敌方人员暂时失去战斗力，并不能造成人员死亡。因此，这种武器的合理使用，可以减少过度使用武器的风险，在复杂多变的国际政治环境中有利于军事行动的善后处理，因而得到各国的高度重视。

9.3.4　非致命化学战剂

非致命化学战剂有如下十种。

（1）金属致脆液。这种液体清澈透明，可用涂刷、喷洒或泼溅方式破坏飞机、舰船、车辆桥梁等金属结构部件，能使金属或合金分子结构改变，使其强度大幅度降低。

（2）超级腐蚀剂。这种腐蚀剂具有比氢氟酸还强的腐蚀性，可造成轮胎、鞋底变质，可以破坏路面、屋顶和光学系统之类的设施。它还可制成液体、粉末、凝胶或雾状，由飞机投放炮弹布撒和士兵施放，与金属致脆剂结合使用，可对付各类目标。

（3）强力润滑剂。这种润滑剂施放到飞机跑道、公路、铁路和人行道上，能使之异常光滑，从而使敌方交通工具、运输设备和步行者因打滑而无法行动。

（4）聚合物黏结剂。这种黏结剂可由飞机或航空弹药等施放，呈雾状，以堵塞飞机发动机、发电厂冷却系统以及通信装备和设施，使之无法正常工作。

（5）改性燃烧剂。这是一种化学添加剂，可污染燃料或改变燃料的黏滞性。散布在空气中被发动机吸进后，能立即引起发动机失灵；投放到油料中，油料即被凝固。

（6）失能剂。失能剂既不致人残疾，也不致人员死亡，但却能使人丧失正常活动的能力。

（7）黏滞性泡沫。其可迷盲人眼，黏滞动作，甚至造成人员死亡。

（8）催泪剂。当其雾化到一定浓度时，具有强烈的刺激性，会给人造成暂时性的流泪、盲目，如苯氯乙酮就是一种常用的催泪性毒气。

（9）笑气，即氧化亚氮。其无色且有甜味气体，可刺激人的神经系统狂笑不止，使人丧失战斗能力。

（10）芥子气。一种化学战剂，使皮肤瘙痒、溃烂、损伤呼吸道黏膜等。

9.3.5 战场宣传效应

利用与敌方人员利益相关的事件，通过广播、传单等手段向敌方宣传，扰乱军心，达到战术乃至战略目的。

心理战武器多种多样，有印刷品、广播、电视、互联网等。这些武器主要是利用文字、文艺、多媒体等方式，刺激敌人的思想、感情，促使敌方人员意志衰退，达到"不战而屈人之兵"的目的。

1. 印刷品——令人心跳的诱惑

使用印刷品发送心理战信息具有可靠性和权威性、信息保真度高、打击效果持久、对复杂问题作深刻分析、便于藏匿阅读等特点。在各种印刷品中，传单是经久不衰、打击力强劲的重要载体。在现代条件下，它具有强大的心理杀伤力。传单对敌宣传是否收到效果，关键要看内容和形式是否适当。一般来讲，宣传的内容必须真实，力求清晰、具体，要表达和说明的问题及达到的目的在一张传单上都能反映出来，并要让接收者一看就能明白，在外形上也要精心设计。依据不同的用途，传单可制成通用、专用或急用型传单，也可制成直接劝其投降的通行证。通用型传单可大面积投放，不仅能对作战对象进行心理瓦解，而且能对作战双方所有的民众进行宣传。专用型传单根据战争进程的需要和所要表达的目的而制定，如用于劝降的特别通行证。传单在未来战争中并不会因为技术的根本性进展而失去存在的价值。它会有更大的发展。

美国在阿富汗境内进行的反恐怖战争中，就经常抛撒传单。最近的一种传单上，画着一幅漫画，内容为本·拉登牵着一条狗，狗头则被塔利班的最高领导人奥马尔戴着穆斯林头巾的脑袋所代替。此外，传单上还分别用阿富汗的普什图语和达里语写着：本·拉登和基地组织是恐怖分子，为他们提供庇护者不会有好下场，传单上仍然标注着捉拿本·拉登的奖金为2 500万美元。

2. 广播——魔鬼的笛音

广播的心理战作用在第一次世界大战及其以后的所有战争中都得到了充分的发挥，它具有覆盖面广、自由度大、时效性强且宣传成本较低廉等特点。

广播在实施心理战时，在宣传材料和形式上灵活多样，能增加活跃的气氛，吸引听众。

另外，播音员的声音话语能否打动人心，也是能否赢得听众信任的一个重要因素，随着科学技术的发展，流动广播也已广泛出现。海湾战争中，美军在一批经过改装的 EC－130 飞机上设立无线电台和电视广播站。这些飞机在战区上空四处盘旋，在伊拉克士兵的头顶上播音，直接敦促他们放下武器。此举有力地配合了美军的作战行动，在消灭伊军战斗力方面发挥了重大作用。

3. 电视——逼真的假画面

电视集声音和图像于一体，形象直观、覆盖面大、快捷及时，是具有最广泛影响力的第一流宣传手段。电视可以发挥其快捷、直观的传播优势，产生其他传播手段难以比拟的效果。如通过电视真实、逼真地展示现代化武器装备的巨大威力以及官兵的高昂士气；通过电视大力渲染、重复播放精确制导武器精确攻击和摧毁目标的画面；制造并散布虚假信息，扰乱敌方社会，从心理上消灭和瓦解敌方军民的战斗意识。

电视可以充分利用"偷梁换柱""瞒天过海"的方式进行心理战，主要是应用虚拟显示技术，营造与真实环境没有任何区别的多媒体氛围，通过对敌方首脑和决策任务的言行和指挥内容逼真模拟，达到宣传心理战的目的。随着技术的快速发展，未来的电视发展具有更强大的生命力。电视技术特别是卫星广播电视技术不仅为正面宣传提供了强大的技术支持，同时也为宣传心理战提供了强大的技术支持。

4. 互联网——无孔不入的精神渗透

在互联网上进行心理宣传，具有其他任何宣传手段很少具有的特点。通过网络看到的对抗局势要比电视画面真实、详尽、深入、及时得多；不仅可以 24 h 视听，而且可以讨论、聊天，效果之佳远非传统媒体可比。不难想象，未来信息战争的网络空间心理战，会更加精彩纷呈，也更加激烈。

科学技术的发展总为技术上的相互制约留下了空间。互联网是为防止物理摧毁而设计的，并没有充分考虑信息传输的安全性，尽管后来不停地"打补丁"，还是非常脆弱。科索沃战争中，南联盟网络黑客用 PING 数据包"炸弹"攻击北约用来在互联网上发布科索沃战况的官方站点，使其网站服务器瘫痪，站点被迫关闭；黑客们向北约的互联网网址及电子邮件系统多次发出"梅莉莎""疯牛"等各种病毒，使北约军队的通信系统、作战单位的电子邮件系统均受到计算机病毒破坏。

9.3.6　计算机病毒

现代战争中，计算机的应用越来越广泛，战争对计算机的依赖也越来越大。利用间接耦合技术将计算机病毒注入敌方指挥中心等关键目标，破坏其工作程序，使指挥混乱、系统出现故障，甚至造成死机，使系统瘫痪，达到战术目的。

1. 计算机病毒及特点

生物病毒可以传播疾病、产生瘟疫，从而危害生命的安全。跟正常生物病毒侵犯生物机体的细胞而产生瘟疫一样，计算机病毒也能在计算机网络系统中传播并侵害计算机系统。计算机病毒实质上是一种计算机程序，这种病毒程序能够通过修改计算机程序或者以自身的复制品去感染与已受侵害的计算机系统互联的其他的计算机系统。病毒并不是利用计算机操作系统的缺陷进行感染和扩散的，而是通过执行正常的应用程序后对计算机系统进行修改后破坏。之所以取"病毒"这个名字，是因为它们在计算机领域的习性同生物病毒在生物体里的习性相似。

计算机病毒一旦侵入计算机内部，不仅可以改变存储数据、删改存储文件，使计算机"神经失常"，而且能神不知鬼不觉地使整个计算机网络瘫痪，带来无法估量的损失。1989年 10 月 13 日，一种名为"黑色星期五"的计算机病毒曾使荷兰的 10 万台计算机失灵，同时使日本、英国、法国、美国、瑞士、韩国的许多计算机受到不同程度的侵害。目前，已知的计算机病毒超过了万种，而且仍以几何级数增长。

计算机病毒的基本特点如下。

（1）可运行性。病毒程序生效的必要条件是可运行性，否则将不起作用。

（2）传染性。同生物病毒一样，计算机病毒程序具有很强的繁殖能力，一旦侵入计算机系统，就可凭借自身的再生机制，迅速将自身复制到其他尚未被感染的对象中。

（3）破坏性。病毒程序的目的在于破坏系统，其破坏程度取决于设计者。轻则干扰系统运行、消耗系统资源、降低处理速度等；重则消除磁盘数据、删改文件，甚至将全部存储介质格式化清空，导致整个系统崩溃。

（4）隐藏性。计算机病毒程序是人为编制的软件，设计巧妙，程序短小，隐藏在执行文件或数据文件中，一般不易被察觉。

（5）潜伏性。计算机病毒程序依附一定载体而存在，侵入系统后一般不立即活动，有一定的潜伏期，只有满足约定条件后才能触发生效。

（6）主动攻击性。病毒程序是精心设计编制的，通过主动攻击来实现计算机系统正常运行的干扰和破坏。

从以上计算机病毒的特点来看，其所造成的危害是非常大的。据 MIS 杂志估计，到1995 年，计算机病毒给美国工业界造成的损失达 5 000 万～1 亿美元。由于计算机病毒感染速度十分惊人，通常一个单元发现有计算机中毒时，常常是所有计算机已全部中毒了，这样，整个单元的计算机都不能正常工作。计算机病毒如果在"发病"阶段损坏了资料的完整性，造成的损失犹如存放资料、账簿的仓库着了火一样，无疑是一场灾难。

2. 计算机病毒对作战的影响

近几年来，一些国家的军界把计算机病毒视为影响现代高技术战争作战胜负的"撒手锏"之一，因此开始精心研制计算机病毒武器。有专家断言，在科学十分发达的今天，计算机网络已成为国家的命脉，用计算机病毒进行作战比用核武器更有效。而且计算机战有可能成为电子对抗的一个新领域，与传统的电子干扰手段相比，计算机病毒有许多独到之处。电子干扰以对方的接收机、传感器为目标，攻击的是对方作战系统的"耳目"，计算机病毒则以对方的计算机、处理器为目标，攻击的是对方作战指挥系统的"大脑"；电子干扰只在特定时间内起作用，一旦电子干扰停止，电子设备就可以立即恢复正常工作，计算机病毒却可以长期潜伏，并造成永久性的破坏。如果用计算机病毒对付对方的 C 系统，造成的危害更大。美国陆军参谋长沙利文认为，"21 世纪作战的核心武器是计算机"。正因为如此，某些发达国家不惜花费巨大代价，招标研制"军用病毒""密码病毒"和"计算机战病毒"。一旦研制成功，或者将其固化到出口的集成电路中，战时即可通过遥控触发，从而瘫痪对方的军事信息系统，或者借助电磁波将其远距离注入对方飞机、坦克、潜艇及其他作战系统，在特定的条件下激发时即产生破坏作用，重点破坏其计算机和各种处理器，特别是自动化作战指挥系统和先进的武器系统。

据俄罗斯《红星报》报道，美国国防部早在几年前就开始研制计算机病毒的军事应用，并专门成立了一个秘密的"计算机病毒设计组织"，研制具有大规模破坏作用的恶性计算机病毒并要求新的病毒能通过无线电波潜入对方雷达、导弹、卫星和指挥中心的计算机系统。1990 年，美军曾以 55 万美元的重金悬赏研制摧毁敌电子系统的计算机病毒。英国《新科学家》杂志还透露，在海湾战争以前，伊拉克从法国购买了一种用于防空系统的新型计算机打印机，美国间谍把一种载有"固化病毒"的芯片插入其中。由于病毒隐藏在打印机中，各类计算机病毒检测系统都难以将其发现和杀灭，打印机一开机工作，病毒就"窜入"计算机主机系统内"兴风作浪"，美军因此成功地侵袭了伊拉克军事指挥中心的主计算机系统，使之程序混乱、工作失灵，从而造成伊军防空系统陷于瘫痪、被动挨打的局面。

目前，世界各主要国家军队越来越重视计算机病毒武器的研究与发展，同时也推动了反病毒技术的发展。正可谓"道高一尺，魔高一丈"，近年来，一些发达国家加大了军队计算机病毒武器的开发力度，涌现出了许多新型的计算机病毒武器。

1）抗分析病毒武器

美国最近研制开发出了一种抗分析病毒武器。这种武器是针对病毒分析技术的。为了使得病毒的分析者难于分析清楚病毒原理，这种病毒综合采用了以下两种技术：①加密技术，这是一种防止静态分析技术，使得分析者无法在不执行病毒的情况下阅读加密的病毒程序；②反跟踪技术，该病毒使得分析者无法动态跟踪病毒程序的运行。显然，无法静态分析、无法动态跟踪，是无法知道病毒的工作原理的，这样在敌方受到这种病毒武器攻击时，就无法采取及时的应对措施，从而增强了病毒武器的杀伤效应。

2）隐藏性病毒武器

由于现在世界各军队都越来越重视计算机系统的安全性，大多数国家军队都逐步形成了一套成熟的检测病毒方法，进行计算机病毒攻击的难度越来越大，要想成功地利用计算机病毒武器攻击对方，必须开发出能够躲避现有的病毒检测技术的新型病毒攻击武器。为此，以色列军方最近开发出了一种能够隐蔽的发起攻击的病毒武器。当这种武器采用特殊的"隐身"技术，在病毒程序进入敌方计算机系统的内存后，敌方几乎感觉不到它的存在，可以争取较长的存活期，在不被发现的情况下造成敌方计算机大面积的感染，在需要的时候通过无线激活技术，大面积破坏敌方的计算机系统。

3）变形性病毒武器

英、美军方的计算机专家们最近开发出了一种变形病毒武器，采用特殊的变形技术。这种病毒武器在每感染一个对象时，采用随机方法对病毒主体进行加密，并及时改变主体外在特性，使敌无法识别。变形性病毒武器在每次感染敌方计算机后，放入宿主程序的代码互不相同，不断变化。同一种病毒有多个样本，病毒代码不同，几乎没有稳定代码。所有采用特征代码法的检测工具都不能识别它们，变形病毒主要是针对各类反病毒武器而设计的。随着这类病毒武器的增多，反病毒武器的开发会变得更困难，而且还会带来许多的误报，影响被攻击一方计算机系统的工作效率。

4）嵌入式病毒武器

一般地在病毒武器攻击敌方计算机、感染对方文件时，或者将病毒代码放在文件头部，或者放在尾部。虽然可能对宿主代码做某些改变，但从总体上说，病毒与宿主程序有明确的界限。嵌入式病毒武器在不了解宿主程序的功能及结构的前提下，能够将宿主程序在适当处拦腰截断，在宿主程序的中部嵌入病毒程序，并且能够做到：病毒首先获得运行权，病毒不能卡死，宿主程序不会因为病毒而卡死。由于病毒程序嵌入文件的中部，如果不对病毒作剖析，采用一般的消毒工具，是很难消除此类病毒的。此类病毒武器给反病毒攻击作战提出了新的难题。

5）自运行式病毒武器

自运行式病毒武器采用了一种很先进的病毒技术，它的主要目的是对抗计算机病毒的预防技术。这种病毒武器进行感染、破坏时，反病毒武器根本无法获取运行的机会。因此，病毒的感染、破坏过程也就可以顺利地完成。由于计算机病毒的感染、破坏必然伴随着磁盘的读/写操作，所以能否预防计算机病毒的关键在于：在对磁盘进行读/写操作时，反病毒武器能否获得运行的机会以对这些读写操作进行判断分析。自运行式病毒武器就是对计算机病毒进行判断分析；就是在计算机病毒进行感染、破坏时使得病毒预防工具无法获得运行机会的病毒技术。一般病毒在攻击计算机时，往往窃取某些中断功能，要借助 DOS 系统的帮助才能完成操作；而自运行式病毒武器以更高的技术编写而成，可以不借助 DOS 系统而攻击敌方的计算机。这种病毒武器在攻击计算机时，完全依靠病毒内部代码来进行操作，避免接触DOS 系统，不会掉入反病毒陷阱且极难捕捉，一般的反病毒武器遇到此类病毒都会失效。目前，自运行式计算机病毒武器只有美国、印度等极少数国家掌握，一旦这种技术被越来越多的国家所掌握，在运用中结合变形病毒武器、嵌入式病毒武器，必将在敌对双方的计算机对抗中产生巨大的破坏作用，所以有人将这种病毒武器称为计算机病毒武器中的原子弹。

6）瘫痪性病毒武器

瘫痪性病毒武器是针对计算机病毒消除技术的，计算机病毒消除技术一般是将患病程序中的病毒代码摘除，使之变为无病可运行的健康程序。一般病毒感染文件时，不伤害宿主程序代码。有的病毒虽然会移动或变动一部分宿主代码，最后在内存运行时，还要恢复其原样，以保证宿主程序正常运行。但是，计算机一旦被破坏性感染病毒武器攻击，宿主代码便会遭到破坏，宿主部分无法正常运行，任何人、任何工具都不能使之复原。因为无法恢复已经丢失的宿主程序代码，瘫痪性病毒武器在感染敌方的文件后，如果敌方进行消毒处理，只要删除染毒文件，其计算机原来的各种文件将一并遭到破坏，从而使敌方的计算机系统彻底瘫痪。这种病毒武器无法进行一般意义的杀毒操作，因而它成为反病毒武器面对的一大障碍。

7）病毒自动生产武器

病毒自动生产武器是针对病毒的人工分析技术而开发出来的，这种病毒武器能使病毒在敌方的计算机系统中进行自动化生产。当这种病毒进入敌方计算机系统后，就像生物病毒会产生自我变异一样，也会变成一种具有自我变异功能的计算机病毒。这种病毒程序可以演变出各种变种的计算机病毒，而且这种变化不是由人工干预生成的，而是由于程序自身的机制。这种新型病毒武器，使计算机病毒武器变成一种具有某种"生命"形式的"活"的东西。其变形病毒每感染出下一代病毒，其程序代码就会发生变化，反病毒武器如果用以往的特征串扫描的办法就无法适应了。因此，这种病毒武器的攻击性和破坏性都非常强。

9.3.7 短路毁伤效应

利用大量的轻、软而长的导电纤维丝布撒在电网区，使电网产生短路毁伤效应，导致电力系统瘫痪。具体的毁伤模式及毁伤等级已经在第 1 章中阐述。

9.3.8 信息干扰效应

1. 信息干扰效应分类

信息干扰效应分为有源信息干扰和无源信息干扰两种，利用光、电、声等特殊效应使武器系统和人员效能降低甚至失效，达到战术目的。

有源信息干扰是干扰系统本身发出一定能量的电磁波或微波、电磁脉冲、红外射线等扰乱敌方电子设备、导弹寻的系统，使之降低甚至完全丧失正常的战斗能力。无源信息干扰是指干扰系统本身被动地吸收、反射敌方雷达或导弹寻的系统发出的探测电磁波，或遮蔽被袭目标的红外辐射、可见光以及敌方对目标的激光照射，起到迷盲、遮蔽、欺骗敌人、保护自己的目的。

2. 空中和地面的信息干扰方式

空中和地面的信息干扰方式分为压制式干扰、欺骗式干扰和遮蔽式干扰三种。

1）压制式干扰

微波辐射效应和电磁脉冲效应属于压制式干扰，通过干扰系统（微波战斗部和电磁脉冲弹）在敌方电子设备附近定向发出的高功率微波或电磁脉冲，干扰其正常工作，使之失去战机或烧毁这些电子设备。

2）欺骗式干扰

欺骗式干扰是当前信息干扰采用的主要方式，它的工作原理有冲淡式、迷惑式、转移式和质心式四种。

（1）冲淡式干扰是在被保护目标尚未被敌导弹寻的系统跟踪时，在保护目标周围（通常在导弹制导雷达方位角探测范围内并距被保护目标较远的地方，如 1 km 处）布设若干诱饵（箔条云或红外炬），使来袭导弹寻的系统开始对目标搜索时首先捕获诱饵。这种方式的干扰对象不只是导弹雷达或红外寻的系统，还可以干扰导弹发射平台系统和警戒雷达。

（2）迷惑式干扰是利用火箭布设远程雷达假目标（箔条云），迷惑敌人在发射平台上搜索雷达和火控雷达，使其不能从大量假目标中分辨出真实目标。

（3）转移式干扰是当被保护目标被敌导弹跟踪时，迅速在目标附近（末制导跟踪波门之外）布设雷达诱饵，同时使用被保护目标的雷达有源干扰机配合工作，将敌方导弹寻的系统的跟踪波门拖引到诱饵上去，使敌方导弹会自动地向布设的假目标寻的。采用这种工作方式时，箔条由火箭弹发射，在离目标后约 400 m 处散开，形成箔条干扰云。如果要欺骗敌方军舰或飞机上的导弹寻的雷达，可以采用组合方式，将箔条发射到离目标 2 km 以上的地方散开，形成箔条干扰云，配以有源干扰，将制导雷达的跟踪波云拖引到箔条云上去。

（4）质心式干扰是当被保护目标被敌导弹跟踪时，迅速在目标附近（末制导跟踪波门之内）布设雷达或红外诱饵，使其与被保护目标对于末制导系统来说成为一个回波或红外目标（处于同一单位脉冲体积内），导弹无法分辨真假目标，此时导弹寻的跟踪系统既不跟踪目标，也不跟踪诱饵（箔条云或红外炬），而是跟踪两者的等效能量反射中心质心。随着干扰云反射面积（红外炬照度）的增加，质心向诱饵方向移动，经过被保护目标的机动，直到目标脱离导弹寻的系统的波束，导弹被完全转移到跟踪诱饵，以达到引偏敌方导弹的目的。

3）遮蔽式干扰

各种烟幕都采用遮蔽式干扰。烟幕中的固液体微粒悬浮在大气中，对光线吸收、折射起到遮蔽作用。可见光烟幕可使电视制导导弹失去目标；多功能烟幕弹可遮蔽红外、激光和可见光，无论是对复合制导模式还是对单一制导机制的导弹，均能有效干扰。对烟幕遮蔽的要求不同，其烟剂的配方不同，甚至有的烟剂中还会有一定的箔条，能够对电磁波起到反射作用

3. 假目标技术

目前，许多国家的海军都在投资开发三种假目标弹药：①箔条弹药，用于迷惑敌方雷达；②红外假目标，用于替代目标来诱导导弹或飞机；③有源红外假目标，用于通过主动寻的方式来发起攻击。

现代的箔条假目标装有相应的烟火剂，基本上是一种渗铝的玻璃偶极子，其波长为敌方雷达的一半。偶极子一旦被照亮，就会辐射出与雷达相同频率的电磁波，从而起到迷惑和引诱的作用。另一种干扰方式是清除法，即利用电子干扰系统诱使来袭的反舰导弹从目标舰艇飞到预定区域，在那里，舰艇发射密集的箔条云可以任意地迷惑导弹，从而使舰艇避开威胁。

有源红外假目标能够干扰最先进的导弹雷达导引头，而浮漂式假目标则可以用于无线电频率干扰和诱惑，这正是现代假目标系统的重要作用之一。在紧急情况下，小型战舰可以迅速装备假目标武器系统。通过配备的新型微处理机控制装置：武器控制系统能够在作战中自动选择假目标的类型；能够自动选择射频、红外及有源假目标；也能自动选择应采用的发射装置和假目标弹药所要求的点火顺序；这种自动功能还能兼顾到舰艇面临攻击时应采用什么样的航线和航速。假目标控制系统还能根据舰载电子支援设备发出的信息提供某一特定威胁的情报。同时，假目标系统还可以根据风速、风向、发射舰的航线和航向等数据，预测出来袭导弹的方位、类型和所用的反应时间。

目前，该领域面临的最大挑战是现有的假目标武器尚无法对抗采用主动雷达和末端红外制导技术的复合式双模制导导弹，而且，在许多国家的海军中，发射系统仍较多采用半自动和手动工作方式。

4. 离舷干扰武器

离舷干扰武器可在舰艇编队周围重叠部署许多射频和红外离舷干扰装置，为其提供协调的、无冲突的大范围保护。部署离舷干扰装置包括在无人驾驶飞行器（UAV）上装备主动干扰机；根据精确的时间和位置进行分析，由舰队周围自由飞行的 UAV 来部署射频装置，如电子转发器、角发射器或箔条；更有效的方法是由 UAV 先部署射频诱饵，然后再散播红外干扰云。

用于射频干扰、迷惑和诱骗的箔条是最普通的干扰措施，并能有效对付许多威胁，而烟火弹能有效地对付红外制导导弹，浮飘诱饵也能用于欺骗和迷惑。美国研制的多云诱饵弹，在飞行中能从弹夹布撒各烟火载荷以逐渐"离开"舰艇的红外形心，而与舰艇的机动或风速无关，该多云诱饵弹能够自主工作，沿其弹道以给定间隔布撒多光谱子弹药。

一种趋势是未来将取代箔条的新一代主动离舰诱饵即将使用，该类诱饵可以诱骗"已锁定"的反舰导弹，这些离舰诱饵一旦被部署，就利用电子载荷捕获导引头，然后诱骗其离开目标。尽管与常规箔条相比，这种主动诱饵较昂贵，但它可避免与其他舰艇自卫系统相互干扰；每次交战只需发射一枚主动诱饵弹；无须进行猛烈的规避动作；最重要的是能迷惑

最先进的雷达导引头。所以就其作战效果来说，它比常规箔条更经济。

另一种趋势是发展箔条/红外复合诱饵，这种诱饵弹用于对付装有雷达或红外导引头的反舰巡航导弹。出现这种趋势主要有三个因素：一是威胁，因为红外威胁日益增多，预计未来的导弹将更加普遍地采用双模导引头；二是上述双模诱饵弹的费效比更合理，因其只需发射一次诱饵弹就可完成两种功能；三是由于水面舰艇的设计日益强调雷达和红外隐身能力，因此较小的射频红外载荷就能很好地保护这种战舰。

许多近程欺骗诱饵系统仍采用迫击炮发射，它特别适用于随后布撒子弹药的"离散"模式。而越来越受欢迎的这一种方法是短时间燃烧的火箭，可用于欺骗、迷惑和干扰；用火箭代替迫击炮，无须加强甲板，显然有更大的射程和速度。

从长远来看，离舷干扰武器将成为新一代完全一体化电子战的重要组成部分。用现有反导诱饵系统发射音响诱饵，为水面舰艇反鱼雷子系统增加一个接口，可使其反鱼雷的能力超过现役拖曳式噪声发生器。

5. 链路干扰技术

链路干扰是针对无人机测控链路通信信号设计的干扰信号样式及干扰策略，对无人机进行通信信号压制，切断通信链路，使其失去控制和情报传输功能。

6. 导航干扰技术

导航干扰通过对无人机辐射大功率导航同频信号，迫使无人机获取错误位置信息或仅依靠自身陀螺仪的惯性导航系统工作，由于无法继续获得精准的位置坐标数据，从而导致无人机无法连续测绘或强制降落。

7. 声波干扰技术

声波干扰是通过制造能够与无人机上的陀螺仪发生共振的某一频率声波，扰乱其正常平稳飞行，致使目标无人机高空坠落。该技术的使用前提是精确瞄准和持续跟踪，如此一来对跟踪雷达提出了较高的跟踪精度要求。

8. 链路夺控技术

链路夺控是通过长期累积侦察无人机遥控信号，实现遥控信号解调、解码与结构分析，建立数据库，战时针对非法入侵无人机，通过链路破译入侵以及解密等技术，实现机型识别、协议匹配与虚假控制指令注入，夺取无人机控制权。

9. 导航欺骗技术

导航定位欺骗装置又称为导航定位诱骗装置，其主要工作原理是基于欺骗无人机内部的定位装置及限、禁飞区数据库，进而让无人机根据自身内置的程序策略进行反应。

9.4　"星链"卫星系统

9.4.1　概述

美国太空探索计划公司（SpaceX）于 2015 年提出"星链计划"，该计划向太空近地轨道发射 4.2 万颗通信卫星，从而组成"星链"网络。目前，该计划是卫星数量最多的巨型低轨卫星星座，已在轨运行 2 000 多颗，一次可将 60 颗卫星发射到预定轨道。"星链"卫星具有高速率、全覆盖、高带宽、低延时、大容量的特点，可在全球范围内提供全天候、低时延的高质量互联网接入服务 SpaceX 计划已经严重影响到我国航天器的安全，如图 9 – 4 – 1 所示，"星链" –1095 卫星逼近中国空间站。

图 9 – 4 – 1　"星链" –1095 卫星逼近中国空间站

通信卫星早在 1963 年就实现通信技术，其原理很简单：通信卫星作为地面发射站与接收站的信号中继点，首先上链（Up – Link）信号接收器接收地面某个站点传上来的数据，将此信号放大移频后再经下链（Down – Link）发射器传回地面另一个站点，实现远距通信。这类型卫星通常位于离地 35 786 km 的地球同步轨道（Geosynchronous Orbit，GSO）上，绕行周期与地球自转周期相同，因而相对于地球会固定于同一地点上空。因为这类型的地球同步轨道位于 35 786 km 的高轨道，星/地间的传送范围非常广，只需要 3 颗位于 GSO 的通信卫星就能接收/发送覆盖整个地球表面的信号。

"星链"卫星位于低轨道，低轨通信卫星相较于传统通信卫星，其差异主要在于离地高度。

早在 20 世纪 90 年代，人们便开始使用低轨道通信技术来连接网际网络宽带，但一直处于低迷状态，最近 10 多年，"星链"卫星受到人们重视，其发展比较迅速。总结低轨通信卫星受到重视的原因主要有以下四点。

（1）地球同步轨道的卫星处于高轨道，距离地球很远，信号传播会出现延迟（可能达数百毫秒）；同时，地球同步轨道通信卫星造价高昂（制造并发射一枚地球同步轨道通信卫星需要成本 1 亿~4 亿美元），通常只能由国家来主导开发，赶不上近年大规模生产的小型商业卫星热潮。

（2）卫星若靠得太近，信号就会相互干扰，因此卫星之间要有一定间隔要求，所以地球同步轨道的卫星数量是有限的。

（3）高轨道通信卫星很难覆盖地球的高纬度地区，尤其是极地地区。

（4）由于出现了火箭"可重复利用"这一革命性技术，发射成本降低到过去的 1/5，并且 SpaceX 猎鹰火箭一次可运送大量微小型卫星进入近地轨道，使得低轨通信卫星星座具备很强的竞争力。

由于火箭的"可重复利用"技术以及低制造成本、低发射成本的微小卫星，使得需要靠大量覆盖的低轨通信卫星星座不再是难事。相较于高轨通信卫星，近地轨道通信卫星因距离地球表面更近，具有低传输延迟性、低传输能量强度等优势，一旦低轨通信卫星星座建置完成，一个高速低延迟的卫星网络将会覆盖全球任何地方，可用其弥补高轨通信的不足。

9.4.2 全球四大低轨通信卫星营运商

目前，全球主要四大低轨卫星营运商主要有美国 SpaceX、美国 Amazon、加拿大 Telesat、英国 OneWeb，这些厂商皆有向 FCC 申请发射卫星。其中以 SpaceX 的"星链计划"规模较为庞大，将投入 4.2 万颗卫星组成巨型通信卫星星系。

1. SpaceX 公司的 Starlink 计划

根据 FCC 规定，企业必须在提交申请后 6 年内发射完一半卫星，9 年内发射全部的卫星，否则分配的专用频段会被收回。因此，SpaceX 正靠着自家火箭"马不停蹄"地发射"星链"卫星，截至 2021 年 5 月，已将第一阶段第一个轨道面的卫星全部发射完毕。

"星链计划"第一阶段的卫星将分布在五个离地高度与倾角皆不同的轨道面，包括离地550 km，倾角 53°，运行卫星数量 1 664 颗，已准备为全球 80% 地区提供高速卫星网络服务；离地 540 km，倾角 53.2°，运行卫星数量 1 540 颗；离地 570 km，倾角 70°，运行卫星数量720 颗；离地 560 km，倾角 99.7°，运行卫星数量 348 颗；离地 560 km，倾角 97.6°，运行卫星数量 172 颗。

第二阶段的 518 颗卫星则将送至离地 335～345 km 高空运行，轨道倾角分别为 42°、48°、53°。

此外，由于 SpaceX 的第一阶段计划（SpaceX Ku/Ka band）于 2018 年 3 月申请通过，因此按照时程，必须在 2024 年 3 月前共发射 2205 颗卫星，2027 年 3 月前全数发射完毕；第二阶段计划（SpaceX VELO）于 2018 年 11 月申请通过，因此需于 2024 年 11 月之前累计发射 375 颗卫星，2027 年 11 月之前全部卫星定位。

2. Oneweb 公司

美国联邦通信委员会批准的"一网"星座初期计划于 2017 年在美国落地。在卫星设计方面，用户采用有别于传统圆形点波束的多个条带状波束，形成长方形对地覆盖，馈线天线使用双反射面伺服机构，采用卫星姿态俯仰机动方式实现与 GEO 频率兼容。2019 年 2 月，"一网"公司的首批 6 颗试验卫星（质量为 147.7 kg，设计寿命为 7 年，造价不超过 100 万美元）搭乘"联盟"号火箭进入预定轨道，开启了超大规模低轨卫星互联网星座的部署任务。经过 4 个多月的在轨测试与轨道爬升，6 颗卫星均达到预定位置。在 2019 年 7 月的测试中，地面终端连接速度达到 450 Mb/s，时延小于 30 ms。2020 年 2 月 6 日、3 月 21 日，"一网"公司分两批次将 68 颗卫星送入 450 km 的轨道，使得在轨卫星数量达到 74 颗，标志着正式进入系统大规模部署阶段。

3. 美国 Amazon 的 Kuiper 计划

若以卫星星系规模来看，美国 Amazon 的 Kuiper 计划仅次于 SpaceX "星链计划"，预计发射 3236 颗卫星建立自己的卫星网络、2026 年提供全球网络服务。然而，迄今为止，它们一颗卫星都还没发射，已研制出的终端天线设备设计图虽然显示出天线尺寸比 SpaceX 的还小，但实体也不见下落。

4. 加拿大 Telesat

成立于 1969 年的加拿大 Telesat 公司早已是主攻高地轨道的全球主要卫星营运商之一，2016 年，该公司宣布也要加入低地轨道卫星战局，其 Lightspeed 计划预计发射 1 671 颗卫星至离地 1 000 km 的轨道、2023 年提供全球网络服务，目前已发射 1 颗卫星。

9.4.3　俄乌冲突中俄军的卫星对抗方法

1. 利用地面电子战系统实施电子干扰

在第一阶段作战行动中，俄军运用地面电子战系统对"星链"系统进行了干扰，并取得了一定的效果。俄军主要利用位于卢甘斯克共和国的"提拉达——2 s 移动式地基通信卫星干扰系统，对"星链"通信卫星星座进行了干扰。该系统主要在地球表面来干扰 3 ~ 30 GHz 频段的卫星通信，还具有干扰军用无人机和卫星之间通信的能力。其主要作用是可恢复的软杀伤，而非摧毁或使电子设备永久损坏。

2. 通过监测"星链"终端定位乌军指挥所

俄军使用电子战手段可探测"星链"系统终端电磁辐射信号，对之进行定位后呼叫炮火覆盖。俄罗斯国防部 2022 年 6 月 13 日公布的"帕兰庭"电子侦察与干扰系统在侦察定位"星链"系统终端方面发挥了突出作用。"帕兰庭"系统主要依靠两套天线发挥作用：一套是全向的测频测向天线；另一套则是指向性很强的干扰天线。在工作时，"帕兰庭"系统依靠测频测向天线来确定乌军"星链"系统终端的位置，它一般使用多车多点测向，交叉定位。由于"帕兰庭"系统本身是多车组网工作，所以交叉定位特别方便。"星链"系统终端多配置于乌军营级和旅级指挥所，终端一般距离指挥所 2 km 内。因此，只要定位了"星链"系统终端，就可以使用无人机对"星链"系统终端 2 km 范围内的区域进行侦察，无人机发现定位到乌军指挥所后，即可呼叫炮兵或使用高精度武器对乌军指挥所进行斩首攻击（图 9 - 4 - 2）。

图 9 - 4 - 2　伊尔平使用"星链"的移动基站

3. 开发"星链"终端专用探测装备

2022 年 12 月，俄军开发出了一种称为"白芷"的"星链"系统终端探测雷达，该雷达可在 10 km 距离、180°扇区内探测和确定"星链"系统终端位置。该系统通过三角测量算法对"星链"系统用户设备位置进行测向和计算，每个测向点用时不超过 15 min，精度为 60 m。

该系统能安装在车辆底盘上，确保在前线战术机动使用。该系统由小型电源或车辆电源系统供电，其组件可以涂装各类伪装，包括使用红外反射涂层。在根据 UI/UX 方法创建的现代图形界面中对接收到的"星链"系统终端位置数据进行处理，该界面可连接该地区的地形图，以便于直观定位。

4. 利用"星链"信号盲区对乌军实施通信阻断

由于"星链计划"初期第一代卫星无星间链路转发能力，"星链"系统为乌克兰提供通信服务主要得益于 SpaceX 公司在土耳其、波兰和立陶宛建设的三个"星链"系统地面站，它们使乌克兰一半以上的领土，包括基辅在内的西部和马里乌波尔在内的南部，能用上"星链"系统服务。

但是，目前战斗最激烈的乌东地区不在一代星可用区域内，仅少量二代星过境时，"星链"系统终端才能连上卫星进行短暂通信。因此，俄军第二阶段对乌东地区的作战行动中，充分利用通信干扰手段，基本掐断了乌东地区乌军的无线通信手段，迫使乌军陷入上下级失联、指控失效，战斗意志薄弱的绝境。

5. 采取天基对抗手段应对"星链"系统

俄军正在研究采取同轨伴飞的空间电子战系统方式对抗"星链"系统。

2022 年 4 月 15 日，俄罗斯宣布计划建立一个基于卫星星座的太空电子战部队。俄军拟发射与"星链"系统 340 km、550 km 及 1 100～1 300 km 同轨位置的伴飞卫星平台，采取类似嗅探手段收集"星链"系统卫星下行信道的频谱、时域与空间交织分布、功率密度、占空比等特征，后下行至地面信关站进行大数据解析，靠所获信息对之进行电子干扰，这是俄罗斯第一次进行卫星"直接注入"。能够在另一物体穿越天空时将卫星直接放置在其路径上是一项具有重大军事潜力的技术挑战，而相关技术同样适合用于应对"星链"系统卫星。

9.4.4　"星链"卫星在军事作战上的应用前景

"星链"卫星可通过灵活搭载多种类型载荷的方式，强化美军指挥通信、侦察监视、指挥协同等多方面能力，为提升美军联合全域指挥控制能力，助力多域作战概念落地，发挥着举足轻重的作用。

1. 提供高效可靠的指挥通信能力

相较于美军传统的高轨高通量卫星而言，"星链"系统在兼顾广域覆盖要求的同时，突出重访周期短、空间传输损耗小、通信带宽高和传输速率快等优势，能够为美军提供全时全域且高效的宽带通信服务，最大限度支持美军联合全域指挥控制效能的发挥。据公开信息显示，"星链"项目已经与美国国防部、空军、陆军等多部门展开合作，以测试"星链"系统与美军现有作战系统通联的可行性，重点是加强"星链"系统与天基预警卫星建设、陆军通信网络连接和空军机载数据通信等方面的深度融合。

此外，"星链"系统还在特殊领域通信、远距离通信和确保通信安全三个方面表现突出。一是有效解决对潜通信问题。核潜艇通常行踪隐秘、机动性强，要想对其进行及时、高效通信，难度极大。目前，使用的长波通信虽然覆盖范围大，但传递内容少，使用烦琐且容易出错。"星链"系统具有全域覆盖的优势，核潜艇无论在何处都可通过释放专用通信浮标完成通信。二是满足实时远程通信需要。"星链"系统采用星间链路通信，在远距离通信运用方面优于光纤通信，能够进一步缩短信号传输时延，保障海量战场数据快速回传，以支持远程实时指挥控制的需要。三是提高通信安全性。"星链"卫星通信的星间链路使用激光通信，关口和用户使用微波通信，在星上进行路由，而地面终端和卫星之间采用 P2P 通信协议进行通信，加密的通信数据分散存储于多个数据模块中，从而有效提高通信数据传输的安全性。

2. 拓展全域全时的侦察监视能力

"星链"系统具有卫星数量多、分布广、重访周期短的显著优势，能够有效解决传统航天侦察时效性差的突出矛盾。部分"星链"卫星搭载成像侦察和电子侦察装备，能够近乎实时地感知全方位战场态势变化，重点监视战略对手敏感目标动向，以拓展美军全域全时的侦察监视能力。同时，"星链"卫星获取的情报信息可以利用高效的星间链路通信实现快速分发与共享，以显著提高作战指挥链和行动链"侦"与"评"的时效性，加快作战节奏，有效提升战场态势感知能力。美国国防高级研究计划局（DARPA）宣布将打造"庄家"系统，利用低轨道卫星进行全球范围监控，而"星链"极有可能成为"庄家"系统的搭载平台，以强化美军侦察监视技术优势。此外，"星链"系统还可能成为美军弹道导弹预警体系的重要组成部分。多颗搭载导弹预警载荷的"星链"卫星能够协作完成目标导弹的实时跟踪、灵敏监测、目标指引和毁伤评估，为导弹轨道测算、拦截和毁伤效能评估提供有力支撑，有效提高导弹拦截概率。

3. 增强实时精准的指挥协同能力

"星链"系统在高效信息传输、精准导航定位等方面的重要功能，将有助于增强美军实时精准的指挥协同能力。一是为人—机协同交互提供高效通信链路。现代化的无人作战通常由人在后台操控，远在千里之外的操作员通过实时精确的通信链路实现人—机协同交互。"星链"卫星可以 25 ms 的超低延迟传输，向无人战车、机器人、无人机下达行动指令，以提高无人作战的突然性和安全性，真正实现"决胜千里之外"。二是为无人协同交战提供精准导航定位服务。以无人蜂群作战为代表的无人协同交战对导航的精确性、完好性和实时性提出了严苛要求。然而，美军现有的 GPS 却存在通信速率不够、易被干扰等问题。目前，美军导航卫星的通信速度只有百比特每秒量级，难以满足大量作战单元位置数据信息的实时精确更新。而"星链"系统可以 610 Mb/s 的速率实现海量数据传输，通过与现有 GPS 相结合的方式，可将"星链"系统打造成卫星定位和导航系统，完成繁重的位置计算任务，从而为美军提供更为精准翔实的定位数据。考虑到"星链"卫星信号强，难以被干扰或欺骗，且系统冗余大、抗毁能力强的特点，将进一步提升美军的导航定位精度和抗干扰能。美国陆军根据研究得出结论认为，"星链"系统具有低成本、不易被干扰的优势，可替代 GPS，且精度更高。

思考题与习题

1. 何谓软杀伤？
2. 你了解的软杀伤弹药有哪些？它们采用的毁伤机理是什么？
3. 对于新出现的"星链卫星"目标，如何打击更有效？

第 10 章

终点效应靶场试验及测试

10.1 概　　述

炮弹、火箭弹及导弹战斗部的最终目的在于完成预定的作战任务，对目标形成预期的作用效应。弹箭终点效应测试的宗旨便是研究、检测战斗部的设计使用性能是否满足战术技术指标性能的要求，它是战斗部威力设计及目标防护设计的主要依据。

弹箭终点效应的主要内涵是对目标实行一定的毁伤，毁伤的办法主要由战斗部的设计使用性能所决定。按照战斗部对目标毁伤作用机理归类，弹箭终点效应基本如下。

（1）动能弹的穿甲作用：由火炮发射高强度、高密度的一种实心弹体，以其高侵彻贯穿动能或比动能实现对装甲目标的侵彻贯穿。

（2）聚能效应：聚能装药破甲弹以其聚能效应，获得高速、高压、高温的金属射流，对装甲目标实现毁伤。

（3）破片作用：在战斗部炸药装药爆炸时，使金属壳体膨胀破碎，从而形成大量的具有一定质量和速度的金属破片，实现对目标的毁伤。

（4）爆炸冲击波效应：通过战斗部炸药装药的爆炸，在周围空气中产生一个高速、高压的冲击波，由于冲击波的作用而形成对目标的毁伤。

（5）其他效应：如碎甲效应、纵火效应、发光、释放烟雾等。

本章分别依循上述内容，结合实际情况，对有关的靶场试验及测试项目内容予以介绍。

10.2　穿甲弹的威力性能试验及测试

穿甲弹以直接命中目标并以其自身的碰击动能毁伤装甲目标，如坦克、舰艇、飞机和其他有坚固装甲的防御工事等。

穿甲弹的威力通常是指穿甲弹在某一距离上穿透某种规定结构、材料、厚度和倾角的装甲目标，并具有对坦克内乘员和设施起到毁伤、纵火等后效作用的能力。其穿透能力的表征量是有效穿透距离（m）、靶板类型、厚度（mm）、法向角。

对于某穿甲弹来说，材料、结构、尺寸已定，那么它的穿透能力主要取决于命中目标所具有的比动能、着靶姿态和目标特性。一般以极限穿透速度的大小来表示穿甲弹对目标的穿透能力。因此，对同一目标比较不同穿甲弹的威力时，极限穿透速度小的穿甲威力大。然而最终确定弹丸摧毁装甲目标的能力，还要看靶后的破坏能力，即其后效作用。因此穿甲弹威力试验包括对装甲靶的穿甲试验、穿甲效率试验和后效试验。

10.2.1 靶板与耙架

在反坦克弹的靶场试验中，靶板是甲弹（穿甲弹、破甲弹和碎甲弹）射击考核威力性能的目标。靶板和靶架的质量与安装结构的合理性是影响产品性能的重要因素之一，尤其是在穿甲弹威力试验中更是如此。在考核与确定甲弹威力性能时，应尽量排除一些非标准的客观条件的影响，使试验得到贴近真实的结论。因此，对于靶板的规格、质量和射击试验的条件和要求等均制订了相应的技术标准。下面就简单介绍靶板和靶架的基本知识。

1. 靶板

甲弹威力试验用靶板，是模拟装甲目标如主战坦克（正面）前上装甲和飞机的防护装甲等抗弹性能好的、供弹药考核威力性能用的目标靶。

装甲靶板的分类主要有以下两种。

（1）按材料分为金属靶板和非金属靶板。金属靶板有合金钢靶板、铝合金靶板和钛合金靶板、铀合金靶板等。非金属靶板有玻璃钢靶板、尼龙靶板和陶瓷靶板等。

（2）按装甲结构系统分为单层靶板、间隔靶板、复合靶板、间隔复合靶板和反应装甲靶板五类系统。其中后四类统称为特种装甲系统。

①单层靶板。单层靶板是最常见和最基本的靶板系统。按厚度方向上的力学性能或化学成分是否一致，可将单层靶板分为非均质和均质靶板两类。

对于钢靶板来说，非均质靶板类有渗碳钢板等。由于钢板表面硬度很高，使穿甲弹着靶侵彻阻力增大或易于跳飞。钢板中间部分韧性高些，使钢靶的整体抗弹性能提高。但这种钢板的制造工艺复杂，在装甲上的应用已很少，目前很少作为靶板使用。常用单层靶板主要是均质钢板，有轧制和铸造两种，以轧制为主。

图10-2-1所示的是单层靶板作为穿甲试验的倾斜安装与后效靶板的布置。

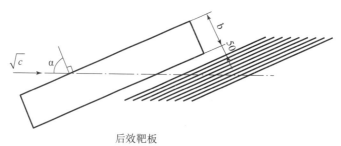

后效靶板

图10-2-1 单层靶板作为穿甲试验的倾斜安装及其后效靶板的布置示意

靶板厚度和法向角由战技指标规定。北约国家对穿甲威力试验的单层靶板，采用法向角为65°，1970年以前采用板厚120 mm，后又改为150 mm，目前，随着穿甲弹威力的大幅度提高而采用几百毫米的叠加靶板做试验。

②间隔靶板。在几层（平行）单层板之间具有间隔结构的靶板称为间隔靶板。图10-2-2所示的是模拟重型主战坦克防护装甲的双层间隔靶板系统及其后效靶板（北约国家于1970年前制定，自1970年至今仍然沿用），其法向角为60°。图10-2-3所示的是模拟中型主战坦克防护装甲的三层间隔靶板系统，其法向角为65°；图10-2-4所示的是模

拟重型主战坦克防护装甲的三层间隔靶板系统。面板为薄钢甲板厚度 $b_1 = 9.525$ mm，中间钢板厚度 $b_2 = 38.1$ mm，背面钢甲板厚度 $b_3 = 76.2$ mm，组成 $b_1 : b_2 : b_3 = 1 : 4 : 8$。该靶板系统是穿甲弹靶试用北约三层板结构，要求靶板系统距炮口达 2 000 m 以上。

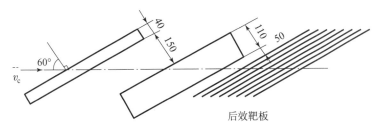

图 10 - 2 - 2　重型主战坦克防护装甲的双层间隔靶板系统及其后效靶板

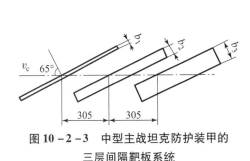

图 10 - 2 - 3　中型主战坦克防护装甲的
三层间隔靶板系统

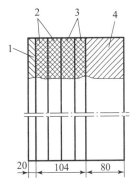

图 10 - 2 - 4　重型主战坦克防护装甲
的三层间隔靶板系统

1—前面钢板；2—玻璃钢板；
3—陶瓷板；4—背部钢板

另外，在某些穿甲弹（如集束式铀箭穿甲弹）的靶试中，靶板系统是采用四层间隔薄铝板：1 块面板的法向角 30°，其余 3 块立置，间隔分别为 40 mm 和 25 mm。四层板厚度分别为 6 mm、3 mm、3 mm、12 mm。

③复合靶板。该靶板系统是采用至少包括两种以上不同性能材料（板）组成的多层装甲，如仿苏联 T - 72 坦克前上装甲，用作穿甲弹靶试用的国产 681 板，就是一种复合结构板，如图 10 - 2 - 4 所示。其面板为 20 mm 厚的钢板，背板为 80 mm 厚的 603 钢板。中间夹层：前面两层为玻璃钢板（厚度约 34 mm）；后面两层为陶瓷板。整板系统的厚度为 204 mm，法向角为 68°。

各类复合板分别配置了不同材料的金属板，如各种不同硬度的钢板、铝合金板、钛合金板和铀合金板等多种强度高、质量轻的非金属夹层，如成型的或穿甲后能破碎成一定形状与大小且具有高压缩强度和硬度的各类陶瓷、高强度纤维、微孔尼龙以及橡胶等。一般认为，复合靶板抗弹性能优于间隔靶板。表 10 - 2 - 1 所示的复合靶板用部分非金属夹层材料的性能参数。

表 10 - 2 - 1　复合靶板用部分非金属夹层材料的性能参数

名称	平均密度/(g·cm⁻³)	抗拉强度/MPa	抗弯强度/MPa	冲击韧性/(J·cm⁻²)
聚氨酯玻璃钢	1.575	120.6	265	23.5
酚醛玻璃钢	1.76	192.7	134	23.7
80%环氧聚氨酯玻璃钢	1.89~1.96	512.0	461.0~578.6	26.4~33.9
陶瓷（Al_2O_3）	3.6~3.8	≥1471	19613	HRA = 75~81

④间隔复合靶板。间隔复合靶板是由不同性能材料和间隔结构组成的多层装甲靶板，中间间隔或为空间或为水、油和各种特殊结构的材料。

以色列梅卡瓦坦克的前上装甲采用一种总体型的间隔复合靶板系统：五层斜置平行钢甲板的板厚有 30 mm 和 76 mm 两种，前两个空间间隔各为 300 mm，后面间隔为 304 mm，其间隔内存放不可燃自封闭燃料箱，靠近车体的间隔内存放坦克发动机，因此大大加长了前上装甲的厚度，提高了乘员的安全性。

⑤反应装甲靶板。反应装甲靶板是由钢板和覆在钢板表面上的炸药层及其防护钢板所构成。图 10 - 2 - 5 所示的是第一代结构的示意图。其中，炸药层可按设计要求选用不同种类的炸药，一般为塑性炸药类，厚度为 10~20 mm 或更厚些。炸药装在特殊材料制成的药盒——"爆炸块"内，并安装在主钢甲表面上，起防护钢甲的作用。当穿甲弹碰撞并引爆炸药时，只产生局部（药盒内炸药）爆炸，破坏两侧小板，可以有效地干扰和破坏穿甲弹的头部射流的侵彻能力并减小有效（侵彻）射流的长度，以便大幅度降低破甲的侵彻深度（约降70%）。对于动能穿甲弹虽也有一定的防弹效果，但对于大长细比的高速尾翼稳定穿甲弹来说，

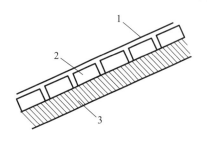

图 10 - 2 - 5　反应装甲靶板
1—防护装甲；2—炸药层；3—厚装甲

其效果不佳。为此又发展了新的反应装甲结构，如装甲前面是由两层薄钢板之间夹装炸药层，在一定间隔距离后才是厚钢甲板，这样就成为附有间隔复合结构的反应装甲。

2. 靶架

靶架用于固定靶板，常用的有两种形式，即立式（垂直式）靶架和仰式（倾斜式）靶架。在这两种靶架上对应安置的靶板，分别称为立靶（靶面与水平基准面垂直）和仰靶（靶面沿射向倾斜，靶面与水平基准面成钝角）。另外，还有一种俯靶（靶面朝下倾向射向），靶试时可使靶与弹丸的破片朝下跳飞，减少飞行破片和跳弹造成的破坏及对测试人员的伤害。然而相比之下，仰靶则有利于着靶区的高速摄影等测试工作。靶架常由 20~40 mm 钢板焊接成的金属框架螺接或铆接在金属靶架上，金属靶架的基座一般需用数层枕木构成，或用钢筋混凝土加枕木构成。靶架必须固定牢固，保证穿甲弹丸碰撞时，靶架不变形、不移动。

10.2.2　穿甲弹的弹道极限速度

弹道极限速度表示穿甲弹丸对目标的贯穿能力，是指能够贯穿给定类型、厚度、倾角的

装甲目标所需的最低着速，它实际上代表着在规定条件下穿甲弹丸贯穿装甲所需的动能。由于对完全贯穿有不同的定义（不同的需要），目前采用的有三种弹道极限标准，即陆军弹道极限标准、海军弹道极限标准和防护弹道极限标准，分别如图 10 - 2 - 6（a）～图 10 - 2 - 6（c）所示。

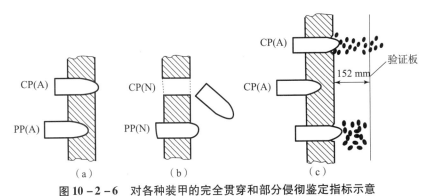

图 10 - 2 - 6　对各种装甲的完全贯穿和部分侵彻鉴定指标示意
(a) 陆军弹道极限标准；(b) 海军弹道极限标准；(c) 防护弹道极限标准

1. 陆军弹道极限标准

弹丸充分侵彻装甲产生透光的孔或扩展的裂纹，或弹丸嵌入装甲，并能从靶板背面看见弹丸为完全侵彻，记为 CP(A)；靶板背面无凸起，或有凸起但无裂纹，或凸起有裂纹但光线不能透过靶板，为部分侵彻，记为 PP(A)，如图 10 - 2 - 6（a）所示。

2. 海军弹道极限标准

弹丸整体或弹丸的主要部分完全穿过装甲者为完全侵彻，记为 CP(N)；否则，为部分侵彻，记为 PP(N)，如图 10 - 2 - 6（b）所示。

3. 防护弹道极限标准

弹丸能产生足够动能的弹丸碎片或装甲碎片来穿透甲板后面 152 mm 处平行于靶板并牢固安装的验证板者为完全侵彻，记为 CP(P)。若仅弹丸头部穿过装甲，验证板上虽有碎片碰撞的凹陷，但没有穿透验证板，仍为部分侵彻，记为 PP(P)，如图 10 - 2 - 6（c）所示。通常验证板的材料规定为钢、钛和铝装甲，用 5052H36 铝合金板（厚 3.56 mm）或用 2024T3 铝合金板（厚 5 mm）。

上述三种完全侵彻（CP）弹道极限标准分别代表了不同程度的临界破坏。相比之下，陆军弹道极限标准意味着装甲受损最小，不要求装甲板后有什么碎片；防护型弹道极限标准要求装甲被破坏（包括夹弹情况在内）后，还有碎片能穿透验证（薄）板；海军弹道极限标准最严，要求弹丸必须穿出装甲后（仓内）爆炸，才能发挥威力，起破坏装甲、杀伤目标的作用。

在规定的完全指标标准下，确定穿甲的弹道极限速度，通常采用完全贯穿的最低速度和嵌入的最高速度的平均值，称为穿甲弹的弹道极限速度。具体确定弹道极限速度的方法常用的有五种，见表 10 - 2 - 2。

表10-2-2　常用确定弹道极限速度的方法

序号	名称	适用范围	准确度
1	高低法	正态分布	取决于发数
2	兰格林法	正态分布	相当精确
3	加拿大临界速度法	正态分布	与高低法几乎相同
4	分级采样法	非正态分布	取决于发数
5	概率单位计算法	正态分布	取决于发数

上述方法中以高低法最方便、最常用，测定时可采用 2 发、4 发、6 发或 10 发有效发数，其速度范围、准确度及适用范围见表 10-2-3。

表10-2-3　高低法速度范围、准确度及适用范围

序号	类别	有效发数	速度范围/(m·s^{-1})	准确度	适用范围
1	2 发弹道极限	1CP + 1PP	~15	不太准确	弹数或靶受限
2	4 发弹道极限	2CP + 2PP	~18	一般	弹数或靶受限
3	6 发弹道极限	3CP + 3PP	~27，38，46	相当准确	小口径弹验收
4	10 发弹道极限	5CP + 5PP	~38，46	高准确	小口径弹验收

注：CP 表示完全贯穿；PP 表示局部侵彻。

10.2.3　穿甲威力试验

穿甲威力试验旧称穿甲效率试验，简称穿甲试验，它是评定穿甲弹对靶板的穿甲能力的试验，通常在穿甲靶道上按穿甲弹产品图纸及靶场试验技术条件的要求进行射击试验。在进行生产产品的交验时，从生产批量中按产品图抽取规定发数的完备穿甲弹，经外观标志弹重、弹体、炉号和硬度检查后，进行编号。这些穿甲弹按高于极限穿透速度（或弹道极限速度）25%~40%的着速，对规定厚度的靶板，在规定的入射角下进行射击。穿透靶板，并满足规定的靶后效应情况下，即为合格。试验中出现的近边弹（弹着点边缘距离装甲靶板边缘小于 2 倍弹径者）、近孔弹（相邻两弹孔边缘小于 1 倍弹径者）和重孔弹均无效。装甲背面崩落直径大于 3 倍弹径者；弹孔背面被靶框挡住者；装甲板裂纹到弹丸中心长度超过1.5 倍弹径者；章动角超过规定且未穿透靶板者，此发弹无效，列入非计算击中。

应该指出，进行弹丸的穿甲威力试验具有两层含义：一是检查弹的穿甲效率（一般应不低于 90%）；二是察看爆炸完全性及靶后的杀伤破坏程度，以综合评定该弹的穿甲威力。

10.3　破甲弹的威力性能试验及测试

破甲弹是利用聚能装药产生的金属射流实现对装甲目标的侵彻并毁伤装甲内部人员和设备等的一种弹丸（战斗部）。破甲弹的装药结构及射流形成机理如图 10-3-1 所示。聚能装药药型罩在爆轰作用下形成的高速金属射流，是破甲弹用于攻击目标的侵彻体。装药起爆前药型罩可分为 Ⅰ、Ⅱ、Ⅲ、Ⅳ四段，如图 10-3-1（a）所示。装药起爆后，药型罩被压

垮，向对称轴聚焦并发生高速碰撞，如图 10-3-1（b）所示。Ⅰ、Ⅱ、Ⅲ 段内表面的一层金属形成射流的 Ⅰ、Ⅱ、Ⅲ，外表面和 Ⅳ 段金属形成速度较小的杆体 Ⅰ、Ⅱ、Ⅲ、Ⅳ，如图 10-3-1（c）所示。聚能射流的前端（头部）速度最大，通常为 8~9 km/s，有时可超过 11 km/s，递减至尾端仅 2 km/s。由于存在速度梯度，产生惯性拉应力，导致射流拉长，直至断裂为不等长度（8~30 mm）的分离段。各个分离段的各断面是等速的，不再拉长。前方分离段依次快于后随者，因而各分离段的间距越来越大。射流断裂以后，侵彻动能显著下降。杆体的速度仅约为 500 m/s，不参与侵彻。

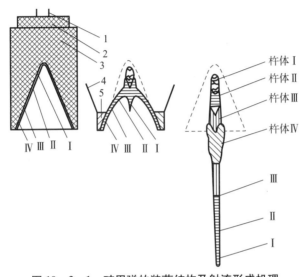

图 10-3-1　破甲弹的装药结构及射流形成机理
1—雷管；2—传爆药柱；3—炸药柱；4—爆轰产物扩散界面；5—尚未爆轰的炸药

由此可知，破甲弹的威力性能是由破甲弹金属射流性能所决定的，有关的试验有射流的速度分布测定、射流的拉断试验、杆体回收试验、静破甲试验、动破甲试验等。

10.3.1　静破甲试验

静破甲试验是破甲弹在产品设计研究阶段经常进行的一项试验，是在非射击条件下，测定破甲能力的试验。通过测定破甲弹在静止条件下的破甲作用，以确定弹丸各组成部分（如药型罩的材料、形状、尺寸和加工工艺、炸药装药的性能、结构、隔板和传爆系统等）对破甲威力性能的影响。

在生产验收中，一般不作静止破甲试验，只有当改进弹丸结构和装药方法及生产质量不稳定时，才作为一种检查性的试验。

静止破甲试验的弹靶布置如图 10-3-2 所示，试

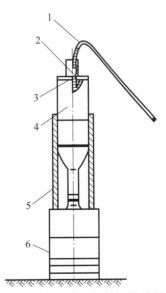

图 10-3-2　静止破甲试验的弹靶布置示意
1—导火索或导线；2—雷管；3—引信；
4—弹丸；5—木盒支架；6—钢锭靶

验用的引信应改成电雷管或导火索引爆。被试弹依靠木盒支架固定在钢锭靶上，放置时要求弹丸的中心轴线与钢锭靶面垂直，并且对中。钢锭靶一般采用中碳钢以上的钢锭，并且同一批试验用的钢材应一致。为了保证破甲射流在钢锭内运行，防止钢锭破裂，常取钢锭靶的直径约为被试弹丸直径的 1.5～2.0 倍。根据破甲深度的要求，钢锭靶可以由一块或多块组合而成。各钢锭靶的断面应平整（断面与轴线垂直），保证接触良好、无过大的缝隙，以防金属射流的横向分散。

起爆时用的蓄电池电压应不小于 6 V，如用导火索起爆时，应测定燃速，然后确定保证试验安全所必需的导火索长度。

起爆试验完成后，测量破甲孔深，为破甲弹的性能分析提供依据。同时，依据破甲弹在图 10-3-2 所示的钢锭靶上的开坑情况（光滑、平整及有无分支等现象），可分析金属射流破甲性能的好坏。

10.3.2　旋转静破甲试验

使弹丸在飞行中具有一定的旋转速度，可以改善弹丸的飞行稳定性，提高弹丸的射击精度。但是弹丸的旋转作用，影响破甲弹金属射流的形成，旋转使金属射流产生离散，从而使破甲战斗部的侵彻能力降低。因此，出于产品性能设计的需要，或是产品性能改进的需要，需研究弹丸旋转对破甲深度的影响关系。旋转静破甲试验，是使弹丸在旋转试验装置的作用下，按一定要求高速旋转起来，但不做轴向运动。在保证一定炸高的情况下，点火起爆，测定金属射流的破甲深度及观察分析状况的试验。

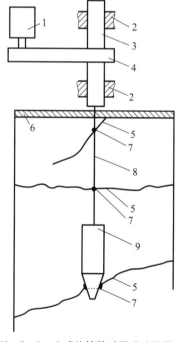

图 10-3-3　立式旋转静破甲试验装置示意

1—电动机；2—轴承；3—转轴；4—皮带；
5—拉线；6—护板；7—阻尼环；
8—绳索软轴；9—被试验破甲弹

旋转静破甲试验在旋转静破甲试验装置上进行，该装置由电动机带动的变速旋转机构、旋转传动轴、旋转测定系统、装置防护系统等部分组成。变速旋转机构使旋转传动轴连同试验的弹丸由零转开始，逐渐平稳地增至试验需要的转速，并做稳定旋转，以待点火起爆，金属射流对钢锭靶侵彻破孔。

旋转传动轴是本装置的重要部件，可分硬轴和软轴（绳索）两种结构。轴的一端与变速旋转机构相连；另一端与被试验的破甲弹相连。使用硬轴的破甲弹可以立置（弹轴与地面垂直）或卧置（弹轴与地面平行），具有试验装置结构简单、操作简单等优点。但是，每次试验时由于炸药装药的爆炸，轴的端头易被损坏。因此，应另外加接连接件，且由于爆炸动力的影响，使装置其他部分的受力情况也变得恶劣，使用、维护变得困难。软轴结构是用一条绳索做软轴，为了保证良好地传动扭转力矩，在旋转启动及高速旋转的情况下，绳索不卷曲和打弯，装置应保证绳索从零转速开始到高转速，使转速缓慢地、逐步平稳地升起来。

旋转静破甲软轴传递试验装置为立式结构，装置的示意图如图 10-3-3 所示。

通过多发相同产品的旋转静破甲试验，便可以得出一组转速与侵彻深度的关系值，其关系曲线如图 10 - 3 - 4 所示。由此可以确定，产生最大侵彻深度时的转速值及侵彻深度随转速的变化规律，进而为产品设计中权衡考虑问题提供依据。

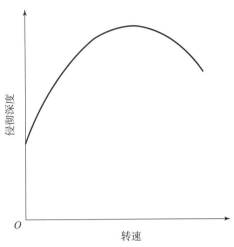

图 10 - 3 - 4　立式旋转静破甲试验关系曲线

10.3.3　动破甲试验

动破甲试验是对破甲弹的破甲性能鉴定的一项极重要的试验，也是评定破甲弹破甲威力的最重要的途径。本项试验是在弹体强度、装药安定性、立靶密集度等试验合格后才进行的。

1. 试验目的

（1）检查全备弹丸在规定条件下射击时，对装甲靶板的穿透能力。

（2）检查弹丸配用的引信作用是否可靠。

（3）新设计的产品，综合检验其全备弹丸的作用及对战术技术要求满足的程度，为设计方案的改进提供依据。在设计定型和生产定型中，要检查高、低温时的破甲性能是否能满足要求。

2. 破甲效应试验

破甲效应试验是指检验破甲弹侵彻装甲能力的射击试验。用全备破甲弹对设置在规定距离、规定厚度的靶板射击，弹丸射线与靶板法线夹角为 60°或 65°。靶板厚按要求可设置 5 ~ 10 mm 厚的钢板或羊、狗等试验动物，以观察金属射流的威力。

通常要求发数（一般为 10 发或 7 发）的破甲率不小于 90%。计算发数中不包括因引信瞎火而未穿透者、未击中靶板弹、近边弹、近孔弹及重孔弹。

射击试验中，当弹丸爆炸完全时，即形成火焰和烟云，同时还发出特有的强烈响声，并在靶板上出现穿透孔或不透孔。如果弹丸爆炸不完全时，在靶板上留有残余的炸药颗粒、粉末等。然而，当引信瞎火时，其特征是在靶板上不应留下聚能射流的作用痕迹。

每射击 1 发破甲弹后，靶板上的穿透孔是在靶板的正面和背面按其两个相互垂直的孔径进行测量。对于未透孔直径的测量，是按入口的两个相互垂直的孔径进行测量的，并测量孔的深度。

3. 试验结果评定

破甲效应（破甲弹的破甲威力）由以下特性来评定。

（1）在规定法向角下，能有效穿透规定厚度的靶板；

（2）计算发数内，其穿透率不应小于图纸要求；

（3）对于一些破甲弹，要求靶后穿孔直径在一定范围内，一般应大于 15 mm；

（4）金属射流穿透靶板后的后效作用，视察所设置的检验靶被金属射流的毁伤程度应满足要求。此项一般是在产品设计定型和生产定型时检查。

如符合上述要求，则认为破甲弹的破甲威力满足战术技术指标要求。

4. 破甲效应试验中出现问题的分析

（1）不能穿透装甲靶板。破甲弹的破甲作用不取决于命中装甲瞬间弹丸的动能，而取决于弹丸药型罩的质量、炸药装药的质量和装配质量、弹头部的长度和强度，命中靶板时传爆系统作用的适时性，当然也取决于破甲弹结构的合理性。

对于经过试制定型而转入大量生产的破甲弹，在靶场验收试验中破甲不稳定，主要原因往往是没有严格贯彻生产工艺规程，忽视产品质量检验，未经充分试验就更改图纸及更改技术要求。

根据已有经验，造成不能穿透装甲靶板的主要原因是多方面的，应对具体问题进行具体分析。如药型罩生产工艺不严，造成药型罩强度低，质量不均；引信固定不牢；头螺强度不足；装配时各零件固定不良；引信瞬发度不良；弹丸章动角过大等原因。极个别情况下还可能是由于装甲靶板固定不牢等所致。

（2）不破甲现象（装甲板上无穿孔）。破甲弹命中装甲后不破甲，主要原因可能是：问题多数在于引信，如引信瞎火，电引信短路；弹丸命中目标时，着靶不正，造成跳弹；防滑帽作用失效，啃不住装甲，弹丸着靶后滑脱等。

10.4 战斗部的破片性能试验及测试

当弹丸爆炸时，形成破片和冲击波。向外高速飞散的破片，以从炸药装药爆炸获得的能量而对目标实现杀伤。杀伤效果与破片的重量分布、空间分布、速度及速度衰减规律等特性有关。因此，战斗部的破片性能测试内容包括确定破片的数量、尺寸、空间分布、速度与速度衰减、对目标的侵彻性能等。

关于破片性能测试的具体方法及性能参量的表述方法，并非限于一种。我国多年沿用的主要是苏联的一套办法。与之大同小异，欧美另有一些习惯的表示方法。另外，随着科学技术水平的提高，测试方法还在不断改进与创新。就目前情况来说，我国的技术力量还不算先进，经济力量也薄弱，兵器测试技术较落后，还未完善，自成体系。本节着重对我国多年沿用的、目前生产单位常采用的几种方法予以介绍。

10.4.1 弹体破碎性试验

1. 试验目的

（1）测定弹体爆炸形成破片的数量、质量分布及形状和尺寸，借以检查弹体破碎情况。

考核弹体结构、金属材料、炸药装药等的设计、选择及相互匹配情况，为评定弹体的杀伤性能提供依据。必要时，可以进一步利用该试验结果测定各质量组破片的平均迎风面积以及空气阻力系数。

（2）对于大量生产的制式弹做性能改进时，当更换金属材料、改变机械加工和金属热处理工艺、采用新炸药等时，应检查这些因素对性能的影响。

弹体破碎性试验用于对产品的破片性能进行研究和分析，不作为生产交验的试验项目。

2. 影响试验精度的主要因素

为了能使回收的破片尽量真实地反映弹丸在空气中爆炸后破片的质量和形状，通常是把被试弹丸放置在一个具有一定尺寸的容器中，周围放置使破片减速的介质。当弹丸爆炸后，破片穿过减速介质，速度逐渐衰减至零。所回收的破片的形状、尺寸、质量是否与其在空气中爆炸时的相同，主要取决于容器的尺寸、减速介质的种类、厚度等参数，而这些参量的选择又与破碎性试验的设备、试验规模、环境条件、劳动强度以及试验成本有关。

（1）容器尺寸。容器尺寸影响着弹丸爆炸形成的破片飞至减速介质的时间。当容器尺寸太小时，可能影响破片在到达减速介质之前的"自发"分离，而不能真实地反映弹丸在空气中破碎的情况。容器尺寸越大，回收的破片就越接近真实情况。根据瑞典国防研究所与荷兰的技术实验室进行的试验表明：当容器直径（内圆筒，图 10 – 4 – 1）从小逐渐增加到 6 倍弹丸直径（弹径）时，试验所得结果的精度逐渐提高，而当容器直径由 6 倍弹径再逐渐增加时，试验结果没有明显变化，当达到 8 倍弹径时，其影响可以忽略不计，因而容器的直径可选为 6 倍弹径。弹丸顶端至容器上盖的距离以及弹底至容器底的距离也可参照容器直径为 6 倍弹径时，弹径壁至容器壁的距离来确定。根据减速介质的不同，容器可用纸板、纤维板、胶合板或塑料板制成。

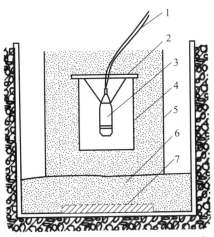

图 10 – 4 – 1　弹体破碎性试验装置示意

1—起爆引信及引出导线；2—盖板；3—弹丸；
4—内圆筒；5—外圆筒；6—细砂；7—钢座板

（2）减速介质。减速介质的种类以及减速介质的厚度影响着破片在该介质中所受的阻力和速度衰减过程。当介质的密度较大时，破片在介质中所受阻力大，速度衰减快，虽然介质的厚度可以减薄，试验时劳动量可以降低，但由于阻力大，破片在减速介质中可能产生二次破碎，因而影响试验精度。当介质的密度较小时，破片所受阻力减小，可避免破片的二次破碎，但减速介质的厚度必须增加，而使试验规模和工作量加大。

目前，世界各国所用的减速介质有三种：木屑（锯末）、砂子和水。木屑的密度为 $200 \sim 300 \ kg/m^3$；水的密度为 $1\ 000 \ kg/m^3$；砂子的密度为 $1\ 500 \sim 2\ 400 \ kg/m^3$。按照这三种介质的密度来分析，采用木屑作减速介质并适当加厚减速介质层的厚度，则试验时导致的二次破碎的可能性最小。用砂子作减速介质可能产生二次破碎，通常用木屑作减速介质时可借用鼓风机和磁力（钢破片）来分离木屑和破片。用砂子作减速介质时采用过筛的方法分离出破片；用水作减速介质时，可用尼龙网收集破片。从试验时的劳动强度来看，用水作减速介质时的劳动强度小，劳动条件好，试验后的水可直接排放而对周围环境影响不大；用砂子作减速介质时的劳动强度大、条件差；用木屑作减速介质时劳动环境也不好。因此，当经常进行试验时，可采用水作减速介质的回收破片装置和爆炸水井；当不经常进行试验时，可建议用砂子作减速介质的装置。

3. 试验准备

（1）试验弹体及火工器材。被试弹体依据试验目的而准备，要注意排除一切干扰，以获得满意的试验结果。

进行破片性能试验用的引信，应做一些结构改变，以适应使用的需要：靠火焰引爆雷管的引信，要改变成以电发火管引爆 8 号雷管进行起爆或借电雷管起爆，此时需将引信体中的发火机构和击发机构取出；带针刺雷管的引信，要改变成借电雷管起爆，此时引信体中除传爆机构以外，其他机构全部去除。

（2）爆坑的准备。将弹体置于水坑中以水作介质，即在水坑中起爆弹丸，是获取真实的破片及具有高的回收率的试验方法。它与后面要介绍的砂坑法相比，具有操作劳动强度小、工作环境条件好、破片回收率高、破片的二次损伤小甚至没有损伤等优点。但是，鉴于建造设备投资大、设备利用率不高等原因，除国家靶场及重点研究单位外，生产单位还多采用回收率稍低、破片略有损伤（被砂子摩擦损伤）的在砂坑中起爆弹丸的方法。

爆坑的结构与尺寸依据被试弹丸的直径及对爆坑的使用次数的要求而定。其坑有土坑、钢筋混凝土坑、装甲坑。容积要求：60 mm 以下（包括 60 mm 在内）的小口径弹丸或迫击炮弹砂坑的容积需 $4 \sim 5 \ m^3$；$60 \sim 100 \ mm$ 的弹丸和迫击炮弹砂坑的容积需 $90 \sim 100 \ m^3$；大于 100 mm 的弹丸，砂坑的容积应再大些，总之以满足破片的适当回收为宜。

（3）木圆筒的准备。弹体破碎性试验的砂坑布置如图 10 - 4 - 1 所示。无论进行何种口径弹丸（含迫击炮弹）的破碎性试验，为避免弹丸爆炸时所产生的破片撞到爆坑壁而再次破碎或钻入土中不易回收，均须加设干细砂保护层，以便消耗破片的能量，使破片陷在砂层中。防护沙层是靠内、外木圆筒来实现的，木圆筒的尺寸可参考表 10 - 4 - 1。内、外木圆筒可用三合板及五合板制作，保证能存放砂子即可，砂粒厚度宜取 2 mm 以下的细砂，其中不许混杂石块。

表 10 - 4 - 1　内、外木圆筒尺寸　　　　　　　　单位：mm

弹丸口径/mm	内圆筒		外圆筒		外圆筒底部砂层厚度
	直径	高	直径	高	
25 以下	150	200	500	500	200
25 ~ 76	250	400	750	800	250
76 ~ 100	500	650	1 500	1 500	500
100 ~ 160	750	1 000	2 250	2 550	750
160 以上	6d	l + 5d	2 500	2 500	1 500

注：d 表示弹径；l 表示弹长。

内、外圆筒的尺寸，可参考下列公式决定：

$$\begin{cases} D_1 = 5d & (10 - 4 - 1) \\ D_2 = D_1 + k_e \sqrt{\omega} & (10 - 4 - 2) \\ H_1 = l + 2d & (10 - 4 - 3) \\ H_2 = H_1 + 2.5d(底砂层厚) + 5d(上砂层厚) & (10 - 4 - 4) \end{cases}$$

式中：D_1、D_2 为内、外圆筒直径（mm）；H_1、H_2 为内、外圆筒高度（mm）；l 为弹长（mm）；d 为弹径（mm）；k_e 为与炸药有关的系数（对于 TNT，$k_e = 400 \sim 500$；对于黑铝炸药，$k_e = 480 \sim 540$）；w 为装药重（kg）。

起爆试验后，砂子和破片一起用筛子过筛，筛孔为 2 mm × 2 mm。

4. 试验结果整理和评定

（1）试验完成之后，如果所收集的破片质量与试验前弹体的金属质量相比，其比值达到下列百分数者则为有效。

①对于钢质弹体，其比值不小于 95%（土坑，90%）；

②对于铸铁弹体，其比值不小于 90%（土坑，85%）。

（2）将破片称量分级，逐发称量全部破片。具体破片质量的分级可以是：0.03 ~ 0.059，0.06 ~ 0.099，0.10 ~ 0.49，0.50 ~ 0.99，1.00 ~ 1.99，2.00 ~ 3.99，4.00 ~ 5.99，6.00 ~ 7.99，8.00 ~ 9.99，10.00 ~ 12.99，13.00 ~ 15.99，16.00 ~ 19.99，20.00 ~ 49.99，50.00 ~ 99.99，100.00 ~ 199.99，200 以上，其单位为 g。

对于半预制破片或预制破片弹体，不受以上限制，依照具体情况定之。

（3）计算 1 发弹的每级破片质量占弹体金属的百分数 W_i：

$$W_i = M_i / M \qquad (10 - 4 - 5)$$

记录每一级的破片数及平均破片质量。

（4）依照有效毁伤目标的最佳破片质量范围，确定出最佳破片的比率。

10.4.2　扇形靶试验

1. 试验目的

扇形靶试验是弹丸杀伤作用（威力圈）试验，它是测定弹丸（战斗部）在静止（着角 $\theta_c = 90°$，着速 $v_c = 0$）情况下爆炸时，破片的密集杀伤半径。试验目的在于研究和评比弹丸或战斗部的杀伤作用，即在距炸点各个不同距离上破片的杀伤能力。扇形靶试验是一种评比杀伤作用的简单方法，为选择弹丸金属壳体的材料、炸药及装药方法提供参考依据。

由于人为的试验条件，即将弹丸头部朝上，静止放置在 1.5 m 高度处爆炸，在扇形靶中心的这种爆炸结果，同弹丸对地面射击时的实际杀伤作用相差较大，因为弹丸的实际杀伤作用还取决于弹丸落地时的着角、着速、土壤的类别、地区的特性以及引信的作用等。因此，利用扇形靶所得到的弹丸杀伤作用的数据，只能用来评比弹丸相对杀伤力。

2. 试验准备

试验用弹的准备与弹体破碎性试验相同，扇形靶的准备工作如下所述。

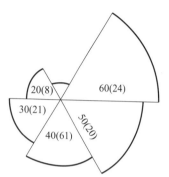

图 10 - 4 - 2　扇形靶的布置示意

（1）扇形靶的布置。扇形靶的布置如图 10 - 4 - 2 所示。

在宽广平坦的地面上，靶板分别安装在 6 个同一圆心不同直径的圆周上，每个扇形靶的分布角为 60°。为了节省扇形靶材料，有时也用半扇形靶，即靶板圆周方向省去 1/2，每个扇形靶的分布角为 30°。靶板离炸点的距离分别为 10 m、20 m、30 m、40 m、50 m 和 60 m 的称为大扇形靶，用于口径在 76 mm 以上（含 76 mm）的弹丸和迫击炮弹的试验。靶板离炸点的距离为 4 m、8m、12 m、16 m、20 m 和 24 m 的称为小扇形靶，它用于口径在 76 mm 以下的小口径弹丸和迫击炮弹的试验。

（2）扇形靶的技术要求。扇形靶是由在自然条件下干燥的三等松木板或强度相当的其他木板制成，厚度为 25 mm，长度不小于 1 m。

每块扇形靶的扇面弧长，等于各扇形靶板所处的 1/6 低圆周的弧长，高度为 3 m。各种木板间的缝隙应不大于 2 ~ 3 mm。固定扇形靶的框架及支柱等应嵌钉牢固，不允许有扭转和松动，应能承受住弹丸爆炸时所产生气浪的冲击。

（3）扇形靶的安装要求。扇形靶板的底边要求在同一条水平线上，由此计算靶板的高度，如图 10 - 4 - 3 所示。在靶板的 1/2 高度画一条水平中心线，以此作为被试弹丸安装基准。

为了清楚地分析杀伤作用效果，在每块扇形靶上沿纵、横方向画上 1.5 m × 0.5 m 的矩形网，并将这些网格顺序编号。

将被试弹垂直放在托弹支架上，使它位于扇形靶板的圆心上，使弹丸中心和靶板的 1/2 高度在同一个水平面上。

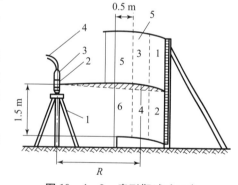

图 10 - 4 - 3　扇形靶试验示意

1—支架；2—弹体中心；3—被试弹；
4—点火导线；5—扇形靶

准备就绪，便可进行起爆试验。

3. 试验结果的整理和评定

引爆弹丸后，破片命中不同距离上的扇形靶，分别把每个扇形靶上击穿靶板的破片数量、卡入靶板中的破片数量记入专门的表格中。

（1）假设条件。弹丸在扇形靶中爆炸所获得的结果，是以下述假设条件为基础进行整理的。

①破片在整个圆周上是均匀分布的；

②在两个扇形靶间的破片数量按直线规律减少；

③破片由弹丸炸点到每个扇形靶间的运动轨迹是直线。

（2）名词定义。

①杀伤破片数：击穿靶板的全部破片与卡入靶板破片的半数之和。

②密集杀伤半径：它是一个圆周半径，当把尺寸为 1.5 m×0.5 m 的各标准靶板不留间隔地围在这个圆周上时，每一块靶板可望被击中一块破片。

③疏散杀伤半径（有效杀伤半径）：当把尺寸为 1.5 m×0.5 m 的各标准靶板不留间隔地围在这个圆周上时，每一块靶板被击中 0.5 块碎片的圆周半径。

（3）结果整理、评定。为了获得可靠的试验结果，依据弹丸口径的大小，进行一定数量（3~5 发）的有效爆炸（爆炸不完全的弹丸不作计算发数）。根据每发弹丸的爆炸结果，首先将全部爆炸过的弹丸编制一份各扇形靶上穿透的破片、卡入的破片和杀伤破片数量的综合表，并求出平均结果；然后按照弹丸爆炸平均结果绘制出表示 1/6 圆周上穿透的破片和杀伤破片的数量与炸点距离的关系，如图 10 - 4 - 4 所示。图中以纵坐标表示破片的数量（图中 1 mm 等于两个破片），横坐标表示每个扇形靶距爆炸点的距离（图中 1 mm 等于 0.2 m）。

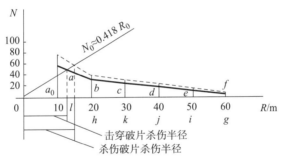

图 10 - 4 - 4　在 1/6 圆周上击穿破片和杀伤破片数量
与炸点距离的关系曲线

利用图 10 - 4 - 4 可以求出杀伤破片的密集杀伤半径 R_0 值。为了采用图中坐标所取的比例，需要整理计算出爆炸结果公式中的系数。

依据定义，在密集杀伤半径圆周上飞过的破片数量，等于不留间隔地围起来的标准靶板的数量。

如果在由 3 m 高无间隔围起来的靶板所组成的 1/6 圆周扇形靶上发现有 N 块破片，则认为均匀分布在整个圆周上的同样高度的无间隔排列的靶板上的破片数量将为 $6N$ 块。对于装置与同样圆周上的而高度为 1.5 m 的靶板来讲，则破片的数量将减少 1/2，即 $6N/2 = 3N$ 块，这种条件对于距炸点一切距离的靶板都适用，因而对于密集杀伤半径 R_0 的靶板也适用。

于是，假设与半径和密度半径相同远的整个圆周上的靶板（高 1.5 m）就有 $3N$ 块破片，可装在这个无间隔排列的靶板上的标准人形靶（高 1.5 m，宽 0.5 m）的数量为

$$n = \frac{2\pi R_0}{0.5}$$

距炸点等于密集杀伤半径的每块标准靶板上，应有一块破片（根据密集杀伤半径的定义）。因此，对假设在半径等于密集杀伤半径的圆周上高 1.5 m 的靶板应当有如下的等式：

$$\frac{2\pi R_0}{0.5} = 3N_0 \tag{10-4-6}$$

所以

$$N_0 = \frac{4}{3}\pi R_0 \tag{10-4-7}$$

式（10-4-6）如用图来表示，就是一条通过坐标原点并和横坐标轴呈一定倾斜角的直线（图 10-4-5），这个角的正切为

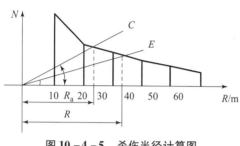

图 10-4-5　杀伤半径计算图

$$\tan \alpha_0 = \frac{N_0}{R_0} = \frac{4}{3}\pi \approx 4.18 \tag{10-4-8}$$

考虑图表的比例，图中：1 mm 等于两个破片（纵坐标轴），1 mm 等于 0.2 m（横坐标轴）；或者 0.5 mm 等于 1 个破片（纵坐标轴），5 mm 等于 1 m（横坐标轴）。则式（10-4-8）可表示为

$$\tan \alpha_0 = \frac{N_0}{R_0} = \frac{41.8(\text{按纵坐标轴})}{100(\text{按横坐标轴})} \tag{10-4-9}$$

因此，在所用的图表的比例下，这条直线就构成一个直角三角形的斜边：一条是横坐标，等于 100 mm；另一条是纵坐标，等于 41.8 mm。

这样，求密集杀伤半径，就是求上述直线同表示破片数量与炸点距离关系的折线交点的横坐标了。

有效杀伤半径的计算，与上述相类似，即

$$\tan \alpha_0 = \frac{N}{R} = \frac{2}{3}\pi \tag{10-4-10}$$

有效杀伤半径可用同样的方法在作出的直角坐标上得到。

知道密集杀伤半径，就可以求出密集杀伤面积 S_0：

$$S_0 = n\pi R_0^2$$

在这个面积上，预计破片能密集击中像人体大小（1.5 m×0.5 m）的靶，而且在密集杀伤半径边界内的每块靶都将被一块破片击中并根据接近炸点的程度，还可能多于一块破片。

下面计算由密集杀伤半径开始到 60 m（对于大扇形靶的圆）和到 24 m 范围的疏散杀伤面积。

假设在半径大于密集杀伤半径的同心圆上的所有靶板不一定都能击中。因为距炸点越远，飞来的破片就越少，且无间隔围在圆周上的靶板数量越多。

因此，假设取一个半径 $R > R_0$，而厚度为 dR 的基本圆环，命中一个杀伤破片的面积应为 0.5dR（0.5 是指人形靶宽度为 0.5 m），假设在圆周上的杀伤破片数为 n（在此距离上，飞行高度没有超过 1.5 m 的破片数量），则在该圆环上的杀伤面积为 0.5ndR，即基本圆环的整个面积将不被击中，而是只能有一部分被击中，如图 10-4-6 所示。为了得到由 R_0 到

60 m（指大扇形靶的圆）或由 R_0 到 24 m（指小扇形靶的圆）范围内杀伤密集的值，需要计算在这个范围内的基本圆环的全部杀伤面积，即

$$\int_{R_0}^{60} 0.5n\mathrm{d}R \quad \text{和} \quad \int_{R_0}^{24} 0.5n\mathrm{d}R$$

这个面积总和应等于疏散杀伤面积。

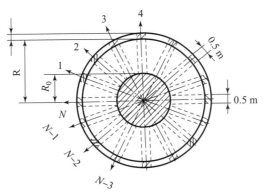

图 10 - 4 - 6　疏散杀伤面积示意

假设在任意一块扇形靶（1/6 圆周）上发现有 n 块破片，则在所有扇形靶上将有 $6n$ 块破片。在高度为 1.5 m（扇形靶高度的 1/2）的并拟计算杀伤面积的标准靶上将有 $6n/2 = 3n$ 块破片，则求疏散杀伤面积公式为

$$S_1 = \frac{3}{2}\int_{R_0}^{60} n\mathrm{d}R \quad \text{（大扇形靶）} \qquad (10-4-11)$$

$$S_1 = \frac{3}{2}\int_{R_0}^{24} n\mathrm{d}R \quad \text{（小扇形靶）} \qquad (10-4-12)$$

引入曲线图 10 - 4 - 6 中 1 mm 实际相当于 0.4 m（0.2 m × 2 个破片 = 0.4 m）的比例系数 0.4，则得疏散杀伤面积的最终公式为

$$S_1 = 0.6\int_{R_0}^{60} n\mathrm{d}R \quad \text{（大扇形靶）} \qquad (10-4-13)$$

$$S_1 = 0.6\int_{R_0}^{24} n\mathrm{d}R \quad \text{（小扇形靶）} \qquad (10-4-14)$$

根据式（10 - 4 - 13）和式（10 - 4 - 14）计算的积分值，就相当于 R_0 和 60 m（大扇形靶）或 R_0 和 24 m（小扇形靶）的纵坐标，其间的折线和横坐标轴所限定的面积值，就能从曲线图中求出。

例如，对于击穿靶板的破片来说（图 10 - 4 - 4），计算这个面积就像计算梯形面积的和一样来计算：有 $abhl$、$bckh$、$cdjk$、$deij$、$efgi$ 五个梯形，则其总面积应为

$$S_1 = \frac{al+bh}{2}lh + \frac{bh+ck}{2}hk + \frac{ck+dj}{2}kj + \frac{dj+ei}{2}ji + \frac{ei+fg}{2}ig$$

梯形各边的数值（单位为 mm）取自曲线中。首先将梯形面积总和乘以 0.6，就得出击穿靶板破片的疏散面积（单位为 m²）；然后把扇形圆周范围内的整个杀伤面积 S 当作面积 S_0 及面积 S_1 之和求出，即：

$$S = S_0 + S_1 \ (\mathrm{m}^2) \qquad (10-4-15)$$

最后计算弹丸效率的特征数 Q，即弹丸每千克质量能获得多少平方米的杀伤面积

$$Q = S/q \ (m^2/kg) \tag{10-4-16}$$

通过上述结果整理工作，则可对试验结果进行比较评定：R_0 和 S 值越大，则弹丸杀伤的威力就越大；对不同口径和质量的弹丸来说，Q 值越大，则弹丸的杀伤威力就越大。

本方法的缺点之一是，扇形靶将所有破片拦阻的百分数较小，杀伤半径是在只计算一小部分破片的基础上确定的。另外，由于靶板前土壤所引起的跳飞破片可能落在扇形靶上，也给这一方法带来误差。扇形靶试验时，进行威力性能比较的各弹丸在同一条件下进行是很重要的。

10.4.3 球形靶试验

1. 试验目的

测定破片按不同飞散方向的密度分布规律，为考核弹的威力性能和改进弹丸结构设计提供依据。

2. 试验准备

（1）球形靶原理。球形靶就是用通过球心、交角为 θ 的两个平面切割球面所得到的两个球面二边形（图 10-4-7 所示的斜线部分）。

用木板弯成球面，制成球面二边形的靶是困难的。实际是把球面二边形从球心沿径向在圆柱面得到的投影部分（圆柱体的半径与球心靶的球半径相等）作为球形靶，如图 10-4-8 所示。将此球形靶建筑于地面即可。球形靶的半径 r_0 和两切割平面的交角 θ 的确定原则：既要保证球面能拦截较多的破片，又要保证球面具有足够的强度，使在试验中不致被冲击波严重破坏，而且要便于检靶。在通常情况下，r_0 和 θ 是根据被试产品的直径大小来确定的，见表 10-4-2。

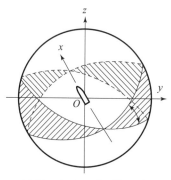

图 10-4-7　球形靶示意

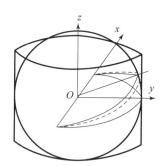

图 10-4-8　投影示意

表 10-4-2　球形靶参数

弹丸直径/mm	球形靶参数		弹丸直径/mm	球形靶参数	
	r_0/m	$\theta/(°)$		r_0/m	$\theta/(°)$
>122	5	45	122~152	8	30

靶板一般采用 20~25 mm 厚的木板制成。制作好的球形靶分为 36 个球带，每个球带所对称的圆心角均为 10°，各球带的分界线从球心沿径向在圆柱面上的投影是一条曲线，但为

制作方便，近似用直线代替。

球形靶上球带的高度 H 用下式计算：

$$H = 2r_0\tan\left[\arcsin\left(\sin\beta\cdot\sin\frac{\theta}{2}\right)\right] \tag{10-4-17}$$

式中：r_0 为球形靶的半径（m）；θ 为两切割平面的夹角（°）；β 为炸点和目标的连线与弹轴的夹角，其值分别为 0°、5°、15°、…、85°、90°。

球带宽度 B 的计算公式为

$$B = \frac{2\pi r_0}{36} \tag{10-4-18}$$

为检靶方便，可将各球带划分为 0.5 m×0.5 m 的方格，并将各带编号。

（2）被试弹丸的放置。将被试弹丸水平放置在弹架上，使其重心与球心重合，弹轴线与第 1 球带和第 9 球带的中心线重合。

试验结果处理。

（1）计算各球带内的破片分布相对百分数，绘出破片按不同飞散方向的分布曲线，如图 10-4-9 所示。

（2）试验表明，对不同弹丸进行破片分布规律比较时，β 角一般在 25°~160° 范围内时，破片分布的密度大且均匀合理。

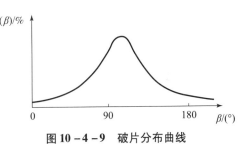

图 10-4-9　破片分布曲线

10.4.4　破片速度测定

弹丸装药爆炸时，形成一定质量的许多破片，这些破片以一定的速度对目标实现侵彻毁伤，破片的速度包含破片的速度（初速）分布及速度衰减等方面的内容。破片的速度测定方法随测试技术水平及测试手段的状况可以有很多种，每种方法各有自己测定破片在某一测定距离上飞行的手段。随后通过测得的时间值和已定的距离值，确定破片的平均速度。

关于破片的初速及其存速，从动能角度着眼推导出的理论表达式为

$$v_0 = \sqrt{2E}\sqrt{\frac{m_c/m_s}{1 + m_c/2m_s}} \tag{10-4-19}$$

式中：m_c 为装药质量；m_s 为壳体质量；$\sqrt{2E}$ 为格尼速度，它随炸药不同而不同，可查有关资料得到。

通过试验充分证明，破片的运动服从阻力的二次方定律，破片到达距离 x 处的存速 v_x 的表达式为

$$v_x = v_0 e^{-\frac{1}{2}\frac{C_D\rho A}{m}x} \tag{10-4-20}$$

式中：C_D 为破片的阻力系数（不规则破片 $C_D \approx 1.5$，预制破片 $C_D \approx 1.24$，球形破片 $C_D \approx 0.97$）；ρ 为空气的密度；A 为破片的迎风面积，可用迎风面积测量仪求得；m 为破片的质量。

关于破片速度测定的具体方法，目前在国内战斗部靶场的试验中，除极少数采用高速照相法测破片平均速度外，大多数还是用靶网法。

靶网法测速用的靶有通断靶和断通靶。其中，通断靶是打断靶网线，给出信号。由于通

断靶不能离爆炸中心很近，一般第一靶要离战斗部5 m远，否则会由于空气冲击波在爆炸源附近处较强，而容易使靶线断开并给出信号。另外，靶线的松紧程度，对靶线的断开时间会有一定的影响，以及高速小粒子也能打断靶线给出信号。由于上述等原因，在战斗部破片测速中，以使用断通靶为宜。使用的实践结果也充分证明了这一点。

破片速度的断通靶测定原理和步骤如下。

1. 测速原理

（1）断通靶法。断通靶法所用的破片接收靶如图10－4－10所示，采用栅状印制电路靶板，两栅极间断路，并与电阻、电容信号转换电路（RC电路）相连，使两栅之间具有一定的电压。当金属破片打到栅状靶板上时，利用金属破片的导电性，使两栅极导通，通靶法原理图如图10－4－11所示，已充电的电容器C通过回路放电，在信号电阻R_2上产生一个脉冲信号，通过电缆线输入记时仪，记录下破片到达的时间。在距爆炸中心不同距离上安装上栅状靶板，这样，当先后到达的破片不断将两极接通，就可以给出一连串的脉冲信号，将此信号输入记时仪，就可得到不同破片到达各处的时间，从而计算出破片的速度，其测试线路方框图如图10－4－12所示。

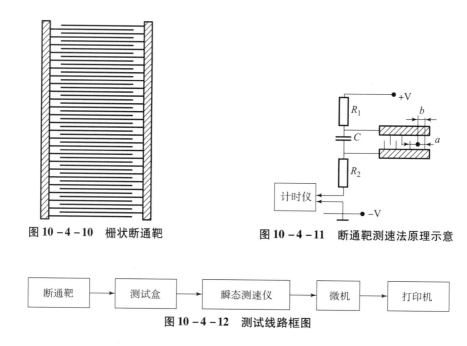

图10－4－10　栅状断通靶

图10－4－11　断通靶测速法原理示意

图10－4－12　测试线路框图

（2）栅状断通靶。栅状断通靶是印制电路靶板，靶板的大小按不同型号的战斗部来设计，就是按破片分布密度的大小来设计。设计在原则上是每块测速靶板能拦截有效破片数应不小于1。靶板上栅极的宽度a和栅极之间的距离b视破片尺寸大小而定，如图10－4－11所示。设计原理是两栅极之间的距离b要小于破片的最小尺寸（破片边长和厚度三个尺寸中最小的尺寸）。一般栅极不宜太宽，1~2 mm即可。两极之间的距离应保证能正常接收到正常破片，但又避免过小的破片，排除假信号的干扰。使用结果可以证明，这种结构的靶板，破片导通情况良好，能准确地给出信号。这种断通靶测速可以避免爆炸近处空气冲击波的影响。

（3）对记时仪的要求。要求记时仪的量程大，记时精度适当（其精度不小于10~7 s为宜）。当记时仪中没有专设 *RC* 信号转换电路时，需根据所使用的记时仪的触发脉冲幅值和宽度的要求来确定。例如，当使用 TNS – 632M 型多通记时仪时，所用的电路阻容值如图 10 – 4 – 13 所示。

记时仪可以选用通用性的，如 TNS – 632M 型多通路记时仪，BBS – 2 型十段爆速仪和 CRS – 1 型空气冲击波速度测试仪等，也可以采用专门设计的带有微机数据处理的系统。

破片速度测定的试验设计流程如下。

（1）被试弹丸在试验场中水平放置，其弹轴位于测速靶中心的水平面内，安放方法有两种。

①当被试弹丸的质量较小时，用一根金属丝悬挂，使之在试验场内处于要求的位置；

②当被试弹丸的质量较大时，用安装在木桩上的木支架支撑，要求支架对被试弹丸的破片飞散干扰尽可能小。

（2）被试弹丸应按照战术使用中的结构，尽可能完善地组装，维持原样。例如，当尾翼在战术使用中呈全张开状态时，被试弹丸应将尾翼张开并固定，迫击炮弹应装有尾管及翼片等。

10.4.5　破片对目标的毁伤威力性能参数测试

破片对目标的毁伤，是指弹药战斗部在目标区域爆炸后，形成的破片对目标实现击毁，使之丧失正常功能或作用性能的情况。

战斗部爆炸时，形成的破片依战斗部的设计性能而不同，可以是自然破片，或是半预制破片，以及两种或多种的组合。

破片所攻击的目标，可能是战斗中的作战人员或是具有一定装甲防护（头盔、避弹衣等）的作战人员，也可能是各类轻型装甲目标，如飞机、导弹、汽车以及轻型装甲车辆等。

破片对目标毁伤性能测试，旨在研究一定质量、速度和形状的破片，对被攻击目标的侵彻毁伤性能。研究方法通常有两种：一种是以规定质量和形状的破片，以一定的速度对规定的目标进行射击；另一种是静态爆炸毁伤目标试验，即在适当的试验场布设被研究的弹丸及预定的目标，进行实地爆炸，以验证爆炸产生的破片毁伤规定目标的能力。后一种方法不需要多述，可按相应的要求及规程进行。关于单个破片对目标的侵彻性能研究，其方法大同小异，现综合简述如下。

1. 单个破片的发射技术

单个破片的发射技术，是研究破片对目标侵彻性能的主要手段。单个破片的发射，通常是用滑膛枪将固定在弹托上的破片发射出去，使之具有一定的对目标侵彻速度。由此可知，为了使得被发射的破片既能沿正确的路线飞行，准确上靶，又能达到预定的侵彻速度，滑膛枪及其弹托是关键性的设备与部件。

（1）滑膛枪。为了进行破片对目标的毁伤性能研究，须制备具有一定性能的滑膛枪，目前常用的有 7.62 mm、12.7 mm 及 14.5 mm 等。

由已知的试验结果可知，现代榴弹在不同的装药情况下，对于 TNT，破片的速度约为 1 200 m/s；对于 TNT/RDX，破片的速度约为 1 300 m/s；对于 C3 炸药，破片的速度约为 1 400 m/s。

随着技术的进步，战斗部的威力不断提高，相应的战斗部破片趋于小质量、高速度，在预制破片方面采用高密度的钨制破片（球或块），从而使战斗部的性能进一步改善。因此，以高速度发射小质量、小体积的破片技术，就成为研究破片对目标毁伤的必备条件。目前，发射各种形状破片的速度已可达 2 000 m/s 以上，解决问题的途径为以下四个方面。

①增加发射药量。枪管设计时，枪管的强度方面都有相当的安全系数，充分挖掘这一部分的潜力，适当地增加发射装药量，便可以使制式枪在发射被试破片方面达到更高的使用要求。

②改变发射装药结构。在掌握枪的使用情况下，改变枪的发射装药，使用具有更高性能的装药，往往可以取得理想效果。

③充分挖掘枪管的结构潜力。制式枪管的长度是作战效能诸多方面综合考虑的结果，如步枪枪管的结构，首要考虑的是最佳射击密集度（枪管振动的影响），而枪弹的初速是其次要求。因此，适当增加枪管长度，往往可以达到预期的效果。可由武器设计原理中的下式说明：

$$\eta p_{\max} SL = 0.057 m v_0^2 \qquad (10-4-21)$$

式中：η 为最高膛压与平均膛压之比值；$p_{\max}$ 为火药气体最大压力；S 为枪膛横截面积；L 为弹丸在膛内行程全长；m 为弹丸质量：v_0 为初速。

④改进弹托的结构及材料。

（2）弹托。弹托的主要作用有两个。

①赋予破片正确的飞行姿态，保证破片着靶；

②赋予破片一定的飞行初速。

实际使用中对弹托提出的要求有两个。

①在膛内密闭火药气体，传送足够的飞行动能于破片；

②在膛后迅速与破片分离，不能跟随破片一同着靶。

为了保证弹托与破片在着靶前完全分离，除了在弹托结构上给予充分的考虑外（如使弹托易分成几块），往往在发射枪口附近设置一带有小孔的屏障，小孔的中心与弹道线重合，它使破片可以顺利通过，而弹托则由于其外径大于小孔被滞留。

弹托的材料视具体情况而定，可以是尼龙、塑料或木质等。

2. 目标靶

当研究破片对生物目标的毁伤时，可以是生物靶标及非生物等效靶标或是复合等效靶标；当研究破片对轻型装甲目标的毁伤时，目标靶是轻型装甲车辆所采用的装甲板；当研究破片对导弹等复杂结构目标的毁伤时，可以是实物或间隔等效靶标。总之，靶随研究项目的内容而定。

靶需固定在一定的靶架上，为了研究破片不同着靶姿态的需要，同时为了靶标的多次使用，要求靶架具有多种功能，既能牢固地固定靶板，又能在几个坐标方向活动，如要求靶架能上下移动，同时也可以调整角度，以适应破片着角的需要。

3. 破片入射速度的测定

测定破片的入射速度与测定弹丸的飞行速度一样，采用相同的方法，区截装置通常用光电法或是金属丝网靶法。目前，应用最多的是金属丝网靶法，其原因除结构简单，制造与使用方便外，更主要的是区截装置的拦截面积大，即测得速度的把握性大。

网靶的尺寸大小，视试验情况而定。当破片的飞行弹道稳定，如试验球形破片时，靶板可以做得很小，通常网靶的拦截面积为 50 mm × 30 mm 即可。但是，在试验自然破片，包括统计规律化的自然破片时，由于飞行很不稳定，尤其是小质量自然破片情况，进行试验时则需具有大拦截面积的网靶，网靶尺寸也需要大些。

网靶丝常取用 $\phi 001$ mm 的漆包线。丝线之间的间距以保证不漏掉被测试破片为原则，具体丝线间隔常取 $1 \sim 3$ mm。为保证不使被记录的破片以最小尺寸在两靶丝间穿越飞过，通常间距都需要取小些。在小破片时，丝线间隔可取 1 mm，对于相对均匀一致的破片，以及预制破片是球形时，间距则可以适当放宽些。

4. 破片的剩余速度测定

破片侵彻贯彻靶标后剩余速度或剩余动能是战斗部破片对目标毁伤效应的一个重要参数。关于破片剩余速度或剩余动能的测定，所采用的方法与目标靶有关。在研究生物靶标时，由于破片对目标在侵彻贯穿后，没有什么靶标物飞散。因此，测定破片的剩余速度比较简单，可以采用与测定破片着靶速度相同的方法，也用网靶测定破片的剩余速度。只是由于破片在靶标中贯穿时，由于所受阻力不均匀，破片的弹道歪斜可能较大，因此在测定破片的剩余速度时，丝网靶的幅面应适当做大些，保证破片容易上靶。

当在研究破片对复合生物靶标的侵彻时，在研究破片对装甲靶板、软钢板等的侵彻时，由于靶后除有破片外，还有冲塞块等飞溅物，因此用丝网靶直接测速，就无法判定是飞溅物的速度，还是破片的速度。这时，为了测定破片的剩余速度，人们常采用弹道摆装置，通过测定破片的剩余动能的方法来分析并研究问题。

弹道摆这个古老的试验装置，在兵器科研测试的许多方面都有应用，如用它测定炸药的冲量、火箭发动机的冲量、弹丸侵彻装甲板时的穿透阻力等。同样地，弹道摆也可用来测定破片侵彻靶标后的剩余动能及剩余速度，是数学摆在工程测试中的实际应用。当弹道摆摆动后的上升高度与悬挂杆的长度相比较小且施力点与摆心基本重合时，通常可将弹道摆近似地当作数学摆研究。弹道摆与数学摆示意如图 10 - 4 - 13 所示。

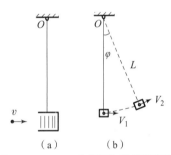

图 10 - 4 - 13　弹道摆与数学摆示意
（a）弹道摆；（b）数学摆

在破片对目标侵彻或贯穿后，冲塞与破片瞬时作用在弹道摆的摆体上（靶板或接收盒），使摆获得一定的速度 v_1，并开始绕固定点 O 摆动，一直摆到其最大摆角 φ_m，此时的运动度 $v_0 = 0$。也就是说，破片与冲塞将侵彻或贯穿靶板后的剩余能量传递了弹道摆，转变为摆的动能，而到最后又转变为摆的势能。因此，根据物理学知识，便能给出能量传递与转换的关系式。在忽略能量损失的情况下，它们基本上都服从于能量守恒和动量守恒，这样就可给出在特定试验条件下破片的剩余速度或是剩余能量。现引用两个示例分述如下，虽然它们的细节可以不一样，但基本依据则都是动量守恒和能量守恒定律。

（1）破片侵彻贯穿靶板时的动量损耗。将靶标固定在弹道摆上，使之成为摆的一部分。设穿靶时破片的质量为 m_1；破片碰到靶时的速度为 v_0；弹道摆的质量为 m_Q（含靶板）；摆受破片侵彻后获得的初速为 v_1；摆到达最大摆角 φ_m 时的速度为 v_2；对应于速度 v_1 和 v_2 时，摆心偏离地面的高度为 h_1 和 h_2；摆长为 L，摆的转动角速度为 ω_1，则有

$$\frac{1}{2} \frac{m_1}{g} v_0^2 = \frac{1}{2} \frac{m_Q}{g} v_1^2 + m_Q h_1 = \frac{1}{2} \frac{m_Q}{g} v_2^2 + m_Q h_2 \qquad (10 - 4 - 22)$$

式（10 - 4 - 22）又可以写为

$$\frac{1}{2}\frac{m_Q}{g}(v_2^2 - v_1^2) = -m_Q(h_2 - h_1) \qquad (10 - 4 - 23)$$

当摆到达 φ_m 时，$v_0 = 0$，有

$$h_2 - h_1 = L - L\cos \varphi_m$$

$$v_1 = L\omega_1$$

则式（10 - 4 - 23）变成

$$\frac{1}{2}\frac{m_Q}{g}(L\omega_1)^2 = m_Q L(1 - \cos \varphi_m) \qquad (10 - 4 - 24)$$

将 $1 - \cos \varphi_m = 2\sin^2 \dfrac{\varphi_m}{2}$ 的关系式代入式（10 - 4 - 24），则有

$$\omega_1 = 2\sqrt{\frac{g}{L}} \cdot \sin \frac{\varphi_m}{2} \qquad (10 - 4 - 25)$$

$$v_1 = 2L\sqrt{\frac{g}{L}} \cdot \sin \frac{\varphi_m}{2} \qquad (10 - 4 - 26)$$

摆的动量为

$$p = \frac{m_Q}{g}v_1 = 2m_Q\sqrt{\frac{g}{L}} \cdot \sin \frac{\varphi_m}{2} \qquad (10 - 4 - 27)$$

只要试验前测摆长 L，试验后记录下 φ_m 角的值，就可通过计算获得动能，从而得出破片侵彻靶板时的动能损失。

（2）破片侵彻贯穿靶标后的剩余动能。在破片没有破碎损失的情况下，侵彻贯穿靶板后，破片与冲塞被设在靶板后面的弹道摆盒所接收。设破片的质量为 m_1，冲塞的质量为 m_2，弹道摆的质量为 m_Q，破片侵彻贯穿靶板后所具有的速度即剩余速度为 v_1，破片与冲塞进入摆盒后摆得到的速度为 v_2，则有

$$(m_1 + m_2)v_1 = (m_1 + m_2 + m_Q)v_2 \qquad (10 - 4 - 28)$$

$$(m_1 + m_2 + m_Q)gL(1 - \cos \varphi_m) = \frac{1}{2}(m_1 + m_2 + m_Q)v_2^2 \qquad (10 - 4 - 29)$$

$$E_c = \frac{1}{2}(m_1 + m_2)v_1^2 \qquad (10 - 4 - 30)$$

由式（10 - 4 - 28）和式（10 - 4 - 29）解出 v_1 并代入式（10 - 4 - 30），则有

$$E_c = \frac{1}{2}gL(1 - \cos \varphi_m) \frac{(m_1 + m_2 + m_Q)^2}{m_1 + m_2} \qquad (10 - 4 - 31)$$

式中：E_c 为剩余动能；L 为摆长。

若侵彻贯穿后，破片的质量有损耗，靶板还有碎块崩落，考虑这些因素时，最后所得的关系式要更复杂，但基本形式不变。

5. 破片的极限穿透速度 v_{50}、破片速度 v_s 的试验测定

v_{50}、v_s 是预制破片（如钢球、钨球）战斗部威力性能的重要参数。其中，v_{50} 是破片侵彻贯穿目标概率为 50% 时的速度，是破片发挥侵彻贯穿使用性能的下限速度；v_s 是破片侵彻贯穿目标时破片出现破碎的速度，是破片发挥侵彻贯穿使用性能的上限速度。$v_{50} - v_s$ 构成了破

片使用的阈值，对特定的弹药装药战斗部设计具有重要的意义。确切地说，v_{50} 和 v_s 各是一个速度区间，而且 v_s 比 v_{50} 的区间更宽些。

v_{50} 及 v_s 数值的确定，除有经验公式供使用外，通过测试得出，是非常现实与可靠的。

10.5　战斗部的爆破威力性能试验及测试

爆破战斗部是以炸药装药爆炸时的爆炸产物，爆炸形成的冲击波或应力波为主要毁伤因素的战斗部。爆炸产物只在近距离起作用，而冲击波能在较远距离对各种目标起杀伤和破坏作用。战斗部的爆破威力性能试验主要有爆坑对比试验及冲击波超压试验。

10.5.1　爆坑对比试验

爆坑对比试验，目的是通过比较弹丸形成弹坑容积的大小，评定弹丸的爆破威力。爆坑对比试验对同一种弹丸来说，弹坑容积取决于土壤的性质、弹头埋入深度和弹轴对地面的位置。因此，当进行对比试验时，应保证弹头爆炸的条件完全一致，对比试验的结果才是正确的。爆炸完后，形成的漏斗坑如图 10 - 5 - 1 所示，漏斗坑的容积为

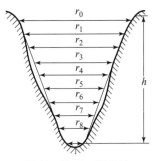

图 10 - 5 - 1　漏斗坑

$$V = \frac{\pi h}{24} r_0^2 + r_8^2 + 2\left[(r_2^2 + r_4^2 + r_6^2) + 4(r_1^2 + r_3^2 + r_5^2 + r_7^2) \right]$$

（10 - 5 - 1）

式中：h 为漏斗坑深度；r_0、r_1、…、r_8 为各个不同断面的漏斗坑深度半径。

比较两种弹丸在爆炸条件一致的情况下，漏斗坑容积的大小，容积大的爆破威力也大。

10.5.2　爆炸冲击波超压试验概述

爆炸冲击波，统称空气冲击波。爆炸冲击波的形成见图 10 - 5 - 2，它是由巨大压力的爆炸产物迅速向外膨胀而形成的。在初始阶段，爆炸冲击波与爆炸产物的界面很难区分，当爆炸产物的压力下降到与周围介质的压力相等，产物停止膨胀时，爆炸冲击波与爆炸产物的界面分开，分离距离对于球形装药发生在 8 ~ 15 倍装药半径处。

衡量爆炸冲击波的参量有冲击波超压、冲击波比冲量与冲击波正压区作用时间，这些参量随着传播距离的增加而变化。

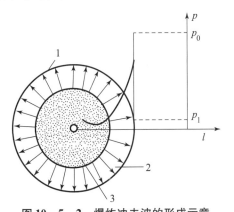

图 10 - 5 - 2　爆炸冲击波的形成示意
1—冲击波波阵面；2—正压作用区；3—负压作用区

冲击波扰动与未扰动介质的分界面是冲击波波阵面。波阵面是状态参数突跃变化的界面，冲击波波阵面同周围未扰动介质之间的压力差，构成冲击波超压，以 Δp_m 表示，它是冲击波的特性参数之一。超压的大小及随时

间的变化规律取决于爆炸威力、爆炸方式、离爆心的距离以及爆炸介质。

冲击波在前进中，当波阵面与障碍物相遇时，入射波波阵面法线方向与障碍物表面相垂直的情况下，形成的反向波方向与入射波方向相反。冲击波迎面碰到障碍物时，质点速度骤变为零，壁面处质点不断聚集，使压力和密度增加，于是形成反射冲击波，反射冲击波以相反的传播方向进入入射波的压缩区，引起新的扰动，反射波的压力、密度和温度都叠加到入射波数值上。其中，壁面上的超压称为反射超压。当入射波超压远小于当地大气压时，反射波超压是入射波超压的 2 倍，与声波反射相同，入射冲击波越强，反射冲击波压力增量就越大。对于理想气体，反射波超压最大可达入射波超压的 8 倍，当考虑空气分子的离解和电离等情况时，可以超过 20 倍以上。在波阵面与障碍物体非垂直相遇时，将形成斜反射。

TNT 炸药爆炸时，有关点爆炸源的冲击波入射超压 Δp_1 的经验计算公式目前有如下五种。

（1）工事防原子手册计算公式：

$$\Delta p_1 = 0.84\left(\frac{\sqrt[3]{m}}{R}\right) + 2.7\left(\frac{\sqrt[3]{m}}{R}\right)^2 + 7.0\left(\frac{\sqrt[3]{m}}{R}\right)^3 \qquad (10-5-2)$$

（2）勃路德计算公式：

$$\Delta p_1 = 0.975\left(\frac{\sqrt[3]{m}}{R}\right) + 1.454\left(\frac{\sqrt[3]{m}}{R}\right)^2 + 5.85\left(\frac{\sqrt[3]{m}}{R}\right)^3 - 0.19 \qquad (10-5-3)$$

（3）萨道夫斯基公式之一（半无限空间）：

$$\Delta p_1 = 1.06\left(\frac{\sqrt[3]{m}}{R}\right) + 4.3\left(\frac{\sqrt[3]{m}}{R}\right)^2 + 14\left(\frac{\sqrt[3]{m}}{R}\right)^3 \qquad (10-5-4)$$

（4）萨道夫斯基公式之二（无限空间）：

$$\Delta p_1 = 0.95\left(\frac{\sqrt[3]{m}}{R}\right) + 3.9\left(\frac{\sqrt[3]{m}}{R}\right)^2 + 13\left(\frac{\sqrt[3]{m}}{R}\right)^3 \qquad (10-5-5)$$

（5）阿边绍夫计算公式：

$$\Delta p_1 = 0.79\left(\frac{\sqrt[3]{m}}{R}\right) + 1.58\left(\frac{\sqrt[3]{m}}{R}\right)^2 + 6.5\left(\frac{\sqrt[3]{m}}{R}\right)^3 \qquad (10-5-6)$$

式中：m 为炸药质量（kg）；R 为离爆炸源的距离（m）。

关于反射超压 Δp_2 按如下公式计算。

对于正击波，有

$$\Delta p_2 = 2\Delta p_1 + \frac{6\Delta p_1^2}{7 + \Delta p_1} \qquad (10-5-7)$$

对于斜击波，有

$$\Delta p_2 = (1 + \cos\alpha)\Delta p_1 + \frac{6\Delta p_1^2}{7 + \Delta p_1}\cos^2\alpha \qquad (10-5-8)$$

式中：α 为入射波与障碍物两者法线的夹角。

冲击波在传播的过程中，距爆心某点处（在任意距离上）的冲击波正超压从最大值逐渐衰减到周围大气压力的延续时间是冲击波正压区的作用时间，即空气冲击波超压的时间曲线图（图 10-5-3）中的 t_+。正压区作用时间长，即冲击波衰减慢，破坏作用强。

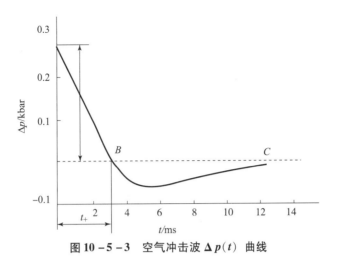

图 10-5-3　空气冲击波 $\Delta p(t)$ 曲线

球形装药的 TNT 在无限空气介质中爆炸时，正压区作用时间的经验计算公式为

$$t_{+} = 1.30 \times 10^{-3} (R)^{1/2} \sqrt[6]{m} \tag{10-5-9}$$

式中：t_{+} 为正压区作用时间（s）；m 为炸药质量（kg）；R 为离爆炸点的距离（m）。

空气冲击波的超压在正压区作用时间内的累积为冲击波比冲量。理论比冲量的计算式为

$$I_{+} = \int_{0}^{t_{+}} \Delta p(t) \, dt$$

工程上采用的经验计算公式为

$$I_{+} = A \frac{W^{2/3}}{R} \tag{10-5-10}$$

式中：I_{+} 为比冲量（kg/s · m）；A 为系数，TNT 装药落在无限空间爆炸时，$A = 30 \sim 40$；W 为炸药装药的 TNT 当量（kg）；R 为离爆炸点的距离（m）。

2. 爆炸冲击波测试系统的组成

如前所述，描述冲击波的特征参量有冲击波峰值压力（超压）p_{m}、冲击波比冲量 I_{+} 和冲击波正压时间 t_{+}。完整地测试冲击波压力过程 $p(t)$ 对于研究冲击波的特性是很有必要的，但对于某些工程技术来说，有时仅需要峰值压力，这时除了直接测定冲击波峰值压力外，也可以通过冲击波速度的测量计算得到峰值压力 p_{m}。

对空中爆炸而言，冲击波速度 v_{D} 和峰值超压 Δp_{m} 存在下列关系式，即

$$\Delta p_{m} = p_{1} - p_{0} = \frac{7}{6} \left(\frac{v_{D}^{2}}{c_{0}^{2}} - 1 \right) p_{0} \tag{10-5-11}$$

式中：p_{0} 为未扰动的空气初始压力；c_{0} 为未扰动的空气声速对于不同的温度，$c_{0} = 20.1 \sqrt{T_{0}}$（m/s），$T_{0}$ 为未扰动的空气的初始温度（K）。

基于上述讨论，爆炸冲击波的测试分为两类，即冲击波速度的测试和冲击波历史的测试。

（1）冲击波速度测试系统的组成。图 10-5-3 所示的是爆炸冲击波在空间传播的示意图。炸药装药起爆后，在不同的时刻 t，冲击波到达不同的距离 r 处（以炸药中心为起始点 $r_{0} = 0$，相应的时刻为时间零点），因此在空间各点冲击波的时间 t 可以用一个以距离 r 为自

变量的函数 $t(r)$ 来描述，如图 10-5-5 所示。在有些测试方案中，采用测定冲击波通过空间某一个已知间距 Δr 所需要的时间 Δt 来得到该间距内的冲击波平均速度 $\overline{v_{\mathrm{D}}} = \Delta r / \Delta t$。但由于冲击波在传播过程中压力和速度不断衰减，用平均速度来表征空间某一点的冲击波速度时，其误差是较大的。实际常用的冲击波测试系统用于测定距爆炸点不同距离各点的冲击波到达时间（图 10-5-4），由此得到冲击波的历时曲线 $t(r)$（图 10-5-4）。距爆炸点不同距离 r 点的冲击波速度可由冲击波走势曲线的斜率决定，即

$$v_{\mathrm{D}}(r_{\mathrm{i}}) = \cot\alpha\big|_{r=r_{\mathrm{i}}} \tag{10-5-12}$$

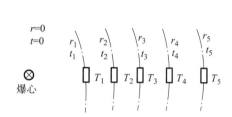

图 10-5-4 空气冲击波超压的时间曲线示意
T—冲击波感受元件

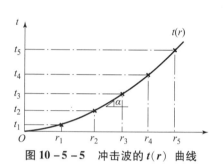

图 10-5-5 冲击波的 $t(r)$ 曲线

冲击波走时测试系统的框图见图 10-5-6。图中，T 为冲击波感受元件（或冲击波感受变换装置），其功能是将到达的冲击波转换成电信号；T_0 安放在炸药中心或安放在炸药表面（前者在时间测定值中包括了爆轰波在炸药装药中的传播时间），T_0 输出的信号，作为冲击波真实产生时间及冲击波的零时信号。T_{1-a} 分别安放在离药包不同距离的各个测试点 r_{1-a}。

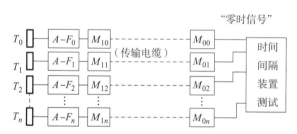

图 10-5-6 冲击波走时测试系统框图

$T_0 \sim T_n$—冲击波感受元件；$A-F_0 \sim A-F_n$—放大和整形电路；

$M_{10} \sim M_{1n}$，$M_{00} \sim M_{0n}$—始端和终端匹配网络

放大和整形电路的功能，是将冲击波感受元件输出的电信号放大并整形，以获得前沿陡峭并满足时间间隔测时要求的电脉冲。

始端和终端匹配网络的功能，是使放大和整形电路的输出脉冲在经过长线传输时不致发生畸变，确保系统的测试精度。在某些试验中，传输电缆长度较短，当传输距离远远小于信号波长时，匹配网络可以省略。

关于多点时间间隔测试装置的形势和组合较多，如数字式多通道时间间隔测量仪，十段爆速仪，多台单通道数字式时间间隔测量仪的组合，以及示波式多点时间间隔测量仪等，具体工作中可以根据试验条件和精度要求等进行选择。现就 CSS-1 型空气冲击波速度测试仪

器的使用性能进行简单介绍。

它是一个双通道五路电信号时间间隔测量仪，只要配以合适的信号接收和转换装置，将待测的时间间隔变成两个前沿陡峭、幅度和宽度均符合输入端要求的正电脉冲信号的时间间隔，就可以输入仪器进行测量。

本仪器由 MIV 型压电式测速传感器、CSR－1 型前置放大器及信号传输线（SYV－50－2 型 50 Ω 同轴电缆）组成。

主要技术性能如下。

①测量范围：01～9 999 ms；

②通道及功能：仪器有 11 路信号输入通道和 10 路计数通道。它们组成 Ⅰ、Ⅱ 两组测量通道。其中，通道 Ⅰ 用于对五个独立的时间间隔进行同时测量；通道 Ⅱ 用于对以同一个参照点为起点的五个时间间隔进行同时测量。

输入端特性如下：

①输入电阻 100 Ω；

②输入信号幅度 1～3 V，宽度不小于 50 ns 的正脉冲、方波、尖脉冲信号；

③显示：四位数字显示。

（2）冲击波压力过程测试系统的组成。冲击波压力过程测试系统的核心环节是压力传感器。它是将冲击波压力转换成电信号的装置。目前压力传感器的结构种类较多。不同的传感器，其系统的组成也不同。概括而言，冲击波压力过程测试系统主要由三部分组成，即压力传感器、信号变换和放大电路、记录仪器，通常应用较多的是压电式测压传感器及电压测试系统。

冲击波超压测试用的测压传感器，依照冲击波超压测试的特点，目前采用的形式如下。

①铅笔形测压计。形似铅笔，用环形的锆酸铅作敏感元件套装在测压计上，同测压计体的外表面平齐，保证有适当的气流经过敏感元件。使用时把测压计尖头指向爆炸方向，用以测试冲击波的侧向超压。

②饼形测压计。形似饼，用盘状的电石作敏感元件装在圆形的框架上。使用时垂直地面，并以棱边朝向冲击波，用于测冲击波的侧向超压。

③正面超压测压计。侧面超压与正面超压之间可用下面的关系式进行换算（当 $p_s/p_0 < 20$）：

$$p_r = p_s \left(2 + \frac{6p_s/p_0}{7 + p_s/p_0} \right) \qquad (10-5-13)$$

式中：p_r 为正面超压（或垂直反射超压，MPa）；p_s 为侧面超压（MPa）；p_0 为环境大气压（MPa）。

3. 爆炸冲击波测试中的注意事项

（1）为了正确地记录爆炸作用场中某点冲击波的压力变化规律，固定冲击波测试传感器的支架须有足够的刚度。这种支架应由 $\phi 40 \sim 50$ mm 的厚钢管制成，支架的底座由 4 根支脚组成，可以牢牢地稳固在地面不动。竖直支架的顶部是一个可调整水平和竖直位置的横杆，在其端部是安装冲击波传感器的保护壳体。冲击波传感器外面包上减震层安放其中。

（2）传感器与测试记录仪器之间的传输线，应当妥善保护。在支架上的传输线需要牢固地捆扎在避开破片飞来方向的外管壁上。在地面上的传输线应在地表挖一条浅沟，将线用土掩埋。

（3）测试裸装炸药的冲击波时，传感器的保护比较容易。但在测试带壳装药的爆炸冲击波时，就必须使用破片防护装置，尽量减少或避免破片对传感器的损坏。一般的防护装置可用厚钢管，并把它架设在爆炸源与传感器之间。防护钢管到传感器的距离以不影响冲击波的测试为准。常取钢管直径的10倍以上。

（4）测试带壳装药的爆炸冲击波时，由于有炸药使壳体膨胀、形成破片向外飞散的过程，因此爆炸冲击波的强度要减弱。壳体爆炸时，破片在飞散过程中形成许多无规律的弹道干扰波，它会叠加在由爆炸形成的空气冲击波曲线上。因此，测试得到的压力—时间曲线是不光滑的。

4. 爆炸冲击波的危害与防护

测试工作中为了确保人身与设备的安全，在进行测试方案设计时，或在工作中进行安全防护时，应具备爆炸冲击波性能计算方面的有关知识，故提供冲击波安全距离及殉爆安全距离的计算关系式，以供参考。

防止空气冲击波对人员和建筑物损坏的最小距离，称为冲击波安全距离。装药在地面爆炸时，引起目标破坏的主要原因是空气冲击波峰值超压，因此可以从空气冲击波衰减规律中得出冲击波安全距离的计算公式：

$$R = k \sqrt[3]{m} \qquad (10-5-14)$$

式中：R 为冲击波安全距离（m）；m 为装药的 TNT 当量（kg）；k 为设防安全系数（m/kg$^{1/3}$），对不同安全等级的建筑物，k 值不同。

常规炸药于地面爆炸时，冲击波安全距离是指建筑物的破坏程度控制在允许的安全等级范围内。常用设防安全系数 k 表示。各级破坏等级的安全系数 k 的数据如表 10-5-1 所示。

表 10-5-1 安全系数 k

破坏等级	等级名称	试验数据	事故统计数据	Δp/MPa 实测值
一	基本无破坏	>30	>50	<0.002
二	玻璃破坏	12~30	17~50	0.002~0.012
三	轻度破坏	6~12	7~17	0.012~0.03
四	中度破坏	4.5~6	5~7	0.03~0.05
五	严重破坏	3.5~4.5	3.5~5	0.05~0.076
六	倒塌	<3.5	<3.5	>0.076

防止装药间相互殉爆的最小距离称为殉爆安全距离。在弹药生产和储存中，一处装药爆炸不能引起另一处殉爆的安全距离的计算公式为

$$R = k \sqrt[3]{m} \qquad (10-5-15)$$

式中：R 为殉爆安全距离（m）；m 为殉爆的 TNT 当量（kg）；k 为殉爆安全系数（m/kg$^{1/3}$）对 TNT 一类的药库，$k=2$。

由爆炸相似律得到的殉爆安全距离的数据为 1 kg 的 TNT 当量的药重，殉爆安全距离为 2 m；对于 100 kg 的 TNT 当量的药重，殉爆安全距离为 928 m；对于 1 t 的 TNT 当量的药重，

殉爆安全距离为 20 m。

10.6　水下爆破威力试验及测试

10.6.1　基于自由场参数测量的水下爆炸威力试验

基于自由场的水下爆炸参数测量试验是测定炸药爆炸威力的重要方法，其主要原理是将炸药悬挂在水下一定高度处。在确保为理想水域的试验条件下起爆炸药，通过水下压力传感器测量爆炸冲击压力随时间变化而变化的曲线，积分得到对应的能量输出参数，如冲击波能和气泡能，通过对比不同组分炸药的能量大小和分配比例，评估其爆炸威力。赵琳等从水下爆炸法的试验结果出发，通过与理论比较，表明水下爆炸法的测定是科学可靠的。张兴明等以利用水下爆炸测得工业炸药能量为爆热值的 76.1% ~ 78.8%，证明了水下爆炸测定炸药爆炸威力的方法准确度较高。利用自由场水下爆炸试验系统，可以通过新型炸药的冲击波峰值压力、冲量、能流密度、冲击波能与气泡能等参量分析其爆炸威力，进而为炸药配方设计提供指导，并成为针对结构的水下爆炸毁伤效应评估的有效辅助手段。

自由场的水下爆炸法从本质上来说是一种能量测量方法，以爆炸输出能量的大小和分配结构为对象，对炸药威力进行讨论，具有试验药量大、试验条件稳定可控、结果可重复性好等优点。其是一项实用的炸药爆炸威力测定技术，但该方法对试验环境有较高要求，试验实施难度和成本较高，并且没有与目标的动响应建立对应关系，无法直接体现炸药爆炸的毁伤威力。

10.6.2　基于效应物做功的水下爆炸威力试验

水中兵器战斗部主要有两类，分别是爆破型战斗部和聚能破甲战斗部。其中，爆破型战斗部利用装药爆炸对目标壳体造成塑性破坏，强调装药的塑性变形做功能力。聚能战斗部则是通过形成具有强侵彻能力的金属射流增强局部破坏作用，强调金属加速能力。因此，需针对不同作战场景配以不同做功特性的装药。针对炸药水下爆炸的刚体驱动加速能力和塑性变形做功能力等，分别设计了对应的试验方式，将爆炸威力与不同的应用场景结合起来，通过做功参数的测量，间接反映炸药威力。

张显丕等基于空中爆炸的弹道威力摆法的原理，设计了用于测量水下接触爆炸驱动能力的弹道摆。以爆炸驱动下摆体获得的冲量来表征装药水下接触爆炸的威力，试验装置如图 10 - 6 - 1 所示，研究中还针对气泡膨胀和击砧端面变形造成的影响进行了可靠性分析，证明了测量结果的合理性。舱段的缩比模型毁伤试验是爆炸威力评价中的常用方法，但由于毁伤效应复杂，无法对爆炸威力进行定量评价。因此，对于非接触近场爆炸，张显丕等提出了加强舱段缩比模型的结构强度，使其在爆炸作用下近似为刚体，以其整体运动响应，如以位移量和运动加速度来表征爆炸载

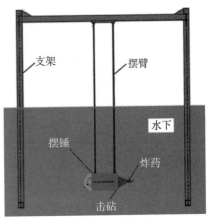

图 10 - 6 - 1　水下爆炸弹道摆试验装置

荷的驱动能力，试验装置如图 10 - 6 - 2 所示。通过对不同爆距下的能量吸收比例的讨论，并经与自由场入射波能量的对比可知，该方法相对于弹道摆法，更贴近于实际的舰船目标。

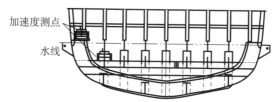

图 10 - 6 - 2　舱段试验装置示意

　　舰船和潜艇壳体结构多为气背金属板、加筋板、多层板和复合板等，针对这类结构的水下爆炸响应已有较多研究成果。其中，由于板结构的典型性特点，早在 19 世纪 20 年代，布鲁斯顿（Bruceton）和吴兹—霍勒（Woods Hole）实验室就利用铜膜片的塑性变形对爆炸效应的强弱进行了研究。

　　由于水下作战中打击目标的结构多为金属板及其加固结构，因此针对平板类结构的爆炸威力评价在水下爆炸中有着重要作用，部分国家针对板结构水下爆炸膨胀试验已形成了指定的军用规范。爆炸膨胀试验主要有两方面用途：①对新材料和新结构进行冲击响应评估，检测其抗爆能力；②对炸药爆炸威力进行评价。利用爆炸膨胀试验，Kumar 等结合试验板的膨胀挠度讨论了铝粉含量对 RDX 基混合炸药威力的影响，试验装置如图 10 - 6 - 3 所示，包括左侧由底座固定的气背金属板以及右侧悬置的炸药，表 10 - 6 - 1 所示的是在装药均为 45 g 柱形、金属板及爆炸工况一致的情况下，不同铝含量炸药爆炸作用后的金属板膨胀挠度。

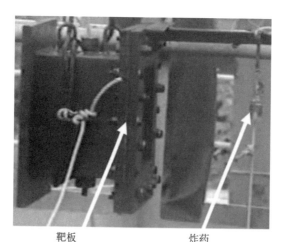

靶板　　　　　　　　炸药

图 10 - 6 - 3　水下爆炸膨胀试验装置

表 10 - 6 - 1　爆炸膨胀试验金属板膨胀挠度

炸药	组分/%	挠度/mm
PBX - 35	RDX/AL/HTPB（50/35/15）	30.2
PBX - 30	RDX/AL/HTPB（55/30/15）	31.7

续表

炸药	组分/%	挠度/mm
PBX - 25	RDX/AL/HTPB（60/25/15）	35.1
PBX - 20	RDX/AL/HTPB（65/20/15）	31.8
PBX - 15	RDX/AL/HTPB（70/15/15）	30.7
PBX - 0	RDX/HTPB（85/15）	28.2
HBX - 3	RDX/TNT/AL/微晶蜡（31.3/29/34.8/4.9）	34.4

通过爆炸挠度的对比，Kumar 等认为 PBX - 25 具有较好的爆炸威力。此外，Kumar 等还借助爆炸膨胀试验，研究了水背板、气背板以及半充水板的响应区别。在国内，张显丕等通过对可滑移边界效应靶的爆炸膨胀试验，分析了靶板的动响应特性，建立了基于效应靶的炸药近场非接触爆炸威力评估试验装置和试验方法，并对近场爆炸作用下能量吸收利用情况进行了分析，结合变形能和入射冲击波能与常规装药威力评估结果进行了对比。张斐和李旭东等借助爆炸膨胀试验，分析了多次水下爆炸载荷作用下的抗爆和抗冲击能力，获得了钢板与焊接板的塑性变形规律。

在试验的基础上，仿真技术已经成为水下爆炸膨胀试验的有效辅助手段。随着数值仿真技术的发展，依靠 LS - DYNA 与 AUTODYN 等的爆炸膨胀仿真计算也得以实现。Suresh 等结合试验数据，基于 LS - DYNA 建立并验证了水下爆炸膨胀试验仿真模型，研究了气背舱室充水比例对板变形结果的影响，分析了不同板厚下低碳矩形钢板的变形梯度和变形曲线的规律，并结合爆炸冲击因子进行了讨论。李旭东和张斐等通过建立仿真模型，对多次爆炸加载下板结构的变形规律进行了仿真，较准确地还原了试验测得的空化闭合二次加载效应。

现有的基于效应物的试验方法从驱动加速能力、塑性做功能力等方面对炸药水下爆炸威力进行比较。其中，对金属板的爆炸膨胀试验作为一种标准化程度较高的试验方法被广泛应用。

10.7 联合信息作战试验

联合信息作战是为了夺取和保持信息优势，在联合作战指挥员和指挥机关的统一计划和协调下，由诸军兵种联合作战集团特别是其编成内的信息作战力量实施的一系列信息攻防作战行动。基本任务是保护己方作战信息和信息系统的安全，破坏敌人的信息系统，削弱其获取、处理传递和使用信息的能力，争夺信息优势。联合信息作战的主要特点：①信息对抗激烈，指挥要求高；②行动样式多变，控制难度大；③作战重心突出，目标指向性强。

为确保美军在网络空间领域的领先地位，美国开展了国家级网络空间靶场、军用级网络空间靶场等多种类型网络空间靶场。其中，美国军用级网络空间靶场如美军联合信息作战靶场，联合信息作战靶场由总部设在弗吉尼亚州萨福克的联合参谋部 J - 7 处管理，提供的是一种联合赛博空间作战试验环境。靶场是一个"闭环、安全、全球分布式网络，该网络构成了与实弹发射相关的逼真赛博空间环境，支持各作战司令部、各军种和国防部各机构以及试验界在信息作战和赛博空间任务领域的训练、试验和试验"。图 10 - 7 - 1 所示为联合信息作战试验场的体系结构。

图 10 - 7 - 1　联合信息作战试验场的体系结构

靶场可以提供一种削弱的或拒止的环境，在这种环境中可以进行战术、战役和战略级训练和试验。除了其他机构、国家实验室、工业界和学术界之外，靶场可以与美国国防部以及各军种的赛博靶场连接。

靶场的主要任务是在采办周期中对指挥和控制技术设备进行试验。

参 考 文 献

［1］北京工业学院八系．爆炸及其作用（上、下册）［M］．北京：国防工业出版社，1979．

［2］王儒策，赵国志．弹丸终点效应［M］．北京：北京理工大学出版社，1993．

［3］钱伟长．穿甲力学［M］．北京：国防工业出版社，1984．

［4］赵国志．穿甲工程力学［M］．北京：兵器工业出版社，1992．

［5］林晓，查宏振．魏惠之撞击与侵彻力学［M］．北京：兵器工业出版社，1992．

［6］赵科义，李治源，向红军．电磁动能武器电源技术［M］．北京：兵器工业出版社，2015．

［7］苏子舟．电磁轨道炮技术［M］．北京：国防工业出版社，2018．

［8］曹延杰．新概念武器基础［M］．北京：兵器工业出版社，2006．

［9］薛海中．新概念武器［M］．北京：航空工业出版社，2009．

［10］［美］JAMES BENFORD JOHN A. SWEGLE EDL SCHAMILOGLU．高功率微波［M］．2版．中国工程物理研究院科技信息中心，1994．

［11］常超．高功率微波系统中的击穿物理［M］．北京：科学出版社，2016．

［12］周传明，刘国治，刘永贵．高功率微波源［M］．北京：原子能出版社，2007．

［13］向红军，苑希超，吕庆敖．新概念武器弹药技术［M］．北京：电子工业出版社，2020．

［14］张先锋．终点效应学［M］．北京：北京理工大学出版社，2017．

［15］赵文宣．终点弹道学［M］．北京：兵器工业出版社，1989．

［16］美国陆军装备部总部．终点弹道学原理［M］．王维和，李惠昌，译．北京：国防工业出版社，1988．

［17］焦书科，周彦豪．橡胶弹性物理及合成化学［M］．北京：中国石化出版社，2008．

［18］焦书科．橡胶化学与物理导论［M］．北京：化学工业出版社，2009．

［19］顾伯洪，孙宝忠．纺织结构复合材料冲击动力学［M］．北京：科学出版社，2012．

［20］吴明曦．智能化战争：AI军事畅想［M］．北京：国防工业出版社，2020．

［21］杨延梧．复杂武器系统试验理论与方法［M］．北京：国防工业出版社，2018．

［22］孙义明，李巍．赛博空间　新的作战域［M］．北京：国防工业出版社，2014．

［23］［美］STEVE WINTERFELD, JASON ANDRESS．赛博战基础——从理论和实践理解赛博战的基本原理［M］．北京：国防工业出版社，2016．

［24］赵刚，况晓辉，方兰，等．赛博力量与国家安全［M］．北京：国防工业出版

社，2017.

[25] 李向东，杜忠华．目标易损性［M］．北京：北京理工大学出版社，2013.

[26] 王凤英，刘天生．毁伤理论与技术［M］．北京：北京理工大学出版社，2009.

[27] 冯晓九．材料力学［M］．北京：北京理工大学出版社，2017.

[28] 金艳，齐威．理论力学［M］．上海：上海交通大学出版社，2018.

[29] 谢根全．弹塑性力学［M］．长沙：中南大学出版社，2015.

[30] 甄建伟，曹凌宇，孙福．弹药毁伤效应数值仿真技术［M］．北京：北京理工大学出版社，2018.

[31] 张朝晖．ANSYS 16.1 结构分析工程应用实例解析［M］．北京：机械工业出版社，2016.

[32] 辛春亮，薛再清，涂建，等．CAD/CAM/CAE 工程应用丛书 TrueGrid 和 LS – DYNA 动力学数值计算详解［M］．北京：机械工业出版社，2019.

[33] 任会兰，宁建国．冲击固体力学［M］．北京：国防工业出版社，2013.

[34] 段占强，尚艳．弹丸冲击下材料微结构演化及绝热剪切特性［M］．北京：电子工业出版社，2019.

[35] 严平，谭波，苗润，等．战斗部及其毁伤原理［M］．北京：国防工业出版社，2020.

[36] 陈智刚，赵太勇，侯秀成．爆炸及其终点效应［M］．北京：兵器工业出版社，2004.

[37] 隋树元，王树山．终点效应学［M］．北京：国防工业出版社，2000.

[38] 裴思行．兵器测试技术（弹箭部分）［M］．北京：兵器工业出版社，1994.

[39] 王礼立．应力波基础［M］．北京：国防工业出版社，1985.

[40] 华恭，欧林尔．弹丸作用和设计理论［M］．北京：国防工业出版社，1975.

[41] 杨喆，吴炎烜，范宁军．弹目姿轨复合交会精准起爆控制［M］．北京：国防工业出版社，2016.

[42] 宋承天，王克勇，刘欣，等．近感探测与毁伤控制技术丛书 近感光学探测技术［M］．北京：北京理工大学出版社，2019.

[43] 夏红娟，崔占忠，周如江．近感探测与毁伤控制总体技术［M］．北京：北京理工大学出版社，2019.

[44] 张宏俊，张铁兵．旋转防空导弹总体设计［M］．北京：中国宇航出版社，2018.

[45] 黄正祥．聚能装药理论与实践［M］．北京：北京理工大学出版社，2014.

[46] 徐豫新，赵晓旭，任杰．高效毁伤系统丛书 破片毁伤效应与防护技术［M］．北京：北京理工大学出版社；北京：人民邮电出版社，2020.

[47] 吴志林，李忠新，刘坤，等．自动武器弹药学［M］．北京：北京理工大学出版社，2019.

[48] 李文彬，王晓鸣，李伟兵，等．成型装药多模战斗部设计原理［M］．北京：国防工业出版社，2016.

[49] 陈小伟．穿甲/侵彻力学的理论建模与分析［M］．北京：科学出版社，2019.

[50] 王儒策，刘荣忠，苏玳，等．灵巧弹药的构造及作用［M］．北京：兵器工业出版社，2001.

[51] 翁佩英，任国民，于骐．弹药靶场试验［M］．北京：兵器工业出版社，1995.

［52］ 王儒策．弹药工程［M］．北京：理工大学出版社，2002.

［53］ 冯顺山，张国伟．导电纤维弹关键技术分析［J］．弹箭与制导学报，2004（第1期）.

［54］ 吴艳青，刘彦，黄风雷，等．爆炸力学理论及应用［M］．北京：北京理工大学出版社，2021.

［55］ 何勇，何源，王传婷，等．高效毁伤系统丛书 含能破片战斗部理论与应用［M］．北京：北京理工大学出版社，2021.

［56］［印度］S. VENUGOPALAN. 神奇的含能材料［M］．赵凤起，安亭，曲文刚，等，译．北京：国防工业出版社，2017.

［57］ 李向东，王议论．弹药概论［M］．2版．北京：国防工业出版社，2017.

［58］ 杨卓．高能材料与高效毁伤技术［M］．北京：化学工业出版社，2012.

［59］ 周长省，鞠玉涛，陈雄．火箭弹设计理论［M］．北京：北京理工大学出版社，2014.

［60］ 王光华，吴志林，赖西南，等．轻武器杀伤效应［M］．北京：科学出版社，2021.

［61］ 李传胪．新概念武器［M］．北京：国防工业出版社，1999.

［62］ 王维广，郎宗亨．软杀伤武器［M］．北京：中国人民公安大学出版社，1999.

［63］ 甄涛，邱成龙．软毁伤［M］．北京：国防工业出版社，2002.

［64］ 王梅义，吴竞昌，蒙定中．大电网系统技术［M］．北京：中国电力出版社，1995.

［65］ 韩祯祥，吴国炎．电力系统分析［M］．杭州：浙江大学出版社，1993.

［66］ 印永华，郭剑波，赵建军，等．美加"8·14"大停电事故初步分析以及应吸取的教训［J］．电网技术，2003（第10期）.

［67］ 鲁宗相，蒋锦峰，袁德，等．从"8·14"美加大停电思考电力可靠性［J］．中国电力，2003（第12期）.

［68］［日］太久保仁．北京电力系统工程学［M］．提兆旭，译．北京：科学出版社，2001.

［69］ 阮前途．防止电网大面积停电的对策［J］．华东电力，1997（第6期）.

［70］ 章华平，夏惠诚，李秉栋.CISR面临高功率微波武器的巨大挑战［J］．舰船电子工程，2001（第6期）.

［71］ 余岳辉，梁琳．脉冲功率器件及其应用［M］．北京：机械工业出版社，2010.

［72］ 刘锡三．高功率脉冲技术［M］．北京：国防工业出版社，2005.

［73］ 孟凡宝，杨周炳，周海京，等．功率超宽带电磁脉冲技术［M］．北京：国防工业出版社，2011.

［74］ 王莹，孙元章，阮江军．脉冲功率科学与技术［M］．北京：北京航空航天大学出版社，2010.

［75］ 韩旻．脉冲功率技术基础［M］．北京：清华大学出版社，2010.

［76］［德］BLUHM H. 脉冲功率系统的原理与应用［M］．江伟华，张弛，译．北京：清华大学出版社，2008.

［77］ 邱爱慈．脉冲功率技术应用［M］．西安：陕西科学技术出版社，2016.

［78］ 汤仕平．系统电磁环境效应试验［M］．北京：国防工业出版社，2019.

［79］ 袁俊．国外微波武器及其发展［J］．中国航天，2001（第5期）.

［80］ 吕世聘，赵海东．舰载软杀伤武器及相关技术［J］．国防技术基础，2003（第3期）.

［81］ 何川．微波电磁炸弹（E-bomb）［J］．电子对抗技术，2003（第3期）.

［82］牛卉，伍洋，李明 . 国外高功率微波武器发展情况研究［J］. 飞航导弹，2021（8）：12 – 16 + 23.

［83］赵鸿燕 . 国外高功率微波武器发展研究［J］. 航空兵器，2018（5）：21 – 28.

［84］伍尚慧，李晓东 . 2021 年新概念武器装备技术发展综述［J］. 中国电子科学研究院学报，2022，17（4）：362 – 367.

［85］刘业民，田黎曦，龚柳洁，等 . "星链" 在俄乌冲突中的应用及对策浅析［J］. 长江信息通信，2023，36（1）：130 – 133.

［86］徐润君，陈心中 . 计算机病毒武器［M］. 北京：国防工业出版社，1997.

［87］张应二，张伟 . 心理战武器面面观［J］. 环球军事，2002（第 6 期）.

［88］贺尚锋，郭宏伟，周敏 . 看不见的杀手——外军计算机病毒武器的新发展［J］. 环球军事，2004.

［89］汤文辉，张若棋，曾新吾，等 . 次声波武器［J］. 国防科技参考，1999（第 4 期）.

［90］于树力，史延胜 . 武器家族中的新种类——非致命武器［J］. 国防技术基础，2002（第 6 期）.

［91］张先锋，黄正祥，熊玮，等 . 弹药试验技术［M］. 北京：国防工业出版社，2021.

［92］单家元，孟秀云，丁艳 . 半实物仿真技术［M］. 北京：国防工业出版社，2008.

［93］王东生，刘戈，李素灵，等 . 兵器试验及试验场工程设计［M］. 北京：国防工业出版社，2017.

［94］郭三学，欧阳的华 . 燃烧、爆炸及特种效应测试技术［M］. 西安：西安电子科技大学出版社，2014.

［95］沈瑞琪，叶迎华 . 含能材料特种效应与应用［M］. 北京：国防工业出版社，2018.